■全国计算机等级考试指导用书

全国计算机等级考试
一级教程
MS Office 应用

主　编　祝谨惠　陈章侠
副主编　谢杨洋　杨艳杰
　　　　杜保全　卢红梅

中国商业出版社

图书在版编目(CIP)数据

全国计算机等级考试一级教程 MS Office 应用/祝谨惠，陈章侠主编.—北京：中国商业出版社，2013.6 （2020.9 重印）
ISBN 978-7-5044-8211-2

Ⅰ.①全… Ⅱ.①祝…②陈… Ⅲ.①电子计算机－水平考试－教材②办公自动化－应用软件－水平考试－教材 Ⅳ.①TP3

中国版本图书馆 CIP 数据核字(2013)第 189593 号

责任编辑：蔡 凯

中国商业出版社出版发行
010-63180647　www.c-chook.com
(100053　北京广安门内报国寺 1 号)
新华书店经销
炫彩(天津)印刷有限责任公司印刷

* * * *

787 毫米×1092 毫米　16 开　22 印张　字数:300 千字
2013 年 6 月第 1 版　2020 年 9 月第 2 次印刷
定价:49.80 元

* * * *

(如有印装质量问题可更换)

前 言

《全国计算机等级考试一级教程 MS Office 应用》是学生必修的一门公共基础课，是对学生进行计算机教育的第一层次课程。本书按新大纲（2018年修订大纲）要求在 Windows 7 平台下应用 Office2010 办公软件编写，旨在培养学生计算机文化素养和职业素养，培养学生使用计算机搜索数据、处理数据的能力，为以后使用计算机解决本专业的问题打下坚实的基础，对毕业后能迅速适应岗位需要，在工作岗位上具有再学习能力，具有重要作用。

但由于受传统出版思路和以"教"为中心的教学方法影响，市面上相当一部分图书都将理论讲解与实际操作分离开来。特别是一些社会培训机构或大中专院校相关专业的教材用书，一部分是以理论为主，需要教师花大量时间精力在准备教学案例上；另外一部分是教学案例零散无连贯性，并且设计简单随意，对读者毫无吸引力。

有鉴于此，本书在传统的计算机一级教程教学内容和结构上做了一些突破，采用"任务驱动式的项目教学"编写模式，把所需掌握的知识点用一个个完整精美的项目案例贯穿始终，策划了一本真正让读者所学即所用的实战型图书。

¤ 本书主要特色

1. 任务驱动，项目教学

本书摒弃目前大部分图书使用的先罗列理论再安排简单操作的这种编排方式，采取让读者"做中学、学中做"的方式，直接用项目案例来贯穿整本书各个知识点。

本书按知识点分为了 6 个项目，共设计了 31 个完整的任务。让读者在完成一个项目任务制作的同时轻松掌握相关知识点，体验到作品完成的成就感。

2. 四大环节，精心设计

编者在教学内容和教学方法上精心设计，采用四大环节环环相扣，激发读者的学习兴趣和学习主动性，帮助读者学习并巩固各个知识点。

环节一，"任务情景"：各个项目的任务背景以社会、企业实际案例为引导，设置情景模式，引入本任务所要学习的知识点，激发读者开始学习的兴趣，并针对每个情景下遇到的问题，给出解决问题的思路和方法；

环节二，"任务实施"：读者了解了任务要求，先带着好奇心主动地去跟学任务的操作步骤，实现"做中学、学中做"；

环节三，"相关知识"：这里提炼了与任务相关的知识，制作过程中的操作技巧，突破了教学的重点和难点，完美结合了知识讲解和实践操作；

环节四,"技能训练":给读者在学习后有一个小试身手的巩固机会,解决读者在制作中遇到的其他问题以及操作中的小窍门,起到举一反三的作用。

3. 图文结合,展现细节

本书采用了全新的图文结合方式,全面展现了制作过程中的细节,并采用美观性强的双栏排版方式进行左右图文结合讲解,除步骤说明外图中还配有相关说明文字,为读者化解了阅读和学习上的障碍,在学习中更直观、清晰地看到操作的过程及效果,便于理解和跟学。

总的来说,本书内容是集"教、学、做"与"反思、改进"于一体的教学活动,其目的在于实现对知识的"直接迁移",使读者学习后获得完成工作任务的职业能力。

¤ 本书主要内容

本书内容可划分为六大部分:

项目一,计算机基础:主要介绍了计算机的发展、应用与组成,计算机日常维护的概念;项目二,WINDOWS 7 操作系统:本部分通过案例教学主要介绍 Windows 7 中的基本概念、Windows 7 中的文件的概念及基本操作、Windows 7 控制面板和附件的操作;项目三,字处理软件 WORD 2010:主要完成了文字的录入和编辑、文档格式的编排、图文混排以及表格的编辑和处理;项目四,电子表格系统 EXCEL 2010:主要完成了电子表格的创建、编排和格式的设置,使用公式或函数对数据进行分析与处理,建立各种格式的图表;项目五,POWERPOINT 2010 的运用:主要介绍了有关演示文稿的基本概念、演示文稿的制作、修饰、动画设置及播放操作;项目六,计算机网络应用基础:主要介绍了有关网络的基本概念、Internet 的发展和应用、IE 的使用以及电子邮件的知识。

¤ 本书创作团队

本书的创作团队均是来自一线的高职院校教师,他们长期从事计算机的教学和应用,有着独特的教学思想、先进的教学经验、科学的教学方法和丰富的开发实战经验,可以让读者少走弯路,高效地学习计算机基本知识。

本书由祝谨惠、陈章侠主编并统稿,谢杨洋、杨艳杰、杜保全和卢红梅为副主编。其中项目一由陈章侠编写、项目二由祝谨惠编写、项目三由谢杨洋编写、项目四由杨艳杰编写、项目五由杜保全编写、项目六由卢红梅编写。

¤ 本书适用人群

本书注重的是读者动手能力和实际操作的培养,不过分追求知识的完整性和系统性,内容丰富、结构清晰、语言简练、实例众多、图文并茂,适用于大中专院校相关专业师生、计算机操作员培训班学员、计算机爱好者与自学读者。

编 者

2020 年 7 月

目 录

项目一 计算机基础 (1)
- 任务一 计算机概述 (1)
- 任务二 计算机中信息的表示 (13)
- 任务三 计算机硬件组装 (19)
- 任务四 计算机多媒体技术基础 (26)
- 技能训练一 计算机指法练习 (36)
- 技能训练二 组装电脑 (39)

项目二 Windows 7 操作系统 (40)
- 任务一 安装 Windows 7 (40)
- 任务二 文件夹和文件管理 (57)
- 任务三 个性化工作环境 (73)
- 任务四 Windows 7 的实用程序 (84)

项目三 字处理软件 Word 2010 (93)
- 任务一 "我的学业规划"的基本编辑 (93)
- 任务二 文档"我的学业规划"格式化 (114)
- 任务三 "人员出勤表"的制作 (125)
- 任务四 "节能减排"宣传栏的制作 (139)
- 任务五 长文档"企业文化建设方案"编辑 (154)
- 任务六 利用"邮件合并"批量制作信函、标签、信封 (162)

项目四 电子表格系统 Excel 2010 (169)
- 任务一 Excel 2010 之实战员工档案表 (169)
- 任务二 Excel 2010 之表格美化 (185)
- 任务三 Excel 2010 之成绩分析表 (193)
- 任务四 Excel 2010 之考试皇帝的诞生 (201)
- 任务五 Excel 2010 之图形化数据 (211)
- 任务六 Excel 2010 之看我纸上谈兵 (217)

项目五　Powerpoint 2010 的运用 ……………………………………………………（224）
- 任务一　制作"我爱我的学院"演示文稿 ………………………………………（224）
- 任务二　制作"专业特色设置"演示文稿 ………………………………………（239）
- 任务三　制作"职业生涯规划"演示文稿 ………………………………………（257）

项目六　计算机网络应用基础 ……………………………………………………（271）
- 任务一　创建小型的办公网络 ……………………………………………………（271）
- 实验指导　组建对等局域网 ………………………………………………………（282）
- 任务二　在对等网络中实现资源共享 ……………………………………………（284）
- 实验指导　驱动器共享的设置 ……………………………………………………（301）
- 任务三　Internet 应用 ………………………………………………………………（302）
- 实验指导　IE 浏览器的应用 ………………………………………………………（317）
- 任务四　电子邮件的申请及应用 …………………………………………………（318）
- 实验指导　电子邮件的应用 ………………………………………………………（330）
- 任务五　信息安全 …………………………………………………………………（331）
- 实验指导　病毒的查杀 ……………………………………………………………（345）

参考文献 ……………………………………………………………………………（346）

项目一　　计算机基础

任务一　　计算机概述

> ■ 技能要点：
> 掌握计算机的起源和发展
> 了解计算机的特点及应用
> 了解计算机的分类和发展趋势
> 掌握计算机系统的组成
> 掌握计算机的性能指标
> 掌握计算机的安全操作和病毒防治

◇ 任务情景

小李在一所职业职校毕业后，应聘到某公司工作。公司领导得知小李所学专业为计算机应用后，便将普及公司员工计算机知识的差事交给了他。这可难坏了小李，要知道，计算机基础知识是刚进学校时学的，到现在虽然还记得一些，但是要培训别人还是不够的，所以必须要加班加点赶紧找资料复习了。

◇ 实施步骤

步骤一：了解计算机的起源和发展

步骤二：了解计算机的特点和应用

步骤三：了解计算机的分类和发展趋势

步骤四：掌握计算机硬件、软件系统的组成

步骤五：计算机的性能指标

步骤六：计算机的安全操作和病毒防治

◇ 相关知识

一、计算机的起源和发展史

1620年欧洲人发明计算尺，1642年计算器出现，1854年英国数学家布尔提出了符号逻辑的思想，19世纪中期，英国数学家巴贝奇最先提出通用数字计算机的基本设计思想，因此被称为"计算机之父"。

第一台真正意义上的数字电子计算机ENIAC（见图1-1）于1946年2月在美国的宾夕法尼亚大学正式投入运行，ENIAC共使用了约18800个真空电子管，重达30吨，耗电174千瓦，占地约140平方米，用十进制计算，每秒运算5000次加法。它虽然不是很完善，但是它毕竟开创了计算机的新纪元。

图1-1　第一台数字电子计算机

自1946年第一台计算机诞生起，迄今为止，计算机已经历了四代演变，目前正向第五代或新一代计算机发展。

第一代（1946年—1957年）是电子管计算机。其主要元件是电子管，存储器采用磁鼓，体积大，耗电多，运算速度慢。这个时期，计算机主要用于科学计算和军事方面，使用很不普遍。

第二代（1958年—1964年）是晶体管计算机，采用晶体管作为主要器件，内存储器主要采用磁芯片，外存储器开始使用磁盘，输入和输出方式有了较大的改进。高级语言开始被使用，操作系统和编译系统已经出现。这一代计算机体积显著变小，可靠性大大提高，运算速度可达每秒百万次，并开始应用于以管理为目的的信息处理领域。

第三代（1965年—1970年）是集成电路计算机，器件采用中小规模集成电路，内存主要采用半导体存储器，计算机设计开始采用微程序设计技术。操作系统和高级语言的研制和使用已很广泛，并出现了计算机网络。这一时期的计算机在存储容量、运算速度、可靠性等方面都有了较大的提高，机器的体积进一步缩小，成本进一步降低，计算机的应用领域和普及程度进一步扩大。

第四代（1970年—现在）是大规模集成电路计算机。器件采用大规模和超大规模集成电路，内存储器采用半导体存储器，器件的集成度越来越高。同时出现了微处理器，进而出现了微型计算机。微型计算机的出现和发展是计算机发展史上的重大事件，其发展愈加迅速，从8位机、16位机、32位机，发展到64位微型机，使得计算机在存储容量、运算速度、可靠性和性能价格比等方面都比上一代计算机有了较大突破。计算机网络技术得到进一步的发展，在局域网、广域网领域以及在网络标准化、异型机联网、光纤网等方面取得了很大的进展。

进入20世纪80年代以来，美国、日本、西欧和我国计算机界已开始研制第五代计算机或新一代计算机，也称为智能计算机。它除具备现代计算机的功能外，还具有在某种程度上模仿人的推理、联想及学习等思维功能，并具有语音识别和图像识别的能力。第五代计算机的研究和发展正方兴未艾。

我国自1956年开始研制计算机，1958年研制出第一台电子管计算机，1964年研制成功晶体管计算机，1971年研制成功集成电路计算机，1983年研制成功每秒运算1亿次的"银河–I"巨型机。我国自主开发的"银河"、"曙光"、"深腾"和"神威"等系列高性能计算机，取得了令人瞩目的成果。

二、计算机的特点与应用

1. 计算机的特点

（1）运算速度快。计算机是采用高速电子器件组成的，能以极高的速度工作。现在普通的微型计算机每秒可执行几万条指令甚至更多，而巨型机则每秒执行数万亿条指令。随着新技术的开发，计算机的工作速度还在迅速提高。

（2）储存容量大。计算机中有许多存储单元，用以记忆信息。内部记忆能力，是电子计算机和其他计算工具的一个重要区别。由于具有内部记忆信息的能力，在运算过程中就可以不必每次都从外部去取数据，而只需事先将数据输入到内部的存储单元中，运算时即可直接从存储单元中获得数据，从而大大提高了运算速度。计算机存储器的容量可以做得很大，而且它记忆力特别强。

（3）通用性强。计算机的使用具有很大的灵活性和通用性，同一台计算机能够解决各式各样的问题，应用于不同的范围。

（4）工作自动化。计算机可以把预先编好的一组指令（称为程序）先"记"起来，然后自动地逐条取出这些指令并执行，工作过程完全自动化，不需要人的干预。计算机是你最忠实的朋友，它能一丝不苟地执行你的指令，自动处理好全部问题。

（5）精确性高。由于字长是计算机一次所能处理的实际位数长度，所以字长是衡量计算机性能的一个重要指标。字长越长，精度越高。不同微处理器字长是不同的。常见的微处理器字长有8位、16位、32位和64位等。

2. 计算机的应用

（1）科学计算。在科学研究、工程设计等过程中，常常需要在较短时间内计算大量的数值，如果用人脑计算，不仅费时费力，而且不一定算得准。如果使用计算机，那就省事多了。20世纪40年代，美国在原子能研究中，有一项要做900万道计算的计划，如果用人工计算，需要1500名工程师计算一年。当时用一台计算机花了150个小时就出色地完成了任务。现在，科学家们经常使用计算机测算人造卫星的轨道、进行气象预报等，精确性大大提高。

（2）信息管理。由于计算机要以大量存储文字、图像、声音信息，供用户随时存储、维护、查询和传输使用，因此，在电信、科研等部门，得到了广泛的应用。

(3)过程控制。计算机可根据采集到的信息,在规定的时间及时处理信息,如实时售票系统和导弹发射、飞机飞行的实时控制等。

(4)计算机辅助系统。在设计过程中,可以让计算机利用事先存储在图形库中的基本图形构成所需要的复杂的设计,并通过绘画仪直接打印出设计图纸,大大提高工作质量和工作效率。这种设计已成功地应用到造船、机械、航天、建筑、服装等领域,得益于这种技术,我国造船工业已达到世界先进水平。

计算机辅助设计(CAD,Computer – Aided Design)是指利用计算机帮助设计人员进行产品设计和工程设计。

计算机辅助制造(CAM,Computer – Aided Manufacturing)是指利用计算机进行生产设备的管理、控制和操作的过程。

计算机辅助教育(CBE,Computer Based Education)是指用计算机对学生的教学、训练和教学事务的管理,包括计算机辅助教学(CAI,Computer – Aided Instruction)和计算机管理教学(CMI,Computer Managed Instruction)。

另外还有计算机辅助测试(CAT,Computer – Aided Test)和计算机集成制造系统(CIMS,computer Integrated Manufacturing System)。

(5)人工智能。计算机可以模拟人类某些智力活动。利用计算机可以进行图像和物体的识别,模拟人类学习过程和探索过程。如机器翻译、智能机器人等,都是利用计算机模拟人类智力活动。

(6)计算机网络与通信。将全国各地的计算机通过电话交换网等方式连接起来,就可以构成一个巨大的计算机网络系统,做到资源共享,相互交流促进。

三、计算机的分类和发展趋势

1. 计算机的分类

(1)按处理的对象划分:模拟计算机、数字计算机、混合计算机。

(2)根据计算机的用途划分:通用计算机、专用计算机。

(3)根据计算机的规模划分:巨型机、大型机、中型机、小型机、微型机。

2. 计算机的发展趋势

(1)巨型化

随着科学技术发展的需要,许多部门要求计算机有更高的速度、更大的存储容量,从而使计算机向巨型化发展。

(2)微型化

计算机体积更小、重量更轻、价格更低、更便于应用于各个领域、各种场合。目前市场上已出现的各种笔记本计算机、膝上型和掌上型计算机都是向这一方向发展的产品。

(3)网格化

网格(GRID)技术,它把整个互联网虚拟成一台空前强大的一体化信息系统,在动态变化的网络环境中实现计算资源、存储资源、数据资源、信息资源、知识资源、专家资源的全面共享,从而让用户从中享受可灵活控制的、智能的协作的信息服务,并获得前所未有的方便性和超强能力。目前,世界主要国家和地区都把发展网格技术放到了战略高度,纷纷投入巨资,抢占战略制高点。

（4）智能化

研究怎样让计算机做一些通常认为需要智能才能做的事情，又称机器智能，主要研究智能机器所执行的通常是人类具有的功能，如判断、图例、证明、识别、感知、理解、设计、思考、规划、学习和问题求解等思维活动。

四、计算机硬件系统

计算机硬件是指计算机系统中由电子、机械和光电元件等组成的各种计算机部件和计算机设备。

冯·诺依曼（Von Neumann）提出的存储程序控制工作原理决定了计算机硬件系统的五个基本组成部分，即：运算器、控制器、存储器、输入设备和输出设备，如图1-2所示。下面分别介绍组成计算机的各个部件及其功能。

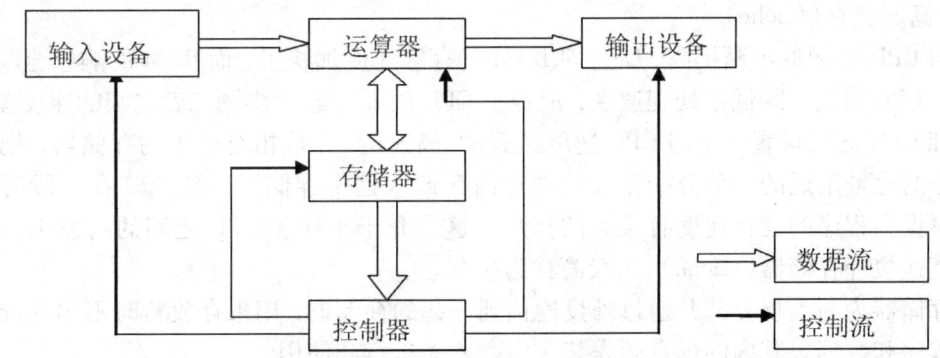

图1-2 计算机存储程序控制工作原理图

1. 运算器

运算器是计算机中执行数据处理指令的器件。运算器负责对信息进行加工和运算，它的速度决定了计算机的运算速度。运算器的功能除对二进制编码进行算术运算（加、减、乘、除）、逻辑运算（与、或、非等）外，还可以进行数据的比较、移位等操作。参加运算的数（称为操作数）是由控制器从存储器或寄存器中取出送到运算器。

2. 控制器

控制器是整个计算机系统的控制中心，它指挥计算机各部分协调工作，保证计算机按照预先规定的目标和步骤有条不紊地进行操作及处理。

控制器从内存储器中顺序取出指令，并对指令代码进行翻译，然后下个部件发出相应的命令，完成指令规定的操作。

通常把控制器和运算器合成为中央处理器（CPU，Arithmetic Logic Unit）。工业生产中总是采用最先进的超大规模的集成电路技术来制造中央处理器，即CPU芯片。它是计算机的核心部件，它的工作速度和计算精度等性能对计算机的整体性能有决定性的影响。

3. 存储器

存储器是计算机用于存放程序和数据的部件，并能在计算机运行过程中高速、自动地完成程序或数据的存取。

存储器分为两大类：内存储器和外存储器，简称内存和外存。内存储器又称主存储器，外存储器又称为辅助存储器。

内存是 CPU 可直接访问的存储器，是计算机中的工作存储器，当前正运行的程序与数据都必须存放在内存中。

内存储器和 CPU 一起成了计算机的主机部分。

内存储器分为 ROM，RAM 和 Cache。

(1) 只读存储器(ROM)

ROM 中的数据或程序一般是在将 ROM 装入计算机前事先写好的。一般情况下，计算机工作过程中只能从 ROM 中读出事先存储的数据，而不能改写。ROM 常用于存放固定的程序和数据，并且断电后仍能长期保存，ROM 的容积较小，一般存放系统的基本输入输出系统等。

(2) 随机存储器(RAM)

随机存储器的容量和 ROM 相比要大得多。CPU 从 RAM 中既可读出信息又可写入信息，但断电后所存的信息就会丢失。

(3) 高速缓存(Cache)

随着 CPU 主频的不断提高，CPU 对 RAM 的存取速度加快了，而 RAM 的响应速度相对较低，造成 CPU 等待，降低了处理速度，浪费了 CPU 的能力。为协调二者之间的速度差，可以在内存和 CPU 之间设置一个与 CPU 速度接近的、高速的、容量相对较小的存储器，把正在执行的指令的地址附近的一部分指令或数据从内存调入这个存储器，供 CPU 在一段时间内使用。这对提高程序的运行速度有很大的作用。这个介于主存和 CPU 之间的高速小容量存储器称作高速缓冲存储器(Cache)，一般简称为缓存。

外存储器为与主板分开并通过外设连接到一起的存储器，用来存放暂时不用的或暂时不运行的程序和数据。其内的信息须先装入内存才能运行和使用。

外存的特点是存储容量大、可靠性较高、价格较低。在断电后可以永久地保存信息。微机中的外存按存储介质的不同可分为磁盘存储器、光盘存储器和半导体存储器。其中磁盘可分为硬盘和软盘。光盘存储器和以优盘为代表的半导体存储器已成为移动存储的主要方式。下面介绍几种常见的外存储器：

软盘：是一种涂有磁性物质的聚酯塑料膜圆盘，现在常用的软盘其直径为 3.5 英寸，容量为 1.44MB。软盘有写保护口，当写保护口处于保护状态（即写保护口打开）时，只能读取盘中信息，而不能写入，用于防止擦除或重写数据，也能防止病毒侵入。（如图 1-3）

图 1-3 软盘介绍

硬盘：是微机上最重要的外存储器，它由多个质地较硬的涂有磁性材料的金属盘片组成，每个盘面的每一面都有一个读、写磁头，用于磁盘信息的读写。盘片的转速高达7200转/分钟，甚至10000转/分钟。（如图1-4）

图1-4　硬盘结构示意图

光盘存储器：是利用激光技术存储信息的装置。目前用于计算机系统的光盘可分为：只读光盘（CD-ROM、DVD）、追记型光盘（CD-R、DVD-R）和可改写型光盘（CD-RW、DVD-RW、MO）等。

4.输入设备

输入设备是计算机系统与外界进行交流的工具。键盘、鼠标和扫描仪是计算机最常用的输入设备。

5.输出设备

输出设备是指从计算机中输出信息的设备。它的功能是将计算机处理的数据、计算结果等内部信息转化成人们习惯接受的信息形式（如字符、图形、声音等），然后将其输出。最常用的输出设备是显示器、打印机和音箱，还有绘图仪、各种数模转换器（DA）等。

从信息的输入输出角度来说，磁盘驱动器和磁带机即可看作输入设备，又可看作输出设备。

五、计算机软件系统

1.系统软件

为高效使用和管理计算机而编制的软件。主要包括操作系统、语言处理程序、系统支撑和服务程序和数据库管理系统等。

（1）操作系统

操作系统（OS，Operating System）是一组对计算机资源进行控制与管理的系统化程序集合，它是用户和计算机硬件系统之间的接口，为用户和应用软件提供了访问和控制计算机硬件的桥梁，如图 1-5 所示。

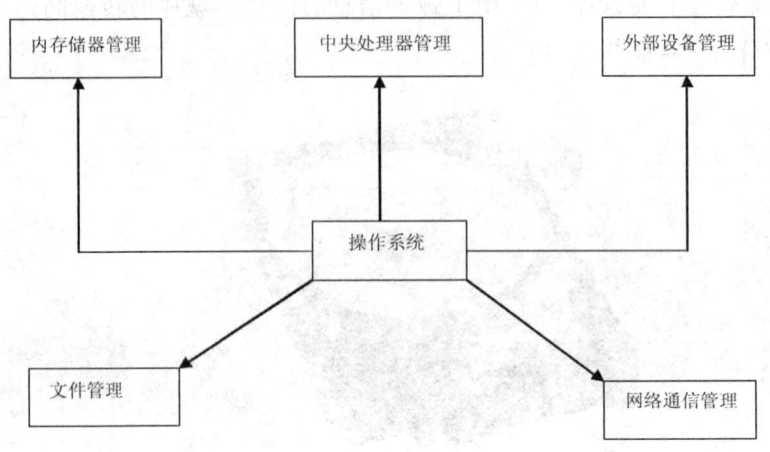

图 1-5 操作系统的作用

（2）语言处理程序

用各种程序设计语言如汇编语言、Fortran、Delphi、C++、VB 等编写的源程序，计算机是不能直接执行的，必须经过翻译（对汇编语言程序是汇编，对高级语言程序则是编译或解释）才能执行。

（3）系统支撑和服务程序

这些程序又称工具软件，如系统诊断程序、调试程序、排错程序、编辑程序、查杀病毒程序等等，都是为维护计算机系统的正常运行或支持系统开发所配置的软件系统。

（4）数据库管理系统

数据库管理系统主要用来建立存储各种数据资料的数据库，并进行操作和维护。常用的数据库管理系统有 FoxBASE+、FoxPro、Access 和大型数据库管理系统如 Oracel、DB2、Sybase、SQL Server 等，它们都是关系型数据库管理系统。

2. 应用软件

为解决计算机各类应用问题而编写的软件称为应用软件。如 Microsoft Office、WPS Office、Adobe Photoshop 等。

总之，硬件建立了计算机的物质基础，而各种软件则扩大了计算机的功能。硬件和软件只有结合起来，才能完成各种功能，才是一个完整的计算机系统。如图 1-6 所示。

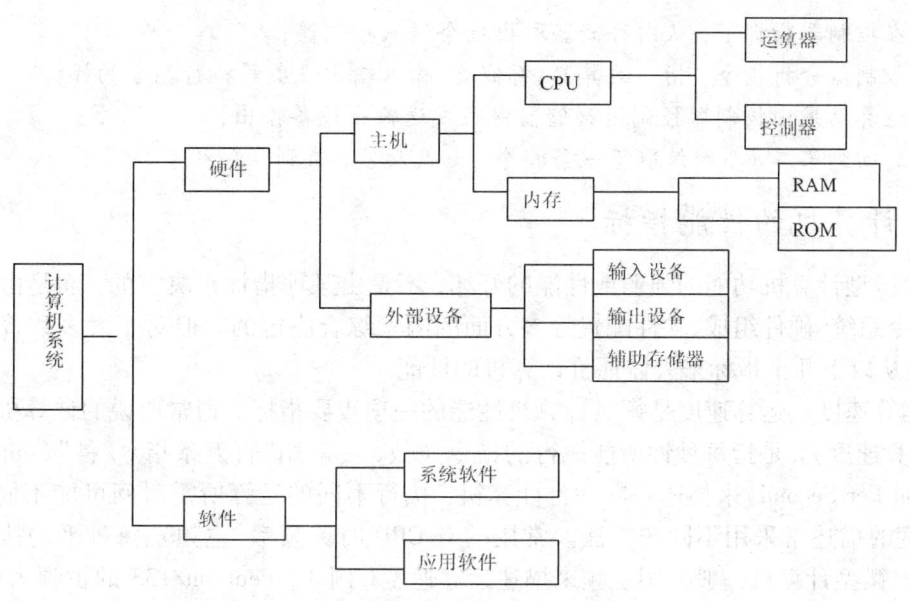

图1-6 计算机系统组成

计算机系统硬件、软件与用户之间的关系如图1-7所示，软件可看作是用户与计算机硬件系统的接口。软件之间又是逐层依赖的。

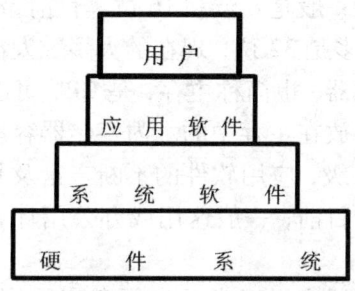

1-7 计算机系统的功能模型

◇ **知识链接：存储程序工作原理**

计算机能够自动完成运算或处理过程的基础是存储程序工作原理。存储程序工作原理是美籍匈牙利科学家冯·诺依曼提出来的，故称冯·诺依曼原理。虽然现在计算机已经发展到第四代，但仍遵循着这个原理。

存储程序工作原理的要点是，为解决某个问题，需事先编制好程序，程序可以用高级语言编写，但最终需要转换为由机器指令组成，即程序是由一系列指令组成的。将程序输入到计算机并存储在外存储器中，控制器将程序读入内存储器中（存储原理）并运行程序，控制器按地址顺序取出存放在内存储器中的指令（按地址顺序访问指令），然后分析指令，执行指令的功能，遇到程序的转移指令时，则转移到转移地址，再按地址顺序访问指令（程序控制）。

计算机的工作过程如下：

（1）控制器控制输入设备或外存储器将数据和程序输入到内存储器；

（2）在控制器指挥下，从内存储器取出指令送入控制器；
（3）控制器分析指令，指挥运算器、存储器、输入输出设备等执行指令的操作；
（4）运算结果由控制器控制送存储器保存或送输出设备输出；
（5）返回到第二步，继续取下一条指令，如此反复，直到程序结束。

六、计算机的性能指标

一台微型计算机功能的强弱或性能的好坏，不是由某项指标来决定的，而是由它的系统结构、指令系统、硬件组成、软件配置等多方面的因素综合决定的。但对于大多数普通用户来说，可以从以下几个指标来大体评价计算机的性能。

1. 运算速度。运算速度是衡量计算机性能的一项重要指标。通常所说的计算机运算速度（平均运算速度），是指每秒钟所能执行的指令条数，一般用"百万条指令/秒"（mips，Million Instruction Per Second）来描述。同一台计算机，执行不同的运算所需时间可能不同，因而对运算速度的描述常采用不同的方法。常用的有CPU时钟频率（主频）、每秒平均执行指令数（ips）等。微型计算机一般采用主频来描述运算速度，例如，Pentium/133的主频为133 MHz，PentiumⅢ/800的主频为800 MHz，Pentium 4 1.5G的主频为1.5 GHz。一般说来，主频越高，运算速度就越快。

2. 字长。一般说来，计算机在同一时间内处理的一组二进制数称为一个计算机的"字"，而这组二进制数的位数就是"字长"。在其他指标相同时，字长越大计算机处理数据的速度就越快。早期的微型计算机的字长一般是8位和16位。目前586（Pentium，Pentium Pro，PentiumⅡ，PentiumⅢ，Pentium 4）大多是32位，现在的大多数人都装64位的了。

3. 内存储器的容量。内存储器，也简称主存，是CPU可以直接访问的存储器，需要执行的程序与需要处理的数据就是存放在主存中的。内存储器容量的大小反映了计算机即时存储信息的能力。随着操作系统的升级，应用软件的不断丰富及其功能的不断扩展，人们对计算机内存容量的需求也不断提高。目前，一般这用或办公用计算机内存容量一般为1G，2G及以上。

4. 外存储器的容量。外存储器容量通常是指硬盘容量（包括内置硬盘和移动硬盘）。外存储器容量越大，可存储的信息就越多，可安装的应用软件就越丰富。目前，硬盘容量一般为80G、160G、250G，甚至更大。

以上只是一些主要性能指标。除了上述这些主要性能指标外，微型计算机还有其他一些指标，例如，所配置外围设备的性能指标以及所配置系统软件的情况等等。另外，各项指标之间也不是彼此孤立的，在实际应用时，应该把它们综合起来考虑。

◇ 知识扩展

一、主板

主板是微型计算机系统中最大的一块电路板，有时又称为母板或系统板，是一块带有各种插口的大型印刷电路板（PCB），集成有电源接口、控制信号传输线路（称为控制总线）和数据传输线路（称为数据总线）以及相关控制芯片等。（如图1-8）

图 1-8 计算机的主板

二、总线(BUS)

计算机总线是一组连接各个部件的公共通信线。计算机中的各个部件是通过总线相连的,因此各个部件间的通信关系变成面向总线的单一关系。但是任一瞬间总线上只能出现一个部件发往另一个部件的信息,这意味着总线只能分时使用,而这是需要加以控制的。总线使用权的控制是设计计算机系统时要认真考虑的重要问题。

总线是一组物理导线,并非一根。根据总线上传送的信息不同,分为地址总线、数据总线和控制总线。

1. 地址总线

地址总线传送地址信息。地址是识别信息存放位置的编号,主存储器的每个存储单元及 I/O 接口中不同的设备都有各自不同的地址。地址总线是 CPU 向主存储器和 I/O 接口传送地址信息的通道,它是自 CPU 向外传输的单向总线。

2. 数据总线

数据总线传送系统中的数据或指令。数据总线是双向总线,一方面作为 CPU 向主存储器和 I/O 接口传送数据的通道;另一方面,是主存储器和 I/O 接口向 CPU 传送数据的通道,数据总线的宽度与 CPU 的字长有关。

3. 控制总线

控制总线传送控制信号。控制总线是 CPU 向主存储器和 I/O 接口发出命令信号的通道,又是外界向 CPU 传送状态信息的通道。

我们通常用总线宽度和总线频率来表示总线的特征。总线宽度为一次能并行传输的二进制位数,即 32 位总线一次能传送 32 位数据,64 位一次能传送 64 位数据。总线频率则用来表示总线的速度,目前常见的总线频率为 266MHZ,333MHZ,400MHZ 或更高。

总线在发展过程中已逐步形成标准化,有代表性的系统总线标准早期的主要是 ISA,EI-SA,VESA,而现在配置较多的是 PCI,AGP,PCI - E,USB 和 IEEE1394 总线等。

・ISA（Industry Standard Archiitecture，工业标准）总线是一种16位的总线结构，适用范围广，因为很多的接口卡都是根据ISA标准生产的。

・PCI（Peripheral Component Interconnection，外部设备互连）总线是一种32位的高性能总线，可扩展到64位，与ISA总线兼容。目前，高性能微型机主板上都设有PCI总线。该总线标准性能先进，成本较低，可扩充性好，特别是对于微软提出的"即插即用"方案的很好支持，现已成为奔腾级以上普遍采用的外设接插总线。

・AGP（Accelerated Graphics port，图形加速接口）总线是随着三维图形的应用而发展起来的一种总线标准。三维图形对计算机速度提出了很高的要求，使得PIC总线传送速度变得很紧张，AGP在图形与内存之间提供了一条直接的访问途径。

・EISA（Extended Industry Standard Architecture，扩展工业标准结构）总线是对ISA总线的扩展。

七、计算机的安全操作和病毒防治

1. 计算机安全

计算机安全（computer security）是由计算机管理派生出来的一门科学技术。目的是为了改善计算机系统和应用中的某些不可靠因素，以保证计算机正常安全地运行。

2. 计算机病毒

计算机病毒（computer virus）是一种人为编制的程序或指令集合。这种程序能够潜伏在计算机系统中，并通过自我复制传播和扩散，在一定条件下被激活，并给计算机带来故障和破坏。这种程序具有类似于生物病毒的繁殖、传染和潜伏等特点，所以人们称之为"计算机病毒"。计算机病毒一般通过软盘、光盘和网络传播。计算机病毒在网络系统上的广泛传播，会造成大范围的灾害，其危害性更严重。

计算机病毒通常具有以下几个特点：

（1）隐蔽性：病毒程序一般隐藏在可执行文件和数据文件中，不易被发现。

（2）传染性：传染性是衡量一种程序是否为病毒的首要条件。病毒程序一旦进入计算机，通过修改别的程序，把自身的程序拷贝进去，从而达到扩散的目的，使计算机不能正常工作。

（3）潜伏性：计算机病毒具有寄生能力，它能够潜伏在正常的程序之中，当满足一定条件时被激活，开始破坏活动，叫作病毒发作。

（4）可激发性：计算机病毒一般都具有激发条件，这些条件可以是某个时间、日期、特定的用户标识、特定文件的出现和使用、某个文件被使用的次数或某种特定的操作等。

（5）破坏性：破坏性是计算机病毒的最终目的，通过病毒程序的运行，实现破坏行为。

3. 计算机病毒的危害性

计算机病毒有很大的危害性。世界各国每年为防治计算机病毒投入和耗费了巨额的资金。

计算机病毒对计算机系统的危害主要有以下几种：

（1）删除或修改磁盘上的可执行程序和数据文件，使之无法正常工作。

（2）修改目录或文件分配表扇区，使之无法找到文件。

（3）对磁盘进行格式化，使之丢失全部信息。

（4）病毒反复传染，占用计算机存储空间，影响计算机系统运行效率。破坏计算机的操作系统，使计算机不能工作。

4. 计算机病毒的表现

计算机感染病毒以后有一定的表现形式,知道了病毒的表现形式有利于及时发现病毒、消除病毒。

常见病毒的表现一般有:

(1) 屏幕显示不正常。例如:出现异常图形、显示信息突然消失等。

(2) 系统运行不正常。例如:系统不能启动、运行速度减慢、频繁出现死机现象等。

(3) 磁盘存储不正常。例如:出现不正常的读写现象、空间异常减少等。

(4) 文件不正常。例如:文件长度出现丢失、加长等。

(5) 打印机不正常。例如:系统"丢失"打印机、打印状态异常等。

5. 计算机病毒的防治

在使用计算机的过程中,要重视计算机病毒的防治,如果发现了计算机病毒,应该使用专门的杀病毒软件及时杀毒。但是最重要的是预防,杜绝病毒进入计算机。预防计算机病毒的措施一般包括:

(1) 隔离来源。控制外来磁盘,避免交错使用软盘。有硬盘的计算机不要用软盘启动系统。对于外来磁盘,一定要经过杀毒软件检测,确实无毒或杀毒后才能使用。对联网计算机,如果发现某台计算机有病毒,应该立刻从网上切断,以防止病毒蔓延。

(2) 静态检查。定期用几种不同的杀毒软件对磁盘进行检测,以便发现病毒并能及时清除。对于一些常用的命令文件,应记住文件的长度,一旦文件改变,则有可能传染上了病毒。

(3) 动态检查。在操作过程中,要注意种种异常现象,发现情况要立即检查,以判别是否有病毒。常见的异常有:异常启动或经常死机;运行速度减慢;内存空间减少;屏幕出现紊乱;文件或数据丢失;驱动器的读盘操作无法进行等。

随着计算机的普及和应用的不断发展,必然会出现更多的计算机病毒,这些病毒将会以更巧妙更隐蔽的手段来破坏计算机系统的工作,因此每个人必须认识到计算机病毒的危害性,了解计算机病毒的基本特征,增强预防计算机病毒的意识,掌握清除计算机病毒的操作技能,在操作计算机过程中自觉遵守各项规章制度,保证计算机的正常运行。

任务二　　计算机中信息的表示

■ 技能要点:

掌握进制的概念;二、八、十、十六进制之间的转换。

掌握二进制的运算规则。

掌握计算机中数据的单位:位、字节、KB、MB、GB、TB、计算机中字的概念。

掌握字符在计算机中的表示:数字编码、字符编码、汉字编码。

◇ 任务背景

小李在公司做的计算机知识普及工作得到了领导和同事的好评。正值暑假,同事老王请小李在业余时间为其女儿辅导计算机课程中的数值转换部分的内容。这可是小李的强项,要知道，在学校那会儿数值转换部分是小李最着迷的内容，同一数值通过一定的方法进行转换可变为各种数值形式，很是奇妙。小李暗自高兴但又不喜形于色，他应下了这份差事。嘿，通过这件事，同事们更是对小李刮目相看了！

◇ **任务分析**

字符和数在计算机内都是以二进制形式表示的。不同数制之间的转换，字符在计算机中的表示方法，计算机中的数据单位，这都是我们必须掌握的。

◇ **相关知识**

一、计算机中的数制

1. 数制、数码、基数、位权的概念

数制：是指用进位的方法进行计数的数制，简称进制。在一般情况下，人们习惯于用十时进制来表示数。其实在现实生活中也使用其他进制，如用六十进制计时，用十二进制作为月到年的进制等。在计算机科学中，不同情况下允许采用不同数制表示数据。计算机内用二进制数码表示各种数据，但是在输入、显示或打印输出时，人们习惯于用十进制计数。在计算机程序编写中，有时还采用八进制和十六进制，这样就存在着同一个数可用不同的数制表示及它们之间相互转换的问题。在介绍各种数制之前，首先介绍数制中的几个名词术语。

数码：一组用来表示某种数制的符号。如1，2，3，4，A，B，C，Ⅰ，Ⅱ，Ⅲ，Ⅳ等。

基数：数制使用的数码个数称为"基数"或"基"，常用"R"表示，称R进制。如二进制的数码是：0、1，基为2。

位权：指数码在不同位置上的权数。在进位计数制中，处于不同数位的数码代表的数值不同。例如十进制数111，个位数上的1权值为10^0，十位数上的1权值为10^1，百位数上的1权值为10^2。

2. 常见的进位计数制

十进制（Decimal System）

十进制数是人们最熟悉的一种进位计数制，它由0，1，2…，8，9十个数码组成，即基数为10。十进制的特点为：逢十进一，借一当十。一个十进制数各位的权是以10为底的幂。

二进制（Binary System）

由0、1两个数码组成，即基数为2。二进制的特点为：逢二进一，借一当二。一个二进制数各位的权是以2为底的幂。

八进制（Octal sYstem）

由0，1，2，3，4，5，6，7八个数码组成，即基数为8。八进制的特点为：逢八进一，借一当八。

十六进制（Hexadecimal System）

由0，1，2，3，4，5，6，7，8，9，A，B，C，D，E，F十六个数码组成，即基数为16。十六进制的特点为：逢十六进一，借一当十六。

表 1-1　　　　　　　　　　不同进制间的关系

十进制	二进制	八进制	十六进制	十进制	二进制	八进制	十六进制
0	0	0	0	9	1001	11	9
1	1	1	1	10	1010	12	A
2	10	2	2	11	1011	13	B
3	11	3	3	12	1100	14	C
4	100	4	4	13	1101	15	D
5	101	5	5	14	1110	16	E
6	110	6	6	15	1111	17	F
7	111	7	7	16	10000	20	10
8	1000	10	8	17	10001	21	11

3. 二进制的运算规则

在计算机中，采用二进制数可以方便地实现各种算术运算逻辑运算。

算术运算规则：

加法规则：$0+0=0;0+1=1;1+0=1;1+1=10$（向高位有进位）

减法规则：$0-0=0;10-1=1$（向高位借位）$;1-0=1;1-1=0$

乘法规则：$0\times0=0;0\times1=0;1\times0=0;1\times1=1$

除法规则：$0/1=0;1/1=1$

逻辑运算规则：

逻辑与运算（AND）：$0\wedge0=0;0\wedge1=0;1\wedge0=0;1\wedge1=1$

逻辑或运算（OR）：$0\vee0=0;0\vee1=1;1\vee0=1;1\vee1=1$

逻辑非运算（NOT）$1=0;0=1$

逻辑异或运算（XOR）$0\oplus0=0;0\oplus1=1;1\oplus0=1;1\oplus1=0$

◇ 知识链接：数值的表示

计算机中，所有的数据都以二进制表示。数的正负号也用"0"和"1"表示。通常规定一个数的最高位作为符号位，"0"表示正、"1"表示负。

采用用二进制表示信息，原因有以下四点：

（1）电路简单。计算机是由逻辑电路组成的，逻辑电路通常有两个状态。如：开关的"通"和"断"，电压的"高"和"低"。这两种状态正好用二进制的0和1来表示。

（2）工作可靠。两种状态电表示两个数据，数据传输和处理不容易出错，因而电路更加可靠。

（3）简化运算。二进制算法简单。

（4）逻辑性强。二进制只有两个数码，正好代表逻辑代数的"true（真）"和"false（假）"。

二、计算机中的数制转换

1. 把二进制的数转换为十进制的数

对于任何一个二进制、八进制数、十六进制数,可以写出它的按权展开式,再按十进制进行求和运算即可转换为十进制数。

$(1111.11)_2 = 1 \times 2^3 + 1 \times 2^2 + 1 \times 2^1 + 1 \times 2^0 + 1 \times 2^{-1} + 1 \times 2^{-2} = (15.75)_{10}$

2. 十进制数转化为二进制数

十进制数的整数部分和小数部分在转换时需做不同的计算,分别求值后再组合。整数部分采用除2取余法,即逐次除以2,直至商为0,得出的余数倒排,即为二进制各位的数码。小数部分采用乘2取整法,即逐次乘以2,从每次乘积的整数部分得到二进制数各位的数码。如图1-9。

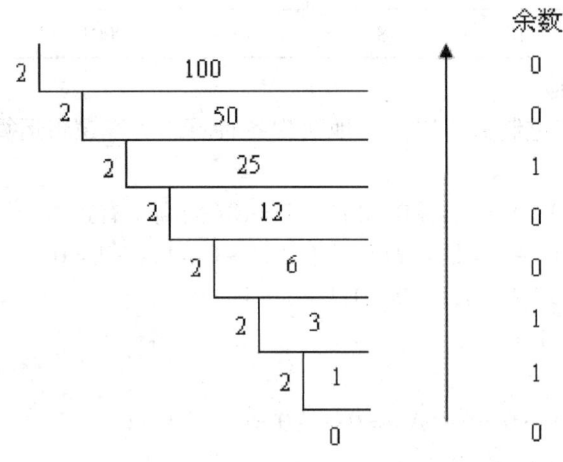

图1-9 十进制整数转换二进制

对于小数部分0.125的转换:

  $0.125 \times 2 = 0.250$ ……0

  $0.25 \times 2 = 0.5$ ……0

  $0.5 \times 2 = 1$ ……1

由上得知 $(0.125)_D = (0.001)_B$

由整数和小数组合,得出$(100.125)_D = (101100110.001)_B$

3. 二进制数与八进制相互转换

二进制数转换成八进制数的方法是:将二进制数从小数点开始,对二进制整数部分向左每3位分成一组,对二进制小数部分向右每3位分成一组,不足3位的分别向高位或低位补0凑成3位。每一组的3位二进制数,分别转换成八进制数码中的一个数字,全部连接起来即可。

反过来,将八进制数制转换成二进制数,只要将每一位八进制转换成相应的3位二进制数,依次连接起来即可。如表1-2所示

表 1-2　　　　　　　　　二⇋八进制转换

二进制 3 位分组	011	111	101	101
转换为八进制数	3	7	5	5

所以，(11111101.101)$_B$ = (375.5)$_O$。

4. 二进制数与十六进制数的相互转换

二进制数与十六进制数的相互转换方法和二进制数与八进制数的相互转换方法相类似。二进制转换十六进制数，只要把每 4 位分成一组，再分别转换成十六进制码中的一个数字，不足 4 位分别向高位或低位补 0 凑成 4 位，全部连接起来即可。反之，十六进制数转换成二进制数，只要将每一位十六进制数转换成 4 位二进制数，依次连接起来即可。

其他数制之间的转换可以通过二进制数作为中间桥梁，先转化为二进制数，再转化为其他进制数。如表 1-1 所示。

表 1-3　　　　　　　　　二⇋十六进制互换

二进制 4 位分组	1011	0001	1010
转换为十六进制	B	1	A

所以，10110001.101B = B1.AH。

◇ **知识链接**：不同的计数制在书写时，一般用以下两种表示方法：

1. 把一串数用括号括起来，再加这种数制的下标。如：(10)$_{16}$、(100100)$_2$、(120)$_8$、对于十进制可以省略。

2. 用进位制的字母符号 B(二进制)、O(八进制)、D(十进制)、H(十六进制)来表示，对于十进制可以省略。如：十六进制数 A2A0C 可表示为 A2A0CH。

三、计算机中数据的单位

计算机中的数据都要采用不同的二进制位来表示。为了方便表示数据量的多少，引入数据单位概念。

位(bit)：简记为 b，也称为比特，是计算机存储数据的最小单位。一个二进制位只能表示 0 或 1，要想表示更大的数，就得把更多的位组合起来，每增加一位，所能表示的数就增大一倍。

字节(Byte)：来自英文 Byte，简记为 B，规定 1B = 8bit。字节是存储信息的基本单位。微机存储器是由一个个存储单位构成的，每一个存储单位的大小就是一个字节。所以存储器容量的大小也以字节数来度量。我们还经常使用其他的度量单位，如 KB、MB、GB 和 TB，其换算关系为：1TB = 1024GB；1GB = 1024MB；1MB = 1024KB；1KB = 1024B。

字(Word)：计算机处理数据时，CPU 通过数据总线一次存取加工和传送的数据称为字，计算机的运算部件能同时处理的二进制数据的位数称为字长。一个字通常由一个字节或若干字节组成。由于字长是计算机一次所能处理的实际位数长度，所以字长是衡量计算机性能的一个重要指标。字长越长，速度越快，精度越高。不同微处理器字长是不同的。常见的微处理器字长有 8 位、16 位、32 位和 64 位等。

四、文字信息的表示

1. 字符编码

目前采用的字符编码主要是 ASCⅡ 码,它是美国标准信息交换码(American Standard Code For Information Inter Change),ASCⅡ 码是一种西文机内码,有 7 位和 8 位两种,7 位标准 ASCⅡ 码用一个字节(8 位)表示一个字符,并规定其最高位为 0,实际只用到 7 位,因此可表示 128 个不同字符,其中包括:数字 0~9,26 个大写英文字母,26 个小写英文字母,以及各种标点符号、运算符号和控制命令符号等,同一个字母的 ASCⅡ 码值小写字母比大写字母大 32。

2. 汉字编码

所谓汉字编码,就是采用一种科学可行的办法,为每个汉字编一个唯一的代码,以便计算机辨认、接受和处理。

(1)汉字交换码

由于汉字数量极多,一般用连续的两个字节(16 个二进制)来表示一个汉字。1980 年,我国颁布了一个汉字编码字符集标准,即 GB2312-80《信息交换用汉字编码字符集——基本集》,进一步核实该标准编码简称国际标码,是我国大陆地区及新加坡等海外华语区通用的汉字交换码。GB2312-80 收录了 6763 个汉字以及 682 个符号,共 7445 个字符,奠定了中文信息处理的基础。

(2)汉字机内码

国标码 GB2312 不能直接在计算机中使用,因为它没有考虑与基本的信息交换代码 ASCⅡ 码的冲突。比如:"大"的国标码是 3473H,与字符组合"4S"的 ASCⅡ 码相同,"嘉"的汉字编码为 3C4EH,与码值为 3CH 和 4EH 的两个 ASCⅡ 字符"<"和"N"混淆。为了能区分汉字与 ASCⅡ 码,在计算机内部表示汉字时把交换码(国标码)两个字节最高位改为 1,称为"机内码"。这样,当某字节的最高位是 1 时,必须和下一个最高位同样为 1 的字节结合起来,代表一个汉字,而某字节的最高位是 0 时,就代表一个 ASCⅡ 码字符,以和 ASCⅡ 码相区别,这样最多能表示 27×27 个汉字。GBK18030 编码的机器码只将最高字节的最高位置 1,而低字节的最高位可以置 0,因而能表达 27×28 个汉字符。

机内码是计算机内处理汉字信息时所用的汉字代码。在汉字信息系统内部,对汉字信息的采集、传输、存储、加工运算的各个过程都要用到机内码。机内码是真正的计算机内部用来存储和处理汉字信息的代码。

(3)汉字形码

所谓汉字形码实际就是用来将汉字显示到屏幕上或打印到纸上所需要的图形数据。

汉字形码记录汉字的外形,是汉字的输出形式。记录汉字字形通常有两种方法:点阵法和矢量法,分别对应字形编码:点阵码和矢量码。所有的不同字体、字号的汉字字形构成汉字库。

任务三　计算机硬件组装

■ 技能要点：
能掌握硬件的基本组成及每个组成部分的特点。
能掌握组装前的准备事宜。
能动手组装电脑。

◇ 任务背景

公司里人手一台办公电脑，每次出现大大小小的问题，同事们总是让小李帮忙解决问题，久而久之，小李自己的工作却耽误了不少，当务之急便是搞一次计算机组装与维护的知识培训，让同事们轻松解决电脑出现的问题，这样岂不是两全其美！

◇ 任务实施

要想能够顺利地组装一台电脑，除了需要了解计算机的基本组成部件，以及计算机各部件的特征与性能，还要熟悉装机前的准备工作。

步骤一：装机前的准备工作

1. 工具准备

常言道"工欲善其事，必先利其器"，没有顺手的工具，装机也会变得麻烦起来，那么哪些工具是装机之前需要准备的呢？

（1）十字螺丝刀

（2）平口螺丝刀

（3）镊子

（4）钳子

（5）散热膏

2. 材料准备

（1）准备好装机所用的配件：CPU、主板、内存、显卡、硬盘、软驱、光驱、机箱电源、键盘鼠标、显示器、各种数据线/电源线等

（2）电源排型插座

（3）器皿

（4）工作台

3. 装机过程中的注意事项

（1）防止静电：由于我们穿着的衣物会相互摩擦，很容易产生静电，而这些静电电压很高，可能将集成电路内部击穿，这是非常危险的。因此，最好在安装前，用手触摸一下接地的导电体或洗手以释放掉身上携带的静电。

（2）防止液体进入计算机内部：在安装计算机元器件时，也要严禁液体进入计算机内部的板卡上。因为这些液体都可能造成短路而使器件损坏。

（3）使用正常的安装方法，不可粗暴安装：在安装的过程中一定要注意正确的安装方法，

对于不懂不会的地方要仔细查阅说明书,不要强行安装,稍微用力不当就可能使引脚折断或变形。对于安装后位置不到位的设备不要强行使用螺丝钉固定,因为这样容易使板卡变形,日后易发生断裂或接触不良的情况。

(4)把所有零件从盒子里拿出来,按照安装顺序排好,看看说明书,有没有特殊的安装需求。

(5)以主板为中心,把所有东西排好。在主板装进机箱前,先装上处理器与内存;要不然过后会很难装,搞不好还会伤到主板。此外在装 AGP 与 PCI 卡时,要确定其安装牢不牢固,因为很多时候上螺丝时,卡会跟着翘起来。如果撞到机箱,松脱的卡会造成运作不正常,甚至损坏。

(6)测试前,建议只装必要的周边设备——主板、处理器、散热片、风扇、硬盘、一台光驱、以及显卡。其他东西如 DVD、声卡、网卡等等,在确定没问题的时候再装。此外第一次安装好后把机箱关上,但不要上螺丝,因为如果哪儿没装好,还要打开机箱,开开关关好几次。

步骤二:CPU 的安装

主板安装好后机箱内空间变得狭小,影响 CPU 等部件的顺利安装,因此,在将主板装进机箱前最好先将 CPU、CPU 风扇和内存安装好。

(1)稍向外/向上用力拉开 CPU 插座上的锁杆与插座呈 90 度角,以便让 CPU 能够插入处理器插座。

(2)然后将 CPU 的定位角对准插座的定位角,使针脚有缺针的部位对准插座上的缺口。

(3)CPU 只能够在方向正确时才能够被插入插座中,然后轻轻按下锁杆。(见图 1-10 安装好后的 CPU)

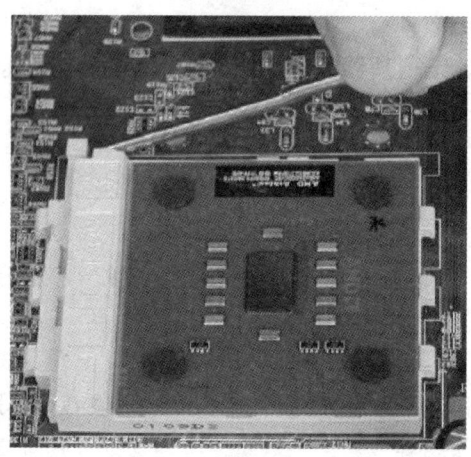

图 1-10 安装 CPU

(4)在 CPU 的核心上均匀涂上足够的散热膏(硅脂)。但要注意不要涂得太多,只要均匀地涂上薄薄一层即可。

CPU 的安装一般很简单,但 CPU 风扇的安装较复杂,其步骤如下:

(1)首先在主板上找到 CPU 和它的支撑机构的位置。

(2)接着将散热片平稳定位在支撑机构上。

(3)向下压风扇直到它的四个卡子揳入支撑机构对应的孔中。

(4)再将两个压杆压下以固定风扇,需要注意的是每个压杆都只能沿一个方向压下。(见图 1-11)

项目一　计算机基础

图 1-11　安装风扇

(5)最后将 CPU 风扇的电源线接到主板上 3 针的 CPU 风扇电源接头上即可。(见图 1-12)

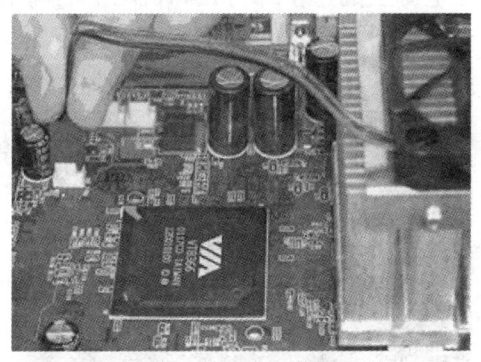

图 1-12　安装风扇电源

步骤三:安装内存

现在常用的内存有 168 线的 SDRAM 内存和 184 线的 DDR SDRAM 内存两种,其主要外观区别在于 SDRAM 内存金手指上有两个缺口,而 DDR SDRAM 内存只有一个。

下面我们就以 184 线的 DDR SDRAM 内存安装为例讲解。(见图 1-13)

图 1-13　安装内存

(1)安装内存前先要将内存插槽两端的白色卡子向两边扳动,将其打开,这样才能将内存插入。然后再插入内存条,内存条的 1 个凹槽必须直线对准内存插槽上的 1 个凸

· 21 ·

点(隔断)。

(2)再向下按入内存,在按的时候需要稍稍用力。以使紧压内存的两个白色的固定杆弹回,确保内存条被固定住,即完成内存的安装。

提示:SDRAM 内存的安装和 DDR 内存的安装基本一样。

步骤四:安装电源

一般情况下,在购买机箱的时候,电源大多已装好。不过,有时机箱自带的电源品质太差,或者不能满足特定要求,则需要更换电源。由于电脑中的各个配件基本上都已模块化,因此更换起来很容易,电源也不例外,下面,就来看看如何安装电源。

安装电源很简单,先将电源放进机箱上的电源位,并将电源上的螺丝固定孔与机箱上的固定孔对正。再先拧上一颗螺钉(固定住电源即可),然后将剩余的3颗螺钉孔对正位置,以对角线方式拧上剩下的螺钉即可。

需要注意的是,在安装电源时,首先要做的就是将电源放入机箱内,这个过程中要注意电源放入的方向,有些电源有两个风扇,或者有一个排风口,则其中一个风扇或排风口应对着主板,放入后稍稍调整,让电源上的4个螺钉孔和机箱上的固定孔分别对齐。

步骤五:主板的安装

图1-14 安装主板

在主板上装好CPU、CPU 风扇和内存后,我们即可将主板装入机箱中。

1.安装主板

(1)首先将机箱或主板附带的固定主板用的镙丝柱和塑料钉旋入主板和机箱的对应位置。

(2)然后再将机箱上使用的I/O接口的对应密封片撬掉。提示:可根据主板接口情况,将机箱后相应位置的挡板去掉。这些挡板与机箱是直接连接在一起的,需要先用螺丝刀将其顶开,然后用尖嘴钳将其扳下。外加插卡位置的挡板可根据需要决定是否保留,不要将所有的挡板都取下。

(3)然后将主板对准I/O接口放入机箱。(见图1-14)

(4)最后,将主板固定孔对准镙丝柱和塑料钉,然后用螺丝将主板固定好。

(5)将电源插头插入主板上的相应插口中。你只需将电源上同样外观的插头轻松插入相应接口既可完成对 ATX 电源的连接。

2. 连接机箱接线

下面先来了解一下机箱连接线。

(1) PC 喇叭的四芯插头，实际上只有 1，4 两根线，1 线通常为红色，它是接在主板 Speaker 插针上。这在主板上有标记，通常为 Speaker。在连接时，注意红线对应 1 的位置（注：红线对应 1 的位置——有的主板将正极标为"1"有的标为"+"，适情况而定）。

(2) RESET 接头连着机箱的 RESET 键，它要接到主板上 RESET 插针上。主板上 RESET 针的作用是这样的：当它们短路时，电脑就重新启动。RESET 键是一个开关，按下它时产生短路，手松开时又恢复开路，瞬间的短路恢复后可使电脑重新启动。

(3) ATX 结构的机箱上有一个总电源的开关接线，是个两芯的插头，它和 RESET 的接头一样，按下时短路，松开时开路，按一下，电脑的总电源就被接通了。

(4) 这个三芯插头（有的为两芯分开插头）是电源指示灯的接线，使用 1，3 位，1 线通常为绿色。在主板上，插针通常标记为 Power，连接时注意绿色线对应于第一针（+）。当它连接好后，电脑一打开，电源灯就一直亮着，指示电源已经打开了。（见图 1-15）

图 1-15 电源 LED

(5) 硬盘指示灯的两芯接头，1 线为红色。在主板上，这样的插针通常标着 IDE LED 或 HD LED 的字样，连接时要红线对 1 或 +。这条线接好后，当电脑在读写硬盘时，机箱上的硬盘的灯会亮。这个指示灯只能指示 IDE 硬盘，对 SCSI 硬盘是不行的。

接下来还需将机箱上的电源、硬盘、喇叭、复位等控制连接端子线插入主板上的相应插针上。连接这些指示灯线和开关线是比较烦琐的，因为不同的主板在插针的定义上是不同的，需要查阅主板说明书才能清楚，所以建议最好在将主板放入机箱前就将这些线连接好。另外主板的电源开关、RESET（复位开关）这几种设备是不分方向的，只要弄清插针就可以插好。而 HDD LED（硬盘灯）、POWER LED（电源指示灯）等，由于使用的是发光二极管，所以插反是不能闪亮的，一定要仔细核对说明书上对该插针正负极的定义。（见图 1-16 连好后的前面板线）

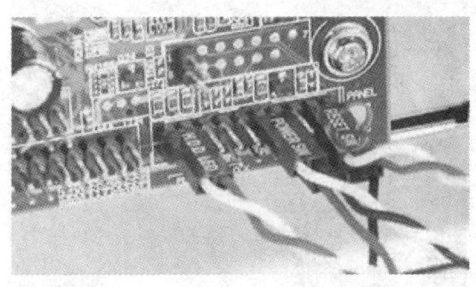

图 1-16 控制面板接线

步骤六:安装外部存储设备

外部存储设备包含硬盘、光驱(CD – ROM、DVD – ROM、CD – RW)等等。

1. 安装硬盘

(1)安装外部存储设备时的基础知识

①每个 IDE 口都可以有(而且最多只能有)一个"Master"盘(主盘)。

②当两个 IDE 口上都连接有设置为"Master"时,老主板通常总是尝试从第一个 IDE 口上的"主"盘启动;而现在的主板,一般都可以通过 CMOS 的设置,指定哪一个 IDE 口上的硬盘是启动盘。

③ATX 电源在关机状态时仍保持 5V 电流,所以在进行零配件安装、拆卸及外部电缆线插、拔时必须先关闭电源插座开关或拔下机箱电源线。

④有些机箱的驱动器托架安排得过于紧凑,而且位置距离机箱电源非常近,安装多个驱动器时比较费劲。所以我们建议先在机箱中安装好所有驱动器,然后再进行线路连接工作,以免先安装的驱动器连线挡住安装下一个驱动器所需的空间。

⑤为了避免因驱动器的震动造成的存取失败或驱动器损坏,建议在安装驱动器时在托架上安装并固定所有的螺丝。

⑥为了方便安装及避免机箱内的连接线过于杂乱无章,在机箱上安装硬盘、光驱时,连接与同一 IDE 口的设备应该相邻。

⑦电源线的安装是有方向的,反了插不上。

⑧考虑到以后可能需要安装多个硬盘或光驱,攒机前最好准备两条 IDE 设备信号线(俗称"排线"),每条线带 3 个接口(一个连接主板 IDE 端口,另外两个用来连接硬盘或光驱)。

(2)单硬盘的安装

第一步,单手捏住硬盘两侧(注意手指不要接触硬盘底部的电路板,以防身上的静电损坏硬盘),对准安装插槽后,轻轻地将硬盘往里推,直到硬盘的四个螺丝孔与机箱上的螺丝孔对齐为止。

第二步,硬盘到位后,就可以上螺丝了。注意,硬盘在工作时其内部的磁头会高速旋转,因此必须保证硬盘安装到位,确保固定。硬盘的两边各有两个螺丝孔,因此最好能上四个螺丝,并且在上螺丝时,四个螺丝的进度要均衡,切勿一次性拧好一边的两个螺丝,然后再去拧另一边的两个。如果一次就将某个螺丝或某一边的螺丝拧得过紧的话,硬盘可能受力就会不对称,影响数据的安全。(见图 1 – 17)

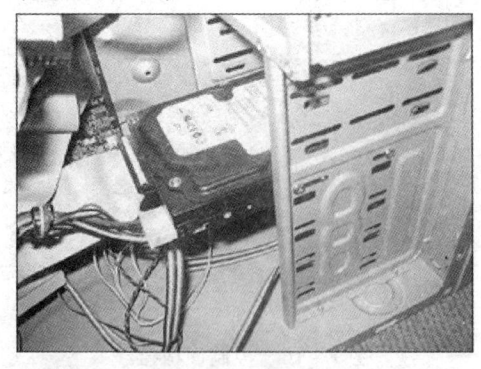

图 1 – 17 安装硬盘

第三步，先将 IDE 线在硬盘上的 IDE 口上插好，然后再将其插紧在主板 IDE 接口中，最后再将 ATX 电源上的扁平电源线接头在硬盘的电源插头上插好即可。需要注意的是，如果 IDE 线无防反插凸块，你在安装 IDE 线时需本着以 IDE 线上有"红线一端对电源接口"的原则来进行安装。

2. 安装光驱

(1) 光驱的跳线：光驱的跳线非常重要，特别是当光驱与硬盘共用一条数据线的时候，最好把光驱设置成从盘，如果设置不正确就会无法识别光驱。IDE 线只独立连接一个光驱的时候，只需将它设置为主盘就行。

(2) 将光驱装入机箱：先拆掉机箱前方的一个 5 寸固定架面板，然后把光驱滑入。把光驱从机箱前方滑入机箱时要注意光驱的方向，现在的机箱大多数只需要将光驱平推入机箱就行了。但是有些机箱内有轨道，那么在安装光驱的时候就需要安装滑轨。安装滑轨时应注意开孔的位置，并且螺钉要拧紧，滑轨上有前后两组共 8 个孔位，大多数情况下，接近弹簧片的一对与光驱的前两个孔对齐，当滑轨的弹簧片卡到机箱里，听到"咔"的一声响，光驱就安装完毕。（见图 1-18）

图 1-18　安装光驱

(3) 固定光驱：在固定光驱时，要用细纹螺钉固定，每个螺钉不要一次拧紧，要留一定的活动空间。如果在上第一颗螺钉的时候就固定，那么当你上其他 3 颗螺钉的时候，有可能因为光驱有微小位移而导致光驱上的固定孔和框架上的开孔之间错位，螺钉拧不进去，而且容易滑丝。正确的方法是把 4 颗螺钉都旋入固定位置后，调整一下，最后再拧紧螺钉。

(4) 安装连接线：依次安装好 IDE 排线和电源线。

步骤七：安装显卡、声卡、网卡

显卡、声卡、网卡等插卡式设备的安装大同小异，把卡插入相应位置，上紧螺丝即可。

任务四　计算机多媒体技术基础

■ 技能要点：
能了解媒体、多媒体计算机的相关概念
能熟悉多媒体处理的相关知识

◇ **任务情景**

如今的办公环境都是多媒体的，要想让公司员工掌握多媒体设备的使用，必须先了解多媒体技术的基础知识。

◇ **实施步骤**

步骤一：了解多媒体的有关概念
步骤二：了解多媒体计算机的组成和应用
步骤三：熟悉声音处理、图像处理知识的有关基本知识
步骤四：了解视频信号和音频媒体处理的基本知识
步骤五：熟悉图形、图像和视频的相关知识
步骤六：了解视频媒体处理的基本知识

◇ **相关知识**

一、媒体(media)

1. 什么是媒体？在计算机领域中的含义？

媒体的概念(Media)：媒体是承载信息的载体，但在不同领域有不同说法。仅在计算机领域就有几种含义：

(1)存储信息的媒体：如磁带、磁盘、光盘等。
(2)传播信息的媒体：如电缆、电磁波等。
(3)表示信息的媒体：如数值、文字、声音、图形、图像、视频等。

我们这里将要讨论的是表示信息的媒体，即信息的存在形式和表现形式。

2. 什么是多媒体？

关于多媒体的定义，现在有各种说法，不尽一致。从字面理解，多媒体应是"多种媒体的综合"，事实上它还应包含处理这些信息的程序和过程，即包含"多媒体技术"。"多种媒体的综合"从狭义角度来看，多媒体是指用计算机和相关设备交互处理多种媒体信息的方法和手段；从广义来看，则指一个领域，即涉及信息处理的所有技术和方法，包括广播、电视、电话、电子出版物、家用电器等。

3. 多媒体信息包括的信息种类

(1)文本(Text)：包括数字、字母、符号和汉字。
(2)声音(Audio)：包括语音、歌曲、音乐和各种发声。
(3)图形(Graphics)：由点、线、面、体组合而成的几何图形。

(4)图像(Image):主要指静态图像,如照片、画片等。
(5)视频(Video):指录像、电视、视频光盘(VCD)播放的连续动态图像。
(6)动画(Animation):由多幅静态画片组合而成,它们在形体动作方面有连续性,从而产生动态效果,包括二维动画(2D、平面效果)、三维动画(3D、立体效果)。

4. 多媒体特性

多媒体除了具有信息媒体多样化的特征之外,还具有以下三个特性:

(1)数字化:多媒体技术是一种"全数字"技术。其中的每一媒体信息,无论是文字、声音、图形、图像或视频,都以数字技术为基础进行生成、存储、处理和传送。

(2)交互性:指人机交互,使人能够参与对信息的控制、使用活动。例如播放多媒体节目时,可以人工干预,随时进行调整和改变,以提高获取信息的效率。

(3)集成性:是将多种媒体信息有机地组合到一起,共同表现一个事物或过程,实现图、文、声一体化。

5. 多媒体的关键技术

多媒体技术实际是面向三维图形、立体声和彩色全屏幕画面的"实时处理"技术。实现实时处理的技术关键,是如何解决好视频、音频信号的采集、传输和存储问题,其核心则是"视频、音频的数字化"和"数据的压缩与解压缩"。此外,在应用多媒体信息时,其表达方法也不同于单一的文本信息,而是采用超文本和超媒体技术。

(1)视频、音频的数字化:是将原始的视频、音频"模拟信号"转换为便于计算机进行处理的"数字信号",然后再与文字等其他媒体信息进行叠加,构成多种媒体信息的组合。

(2)数据的压缩与解压缩:数字化后的视频、音频信号的数据量非常之大,不进行合理压缩根本就无法传输和存储。因此,视频、音频信息数字化后,必须再进行压缩才有可能存储和传送。播放时则需解压缩以实现还原。

(3)超文本和超媒体技术

①超文本(Hypertext):

·传统的文本信息是按"线性结构"组织的,即按顺序排列,用户只能依次提取。

·超文本则采用"非线性的网状结构"来组织文本信息,各部分文本之间没有顺序、不分层次,但都有"指针"链接(Link)。用户可以随心所欲地进行跳转,调用非常灵活。所以超文本指的是使用链接方式连接相关文件的一项技术,并且不限于文本文件。

②超媒体(Hypermedia):

·传统的信息媒体只是数字和文本,表现形式单调。

·超媒体概念除了针对文、图、声、像多种媒体信息之外,还包含必须采用超文本技术的要求。所以超媒体指的是使用超文本方式链接文、图、声、像多种媒体文件的一项技术。

二、什么是多媒体计算机(Multimedia Personal Computer)

多媒体计算机是计算机将文字处理、图形图像技术、声音技术等与影视处理技术相结合的产物,它是20世纪90年代的又一次革命。

三、多媒体计算机的组成

多媒体硬件平台、软件平台、多媒体制作工具。

四、多媒体的应用

1. 教育方面
2. 商业方面
3. 电子出版方面
4. 家用多媒体

五、声音处理知识

1. 声音类型

波形声音(wave)、数字音乐(midi)。

Wav 文件与 mid 文件的比较:

A:存储空间方面:前者大,后者小得多;

B:修改方面:前者不易,后者有相应的软件(CAKEWALK);

C:播放效果受声卡影响程度:前者受声卡不大,后者则受声卡质量影响很大;

D:二者可以同时放音。

2. 声波数字化技术的参数

采样频率、采样数据位数、声道数。

—声音文件的数据量(存储容量)的计算公式:(采样频率×采样数据×位数声道数)/8 = 字节数/秒

3. 什么是声卡?其基本功能有哪些?

声卡又称音效卡,是一块专用电路板,插入到主板的扩展槽中。它是多媒体计算机接收、处理、播放各类音频信息的重要部件,也是多媒体计算机不可缺少的组成部分。

它的基本功能是:录放功能、midi 功能、混音输出、语音压缩及解压缩功能。

六、图像处理知识

1. 视觉媒体的分类

主观图形:使用各种绘图软件制作的图片。

(1)按媒体裁住处生成方式分:

主观图像:使用各种绘图软件人为制作的图片。

客观图像:由光电转换设备(摄影像机、扫描仪、数码相机等)生成的具有自然明暗、颜色层次的图片、图像。

(2)按媒体信息存储方式分为:

位图图像:占存储空间大,(据"像素"逐点存储全部信息)存储格式:PCX,BMP,TIF,GIF,TGA。

矢量图形:适用于图形和动画.(据"数学表达式"对图形实体抽象描述,仅存储这些抽象化的特征。)存储格式:WMF,DXF。

(3)按图像的视觉效果分为:

静态图像:图形和图像。

动态图像:动画和视频。

2. 图形文件的格式

(1) GIF 图形文件格式

在网络上,最常见的文件格式是 GIF(CompuServe Graphical Interchange Format),更确切地说,是 GIF89A 格式。它经过了几次修改和扩充,现在已经具有了如下所述的许多重要的特性:

① 使用无损压缩方案,所以,图像在压缩以后不会有细节的损失。

② 最多可以显示 256 种颜色。

③ 支持透明的背景,从而可以创建带有透明区域的图像。

④ 是交织文件格式,所以,在浏览器完成下载图像之前,用户就可以看到该图像了。

⑤ 受到几乎所有的图像浏览器的支持,所以大多数用户都可以看到网络上的 GIF 图像,而不必担心兼容性问题。

⑥ 是一种公开的图形文件格式,虽然仍然受到版权保护,不过对于个人用户是免费的。

(2)JPEG 图文文件格式

另外一种十分流行的图形文件格式就是 JPEG。其目的是为了给摄影图像提供一种标准的"有损耗"压缩方案。下面是 JPEG 图形文件格式的特性:

① 使用有损耗的压缩方案,所以图像在压缩后会损失一些细节。

② 支持大约 1670 万种颜色,可以很好地再现摄影图像,尤其是色彩丰富的大自然。

③ JPEG 格式的图像要比 GIF 格式的图像小,所以下载的速度要快一些。

④ 在图像的鲜明的边缘周围会损失细节,所以,它并不适用于包含鲜明对比图形或者文本的图像。

(3) PNG 图形文件格式

PNG 是专门为网络而准备的。PNG 格式既有 GIF 的优点,又有 JPEG 的优点,它是一种新的无损耗的文件格式,同时还避免了 GIF 自身具有的一些问题。

它的压缩技术比 GIF 好,并且支持的颜色种类也多于 GIF,达到了 1670 万种。目前,在 Dreamweaver, Microsoft Explore4.0, 和 Netscape Navigator4.0 及其更高版本都支持 PNG 图形格式。

(4) BMP 图形文件格式

BMP 文件格式也被称为位图格式,它在 Windows 操作系统上经常见到。这些文件几乎完全没有压缩,体积极为庞大,所以下载极为费时。所以,基于这个原因,目前只有 Microsoft 的 Internet Explorer 支持 BMP 文件。所以用户最好不要使用 BMP 图形文件格式。

七、视频信号基本知识

1. 几种常用的视频信号

由前所述,显示器显示图像时,使用的是 RGB 信号。但考虑到视频信号的发射、传输等问题,以及某些设备的兼容性,经常使用的却是一些由 RGB 信号派生出来的其他视频信号。

现将几种常用的视频信号介绍如下：

（1）RGB 信号：是根据三基色原理，由光电转换器件直接生成的电信号，它具有最高的信号质量。但在传输时会极大地增加带宽，从而提高设备成本，而且与黑白电视不兼容。

（2）YUV 信号：根据眼睛对亮度非常敏感，辨别能力强，而对颜色分辨能力差的特点，采用一个亮度信号（Y）和两个色差信号（U，V）去描述像素；并通过降低色差信号采样频率，达到频带宽度变小的目的，从而缓解对传输条件的苛求。

（3）Y/C 信号：即将 U、V 两个色差信号进一步合成为一个色度信号 C。但图像质量不如 WV 信号。在视频设备上使用的 S-Video 接口便是这种信号。

（4）复合视频信号：也称彩色全电视信号，是将 Y、C 信号再进行合成而得到的。由于复合视频信号将所有的分量、同步信号和消隐信号都复合成为一个信号，所以容易产生串扰，是这些视频信号中图像质量最差的。将 RGB 信号转换为 YUV 信号、Y/C 信号以及复合视频信号的过程称为编码，而把它们还原成 RGB 信号的逆过程则叫解码。

2. 视频信号的制式

当前国际流行的视频信号制式有三种：PAL 制、NTSC 制和 SECAM 制。在我国接触较多的是前两种。

（1）PAL 制：是我国采用的电视标准。规定每秒 25 帧画面，每帧画面 625 行，分为两场显示（隔行扫描）。即第一场画面扫描奇数行，第二场画面扫描偶数行，然后组合为一幅完整的图像。PAL 制以分辨率表示的图像大小规定为 768×576。

（2）NTSC 制：是美国采用的电视标准。规定每秒 30 帧画面，每帧画面 525 行，也分两场显示（隔行扫描），其图像大小为 720×486。由于 PAL 制与 NTSC 制的场扫描频率、行扫描频率以及其他处理完全不同，所以它们互不兼容。

3. 图像数据压缩的种类

有损压缩与无损压缩。

4. 主要图像压缩标准：JPEG 与 MPEG。

Acdsee3.2 的使用（bmp，gif，jpg）

超级解霸 5.0 的使用（mpg，dat，wav，mid，rmi，mp1，mp2，mp3）

八、音频媒体的处理

在 windows 下可以处理的音频信息有三种类型：来自自然界的声波、人工设计时电子数字音乐和 CD 唱片。下面对这三种声音的处理过程、有关技术和其他相关知识进行介绍。

1. 波形声音（WAVE）

波形声音是来自自然界的声波，通常由话筒采集，按声波波形的变化规律，转换成电子模拟信号，并记录下来（例如记录在磁带上）。

（1）声波的数字化技术

若要通过计算机处理或回放这些波形声音的模拟信号，必须先用模数转换器（ADC）把它们转换成数字信号，然后才可以进行处理或者存储；回放时，则须用数模转换器（DAC）把数字信号还原成波形声音的模拟信号，然后再回放。这个过程就是声音的数字化技术。声音的数字化技术是多媒体计算机中一项重要的基本技术。

（2）数据存储：波形声音的模拟信号经 ADC 数字化后，可将数据存储到一个扩展名为.WAV 的文件中。该文件一般没有经过压缩处理，所以占用存储空间较大。

（3）波形声音数字化的技术参数

①采样频率（Sampling Rate）：是一秒钟内对声波模拟信号采样的次数。采样频率越高，声音保真度越好，产生的数据量也就越大，占用存储空间越多。为此，按照对声音的不同要求，设置了三个标准，分别为语音效果、音乐效果、高保真效果。

②采样数据位数（Sampling Data）：也称量化精度，是每个采样点二进制数据的位数，有 8、12、16 位之分。此位数对声音的音质有重大影响，位数越多，还原的音质越细腻，占用存储空间越大。

③声道数（Channels）：有单声道、双声道（立体声）和多声道。声道越多，数据量越大，空间感越强。

一个声音文件的数据量（存储容量）可用下面公式计算：

（采样频率×采样数据位数×声道数）/8 = 字节数/秒

2. 数字音乐（MIDI）

（1）数字音乐的制作

数字音乐写成 MIDI（Musical lnstrument Digital Interface），代表乐器数字接口，是数字音乐的一个国际标准。人工创作的数字音乐被写在一个文件中，这些文件里的数据不是声波数字化的那种数据，而是一串指令。其中包括音符、定时和多达 16 个通道的乐器定义。对每个音符的信息又包括按键、通道号、持续时间、音量和力度等，是纯粹符号化的音乐。

这类文件的扩展名是.MID。

（2）MIDI 文件与 WAV 文件的比较

·MIDI 文件占用存储空间小：一小时高保真的立体声音乐，使用.MID 格式存储约占用 400 KB；若用.WAV 格式存储则占用 600MB，相差 1500 倍。

·MIDI 文件可以灵活处理：在音序器的帮助下，用户可以任意改变音调、音色等属性，产生特殊效果。WAV 文件则很难做到。

·当播放 WAV 文件时，可同时播放 MIDI 音乐，从而产生配乐效果。但两个 WAV 文件则不能同时播放。

·WAVE 文件可以从任何声源录制生成，而且在各种计算机上的播放效果基本一致。MIDI 文件则无法得到自然界中的所有声音，而且播放效果还与合成器的质量有关，不同档次的声卡差异较大。

3. CD 唱片

CD 唱片对声音的生成、处理、还原方法与 WAVE 文件基本相同，也是通过数字采样技术制作的，但不生成.WAV 文件，而是把采样数据直接写在光盘上。它的规范是：采样频率44.1xHz、采样数据16 位、立体声。因此能完全重现原来声音的效果。

4. 声卡

声卡又称音效卡，是一块专用电路板，插入到主板的扩展槽中。它是多媒体计算机接收、处理、播放各类音频信息的重要部件,也是多媒体计算机不可缺少的组成部分。

(1)声卡的基本功能

①录音、放音功能:达到的采样标准应是44.1KHz、16bit,立体声。

②MIDI音乐功能:应达到同时合成六种旋律乐器和两种打击乐器。

③混音输出功能:能实现六种声源的混音输出,双声道。

④语音压缩、解压缩功能:应兼容朋PCM(自适应差分脉冲编码调制)规范。

(2)声卡的选择

通常考虑下列因素:

①从声波采样位数来看,选择8位声卡,或是16位声卡。现在基本选用后者。

②从立体声效果来看,选择双声道声卡,或是3D增强音效立体声声卡。现在已出现具有杜比逻辑五声道解码性能的环绕声声卡,需要配置前后左右五个音箱。

③从收录、播放来看,选择半双工声卡,或是全双工声卡。前者接收、播放不能同时进行,后者则可以。利用全双工特性还能通过因特网(Internet)进行双方实时通话。

④从 MIDI 合成来看:选择刚合成器声卡,或是波表合成器声卡。若选用后者还需进一步考虑使用软波表还是硬波表,波表中复音数量是32还是64。软波表强烈依赖CPU的速度,硬波表固化在芯片中,不依赖CPU。复音数量多时,音效将更加自然逼真。

⑤从音频输出来看:选择具有功率放大器的较好,能直接推动音箱。

⑥还要注意是否符合 windows 95 支持的 P&P 即插即用(Plug and P1ay)规范。

九、图形、图像和视频

1. 视觉媒体的分类

(1)按媒体信息生成方式分类

①主观图形:指使用各种绘图软件制作的图片。包括由点、线、面、体构成的图形(Graphics)和二维、三维动画(Animation)。

②客观图像:由光电转换设备(摄像机、扫描仪、数码相机等)生成的具有自然明暗、颜色层次的图片。包括图像(Image)和视频(Video)。

(2)按媒体信息存储方式分类

①位图(bitmap)图像:按"像素"逐点存储全部信息,适用于各类视觉媒体信息。这种存储方式占用存储空间很大。

②矢量(Vector)图形:用"数学表达式"对图形中的实体进行抽象描述(即矢量化),然后存储这些抽象化的特征。适用于图形和动画。

(3)按图像的视觉效果分类

①静态图像:只是一幅图片,包括图形和图像。

②动态图像:由一组图片组成,依次连续显示。包括动画和视频。

由上述各种分类可以看出:图形和图像之间,图像和视频之间,视频和动画之间,都是既有联系,又有区别的一些概念,关键在于从哪个角度去看。

2.图形文件的格式

由于各种图形处理软件都有各自的处理方法,所以它们的文件存储格式各不相同。了解这些图形文件的基本信息和存储格式,有助于对图形数据的应用和处理(文件压缩、文件格式转换等)。

(1)以位图方式存储的文件格式

主要有如下几种:

①PCX 文件:PCX 格式是 Z – soft 公司为存储"PC 画笔"(PC Paintbrush)软件包生成的图形而建立的。由于它较早地使用位图方式存储图形,所以多数软件都可兼容。它的压缩效率取决于图形结构和颜色数目,对于颜色较少、构造简单的图形效果较好。

②BMP 文件:BMP(Bitmap)格式是 Microsoft 公司专门为 windows 制订的位图文件格式,也就是以前 windows 版本的 DIB(Device lndependent Bitmap)格式。除了 windows 环境下的软件之外,不能在非 windows 环境下使用。

③TIF 文件:TIF(Tag lmage File Format)格式是 A1dus 和 Microsoft 公司为扫描仪和计算机的"出版软件"而制订的,是多媒体 CD – ROM 中的一种重要文件格式。由于它与计算机硬件及操作系统无关,所以在国际上广为流行。TIF 格式可转换为 BMP 格式。

④GIF 文件:GIF(Graphics Interchange Format)格式是 Compu Serve 公司开发的文件格式。主要目的是为了在网上能够方便地进行图形传输和交换。

⑤TGA 文件:TGA 格式是 Truevi sion 公司为支持它们的图形卡而制订的一种格式。

(2)以矢量方式存储的文件格式

①WMF 文件:WMF(windows Meta File)格式是 Microsoft 公司制订的图元存储格式。文件使用矢量图形描述语言,占用存储空间要比值图存储方式小很多;显示时,利用编译程序再将文件内容转换成可见的图形,故又称矢量格式转换文件。

②DXF 文件:DXF(Drawing Exchange Files)格式是 Autodesk 公司为计算机辅助设计(CAD)制订的一种数据交换格式。这种格式得到其他 CAD 程序的广泛支持,对于非 CAD 的工程绘图也有很大价值。

3.视频信号基本知识

(1)视频图像的由来

①颜色的产生:根据三基色原理,将红(Red)、绿(Green)、蓝(Blue)三种基本颜色进行不同比例的混合,便可组合出丰富多彩的颜色。

②图像的构成:将一幅矩形画面均匀分割成有限的行和列,例如,640(列)×480(行)、1024(列)×768(行);则所有行、列的交叉位置便是所谓的"像素"点;给每个像素点赋予实际的颜色,便构成一幅图像。

③光电转换:通过光敏器件 CCD(电荷耦合器件)可以把一个像素点的颜色转换成包含有 R、G、B 三种信息成分的电信号。

④图像采集:使用光电转换设备(摄像机、数码相机等),从第一行左端的第一个像素点开始,每行自左向右(称水平扫描,对应行频)、各行间自上向下(称垂直扫描,对应帧频),依次将全部像素点转换成有序的肌 B 电信号,并存储下来,便采集到一帧图像。这一过程由扫描

电路和其他辅助电路自动完成。

⑤图像显示：通过与图像采集完全相同的扫描过程，控制显像管的电子枪依次有序地击打屏幕上的像素点，同时按该像素点的 RGB 数值控制电子束的强度；当把屏幕上的像素点全部扫描一遍之后，便可看到复原的一帧图像。

⑥图像的稳定：保持一定的水平和垂直扫描速度，使显示的图像一帧一帧地不断刷新，利用人眼的"视觉暂留"现象，便看到了稳定的图像。如果每次刷新的各帧图像完全相同，这就是"静态图像"；如果每次刷新的各帧图像不相同，则是"动态图像"。

十、视频媒体的处理

1. 视频图像的数字化

无论是 RGB 信号，还是 Yuv 信号；也不管 PAL 制，还是 NTsC 制，如果用计算机对它们进行处理，必须先要数字化。视频图像数字化的方法及量化因素与音频信号相似。

视频图像数字化的典型做法是：采用 YW 信号；按 Y：u：V＝4：2：2 的比例关系设置三个分量的采样频率；三个分量的采样数据位都定为 8bit，达到 24 位色标准。

2. 图像数据的压缩

（1）数据压缩的几点考虑

①数据压缩的目的：用最少的代码表示源信息，减少所占存储空间，并利于传输。

②由数据压缩的思路：将图像中的信息按某种关联方式进行规范化，改用这些规范化的据描述图像，以大量减少数据量。例如，某个四边形为红色，这时只要保存四个顶点的坐标和红颜色代码就行了；又如，在动态图像中，则可只记录运动部分的变化。如此规范化之后，就不必存储每个像素的信息了。

（2）数据压缩的分类

①无损压缩：也称冗余压缩法。它去掉数据中的冗余部分，在以后还原时可以重新插入，即信息不丢失。因此，这种压缩是可逆的。但压缩比很小，仅为 2：1—5：1。

②有损压缩：其做法是在采样过程中设置一个门限值，只取超过门限的数据，即以丢失部分信息达到压缩目的。例如，把单一颜色设定为门限值后，则与其十分相近的颜色便被视为相同，而实际存在的细微差异都被忽略了。由于丢失的信息不能再恢复，所以这种压缩是不可逆的。但利用人的视觉特性，使得解压缩后的图像看起来与原来图像一样。这种方法的压缩比很大，但压缩比越大，图像质量越差，因此，两者要综合平衡。

（3）数据压缩方法的评价

①压缩比要大。

②压缩算法要简单。也就是压缩、解压缩的速度要快。最好能实时压缩、解压缩。

③还原效果要好，尽可能恢复原始图像。

3. 主要的图像压缩标准

（1）JPEG（Joint Photographics Experts Group）

JPEG 是由国际标准化组织（ISO）和国际电报电话咨询委员会（CCITT）联合组织专家组制定的"静态图像压缩标准"，于 1992 年经 ISO 批准。这一标准适用于黑白和彩色的照片、传真及印刷图片，可以支持很高的图像分辨率和量化精度。

（2）MPEG(Motion Picture Experts Group)

MPEG 也是由 ISO 和 CCITT 联合专家组制定的，适用于"动态图像和伴音"的编码标准。当初主要为了解决图像信息的传输问题，所以 MPEG 将最大数据传输率（MB 亿）作为标准之一。其意思是，一秒钟内的图像和伴音信息，压缩后的数据量应小于可传输的最大数据量，否则做不到实时传送。

先后推出的标准有 MPEG 1 和 MPEG 2。

①MPEG1:1991 年 11 月提出，1992 年批准。已经公布的三部分是 MPEG 视频、MPEG 音频、MPEG 系统，第四部分"一致性检测"仍在制订中。前三部分分别规定了视频压缩、音频压缩及多种数据流的复合与同步问题。它们的任务是：

· 将图像和伴音以可接受的还原质量压缩到 1.5MB/S 的码率。

· 把视频和音频复合成一个单一的数据流。

· 保证视频和音频同步。

②MPEG2:1993 年 11 月提出并批准。MPEG2 是 MPEG1 的升级，MPEG2 标准主要适用于高清晰度数字电视。其数据传输率可达 4－10MB/S。

4.视卡及其类型

视卡又称视频卡，是一块专用电路板，插入到主板的扩展槽中。它是多媒体计算机接收、处理、播放各种视频信号的重要部件，也是多媒体计算机不可缺少的组成部分。根据其功能的不同，有多种产品和名称。

（1）视频采集卡

又称为视频捕获卡或视频输入卡。视频采集是各种视卡应该具有的一项基本功能。

①采集过程：对视频图像信号进行采样、量化，然后将数据存储到"帧存储器"。

②图像来源：可以是摄像机、录像机、影碟机或光盘上的图像信号。

③主要性能和选择：

· 采集方式：分为单帧采集（静态图像）、连续采集（动态图像）。

· 采样频率比：指 Y：U：V＝4：2：2 或 4：1：1。

· 存储方式：可存入内存，或直接存到磁盘；可压缩后存储，或不压缩存储。

· 采集分辨率：可支持哪几种分辨率？最高分辨率是多少？

· 处理功能：指对采集的图像能做哪些特技处理？

· 输入插头：除了 RCA 插头（俗称梅花插头）之外，是否有 S－Video 插头？

· 总线标准：是否有 PCI 总线？（EISA 和 VESA 总线已被淘汰）

（2）电视接收卡

俗称 TV 卡，将此卡插入扩展槽，就时在显示器屏幕上收看电视节目了。TV 卡是在采集卡的基础上增加一个"高频接收/调谐电路"来实现接收电视信号的，而电视的选台、调谐、搜索等控制功能全部由软件完成。高档的 TV 卡除了收看电视节目之外，也可以对电视节目进行采集和存储，以及某些特技处理。出于我国电视使用的是 P 从制，所以 W 卡应与其配套。

（3）解压缩卡

俗称影碟卡，将此卡插入扩展槽，就可在显示器屏幕上观看 VCD 节目了。主要用于家庭娱乐和教育，曾风行一时。使用解压缩卡对压缩图像进行解码的方式，称为"硬解压"。当前由于 Pentium 微处理器的运算速度已能满足 MPEGl 标准算法的解码要求，因此使用"软解压"的用户越来越多了。

（4）压缩卡

压缩卡是为电子出版物或制作影视节目使用的，它们各有自己的国际标准。

电子出版物和 VCD 采用 MPEG 压缩标准。压缩比可高达 100∶1~200∶1。目前大部分压缩卡符合 MPEG 1，随着新型 DVD 视盘的上市，符合 EG 2 标准的压缩卡将越来越多。制作影视节目要求以帧为单位进行编辑，因此采用帧间相关预测压缩方法的 MPEG 不适用，故而使用 Motion-JPEG 标准。由硬件实现 JPEG 的算法，实时对视频图像进行压缩和解压缩。为了保证图像质量，通常压缩比只有 5∶1~7∶1。

（5）视频输出卡

由显示卡输出给显示器的信号不能被录像机和电视机所直接接收，必须对 RGB 信号重新编码为"组合视频输出信号"（video out）。视频输出卡就是完成这一编码任务的部件，故又称视频编码卡（TV Coder）。

（6）非线性编辑卡

也称高级视频卡。它集中了视频输入/输出、特技、压缩及编码加工等多种功能。主要用于影视节目的后期制作，进行非线性编码。它们可以实时采集 P 见或 NTSC 的视频信号，并用 Motion-JPEG 标准进行压缩。不同档次的这类产品只是在分辨率、压缩比和特技功能上有所差别。

技能训练一　　计算机指法练习

一、实验目的

1. 掌握键盘的基本键区
2. 熟练掌握盲打技巧

二、实验内容

（一）键盘的键位

第一区:打字键区

打字键区是键盘上占面积最大的一个区域，这个区域内的键与一般英文打字机的键位是一样的。打字键区是键盘上最主要和最常用的部分，不论输入英文还是中

文，主要都靠这个区域中的键。这个区主要是一些英文字母键、数字键、符号键和控制键。

打字区中一些比较常用的字符键和控制键如下：

1. 空格键（键盘下部最长的那个键）

当按下此键时，它会把一个空格送往计算机，同时在屏幕上当前光标位置处没有任何符号显示只是形成一个小空白。如果是在"Insert"关闭状态下的话，那原来在当前光标所在位

置的字符就会被替换。

2. 上档切换键 Shift（打字键区下方左右各有一个，两个键都是一样的，随便按哪个都可以）

当不是处于大写锁定状态时，按下该键并同时按其他某个键，便可实现上键名功能（比如想输入数字 1 上面的感叹号）或使小写状态临时转换为大写状态（按一次只对一个字符有效，需要连续使用时需多次按下或按着不放）。

3. 控制键 Ctrl（打字键区下方左右各有一个，两个键都是一样的，随便按哪个都可以）

这个键总是与其他键同时使用，以实现各种功能，这些功能是被操作系统或其他应用软件定义的。比如 Ctrl + X，Ctrl + C，Ctrl + V 分别为剪切、复制和粘贴。（注：+ 号的意思是按着 Ctrl 键不放，然后按另一个键，然后同时放开两个键）

4. 转换键 Alt（打字键区下方左右各有一个，两个键都是一样的，随便按哪个都可以）

这个键也总是与其他键同时使用，一般是快捷选取某个菜单或某个按钮或选项，比如当前窗体中有文件菜单的话，那一般按 Alt + F 就是打开文件菜单的快捷键；当前窗体中有"确定"按钮的话，那一般按 Alt + O 就是这个按钮的快捷键。如果有留意的话你会发现，这些项后面带下划线的字母就是它的快捷键字母。

5. 大写锁定键 Caps Lock

这个键可将字母输入设置为大写状态，但对其他键无影响。当处于大写锁定状态时，按住 Shift 键再按字母会变成临时输入一个小写。当设置为大写状态时，键盘右上角的 Caps Lock 指示灯会亮的，灯灭表示当前是小写状态。

6. 回车键 Enter

这个键一般是确认用的。按了后，焦点所在的控件对应的功能会被调用，比如将焦点移到一个按钮上，然后按回车，就等于是用鼠标按了这个按钮；用方向键将焦点移到一个菜单项上按回车，就等于是选了这个菜单项，相应的功能也会被启用。

7. 退格键（打字键区右上角的一个键，一般标有"←"或"←BackSpace"）

用这个键可以删除当前光标位置的左边一个字符，并将光标左移一个位置。

8. 跳格键 Tab

这个键用来将光标右移到下一个跳格位置，按着 Shift 再按它时，就是向左跳。在程序窗口中，它也可以作为移动当前焦点用，按一下它时，焦点就移到下一个控件上，按回车就可以启用焦点所在控件的功能，比如按一下按钮。

第二区：功能键区

为了给输入命令提供方便，键盘上特意设置了一些功能键，它们的具体功能由操作系统或应用程序来定义。功能键区的键位于打字键区的上方，包括 F1 至 F12、取消键 Esc、暂停键 Pause Break、打印屏幕键 Print Screen、滚动锁定键 Scroll Lock 等 16 个键。在这组键中，F1 到 F12 可以与 Alt、Ctrl 等键组合使用，构成更多的功能组键，由于具体功能是由应用程序定义的，所以在此无法详细说明功能，请留意相应软件的帮助文文件或菜单项右边显示的快捷键。

第三区：编辑键区

这个区是编辑键区，在这个区中共有 10 个键，分别是插入键（Insert）、删除键（Delete）、移到行首（Home）、移到行尾（End）、向前翻页（Page Up）、向后翻页（Page Down）和 4 个方向键,这些都是与编辑有关的键,你可以在大部分对文本进行编辑的场合中使用,因为它的功能是固定并通用的,一般不会由于软件的不同而有造成功能差异(除非软件重新对这些键进行功能定义,但这类软件极少)。

下面简介一下各个键的功能:

1. 插入键(Insert)

这个键是一个状态表示键,它开启时,在字符中间输入新字符时,右边的所有字符顺序向右移一个位置,以腾出空间来放新插入的字符。当它关闭时,新插入的字符将替换掉右边的一个字符。重复按它可以在两种状态之间转换,只要不再按它,那它的当前状态是固定的,不必跟使用 Shift 一样每次都要按,它并没有指示灯,所以要在使用中感觉它的状态。

2. 删除键(Delete)

它用来删除当前光标位置右边的一个字符,字符被删除后,光标右边所有字符向左移一位,以填充刚删除的字符的空位。

3. 移到行首(Home)

按此键时光标移到本行的第一个字符处。

4. 移到行尾(End)

按此键时光标移到本行的最后一个字符处。

5. 向前翻页(Page Up)和向后翻页(Page Down)

这两个键常用来实现光标的快速度移动,比如在分页的文本框中,按 Page Up 可以快速地移动到上一页中;按 Page Down 可以快速地移动到下一页中。

6. 上下左右四个方向键

按键后,光标向相应方向移动一行或一列。

第四区:辅助键区

第四个区为数字辅助键盘区,位于键盘的右方。这组键大部分有两个功能,它们被数字锁定键 Num Lock 控制着。当键盘右上方的数字锁定指示灯"Num Lock"亮时,这组键专门用来输入数字和进行四则运算,这时这组键中包括 0 到 9 十个数字键,还有加、减、乘、除 4 个符号及 1 个回车键。当再按一下 Num Lock 键,使指示灯灭时,本区等同于编辑键区,其功能与上述的第三区(编辑键区)相同,只是有些键的标识用了缩写形式。你可以根据需要重复按 Num Lock 来进行功能的转换。

(二)指法练习

1. 打字的基本要求

(1)打字的姿势

正确的打字姿势是熟练掌握打字技术的前提。正确的打字姿势要求操作者正对键盘端坐,腰部挺直,两膝平放,双脚自然踏放在地板上,上身微向前倾。操作者的中轴线正对打字键盘区的中心位置。座位高低要合适,要使两肘与键盘处于相同水平线上。上身与键盘相距20cm,大臂自然下垂,小臂与大臂自然呈90度,并微靠近身躯,小臂与手腕不应拱起或接触键盘。手掌与键盘斜度相等,并与键盘相距2~3cm,手指自然弯曲,掌心向下,似握着一个鸡蛋,使手指与字键垂直,并轻轻放在基本键位上,双眼视线落在左侧或右侧的原稿上。

(2)打字的要领

打字者在操作时必须集中精力,击键要果断、迅速,击键后要立即弹起,手指返回原位,犹如手指触在针尖上一样,不能出现按键或凿键的错误动作。击键的力量也要均匀,但力量不应过大,否则会减少键盘的使用寿命。击键时不能同时击打两个字符键,应击完一键再击一键,以免造成输入错误。在此还要强调一点,打字时,眼睛只能看原稿和屏幕上的显示,切不可只图一时方便而看着键盘打字,尤其是初学者应该特别注意,若养成看键盘打字的错误习惯,不仅打字速度不能提高而且还会造成许多不便。学习者在练习打字时,还应避免一些不正确的动作和方法,如口念原稿、窥视键盘及手腕放在支撑物上。应不断总结打错字的原因,并及时纠正,做到循序渐进。

2. 打字的基本指法

标准的指法是根据字键的使用频率,把各个键按分布情况合理地分配给双手的各手指进行击键的科学方法。按照标准的指法打字,可以有效地提高打字的速度。标准的指法中,打字机键盘区分成了九个区域,由十个手指分管,左手小拇指分管五个键,分别为1,Q,A,Z,Shift 键。同时,左边的一些控制键由于使用频率不是很高,也由该手指分管。左手无名指分管四个键,分别为:2,W,S 和 X 键。左手中指分管四个键,分别为:3,E,D 和 C 键。左手食指分管八个键,分别为:4,R,F,V,5,T,G 和 B 键。右手食指分管八个键,分别为:6,Y,H,N,7,U,J 和 M 键。右手中指分管四个键,分别为:8,I,K 和,键。右手小拇指分管比较多,除 0,-,=,P,[,],;,/和右 Shift 键外,也可用左手拇指击键。在各个键中 A,S,D,F,J,K,L,;,被称为基本键,而其他的键被称为范围键。在操作中,手指放在基本键上,基本键的手指不能随意弄乱;击键时,每个手指只能击打自己分管的字键,不能越区击键。

3. 利用金山打字通软件进行指法练习

软件的下载地址:http://www.kingsoft.com/index.shtml

技能训练二 组装电脑

一、实验目的

1. 了解计算机硬件的基本组成。
2. 掌握计算机硬件组装的基本知识与过程。

二、实验内容

在硬件机房组装一台电脑。

1. 安装 CPU。
2. 安装内存。
3. 安装主板。
4. 安装硬盘。
5. 安装光驱。
6. 安装扩展卡。
7. 连线。

项目二　Windows 7 操作系统

任务一　安装 Windows 7

■ 技能要点：
能掌握中文版 Windows 7 的安装方法
能掌握中文版 Windows 7 的特点
能掌握 Windows 7 基本操作
能掌握桌面上的图标说明与排列
能掌握任务栏的组成
能掌握中文版 Windows 7 的窗口

◇ 任务情景

操作系统是一个庞大软件的集合体,提供所有软件的运行基础,没有操作系统电脑什么都做不了,所以在安装完电脑硬件后需要安装操作系统。如何安装中文版 Windows 7 操作系统?安装中文版 Windows 7 后如何操作?本任务将带你走进 Windows 7 操作系统的安装与基本操作。

◇ 实施步骤

1.设置光驱为第一启动项:启动计算机,自检通过后按[Del]键进入 BIOS,找到"Boot"项目,在列表中将第一启动项设置为"CD – ROM"。

2.使用 Windows 7 的安装光盘启动电脑,运行 Windows 7 的安装程序。

3.打开程序的安装向导界面后,先按照自己的使用习惯设置相关选项的属性,然后单击[下一步]按钮。

4.单击[现在安装]按钮,开始安装系统。

5.在界面上查看 Microsoft 软件许可条款,选择"我接受许可条款"复选框,然后单击[下一步]按钮。

6.进入安装类型选择界面,单击[自定义(高级)]按钮,选择全新安装 Windows 7 方式。

7. 选择系统要安装的目标分区，然后单击［下一步］按钮，若硬盘未创建分区，则单击［新建］按钮可以新建分区。

8. 进入 Windows 安全设置界面，单击［使用安全推荐设置］选项选择系统推荐的安全设置。

9. 进入［查看时间和日期设置］界面设置当前的时间和日期，然后单击［下一步］按钮。

10. 打开［请选择计算机当前的位置］界面，选择计算机当前所在网络组的位置，系统为所选的位置应用网络设置。

11. 设置完成后进入用户登录界面，如果用户设置了用户密码，则在文本框中输入登录密码，然后单击［登录］按钮即可登录 Windows 7 操作系统。

◇ 相关知识

一、操作系统简介

操作系统（Operating System，简称 OS）是直接控制和管理计算机系统基本资源、方便用户充分而有效地使用这些资源的程序集合，是计算机中所有硬件、软件和数据资源的组织者和管理者，是一个大型应用程序，属于系统软件。

操作系统是一个庞大的管理控制程序，大致包括 5 个方面的管理功能：进程与处理机管理、作业管理、存储管理、设备管理、文件管理。以现代观点而言，标准个人电脑 OS 应提供以下功能：进程管理（Processing management）；记忆空间管理（Memory management）；文件系统（File system）；网络通信；安全机制（Security）；使用者界面；驱动程序。

操作系统作为计算机必不可少的基础软件，成为用户与计算机之间通信的桥梁。为用户与计算机硬件提供了一个交流的平台，为计算机硬件选择要运行的应用程序，并协调和控制计算机系统内部的主要部件，使其能够相互配合、统一工作。操作系统是最基本的系统软件，是其他系统软件的基础和核心。换句话说，其他所有软件都是建立在操作系统之上的。

二、PC 常见的操作系统

在计算机的发展过程中，出现过许多不同的操作系统，其中最为常见的有 DOS，OS/2，UNIX，LINUX，Mac，Windows 等。

1. DOS

DOS 是英文 Disk Operating System 的缩写，意思是"磁盘操作系统"。从 1981 年直到 1995 年的 15 年间，DOS 在 IBM PC 兼容机市场中占有举足轻重的地位。DOS 的特点是简单易学，硬件要求低，但是操作界面落后、存储能力有限，现已被 Windows 所代替。

2. UNIX

UNIX，是一个强大的多用户、多任务操作系统，支持多种处理器架构，按照操作系统的分类，属于分时操作系统。具有多用户、多任务的特点，支持多种处理器架构，缺点是缺乏统一的标准，应用程序少，不易学习等。

3. Linux

Linux 是一套免费使用和自由传播的类 Unix 操作系统，是一个基于 POSIX 和 UNIX 的多用户、多任务、支持多线程和多 CPU 的操作系统。它能运行主要的 UNIX 工具软件、应用程序和网络协议。它支持 32 位和 64 位硬件。Linux 继承了 Unix 以网络为核心的设计思想，是一个性能稳定的多用户网络操作系统。它主要用于基于 Intel x86 系列 CPU 的计算机上。这个系统是由全世界各地的成千上万的程序员设计和实现的,其目的是建立不受任何商品化软件的版权制约的、全世界都能自由使用的 Unix 兼容产品。

4. OS/2

OS/2 是由微软和 IBM 公司共同创造,后来由 IBM 单独开发的一套操作系统。OS/2 是 "Operating System/2" 的缩写,是因为该系统作为 IBM 第二代个人电脑 PS/2 系统产品线的理想操作系统引入的。在 DOS 于 PC 上的巨大成功后,以及 GUI 图形化界面的潮流影响下,IBM 和 Microsoft 共同研制和推出了 OS/2 这一当时先进的个人电脑上的新一代操作系统。最初它主要是由 Microsoft 开发的,由于在很多方面的差别,微软最终放弃了 OS/2 而转向开发 Windows "视窗" 系统。

5. MacOS

Mac 的操作系统是 Mac OS X,这个基于 UNIX 的核心系统增强了系统的稳定性、性能以及响应能力。它能通过对称多处理技术充分发挥双处理器的优势,提供无与伦比的 2D、3D 和多媒体图形性能以及广泛的字体支持和集成的 PDA 功能。Mac OS X 通过 Classic 环境几乎可以支持所有的 Mac OS 9 应用程序,直观的 Aqua 用户界面使 Macintosh 的易用性又达到了一个全新的水平。

6. Windows

Microsoft 开发的 Windows 是目前世界上用户最多,且兼容性最强的操作系统。最早的 Windows 操作系统从 1985 年就推出了。随着电脑硬件和软件系统的不断升级,微软的 windows 操作系统也在不断升级,从 16 位、32 位到 64 位操作系统。从最初的 windows1.0 到大家熟知的 windows95,NT,97,98,2000,Me,XP,Server,Vista,Windows 7 各种版本的持续更新,微软一直在尽力于 Windows 操作的开发和完善,见表 2-1。

表 2-1　　　　　　　　Windows 操作系统对应的年代

版本	日期	版本	日期
Windows 1.0	1985-11-20	Windows 98 SE	1999-6-10
Windows 2.0	1987-11-1	Windows 2000	2000-2-17
Windows 3.0	1990-5-22	Windows ME	2000-9-14
Windows 3.1	1992-3-18	Windows XP	2001-10-25
Windows 3.2	1994-4-14	Windows Server 2003	2003-4-24
Windows NT 3.1	1993-7-27	Windows Vista	2007-1-30
Windows NT 3.5	1995-11-20	Windows Server 2008	2008-2-27
Windows 95	1995-8-24	Windows 7	2009-10-22
Windows NT 4.0	1996-7-29	Windows Server 2008 R2	2009-10-22
Windows 98	1998-6-25	Windows 8	2012

三、Windows 7 的特点

Windows 7 是 Microsoft 公司的新一代 Windows 操作系统。与以往的 Windows 系列操作系统相比，Windows 7 的设计主要围绕五个重点：针对笔记本电脑的特有设计；基于应用服务的设计；用户的个性化；视听娱乐的优化；用户易用的新引擎。

1. 更简便易用

系统做了许多方便用户的设计，用户体验更直观高级。如快速最大化，窗口半屏显示，跳跃列表，系统故障快速修复等，这些新功能令 Windows 7 成为最易用的 Windows。

2. 更快速流畅

Windows 7 大幅缩减了 Windows 的启动时间，加快了操作响应。据实测，在 2008 年的中低端配置下运行，系统加载时间一般不超过 20 秒，这与 Windows Vista 的 40 余秒相比，是一个很大的进步。

3. 更华丽且更节能

Windows 7 的 Aero 效果更华丽，有碰撞效果、水滴效果等，还有丰富的桌面小工具。总体视觉效果更佳。但是，Windows 7 的资源消耗却是最低的。不仅执行效率快人一筹，笔记本的电池续航能力也大幅增加。

4. 更安全可靠

Windows 7 系统改进了安全和功能合法性，优化了安全控制策略。Windows 7 改进了基于角色的计算方案和用户账户管理，在数据保护和坚固协作的固有冲突之间搭建沟通桥梁，同时也会开启企业级的数据保护和权限许可。

5. 节约成本

Windows7 可以帮助企业优化它们的桌面基础设施，具有无缝操作系统、应用程序和数据移植功能，并简化 PC 供应和升级，进一步朝完整的应用程序更新和补丁方面努力。

6. 更好的连接访问

Windows7 进一步增强了移动工作能力，无论何时、何地、任何设备都能访问数据和应用程序，开启坚固的特别协作体验，无线连接、管理和安全功能会进一步扩展。令性能和当前功能以及新兴移动硬件得到优化，拓展了多设备同步、管理和数据保护功能。最后，Windows7 会带来灵活计算基础设施，包括胖、瘦、网络中心模型。

Windows 7 一共分为 7 个版本：Windows 7 Starter(简易版)、Windows 7 Home Basic(家庭普通版)、Windows 7 Home Premium(家庭高级版)、Windows 7 Professional(专业版)、Windows 7 Enterprise(企业版)、Windows 7 Ultimate(旗舰版)和 Windows 7 鲍尔默签名版。其中最常用的是 Windows 7 Ultimate。

四、Windows 7 的启动与退出

在学习使用 Windows 7 系统之前必须掌握一些基本的管理方法，比如开机与安全关机等。另外，Windows 7 允许同时存在多个用户，所以要先了解如何登录用户账户以及切换用户。

1. 启动 Windows 7

从按下电源键开机到进入桌面，在这个过程中计算机需要完成多项工作。虽然没有必要深入了解系统的启动过程，但仍需要了解启动 Windows 7 程序并进入桌面的方法。

(1)按下主机的电源，计算机开始检测主板配件，包括主板、内存、CPU、显卡等，如果它们工作正常则继续，否则将中止启动服务。设备(一般是硬盘)中搜索系统启动必需的配件，

若找到则启动系统;若未找到则一般显示无法找到文件的错误信息。

(2)启动系统完成后进入 Windows 7 欢迎画面,若系统多用户共存,则选择要使用的用户。如果选择的用户设置了密码,那么必须输入正确的密码并单击确定按钮后才能进入系统。

(3)此时系统会自动加载系统启动项以及设备的驱动程序,加载完成后进入 Windows 7 桌面,如图 2-1 所示。

图 2-1 Windows 7 桌面

2. 系统锁定

在使用 Windows 7 的过程中,如果用户要暂时离开计算机而又不想别人对系统进行操作,可以不必关闭计算机,只要将其锁定即可。

使用锁定功能可以在不关闭当前运行程序的情况下至登录界面。当要再次进入系统时,必须输入正确的密码才可进行访问,并且会自动恢复锁定前的所在程序状态。但有一点必须注意,如果用户没有设置登录密码,锁定功能就形同虚设了。

单击任务栏左下角"开始"按钮,在打开的菜单中单击"关机"按钮右侧的按钮,选择"锁定"命令即可锁定计算机(或者直接按下[Windows + L]快捷键)。

3. 注销与切换用户

如果要注销当前用户,可以单击任务栏左下角的"开始"按钮,在打开的菜单中单击"关机"按钮右侧的按钮,选择"注销"命令即可。注销当前用户后,系统回到登录界面,从而重新切换用户。如果在弹出的菜单中选择[切换用户]命令,即可不注销用户而切换到所示的界面,如图 2-2 所示。

切换用户功能与注销功能不同,前者不会退出账户也不会关闭打开的程序;后者则是在关闭所有程序后退出已登录的账户。

项目二　Windows 7 操作系统

图 2-2　注销用户

4. 关机与重新启动

要关闭 Windows 7 系统（即我们一般说的关机），单击"开始"菜单中的"关机"按钮即可。退出 Windows 7 时系统会先关闭已开启的所有进程，保存用户在计算机中变更的设置，注销系统后再关闭计算机，如图 2-3 所示。

如果要重新启动系统则可以打开"开始"菜单，然后在打开的菜单中单击"关机"按钮右侧的按钮，选择"重新启动"命令，如图 2-4 所示。

图 2-3　关闭系统图　　　　　2-4　重新启动

五、Windows 7 的桌面

在 Windows 7 操作系统中,"桌面"是指打开计算机并登录到 Windows 之后看到的主屏幕区域,就像实际的桌面一样,它是屏幕的整个背景,是用户工作的平台。桌面上存放用户经常用到的应用程序和文件夹图标,用户可以根据自己的需要在桌面上添加各种快捷图标,并且随意排列它们。

1. 桌面图标

"图标"是代表文件、文件夹、程序和其他项目的小图像,它包含图形、说明文字两部分,如果用户把鼠标放在图标上停留片刻,桌面上会出现对图标所表示内容的说明或者是文件存放的路径,双击图标就可以打开相应的内容。

Windows 7 为了桌面的整洁,将"计算机"、"网上邻居"等图标整理到了"开始"菜单中。首次启动 Windows 7 时将在桌面上至少看到一个图标,就是"回收站"图标。

可以根据需要将一些常用的图标显示在桌面上,以便双击即可打开相应的窗口。其中常用的桌面图标包括"计算机用户的文件"、"网络"、"回收站"、"Internet Explorer"和"控制面板"等。

(1) 添加图标

① 添加常用图标

步骤1:右键单击桌面的空白区域,然后选择"个性化"命令,在打开的窗口左侧单击"更改桌面图标"选项,如图2-5所示。

图 2-5 "个性化"设置窗口

步骤2:在打开的"桌面图标设置"对话框中选择要添加到桌面的图标的复选框,或取消选择要从桌面上删除的图标的复选框,然后单击"确定",如图2-6所示。

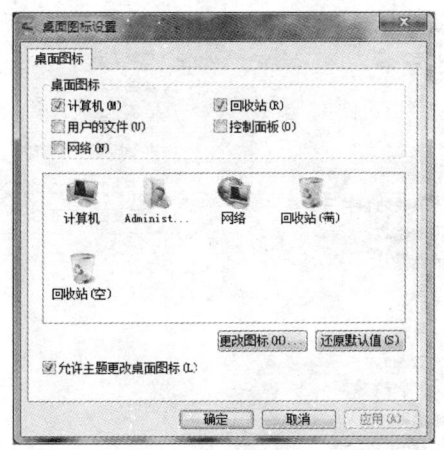

图 2-6　"桌面图标设置"对话框

步骤3:添加后的图标都允许移动位置,操作时在在图标上按下鼠标左键不放,并拖动即可移动图标,然后将其拖动到合适的位置放开鼠标即可。

②添加快捷方式图标

步骤1:双击桌面上的"计算机"图标,打开资源管理器窗口。

步骤2:双击目标驱动器或文件夹,找到要创建快捷方式的对象。

步骤3:右键单击该对象,弹出右键菜单,选择"发送到/桌面快捷方式"命令,如图2-7所示。

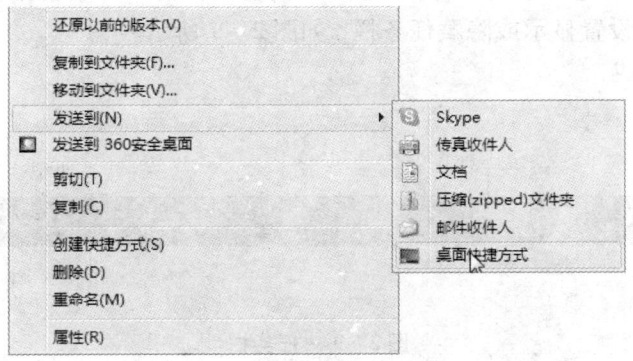

图 2-7　发送桌面快捷方式

(2)自动排列图标

当用户在桌面上创建了多个图标时,如果不进行排列,会显得非常凌乱,这样不利于用户选择所需要的项目,而且影响视觉效果。使用排列图标命令,可以使用户的桌面看上去整洁而富有条理。用户需要对桌面上的图标进行位置调整时,可在桌面空白处单击鼠标右键,在弹出的快捷菜单中选择"查看"命令,在弹出的快捷菜单中包含了多种排列方式。如果选择"自动排列图标"命令,Windows将图标排列在左上角并将其锁定在此位置。若要对图标解除锁定以便以可再次移动它们,可以取消"自动排列图标"的被选中状态,如图2-8所示。

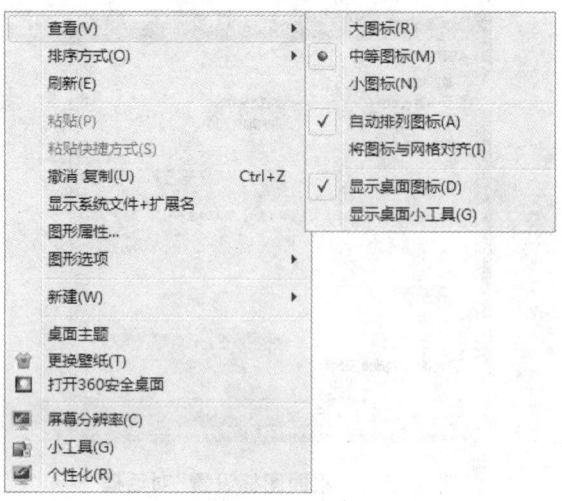

图 2-8　自动排列图标

(3) 隐藏图标

在桌面上单击右键，然后选择"查看/显示桌面图标"命令，取消该命令被选中状态即可隐藏桌面的所有图标。

2. 任务栏

任务栏是位于屏幕的水平长条，用于显示正在运行的程序。由［开始］按钮、任务控制区、语言栏、电池状态（只有笔记本电脑有）和通知区域组成。用户可以根据需要，改变任务栏的位置和大小，还可以设置显示或隐藏任务栏，如图 2-9 所示。

(1) 任务栏的组成

图 2-9　任务栏

【开始】按钮

位于任务栏左端的 Windows 图标，单击该按钮，可以打开"开始"菜单，在用户操作过程中，要用它打开大多数的应用程序。

任务控制区

用于表示正在运行的程序或打开的窗口。单击任务控制区的程序或窗口图标，可以切换到前后台任务。

语言栏

位于任务控制区的右端、通知区域左端，显示了当前的输入法以及相关的设置。

电池状态

位于语言栏的右端、通知区域左端,显示了当前电脑电池的状态,只有笔记本电脑才有此选项。

音量控制器

即桌面上小喇叭形状的按钮,单击它后会出现一个音量控制对话框,用户可以通过拖动上面的小滑块来调整扬声器的音量。

通知区域

位于任务栏的最右端,用于显示日期、时间和一些快速访问程序的快捷方式。

显示桌面

单击此按钮,则直接切换到桌面并显示出桌面内容。

(2)任务栏的设置

右键单击任务栏的空白区域,在弹出的任务栏右键菜单上选择相应命令操作即可,如图2-10所示。

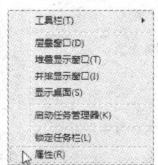

图 2-10 "任务栏"快捷菜单

工具栏:该菜单项用于设置在任务栏某个工具栏(如地址、桌面、语言栏等)的显示或隐藏。

窗口的排列方式:用于设置桌面上窗口排列的方式,可以选择的排列方式有"层叠窗口""并排显示窗口"等。

启动任务管理器:用于打开"任务管理器"窗口。

锁定任务栏:用于锁定或取消锁定任务栏。锁定后,任务栏的大小、位置等都不可改变。

属性设置

右键单击任务栏的空白区域,在弹出的任务栏右键菜单上选择"属性"命令,则打开"任务栏和[开始]菜单属性"对话框,如图 2-11 所示。

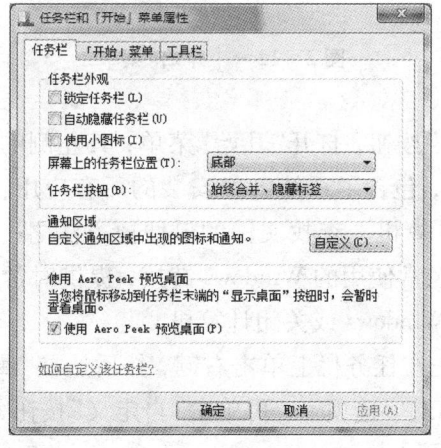

图 2-11 "任务栏和[开始]菜单属性"对话框

在该对话框中，可以设置任务栏或[开始]菜单的属性。在"任务栏"选项卡下，常用如下设置：

自动隐藏任务栏：当鼠标从任务栏上移开时，自动隐藏任务栏。

屏幕上的任务栏位置：有底部、左侧、右侧和顶部四个位置，可根据用户的习惯进行调节。

任务栏按钮：设置相似内容在任务栏上的排列方式，如果想让相似内容分组显示，则选择"始终合并、隐藏标签"选项。

使用 Aero Peek 预览桌面：在选中"使用 Aero Peek 预览桌面"选项后，当鼠标被放到"显示桌面"按钮时（不需点击），会暂时查看桌面。

3. [开始]菜单

"开始"菜单是操作系统的中央控制区域，存放着 Windows 7 的绝大多数命令和安装到系统里面的所有程序。Windows 7 的大多数操作都是从"开始"菜单开始，如图 2-12 所示。

图 2-12 [开始]菜单

[开始]菜单：单击"开始"按钮，打开"开始"菜单，其左侧的大窗格是程序列表区，列表区下面的"所有程序"菜单项，包含了系统已经安装的所有应用程序；"所有程序"下面是"搜索框"，使用"搜索"框是在计算机上查找文件的最便捷方法之一；"开始"菜单右边的窗格是系统菜单区，包含用户可能经常使用的 Windows 链接，提供对常用文件夹、文件、设置和功能的访问，在这里还可以注销 Windows 或关闭计算机。

自定义"开始"菜单：首先在任务栏上单击右键，然后选择"属性"命令，如图 2-13 所示。打开对话框后选择"[开始]菜单"选项卡，再单击"自定义"按钮，然后通过"自定义[开始]菜单"对话框设置相关选项即可。

项目二 Windows 7 操作系统

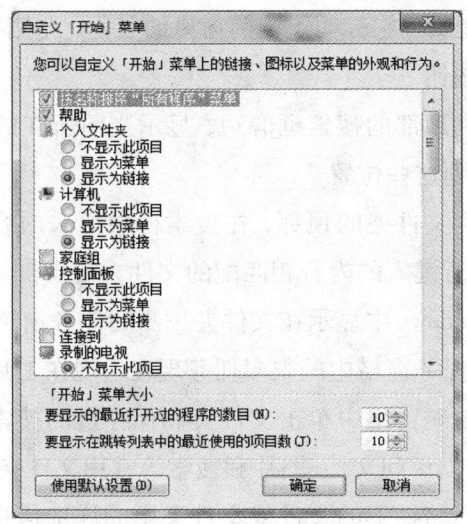

图2-13 "自定义[开始]菜单"对话框

六、Windows 7 的窗口、菜单及对话框

Windows7 的大部分操作都是在窗口、菜单和对话框里完成的。

1. 窗口

当用户打开一个文件或者是应用程序时,都会出现一个窗口,窗口是用户进行操作时的重要组成部分,熟练地对窗口进行操作,会提高用户的工作效率。

(1)窗口的组成

Windows 7 操作系统中,窗口主要用于显示文件或程序的内容。虽然每个窗口各不相同,但大部分都包括了相同的基本组成部分,如图 2-14 所示。

图2-14 窗口的基本组成

· 51 ·

标题栏:位于窗口的最上部,它标明了当前窗口的名称,左侧有控制菜单按钮,右侧有最小、最大化或还原以及关闭按钮。

地址栏:位于每个文件夹顶部的搜索框旁边,显示当前所在的位置。通过单击地址栏中的不同位置,可以直接导航到这些位置。

搜索栏:搜索框位于每个文件夹的顶部,在搜索框中键入内容后,将立即对文件夹中的内容进行筛选,并显示出与所键入的内容相匹配的文件。

工具栏:以前版本的 Windows 中显示在文件夹一侧的任务窗格现在已经由文件夹顶部的新工具栏替代,过去出现在任务窗格中的很多任务现在出现在工具栏上。

导航窗格:用户可以在导航窗格中单击文件夹和保存过的搜索,以更改当前文件夹中显示的内容。使用导航窗格可以访问文档、图片和搜索等常用文件夹。

详细信息面板:显示当前路径下的文件或文件夹中的详细信息,可以显示文件夹中的项目数,也可以显示文件的修改日期、大小、创建日期等。

(2)窗口的操作

1)当需要打开一个窗口时,可以通过下面两种方式来实现:

方法1:选中要打开的窗口图标,然后双击打开。

方法2:在选中的图标上右击,在其快捷菜单中选择"打开"命令,如图2-15所示。

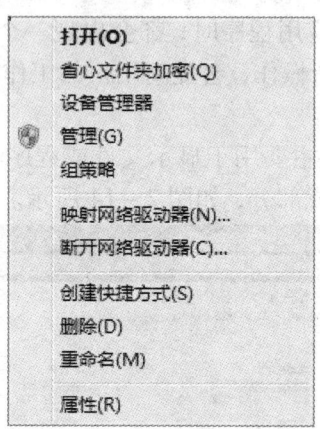

图2-15 打开窗口方式

2)移动窗口

用户在打开一个窗口后,不但可以通过鼠标来移动窗口,而且可以通过鼠标和键盘的配合来完成。移动窗口时用户只需要在标题栏上按下鼠标左键拖动,移动到合适的位置后再松开,即可完成移动的操作。

用户如果需要精确地移动窗口,可以在标题栏上右击,在打开的快捷菜单中选择"移动"命令,当屏幕上出现相应的标志时,再通过按键盘上的方向键来移动,到合适的位置后用鼠标单击或者按回车键确认，如图 2-16 所示。

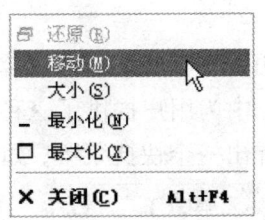

图 2-16　快捷菜单

3）缩放窗口

窗口不但可以移动到桌面上的任何位置，而且还可以随意改变大小将其调整到合适的尺寸：

①当用户只需要改变窗口的宽度时，可把鼠标放在窗口的垂直边框上，当鼠指针变成双向的箭头时，可以任意拖动。如果只需要改变窗口的高度时，可以把鼠标放在水平边框上，当指针变成双向箭头时进行拖动。当需要对窗口进行等比缩放时，可以把鼠标放在边框的任意角上进行拖动。

②用户也可以用鼠标和键盘的配合来完成，在标题栏上右击，在打开的快捷菜单中选择"大小"命令，屏幕上出现相应标志时，通过键盘上的方向键来调整窗口的高度和宽度，调整至合适位置时，用鼠标单击或者按回车键结束。

4）最大化、最小化窗口

当用户在对窗口进行操作的过程中，可以根据自己的需要，把窗口最小化、最大化，等等。

最小化按钮：在暂时不需要对窗口操作时，可把它最小化以节省桌面空间，用户直接在标题栏上单击此按钮，窗口会以按钮的形式缩小到任务栏。

最大化按钮：窗口最大化时铺满整个桌面，这时不能再移动或者是缩放窗口。用户在标题栏上单击此按钮即可使窗口最大化。

还原按钮：当把窗口最大化后想恢复原来打开时的初始状态，单击此按钮即可实现对窗口的还原。用户在标题栏上双击可以进行最大化与还原两种状态的切换，如图 2-17 所示。

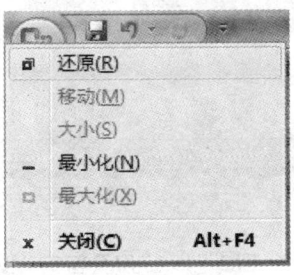

图 2-17　控制菜单

用户也可以通过快捷键来完成以上的操作。用"Alt+空格键"来打开控制菜单，然后根据菜单中的提示，在键盘上输入相应的字母，比如最小化输入字母"N"，通过这种方式可以快速完成相应的操作。

3. 窗口的排列

当用户在对窗口进行操作时打开了多个窗口，而且需要全部处于全显示状态，这就涉及到排列的问题，在中文版 Windows 7 中为用户提供了三种排列的方案可供选择。

在任务栏上的非按钮区右击，弹出一个快捷菜单，如图 2－18 所示。

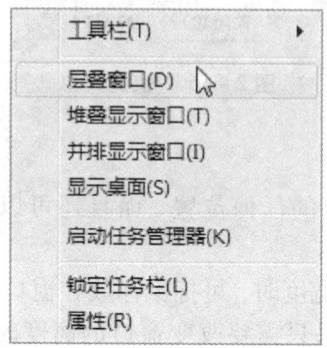

图 2－18　任务栏快捷菜单

（1）层叠窗口：把窗口按先后的顺序依次排列在桌面上，当用户在任务栏快捷菜单中选择"层叠窗口"命令后，桌面上会出现排列的结果，其中每个窗口的标题栏和左侧边缘是可见的，用户可以任意切换各窗口之间的顺序，如图 2－19 所示。

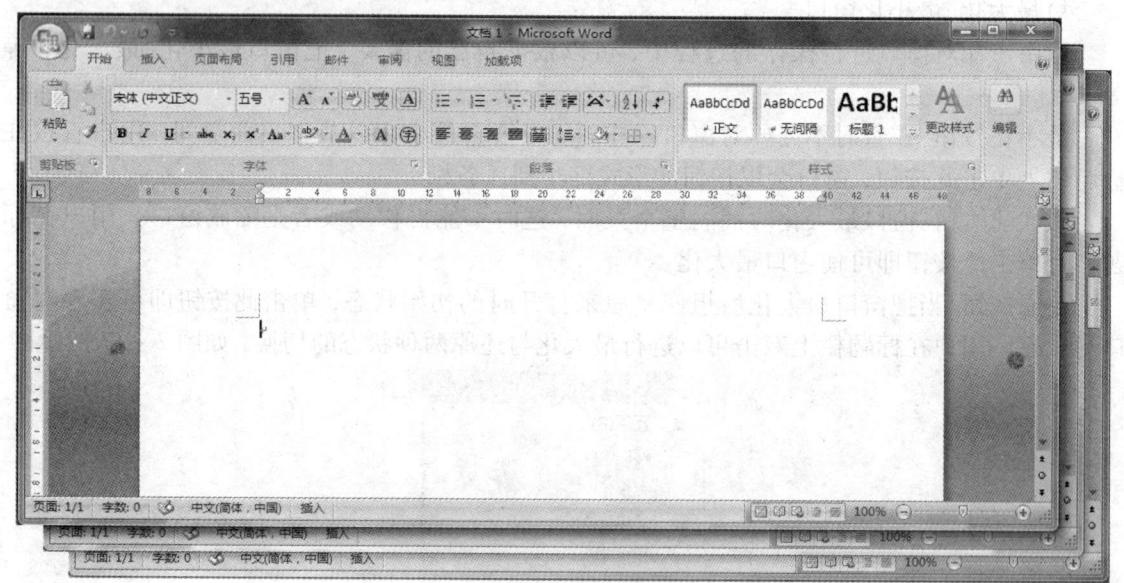

图 2－19　层叠窗口

（2）堆叠显示窗口：在排列的过程中，使窗口在保证每个窗口都显示的情况下，尽可能往垂直方向伸展，用户选择相应的"堆叠显示窗口"命令即可完成对窗口的排列，如图 2－20 所示。

项目二　Windows 7 操作系统

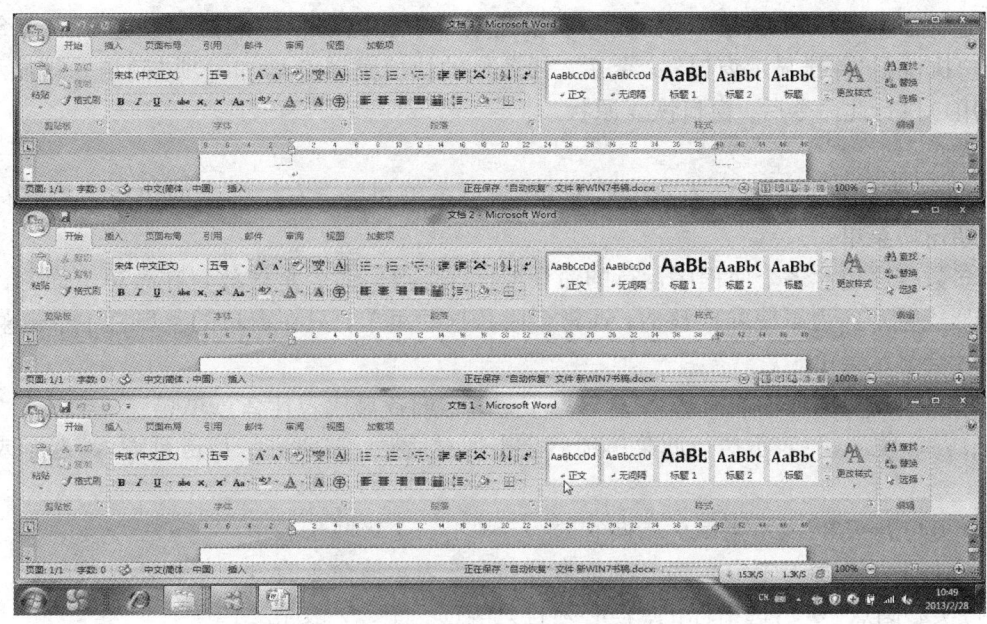

图 2-20　堆叠显示窗口

（3）并排显示窗口：各窗口并排显示，在保证每个窗口大小相当的情况下，使得窗口尽可能往水平方向伸展，用户在任务栏快捷菜单中执行"并排显示窗口"命令后，在桌面上即可出现排列后的结果，如图 2-21 所示。

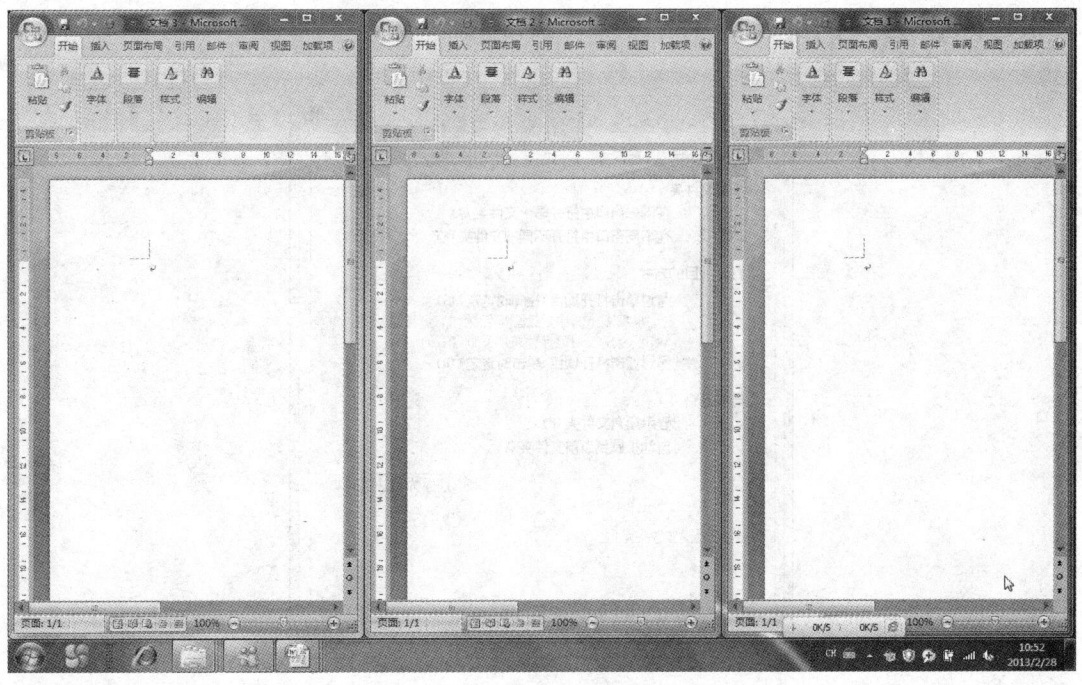

图 2-21　并排显示窗口

在选择了某项排列方式后,在任务栏快捷菜单中会出现相应的撤消该选项的命令,例如,用户执行了"并排显示窗口"命令后,任务栏的快捷菜单会增加一项"撤消并排显示"命令,当用户执行此命令后,窗口恢复原状。

4.菜单

Windows 7 中的菜单可分为"开始"菜单、窗口菜单和单击右键弹出的快捷菜单等。下面主要介绍窗口菜单。

大多数程序包含多个使程序运行的命令或操作,很多命令是被放置在菜单下面的,以选择列表形式显示。为了使屏幕整洁,通常会隐藏这些菜单,只在窗口的菜单栏中单击菜单标题之后才会显示菜单。

有些菜单项后面或前面有…√●这些符号,它们各自代表什么意思呢?

(1)省略号"…":表示执行此菜单项后会出现对话框,需要进一步进行输入、选择或设置等操作。

(2)实心黑三角:表示当鼠标指向它时,会弹出一个级联子菜单。

(3)对勾"√":选中标记,命令项前有此符号,表示该命令有效。可以不选或多选。

(4)实心圆点"●":选中标记,但必须且只能选一个,一般是二选一。

5.对话框

对话框是 Windows 7 中用于与用户交互的重要工具,通过对话框,系统可以提示或询问用户,并提供一些选项供用户选择。在 Windows 7 系统中有很多对话框,这些对话框的形状和组成差别很大。一般情况下,对话框只能在屏幕上移动位置,不能改变大小,也不能缩成任务栏图标。

在"计算机"窗口中,单击"工具/文件夹选项",弹出窗口如图 2-22 所示,组成对话框的元素主要包括选项卡、复选框、单选钮、命令按钮等。

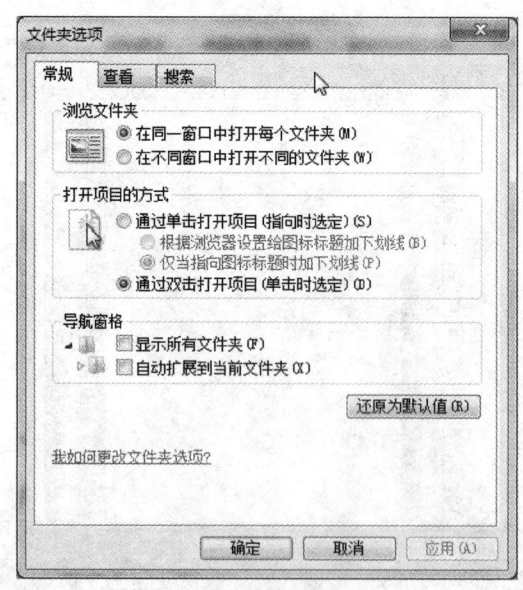

图 2-22 "文件夹选项"对话框

标题栏:位于对话框的最上方,系统默认的是深蓝色,上面左侧标明了该对话框的名称,右侧有关闭按钮,有的对话框还有帮助按钮。

选项卡:在对话框中,各选项卡对应着不同的功能设置,单击各选项卡,可以运用相应的功能进行相关操作。

复选框:以对话框中,一些选项前有一个小方框,称为复选框,用户可以在同组功能设置中勾选多个复选框。

单选钮:在对话框中,一些选项前有一个呈圆形的框,称为单选钮,用户只能在同组功能设置中点选一个单选钮。

命令按钮:在对话框中,有"确定""取消"等按钮,称为命令按钮。

◇ **技能实训**

1. 为桌面添加"控制面板"图标。
2. 在桌面创建"屏幕键盘"快捷方式图标,并移动图标位置。
3. 设置桌面图标以"中图标""自动排列方式"方式查看。
4. 查看 Windows 7 的注销用户和重新启动操作方式。
5. 打开"计算机""回收站""控制面板"三个窗口,分别以层叠、堆叠、并排显示三种方式查看,观察效果。
6. 从当前界面直接切换到桌面。
7. 将"驱动器 D:"中的内容按"修改日期"进行排序,并显示文件或文件夹中的详细内容。
8. 调节任务栏位置,分别移动到桌面顶部、左侧、右侧、底部,观察。
9. 将任务栏上图标设置为"小图标"显示方式。
10. 设置开始菜单中"显示和最近打开过的程序"的数目为 5 个。
11. 隐藏桌面图标,再全部重新显示。
12. 锁定系统当前状态。

任务二　文件夹和文件管理

■ 技能要点:
掌握文件和文件夹的操作
掌握磁盘的管理与操作
能复制文件、删除文件、移动文件
能对磁盘进行管理

◇ **任务背景**

我们的电脑硬盘里存放着大量的文档、图片、音频、视频等文件资料,如何将电脑里的文件分门别类地进行组织和存放,以方便资料的保存和迅速提取,提高工作效率,是我们在保存文件时必须考虑的问题。

◇ **实施步骤**

1. 在 D 盘根目录下创建"姓名"文件夹:双击桌面上"计算机"图标,在打开窗口的左侧窗格选择 D 盘,选择"文件"菜单中的"新建/文件夹",在出现的"新建文件夹"文本框中输入"计算机应用基础",回车。

2. 在"计算机应用基础"文件夹下建立同级子文件夹"实训"和"作业":双击"计算机应用基础"文件夹,选择"文件/新建/文件夹",在"新建文件夹"文本框中输入"实训",回车,依同样方法在"计算机应用基础"文件夹下再创建子文件夹"作业"。

3. 在"实训"文件夹下创建文本文件"test":双击"实训"文件夹,在打开的窗口中选择"文件/新建/文本文档",在"新建文本文档.txt"文本框中输入:test,回车。

4. 复制文件:单击选择 test,右击鼠标,选择"复制"命令,单击窗口工具栏中"后退"按钮,回到"计算机应用基础"文件夹窗口,在窗口右侧窗格空白处右击鼠标,选择"粘贴"。

5. 移动文件:双击"实训"文件夹,打开该文件夹窗口,选择 test.txt,再右击鼠标,选择"剪切"命令,单击工具栏中"后退"按钮,回到上一窗口,双击"作业"文件夹,打开该文件夹窗口,在该窗口右侧空白区域右击鼠标,选择"粘贴"命令,则将"实训"文件夹中的 test 移动到"作业"文件夹中。

6. 重命名文件:单击工具栏中的"后退"按钮,回到"计算机应用基础"文件夹窗口,选择其中的"test.txt",右击鼠标,选择重命名,输入:exercise,回车。

7. 删除文件:双击"作业"文件夹,选择其中的"test.txt",右击鼠标,选择删除,在打开的"删除文件"对话框中单击"是"。

8. 设置属性:找到"计算机应用基础"文件夹中的"exercise.txt"文件,右击鼠标,选择"属性",在弹出的属性对话框中,勾选属性项目下的"隐藏"。

9. 关闭窗口:依次单击窗口右上角的关闭按钮,关闭当前打开的所有文件夹窗口。

10. 搜索文件夹:在桌面双击"计算机"图标打开其窗口,单击窗口右上角的搜索栏文本框,输入"计算机应用基础",结果显示在下方右侧窗口中。

◇ **相关知识**

一、文件和文件夹

1. 文件和文件夹含义

计算机是以文件(File)的形式组织和存储数据的,简单地说,计算机文件就是用户赋予了名字并磁盘上的信息的有序集合。它可以是用户创建的文档,也可以是可执行的应用程序或一张图片、一段声音等。

文件夹是组织文件的一种方式,用户可以根据用途把不同的文件进行分组、归类管理,将同一类别的文件保存在一个文件夹中,以方便查找、维护和存储。用户不仅可以文件夹来组织管理文件,也可以用文件夹管理其他资源。在 Windows 7 操作系统中,可以利用"计算机"或资源管理器管理计算机系统资源,方便地实现创建、移动、复制、重命名和删除文件夹等操作。

2. 文件和文件夹的命名

为了区分不同的文件,必须给每个文件命名,文件名是存取文件的依据。一般来说,文件名一般由文件名和扩展名两部分组成,它们之间用一个小圆点隔开。文件扩展名通常表示文件类型。

文件名中可以由最长不超过 255 个合法的可见字符组成,而扩展名一般由 1~4 个合法字符组成。合法字符包括:汉字字符、26 个大小写英文字母、0~9 十个阿拉伯数字和一些特殊字符,文件名中允许使用空格。文件名中不能使用的非法字符有:\、/、:、*、?、"、&、〈、〉等,因为这些字符已作他用。

一般来说,文件主名一般用有意义的词汇或数字命名,即顾名思义,以便用户识别。例如:test.doc。同一文件夹内不能有相同的文件名,不同文件夹中可以同名。

不同的操作系统其文件名命名规则有所不同。windows 系统对文件名中字母的大小写在显示时有不同,但在使用时不区分大小写。而 UNIX 操作系统区分大小写。

3. 常用的系统文件夹

在 Windows 7 的许多文件夹中,有些是系统文件夹(如"计算机""文档""回收站"等),有些是用户创建的文件夹。Windows 7 中的每一个文件和文件夹都对应一个图标,双击文件图标即可启动相关的程序或显示相关的文件内容;双击文件夹图标则可以打开文件夹窗口,显示该文件夹所包含的文件或子文件夹信息。删除文件或文件夹图标,将同时删除其所代表的数据对象。用户在删除文件夹时,应注意区分要删除的对象是不是系统文件夹,对于系统文件夹,应尽量保留,不能轻易删除。下面介绍几个常用的系统文件夹。

(1) "计算机"与"资源管理器"

"计算机"是一个代表计算机资源的文件夹。用户通过"计算机"可以快速查看硬盘、CD-ROM 驱动器的内容。而且还可以在"计算机"的工具栏中选择"打开控制面板"命令,配置计算机中的多项设置。双击桌面"计算机"图标,打开对应窗口,如图 2-23 所示。

图 2-23 "计算机"窗口

右键单击"计算机"图标,从激活的快捷菜单中选择"属性",就可以打开"系统"设置窗口,如图所示。该设置界面中左侧的可执行任务包括"设备管理器"、"远程设置"、"系统保护"和"高级系统设置"等,右侧则列出了该系统的基本信息,如 Windows 操作系统的版本,处理器及内存的相关信息、计算机名及所在的域或工作组信息等。

"资源管理器"同"计算机"一样,都是 Windows 7 管理系统资源的重要工具,它们的操作方法和作用类似。用户如果要启动资源管理器,可以选择"开始/所有程序/附件/ Windows 资源管理器"命令,也可以右键单击"开始/计算机"以及任何文件夹图标,并在所弹出的快捷菜单中选择"资源管理器"命令。

(2)"文档"图片和"音乐"

位于"计算机"文件夹里的"文档"也是一个文件夹,用于存放和当前用户有关的各类文档。许多应用程序(如"记事本"、"写字板"等)中保存文件或打开文件时,系统的默认路径都是"文档"。除"文档"外,还有一些特殊的文件夹,如"图片"和"音乐"等,它们分别用来存放用户的图像文件和声音文件。"图片"文件夹具有图形预览和幻灯片播放等功能,并且双击文件夹窗口中的一个图形文件时,默认打开系统自带的"Windows 照片库",可以方便地对图片进行旋转、缩放、修复、复制、剪裁、打印、电子邮件发送、刻录等操作。

Windows 7 操作系统是多用户操作系统,计算机中允许有多个用户存在,每个用户都有一个以用户名标识的个人文件夹,用户可以在以其账户名命名的个人文件夹中找到以上这些文件夹以及更多内容。用户的个人文件夹可以在"开始"菜单中打开,只需单击"开始"按钮,然后单击位于"开始"菜单顶部的登录用户账户名称即可,如图 2 – 24 所示。

图 2 – 24　"系统"设置窗口

(3)回收站

回收站用于存放用户已删除的文件或文件夹。默认情况下,这些对象都被放入"回收站"中。除在右键菜单中选择"删除"键外,用户也可以采用直接将一个对象拖放到"回收站"的方式执行删除操作。用以上方式删除的文件可以从"回收站"中还原。

如果删除文件的同时按住 Shift 键,则该文件将直接被彻底删除,并不放入"回收站"中。

用这种方式删除的文件无法从"回收站"中还原。

右键单击"回收站"图标，可以选择"打开""清空回收站"等操作。打开"回收站"后，选中对象可以将其彻底删除或还原。

在"回收站"的右键快捷菜单中选择"属性"，打开"回收站"属性对话框，从中可以自定义回收站的最大值，设置"显示删除确认对话框"等属性，如图 2-25 所示。

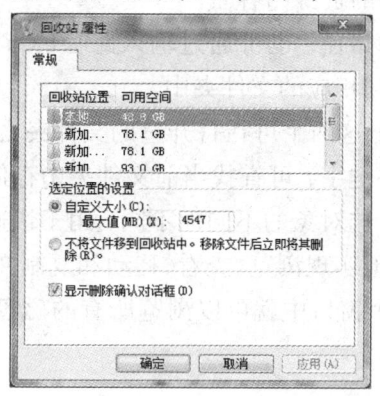

图 2-25 "回收站 属性"对话框

二、文件和文件夹管理

1. 资源管理器

Windows 7 提供了资源管理器管理电脑中的所有文件、文件夹等资源，Windows 7 资源管理器的功能十分强大。单击任务栏左侧的"Windows 资源管理器"图标，或双击桌面上的"计算机"图标、"网络"图标等，以及用鼠标右击任务栏上的"开始"按钮，都可以打开资源管理器。如图 2-26 所示。

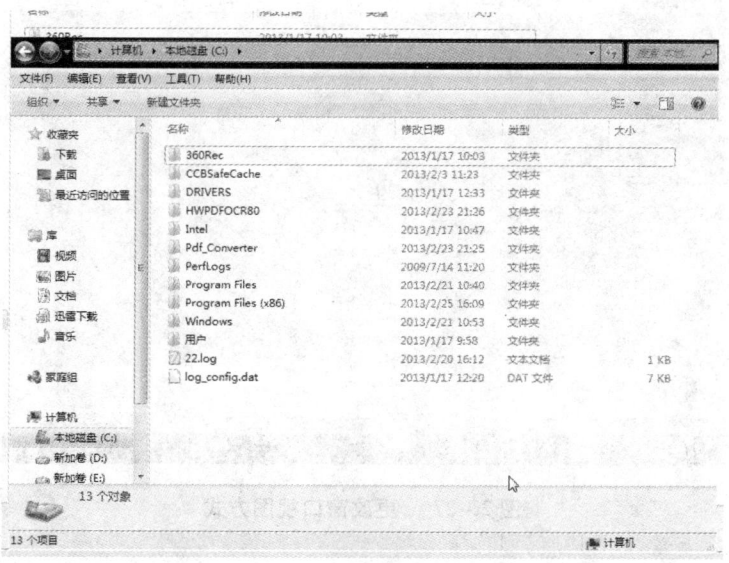

图 2-26 资源管理器窗口

导航窗格：采用层次结构对电脑中的资源进行导航，它将计算机资源分为五大类列出。分别为"收藏夹"、"库"、"计算机"、"家庭组"和"网络"等项目，其下又层层细分为多个子项目（如磁盘和文件夹等）。单击项目左侧的按钮可展开其子项目；单击按钮可收缩项目；单击项目名称可在工作区中显示其包含的内容。

内容区：显示所选项目具体的资源内容。

地址栏：显示当前文件夹的路径，也可通过输入路径的方式来打开文件夹，还可通过单击文件夹名或三角按钮来切换到相应的文件夹中。

"前进"和"后退"按钮：单击这两个可在打开过的文件夹之间切换。

搜索编辑框：在其中输入关键字，可查找当前文件夹中存储的文件或文件夹。

工具栏：其上的按钮会随所选对象的不同而不同，用于快速完成相应的操作。

使用资源管理器可以方便地实现浏览、查看、移动和复制文件或文件夹等操作，用户可以不必打开多个窗口，而只在一个窗口中就可以浏览所有的磁盘和文件夹，便于查看和管理计算机上的所有资源。

2. 文件或文件夹的浏览

（1）显示方式

Windows 7 操作系统提供了"超大图标"、"大图标"、"中等图标"、"小图标"、"列表"、"详细信息"、"平铺"以及"内容"八种文件（夹）显示方式，选择时需要在窗口的菜单栏中单击"查看"按钮右侧的黑色小三角按钮，然后在弹出的菜单中选择所需的一种显示方式即可，如图 2-27 所示。

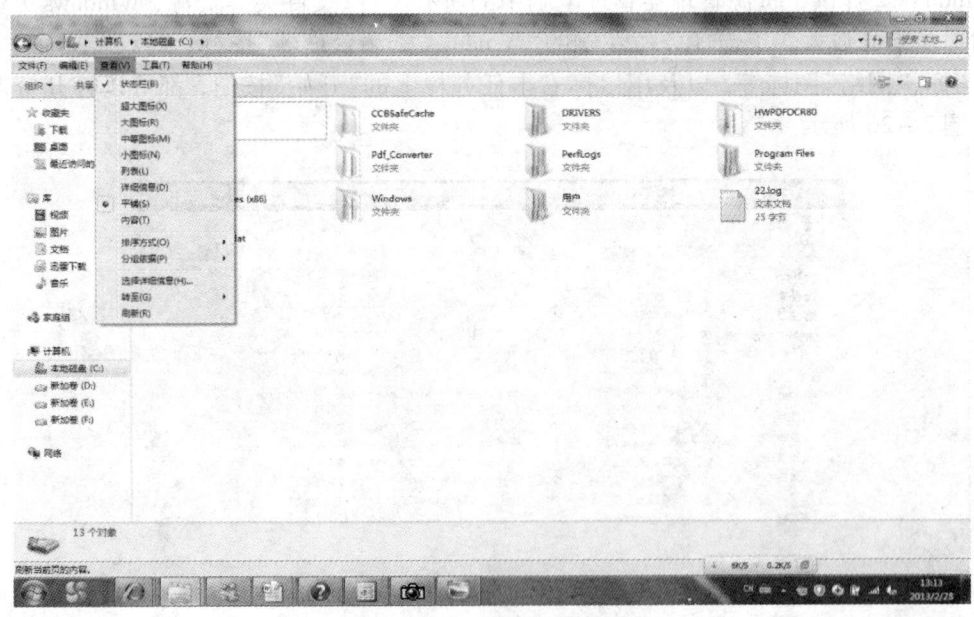

图 2-27　更改窗口视图方式

另外，可以打开"计算机"窗口，然后打开"组织"菜单，从菜单中选择"文件夹和搜索"命令，在打开的"文件夹选项"对话框的"常规"选项卡中设置浏览文件夹的方式，如图 2-28 所示。

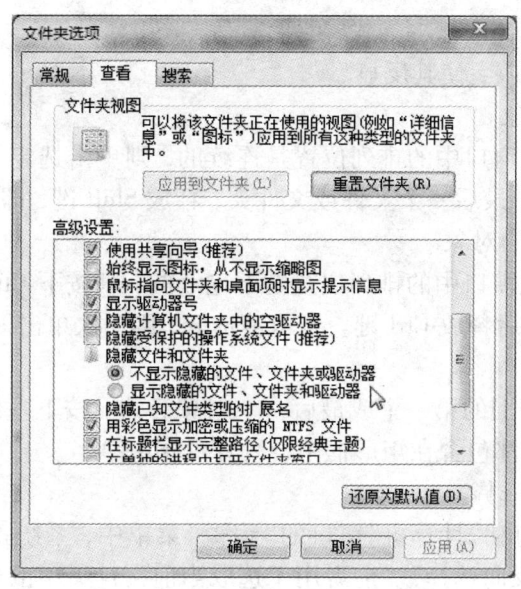

图 2-28 设置浏览文件夹的方式

(2)排序方式

在显示详细资料时,可以对显示的内容按一定的方式排序显示,以方便查找和使用。方法是单击菜单栏的"查看/排序方式"命令,在弹出的级联菜单中按用户需要选择即可。如单击"名称",再单击"递增"或"递减"命令,则按文件或文件夹名称的递增或递减顺序排列显示。还可单击"修改日期""类型""大小"命令进行相应的排序显示,如图 2-29 所示。

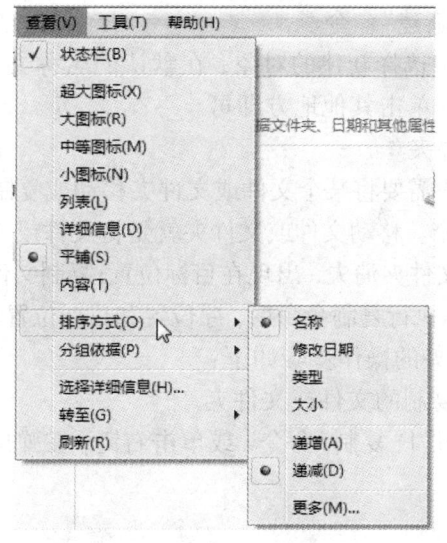

图 2-29 设置排序方式

3. 选取文件或文件夹

在对文件或文件夹进行操作前,必须首先选定该文件或文件夹。

(1) 选定一个对象

单击某个文件或文件夹,使其反显。

(2) 选定多个连续对象

如果文件或文件夹在窗口中的排列位置是连续的,则单击选定第一个文件或文件夹,然后按住 Shift 键的同时单击最后一个文件或文件夹,释放 Shift 键,即可一次性选取多个对象。

(3) 选定多个不连续的对象

如果文件或文件夹在窗口中的排列位置是不连续的,则按下 Ctrl 键的同时,用鼠标依次单击需要选取的对象,最后释放 Ctrl 键。若取消选取,则再次单击即可。

(4) 选定一组对象

将鼠标移动到选择范围的第一个或最后一个对象旁边,按下左键,拖动鼠标,形成一个矩形框,使所有待选对象都包含在矩形框中,然后释放左键。

(5) 全部选定和反向选择

在"资源管理器"窗口和"计算机"窗口的"编辑"菜单中,系统提供了两个用于选取对象的命令:"全部选定"和"反向选择"。前者用于选取当前文件夹中的所有对象,后者用于选取那些当前没有被选中的对象。

(6) 取消选定

选定对象后,再次单击窗口工作区的任意处,可取消原来的选定;如果单击鼠标的同时按下 Ctrl 键,则只取消所单击对象的选定,其他已选定的对象仍然保留被选中状态。

4. 创建文件和文件夹

用户可以创建新的文件夹来存放具有相同类型或相近形式的文件,创建新文件夹或新文件可执行下列操作步骤:

(1) 打开"计算机"窗口或"资源管理器"窗口,进入要新建文件或文件夹的驱动器或文件夹下,选择菜单栏的"文件/新建"命令。

(2) 在弹出的级联菜单中选择新建的对象,在默认的名称文本框中输入文件或文件夹的名称,单击 Enter 键或用鼠标单击其他地方即可。

5. 移动/复制文件或文件夹

在实际应用中,有时用户需要将某个文件或文件夹移动或复制到其他地方以方便使用,这时就需要用到移动或复制命令。移动文件或文件夹就是将文件或文件夹放到其他地方,执行移动命令后,原位置的文件或文件夹消失,出现在目标位置;复制文件或文件夹就是将文件或文件夹复制一份,放到其他地方,执行复制命令后,原位置和目标位置均有该文件或文件夹。

移动和复制文件或文件夹的操作步骤如下:

(1) 选择要进行移动或复制的文件或文件夹。

(2) 单击"编辑"|"剪切"|"复制"命令,或单击右键,在弹出的快捷菜单中选择"剪切"|"复制"命令。

(3) 选择目标位置。

(4) 选择"编辑"|"粘贴"命令,或单击右键,在弹出的快捷菜单中选择"粘贴"命令即可。

6. 重命名文件或文件夹

重命名文件或文件夹就是给文件或文件夹重新命名一个新的名称,使其可以更符合用户的要求。

重命名文件或文件夹的具体操作步骤如下：
(1)选择要重命名的文件或文件夹。
(2)单击"文件"|"重命名"命令，或单击右键，在弹出的快捷菜单中选择"重命名"命令。
(3)这时文件或文件夹的名称将处于编辑状态(蓝色反白显示)，用户可直接键入新的名称进行重命名操作。

注意：也可在文件或文件夹名称处直接单击两次(两次单击间隔时间应稍长一些，以免使其变为双击)，使其处于编辑状态，键入新的名称进行重命名操作。

7. 删除文件或文件夹

当有的文件或文件夹不再需要时，用户可将其删除掉，以利于对文件或文件夹进行管理。删除后的文件或文件夹将被放到"回收站"中，用户可以选择将其彻底删除或还原到原来的位置。

删除文件或文件夹的操作如下：
(1)选定要删除的文件或文件夹。
(2)选择"文件"|"删除"命令，或单击右键，在弹出的快捷菜单中选择"删除"命令。
(3)弹出"确认文件|文件夹删除"对话框，如图2-30所示。

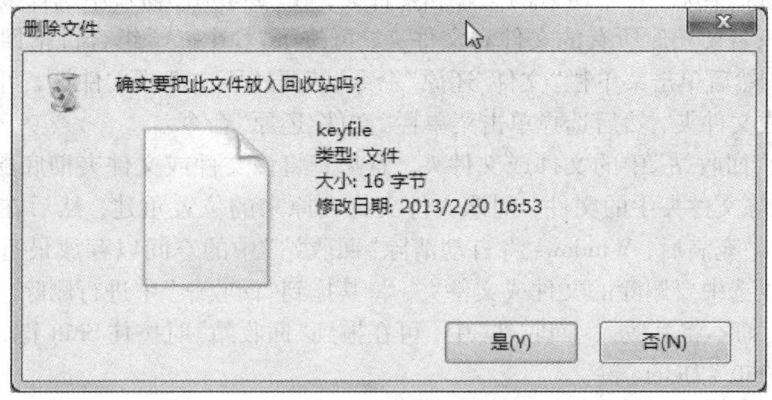

图2-30　删除对话框

(4)若确认要删除该文件或文件夹，可单击"是"按钮；若不删除该文件或文件夹，可单击"否"按钮。

注意：从网络位置删除的项目、从可移动媒体删除的项目或超过"回收站"存储容量的项目将不被放到"回收站"中，而被彻底删除，不能还原。

8. 彻底删除与恢复

"回收站"为用户提供了一个安全的删除文件或文件夹的解决方案，用户从硬盘中删除文件或文件夹时，Windows会将其自动放入"回收站"中，直到用户将其清空或还原到原位置。

删除或还原"回收站"中文件或文件夹的操作步骤如下：
(1)双击桌面上的"回收站"图标。
(2)打开"回收站"对话框，如图2-31所示。

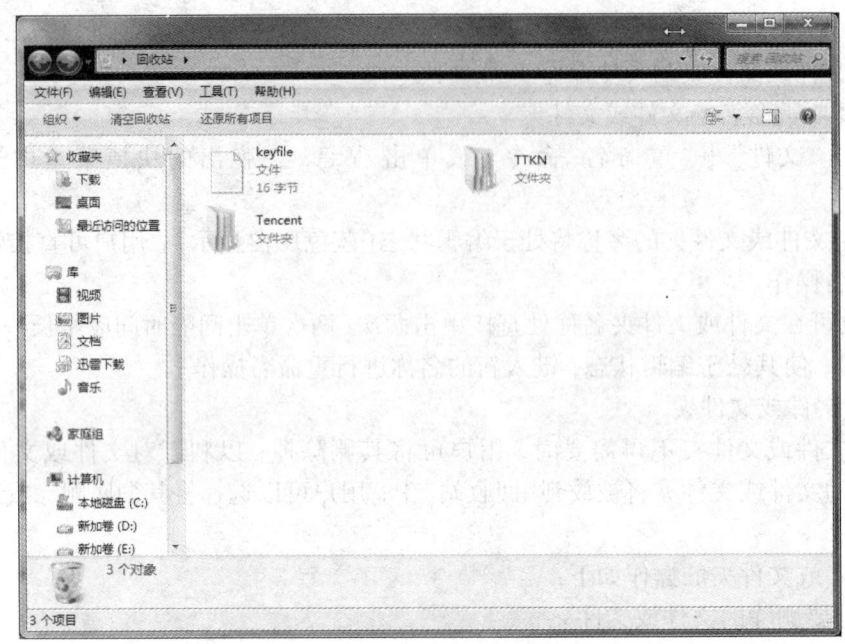

图2-31 "回收站"窗口

(3)若要删除"回收站"中所有的文件和文件夹,在"回收站"窗口中选择菜单栏"文件/清空回收站"命令;若要还原所有的文件和文件夹,可按下"Ctrl + A"组合键把回收站窗口中的全部内容选中,然后单击菜单栏"文件/还原"命令;若要还原文件或文件夹,可在回收站窗口中选定该文件或文件夹,然后选择单击菜单栏"文件/还原"命令。

注意:删除"回收站"中的文件或文件夹,意味着将该文件或文件夹彻底删除,无法再还原;若还原已删除文件夹中的文件,则该文件夹将在原来的位置重建,然后在此文件夹中还原文件;当回收站充满后,Windows将自动清除"回收站"中的空间以存放最近删除的文件和文件夹。也可以选中要删除的文件或文件夹,将其拖到"回收站"中进行删除。若想直接删除文件或文件夹,而不将其放入"回收站"中,可在拖到"回收站"时按住Shift键,或选中该文件或文件夹,按Shift + Delete键。

9. 查看或设置属性

文件属性提供有关文件的详细信息,如文件类型、标记或上次修改文件的日期等,属性使查找和整理文件变得更加轻松。

用户可以为文件或文件夹设置(或取消设置)只读和隐藏等属性。如果文件或文件夹为"只读",则该文件或文件夹不允许更改和删除;若文件或文件夹属性为"隐藏",则该文件或文件夹在常规显示中将不被看到。

查看或更改文件或文件夹属性的操作步骤如下:

(1)选中要更改属性的文件或文件夹。

(2)选择"文件"|"属性"命令,或单击右键,在弹出的快捷菜单中选择"属性"命令,打开"属性"对话框。

(3)选择"常规"选项卡,通过该属性窗口,用户可以查看对象的文件类型、位置、大小、创建时间、修改时间等属性,如图2-32所示。

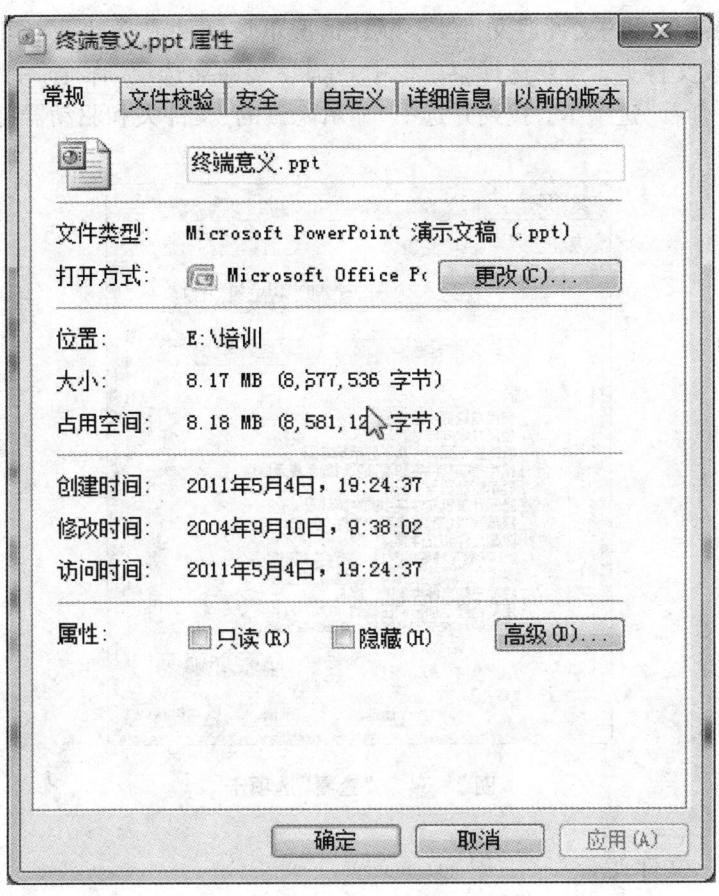

图2-32 文件属性

(4)如果修改对象的属性,则在"属性"选项组中选定需要的属性复选框。

(5)单击"应用"按钮,如果对象是文件,将保存设置直接退出;如果对象是文件夹,将弹出"确认属性更改"对话框,如图图2-33所示。

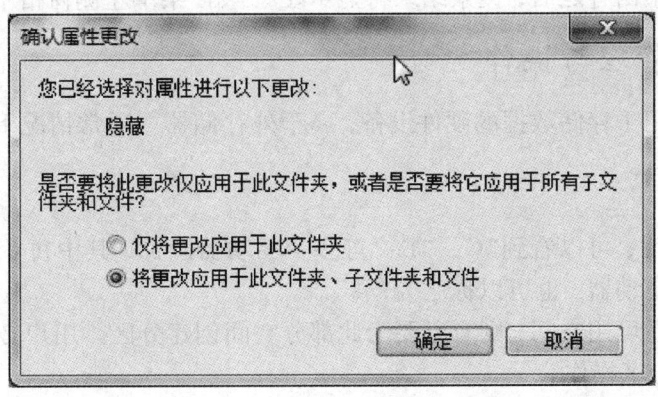

图2-33 确认属性更改对话框

注意:具有隐藏属性的文件或文件夹,默认情况下该文件或文件夹不可见。如果要查看隐藏属性的文件或文件夹,需要选择菜单栏中"工具/文件夹选项"命令,打开"文件夹选项"对话框,并选中"查看"选项卡,找到并选中"显示隐藏的、文件夹和驱动器"选项,如图2-34所示。

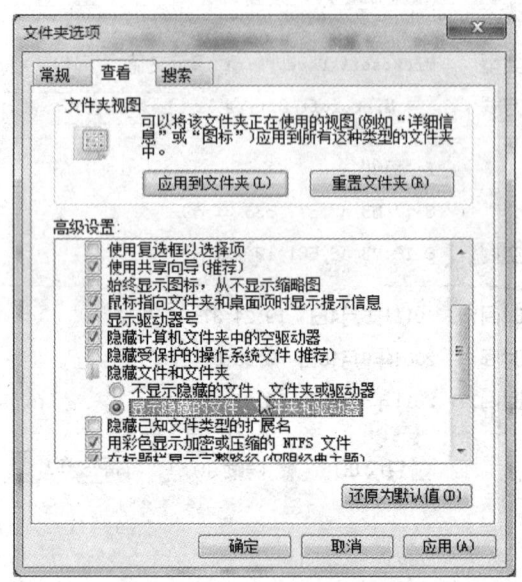

图2-34 "查看"选项卡

10. 搜索文件、文件夹

有时候用户需要察看某个文件或文件夹的内容,却忘记了该文件或文件夹存放的具体的位置或具体名称,这时候Windows提供的搜索文件或文件夹功能就可以帮用户查找该文件或文件夹。

搜索文件或文件夹的具体操作如下:

单击"开始"按钮,在打开的"开始"菜单底部的"搜索"文本框中输入搜索内容,不必在框中单击。键入搜索内容之后,搜索结果将显示在"开始"菜单左侧窗格中的"搜索"框上方。

三、磁盘的管理与操作

磁盘是计算机用于存储数据的硬件设备,属于外存储器。通常情况下,硬盘的管理与操作主要是针对硬磁盘。

1. 磁盘分区

打开"计算机"后,可以看到"C:""D:"等多个驱动器图标,其中每个驱动器图标代表一个磁盘分区或逻辑驱动器,也可以称之为"卷"。

如果硬盘上存在可用空间,则有必要为此部分空间创建分区。用户必须以管理员身份进行登录,才能执行分区操作。

创建分区

步骤1:打开"控制面板",依次选择"系统和安全"—管理工具—计算机管理—[磁盘管理]命令,则会打开如图2-35所示窗口。

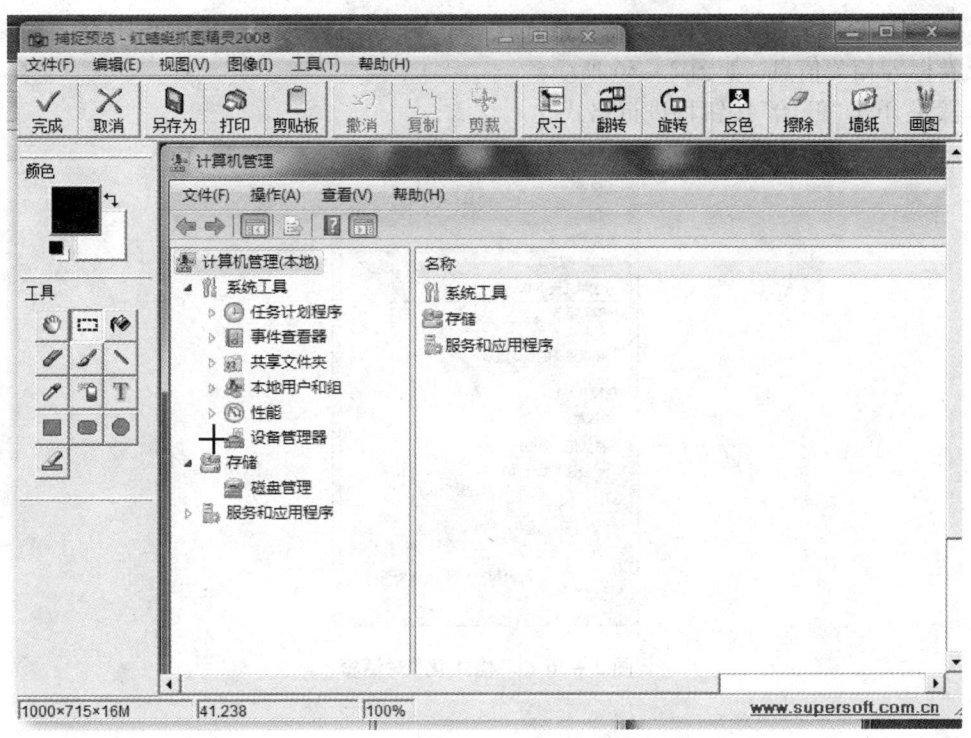

图2-35 磁盘管理

步骤2:在磁盘信息空格中找到代表空闲存储区域(可用空间)的图标并右击,从打开的快捷菜单中选择"新建简单卷"命令,单击"下一步"。

步骤3:键入要创建的卷的大小(MB)或接受最大默认值,单击"下一步"。

步骤4:接受默认驱动器号或选择其他驱动器号以标识分区,然后单击"下一步"。

步骤5:在"格式化分区"对话框中,用户可以选择立即格式化该卷或者稍后再执行格式化操作,做出选择后单击"下一步",然后单击"完成"即可。

删除分区

右键单击要删除的卷(如分区或逻辑驱动器),然后选择"删除卷"命令。

2. 磁盘的格式化

磁盘被分区后,需要将卷(磁盘分区或逻辑驱动器)格式化。格式化卷是指使用文件系统配置磁盘,以便 Windows 能够在磁盘上存储信息。可选的文件系统类型有 FAT、FAT32、NTFS 等,Windows 7 默认的文件系统类型为 NTFS 格式系统,该系统提供了比 FAT、FAT32 文件系统更高的性能和安全性。

格式化卷将会破坏卷中原有的全部数据,因此在执行格式化操作之前,用户应保存该卷中的重要数据。格式化的方式有两种:快速格式化和普通格式化。快速格式化能够创建新文件表,但不会完全覆盖或擦除卷;普通格式化会完全擦除卷上现有的所有数据。因此,快速格式化的速度比普通格式化速度快许多。

格式化卷的操作

步骤1:打开"计算机",右键单击要格式化的卷图标。

步骤2：从弹出的快捷菜单中选择"格式化"命令，在出现的对话框中设定空间容量、文件系统及卷标等相关信息，如图2-36所示。

步骤3：单击"开始"按钮将进行格式化。

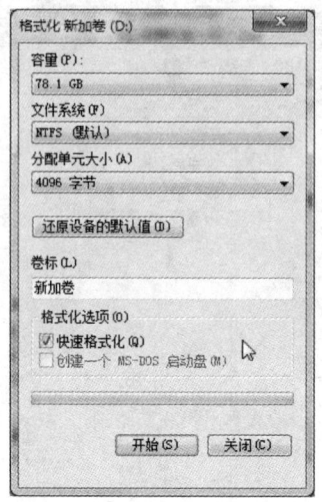

图2-36 "格式化"对话框

3. 检查磁盘

磁盘使用较长一段时间后，有可能出现逻辑错误和物理错误，造成数据丢失，严重时会影响系统的正常使用。磁盘检查程序可以诊断并修复一些磁盘的错误。进行磁盘检查前，需要首先关闭该磁盘驱动器的的所有文件和程序。

磁盘检查的操作

步骤1：在"计算机"窗口中，右键单击驱动器图标。

步骤2：从弹出的快捷菜单中选择属性命令，在"属性"对话框中选择"工具"选项卡，如图2-37所示。

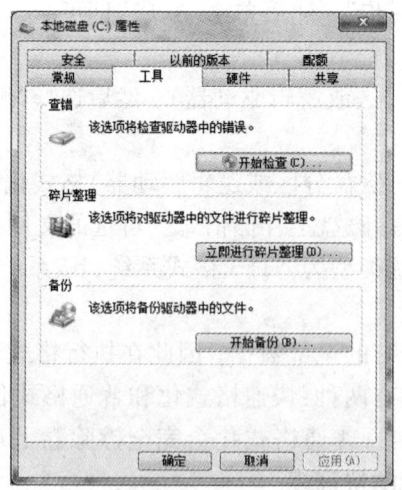

图2-37 "工具"选项卡

步骤3:单击"开始检查"按钮,即可出现"检查磁盘"对话框。

4. 磁盘碎片整理

在计算机使用过程中,用户如果频繁建立和删除数据,或者虚拟内存的设置不当,会造成磁盘自由空间的不连续,形成所谓的"磁盘碎片",磁盘碎片过多会降低磁盘的存取速度。磁盘碎片整理就是将部分文件重写入磁盘相邻扇区的过程,使已用空间和自由空间尽量连续,以提高磁盘访问和检索的速度。

磁盘碎片整理的操作

步骤1:在"计算机"窗口中,右键单击驱动器图标。

步骤2:从弹出的快捷菜单中选择属性命令,在"属性"对话框中选择"工具"选项卡。

步骤3:在"工具"选项卡中单击"立即进行碎片整理"按钮。

步骤4:单击后则可以开启"磁盘碎片整理程序"对话框,如图2-38所示。

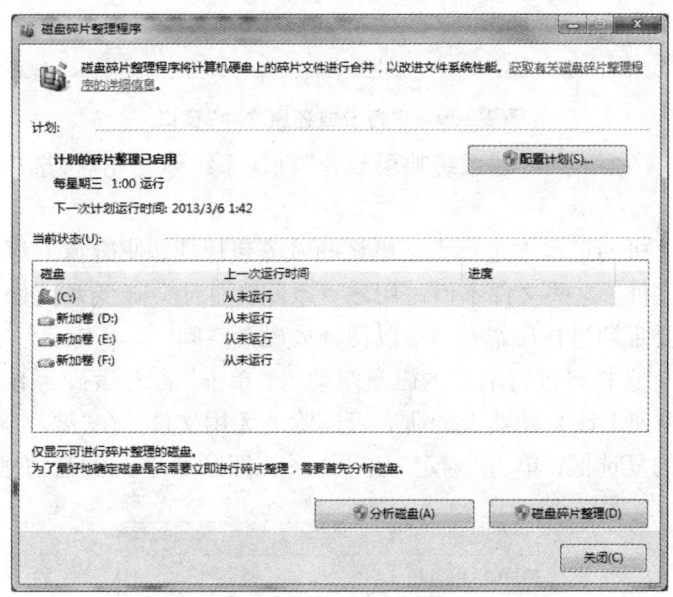

图2-38 "磁盘碎片整理程序"对话框

5. 磁盘的备份与还原

备份文件有助于避免数据永久性丢失。使用磁盘备份工具的具体操作如下。

步骤1:在"计算机"窗口中,右键单击驱动器图标。

步骤2:从弹出的快捷菜单中选择属性命令,在"属性"对话框中选择"工具"选项卡。

步骤3:在"工具"选项卡中单击"开始备份"按钮,打开"备份或还原"对话框,如图2-39所示。

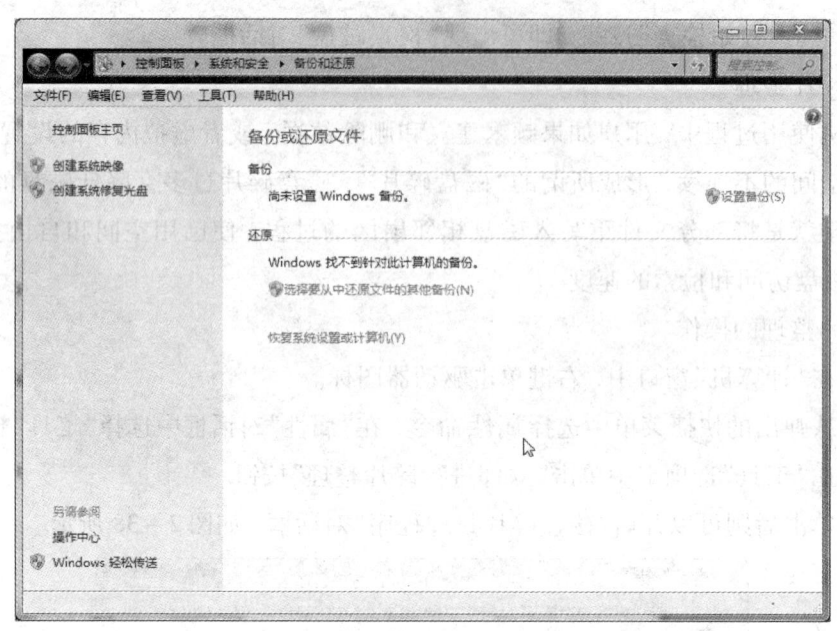

图 2-39 "备份或还原文件"窗口

步骤 4：选择窗口左侧的"创建系统映象或者"创建系统修复光盘"选项进行备份。

6. 磁盘清理

用户在使用计算机的过程中进行大量的读写及安装操作，使磁盘上存留了许多临时文件和已经不再使用的文件，这些文件不但占用磁盘空间，而且会降低系统处理速度和系统的整体性能。因此有必要定期进行磁盘清理，以便释放磁盘空间。

在"开始"菜单中选择要进行清理的磁盘驱动器，单击"确定"后，系统将自动扫描所选驱动器，并在对话框中列出该驱动器上的所有可删除的无用文件，在"要删除的文件"组下选中要删除的文件前面的复选框，单击"确定"按钮，系统即开始进行磁盘清理工作，如图 2-40 所示。

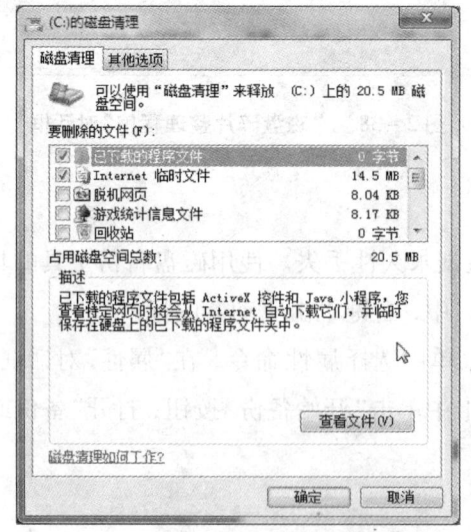

图 2-40 磁盘清理对话框

◇ 技能实训

1. 分别用 Windows 7 提供的八种显示方式浏览某个驱动器中的文件和文件夹，观察效果。

2. 分别在以上显示方式下，依次用 Windows 7 提供的四种排序方式浏览某个驱动器中的文件和文件夹，观察比较效果。

3. 尝试对某一磁盘进行格式化、磁盘检查、磁盘碎片整理、备份与还原、磁盘清理等操作，理解各项含义。（注意：只打开对话框浏览，勿执行。）

4. 文件和文件夹的操作

（1）在"驱动器 D:"盘根目录下创建文件夹，文件夹名字为 LXM。

（2）在 LXM 文件夹下建立三个同级的子文件夹，三个子文件夹的名字分别是"资料""照片""视频"。

（3）在"照片"文件夹下创建两个子文件夹，分别为"同学"和"家人"。

（4）在 LXM 文件夹下建立名为" explain.txt"的文本文件。

（5）将 explain.txt 文件复制到"资料"文件夹下。

（6）将 LXM 文件夹下的"explain.txt"文件更名为"ABC.txt"。

（7）将"照片"文件夹的属性设置为隐藏。

（8）在"驱动器 D:"范围内查找所有的 JPG 文件。

5. 调用任务管理器查看计算机当前正在运行的应用程序，并有切换任务，结束某一任务。

6. 查看当前所用计算机的硬件配置。

7. 查看当前所用计算机的基本信息，如 CPU 型号、内存大小、操作系统版本等。

任务三　个性化工作环境

■ 技能要点：
能进行显示属性的设置
能进行语言和区域的设置
能进行系统日期和时间设置
能进行鼠标的设置
能添加/删除程序

◇ 任务背景

控制面板是 Windows XP 图形用户界面的一部分，系统的安装、配置、管理和优化都可以在控制面板中完成，比如"添加/删除程序"、"显示"设置、"鼠标"设置、"声音和音频设备"设置、"日期和时间"设置、"用户账户"管理等，控制面板是集中管理系统的场所。下面以部分常见设置为例应用控制面板。

◇ 实施步骤

1. 设置桌面背景：在桌面空白处单击鼠标右键，选择"个性化"命令，在打开的"更改计算机上的视觉效果和声音"窗口中，单击下方的"桌面背景"，打开"选择桌面背景"对话框，在该对话框中可以选择 Windows 自带的图片，也可以通过单击窗口上方的"图片位置"右侧的"浏览"按钮选择保存在电脑中的图片。单击窗口左下角的"图片位置"向下按钮，选择背景显示方式。

选择 Windows 自带的图片时，可以一次勾选一张或多张图片（图片左上角有复选框），勾选多张图片时，Windows 桌面将定时切换壁纸，该对话框窗口下方可以设置切换时间。最后单击"确定"退出。

2. 更换主题：在桌面空白处单击鼠标右键，选择"个性化"命令，在打开的"更改计算机上的视觉效果和声音"窗口中选择需要的主题，即在屏幕上看到应用的效果。

如果对 Windows 提供的主题不满意，也可以单击窗口中的"联机获得更多主题"链接，进入"Windows 7 主题"网页，单击页面左侧的导航栏按钮，显示相关的主题，单击该主题缩略图下方的"详细信息"链接，查看主题的介绍。如果确定需要下载，选择需要下载的主题，然后单击缩略图下方的"下载"按钮，按提示进行保存。

最后在下载的文件夹中双击主题包程序，安装该主题，则该主题会显示在"个性化"窗口，选择该主题的缩略图，即可应用该主题。

3. 设置日期和时间：单击任务栏右边通知区域的时钟图标，在打开的窗口中单击底部的"更改时间和日期设置"，在弹出的"日期和时间"对话框中选择"日期和时间"选项卡，在该选项卡下单击日期栏下面的"更改日期和时间"按钮，出现"日期和时间设置"对话框，在该对话框中根据实际情况输入正确的日期和时间，单击"确定"退出。

4. 安装输入法：单击"开始/所有程序/附件/系统工具/控制面板"，选择"时钟、语言和区域"下面的"更改键盘或其他输入法"，在打开的"区域和语言"对话框中，在"键盘和语言"选项卡上，单击右侧的"更改键盘"按钮，打开"文本服务和输入语言"对话框，在"已安装的服务"项目组下，单击"添加"按钮，打开"添加输入语言"对话框，在此对话框中选择相应的输入法，单击"确定"。

5. 音量图标的消隐：单击任务栏通知区域的向上三角按钮，单击"自定义"，打开"选择在任务栏上出现的图标和通知"对话框，在该对话框中拖动滚动块找到"音量"图标，将其右边的行为设置为"隐藏图标和通知"，则通知区域不再显示音量图标；如果选择"显示图标和通知"，则在通知区域显示"音量图标"，分别操作，单击"确定"后查看效果。

◇ 相关知识

一、控制面板

控制面板是 Windows 7 提供的查看及修改系统设置的图形化界面的系统设置工具，使用"控制面板"，用户可以方便地更改各项 Windows 系统设置，例如可以更改 Windows 的外观，设置桌面和窗口的颜色，也可以进行软、硬件的安装和配置，以及进行系统安全性的设置等，使 Windows 7 更符合个人的工作习惯和工作需求。

控制面板的默认视图中，共有八个类别的设置选项，如图 2-41 所示。每个类别下面都列有可供快速访问的一些常见任务，例如更改主题、更改键盘或其他输入法、卸载程序等。单击某一类别可以查看更多该类别的任务。

单击"开始/所有程序/附件/系统工具/控制面板",可打开控制面板。

图 2-41　控制面板

二、外观和个性化设置

属性的设置,既可以在控制面板中进行,也可以直接在桌面上进行。

1. 更改主题

Windows 7 桌面主题就是不同风格的桌面背景、窗口颜色、快捷方式图标、工具包等的组合体。

Windows 7 为用户预设了多种系统主题,例如默认使用的 Windows 7 主题、建筑主题、风景主题、自然主题等,如图所示。如果这些主题不够用,还可以通过联机(登录互联网)获得更多的系统主题。

更改主题的方法就是在桌面空白处单击鼠标右键,在弹出的快捷菜单中选择"个性化"选项,系统中预告提供数十款不同的主题,用户可以随意挑选其中的任何一款。用户也可以新建一个主题,填充图片并设置字体等参数,最后点击保存完成操作。

2. 更改桌面背景

桌面背景可以是单一的颜色,也可以是个人收集的数字图片、Windows 提供的图片、带有颜色框架的图片,也可以显示幻灯片图片。Windows 7 操作系统自带了很多漂亮的背景图片,用户可以从中选择自己喜欢的图片作为桌面背景。除此之外,用户还可以把自己收藏的精美图片设置为背景图片。

Windows 7 提供桌面背景变换功能,用户可以将某些图片设置为备用桌面,并设定更换的时间间隔。这样每隔一段时间后,系统会自动呈现不同的桌面背景。

设置桌面背景方法

(1)在桌面空白处右击,在弹出的快捷菜单中选择"个性化"菜单命令。

(2)弹出"更改计算机上的视觉效果和声音"窗口,选择"桌面背景"选项。

(3)弹出"选择桌面背景"窗口,如图2-42所示。在"图片位置"右侧的下拉列表中列出了系统默认的图片存放文件夹,选择不同的选项,将会列出相应文件夹包含的图片,用户可根据需要进行选择,然后,在选择的图片上单击将其选中。

图2-42 选择桌面背景

(4)单击窗口左下角的"图片位置"向下按钮,弹出背景显示方式,根据需要进行选择。

(5)如果用户想以幻灯片的形式显示桌面背景,可以单击"全选"按钮,在"更改图片时间间隔"列表中选择桌面背景的替换间隔时间,选择"无序播放"复选框,单击"保存修改"按钮即可。

(6)如果用户对系统自带的图片不满意,可以将自己保存的图片设置为桌面背景,在上一步中单击"浏览"按钮,弹出"浏览文件夹"对话框,选择图片所在的文件夹,单击"确定"按钮。

(7)选择的文件夹中的图片被加载到【图片位置】下面的列表框中,从列表框中选择一张图片作为桌面背景图片,单击【保存修改】按钮返回到【更改计算机上的视觉效果和声音】窗口,在【我的主题】组合框中保存主题。

(8)返回到桌面,即可看到设置桌面背景后的效果。

3. 调整屏幕分辨率

屏幕分辨率是指沿着屏幕的长和宽排列象素的多少。分辨率越高,显示的文本或图像越清楚，因而可以显示更多的图像细节和提供更大的可视范围。不过过大的分辨率也有缺点：字体可能会由于变的过小而难以阅读。可以使用的分辨率取决于监视器的大小、功能以及视频卡的类型。CRT 监视器通常显示 800 × 600 或 1024 × 768 像素的分辨率，使用其他分辨率可能效果更好。LCD 监视器（也称为平面监视器）和笔记本电脑屏幕通常支持更高的分辨率，并在某一特定分辨率效果最佳。

"控制面板"中的"屏幕分辨率"显示针对系统的监视器推荐的分辨率。

调整屏幕分辨率的方法

(1) 桌面空白处单击鼠标右键，在弹出的快捷菜单中选择"屏幕分辨率"命令。

(2) 弹出"更改显示器的外观"窗口，单击"分辨率"旁边的下拉键头，将滑块移动到所需的分辨率，然后单击"应用"，如图 2 - 43 所示。

图 2 - 43　调整屏幕分辨率

(3) 单击"确定"使用新的分辨率。

三、时钟、语言和区域设置

不同的国家和地区使用不同的日期、时间、语言和区域标识，Windows 操作系统的使用者应根据所在国家及地区对日期、时间等进行正确设置。

时钟设置

1. 打开"控制面板"，单击"时钟、语言和区域"，在打开的窗口右侧选择单击"日期和时间"下面的"设置日期和时间"项，则打开"日期和时间"对话框，如图 2 - 44 所示。

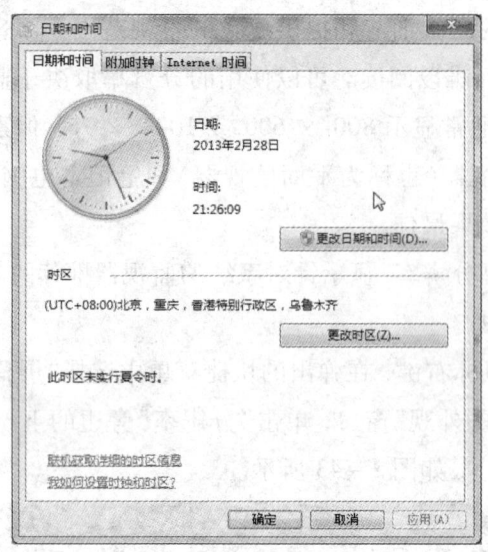

图 2-44 "日期和时间"对话框

2. 对话框中的"日期和时间"选项卡中可以设置系统日期、时间及时区。

3. 对话框中的"附加时钟"选项卡可以显示其他时区的时间，并可以通过单击任务栏时钟等方式查看此附加时钟。

4. "Internet 时间"选项卡中可以使计算机时钟与 Internet 时间服务器同步，这有助于保持系统时钟的准确性。

区域和语言设置

1. 打开"控制面板"，选择"时钟、语言和区域"，然后单击窗口右侧的"区域和语言"，打开"区域和语言"对话框，如图 2-45 所示。

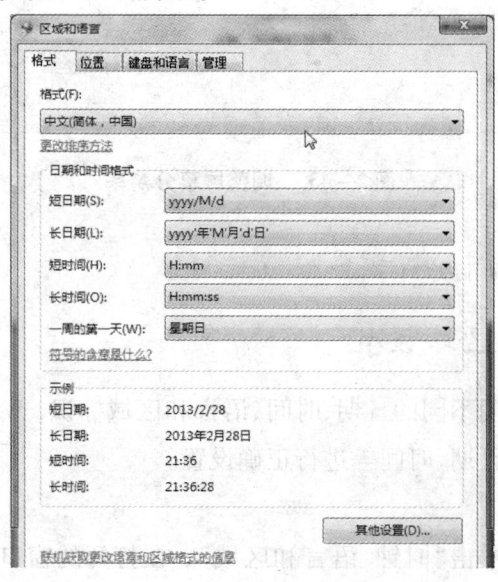

图 2-45 "区域和语言"对话框

2. "格式"选项卡中可以设置数字、货币、日期和时间等数据的显示方式。

3. "位置"选项卡中可以设置用户所在的准确位置。

4. "键盘和语言"选项卡中可用于更改键盘或输入语言。

5. "管理"选项卡中的"更改系统区域设置"选项可以设置不同程序中文本显示所使用的语言，而"复制到保留的账户"选项可以将所做设置复制到所选的账户中。

四、卸载程序

Windows 7 中删除程序除了可以用程序自带的卸载工具外，还可以利用控制面板中的"卸载程序"命令。

打开"控制面板"，在默认视图下选择"程序"－卸载，即可打开"卸载或更改程序"窗口，如图 2－46 所示。在安装程序列表中选择要删除的程序，并单击上方的"卸载/更改"按钮，即可卸载该应用程序。

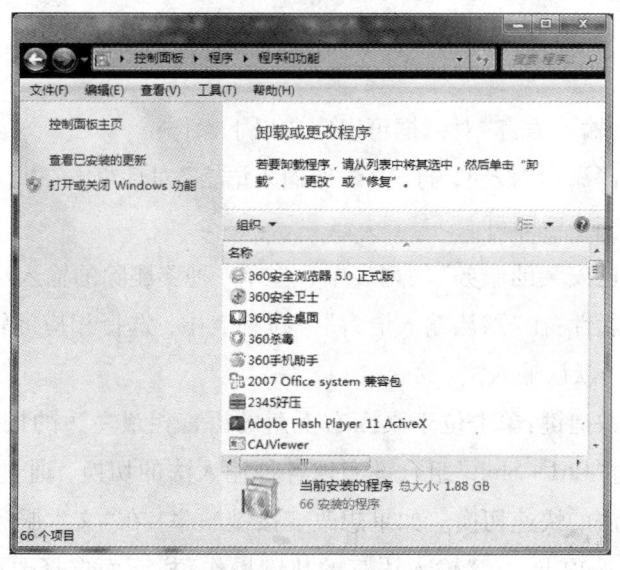

图 2－46　卸载或更改程序

五、输入法的设置

用户在使用电脑时，可以根据个人使用习惯安装系统中所没有的输入法。有些情况下，安装输入法程序后，需要将输入法添加到语言栏中才能使用；不再使用的输入法也可以从语言栏中删除。

打开"控制面板"，单击"时钟、语言和区域"，然后选择窗口右侧"区域和语言"选项，在打开的"区域和语言"对话框中单击选择"键盘和语言"选项卡，单击"更改键盘"按钮，打开"文本服务和输入语言"对话框，如图 2－47 所示。

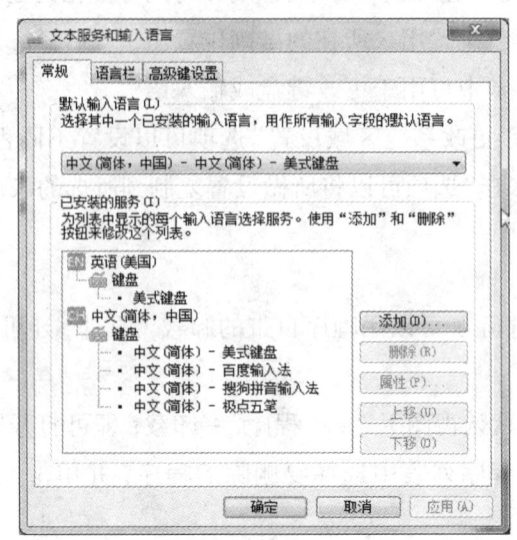

图 2-47 "文字服务和输入语言"对话框

利用"文本服务和输入语言"对话框可以完成以下操作：

添加输入法：单击"添加"按钮，打开"添加输入语言"对话框，在此对话框中可以选择相应的输入法，单击"确定"后即可。

删除输入法：在"已安装的服务"的列表中，选择一种要删除的输入法，单击"删除"按钮。

设置默认输入法属性：在"默认输入语言"下拉列表中，选择相应的输入法后单击"应用"按钮，则该输入法设为默认输入法。

设置切换输入法快捷键：单击位于桌面右下角的语言栏最左边的按钮，即可在各种输入法之间切换；默认通过"Ctrl + Shift"组合键实现各种输入法的切换，通过"Ctrl + 空格"组合键可以实现中英文输入法的快速切换。如果想改变按键顺序，在"文本服务和输入语言"对话框中单击"高级键设置"选项卡，在"输入语言的热键操作"栏下面选择要设置按键顺序的输入法，然后单击下面的"更改按键顺序"按钮，在弹出的"更改按键顺序"窗口中进行设置即可。

六、硬件和声音的设置

在系统设置过程中，用户可能需要执行添加或删除打印机和其他硬件，更改系统声音及更新设备驱动程序等操作，这就需要使用"控制面板"的"硬件和声音"中提供的功能。

1. 添加打印机

首先使用管理员身份登录计算机，通过"开始"菜单打开"控制面板"，选择"硬件和声音"，在打开的窗口右侧的"设备和打印机"下单击"添加打印机"，即可打开"添加打印机"窗口，如图 2-48 所示。

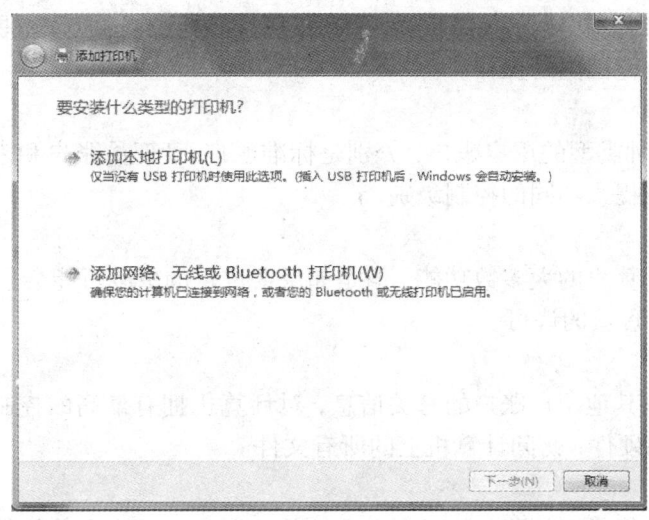

图 2-48　添加打印机

2. 设置鼠标

以管理员身份登录后，在"开始"菜单中打开"控制面板"，在"硬件和声音"窗口中单击右侧窗格中"设备和打印机"下面的的"鼠标"选项，打开"鼠标 属性"对话框，如图 2-49 所示。

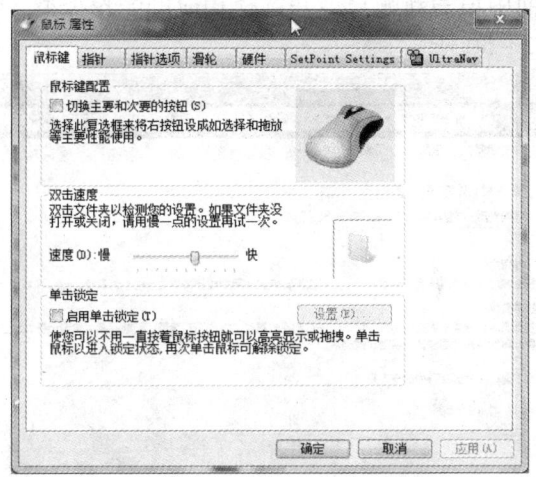

图 2-49　"鼠标 属性"对话框

通过此对话框，用户可以查看及修改鼠标的常用属性，如切换主要和次要的按钮（将右按钮设成选择和拖放等）、设置双击的速度、启用单击锁定、设置鼠标指针形状、设置鼠标速度、设置鼠标滑轮滑动时屏幕滚动的行数等。

七、用户账户的设置

在实际生活中，多用户使用一台计算机的情况经常出现，而每个用户的个人设置和配置文件等均会有所不同，这时用户可进行多用户使用环境的设置。不同用户用不同身份登录计算机时需要提供登录名和密码,登录成功后,用户只能看到自己权限范围内的数据和程序,只能够进行自己权限范围内的操作。

1. 用户账户类型

Windows 7 有三种类型的用户账户,分别是标准账户、管理员账户和来宾账户,每种账户类型为用户对计算机提供不同的控制级别。

(1) 标准账户

允许用户使用计算机的大多数功能,但是如果要进行的更改可能会影响计算机的其他用户或安全,则需要管理员的许可。

(2) 管理员账户

有权修改自己和其他用户账户的有关信息,对计算机拥有最高的控制权限,可以更改安全设置,安装软件和硬件,访问计算机上的所有文件。

(3) 来宾账户

允许用户使用计算机,但没有访问个人文件的权限,也无法安装软件和硬件,不能更改计算机的设置,也不能创建密码。来宾账户主要提供给临时需要访问计算机的用户使用。

2. 添加新用户

使用管理员账户登录计算机,打开"控制面板",选择"用户账户和家庭安全"操作界面,然后单击右侧窗格中的"用户账户",在出现的"更改用户账户"中单击"管理其他账户"选项,在随后出现的操作界面中单击"创建一个新账户"选项按钮,出现"命名账户并选择账户类型"操作界面,在该界面中填写新账户名并选择相应的账户类型,填写完成后单击"创建用户"即可完成操作,如图 2-50 所示。

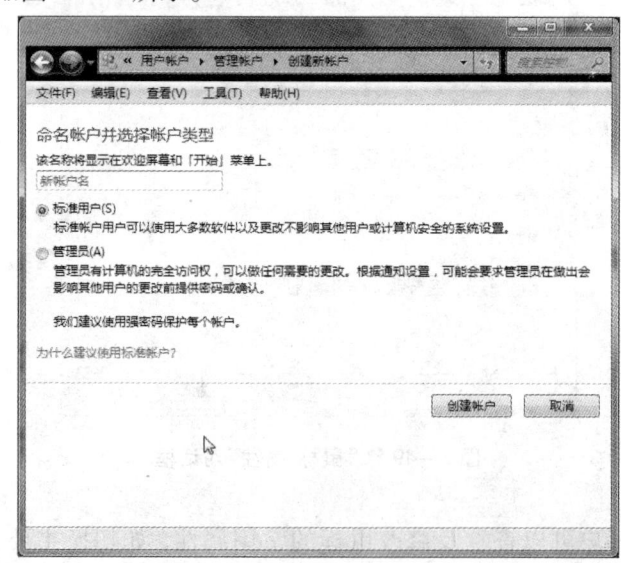

图 2-50 创建新账户

3. 更改账户

管理员类型的账户可以对已经存在的账户进行更改账户名称、更改密码、更改图片、更改账户类型及删除账户等操作。

打开"控制面板",选择"用户账户和家庭安全",然后单击右侧窗格中的"用户账户",在出现的"更改用户账户"中单击"管理其他账户"选项,在随后再现的操作界面中找到要更改的账户名称,在该账户图标上单击即可。

4.打开或关闭"用户账户控制"

用户账户控制(UAC)可以防止对计算机进行未经授权的更改。

使用管理员账户登录计算机,打开"控制面板",选择"用户账户和家庭安全",然后单击右侧窗格中的"用户账户",在出现的"更改用户账户"界面中单击"更改用户账户控制设置"选项,在随后出现的"用户账户控制设置"界面中时进行调整即可,如图2-51所示。

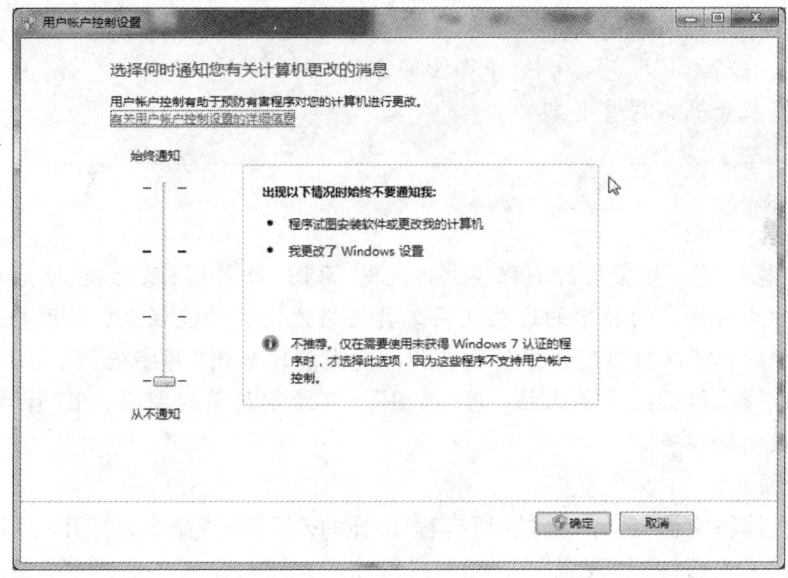

图2-51　用户账户控制设置

◇技能实训

1.给自己的桌面设定一组主题,保存为"我的个性主题"。例如:10秒自动更换的桌面背景,设定主题声音。

2.更改屏幕保护程序。

3.调整屏幕分辨率,感受显示效果变化。

4.任意选取一个桌面对象,更改桌面图标。

5.发挥创意设置个性时间格式。

6.设置鼠标为单击打开窗口。

7.更改鼠标指针移动速度,设置鼠标轨迹的可见性,观察效果,最后再将鼠标恢复到默认设置。

8.添加语言栏中所没有的输入法,将自己常用的输入法设置为首选。

9.为程序事件设置声音,事件和声音自定。

10.添加本地打印机。

11.卸载QQ程序。

12.为自己的用户账户修改图片,设置密码。

13.将来宾账户设置为可用。

任务四　Windows 7 的实用程序

■ 技能要点：
掌握记事本和写字板的使用
掌握计算器的应用
掌握用"画图"程序绘制简单图形的方法
掌握录音机等的使用方法

◇ 任务背景

Windows 7 提供了一些实用的小程序，如便笺、画图、计算器、放大镜、写字板、录音机等，这些程序被统称为附件。附件中的这些实用工具使用方便且功能强大，当用户处理一些要求不是很高的工作时，可以利用附件中的相应程序完成。比如用"写字板"完成日常简单文档的编辑，利用"记事本"编辑纯文本文档，用"画图"工具绘制简单的图画，用"计算器"进行完成数据的计算和数制转换等。

◇ 实施步骤

1. 用写字板编辑文档：选择"开始/所有程序/附件/写字板"命令，打开写字板，在编辑窗口中按默认格式输入唐诗"静夜思"（分四个段落输入：标题、作者各成段落，每两句诗句各成一段），输入完成后设置格式：选择标题，在"主页"选项卡的"字体"组中使用相应的工具设置标题楷体、加粗、36 号、红色；然后用同样方法设置诗句内容为宋体、22 号、蓝色；其中第二段中的"作者 李白"设置为字号 12、颜色：职业红；最后选定全部内容，在"段落"组中单击"居中"工具按钮。

2. 设置段落缩进：将插入点定位在第二段，单击"段落"组中的"增加缩进"工具按钮，直至第二段右边距与后两个段落的右边距对齐。

3. 插入图片：将插入点定位在文章末尾，单击"插入"组中的"图片"工具按钮下方的倒三角按钮，选择其中的"图片"工具，打开"选择图片"对话框，在对话框下方的"文件名"右侧的文本框中输入"月夜.jpg"，单击"打开"，就会将图片文件"月夜.jpg"插入到当前插入点处，即文档末尾。

4. 保存写字板文件：单击"写字板"按钮，在弹出的下拉菜单中选择"保存"命令，打开"保存为"对话框，选择保存位置，保存类型默认，然后在对话框下方的"文件名"右侧的文本框内输入文件名：静夜思.rtf，单击"确定"。

5. 用记事本编辑文件：单击"开始/所有程序/附件/记事本"命令，打开记事本，将刚才在写字板中编辑的文档内容复制到记事本窗口的文本编辑区，观察效果。利用"格式"菜单中的相应命令设置格式，最后单击菜单栏中的"文件/保存"命令，保存类型默认，"文件名：静夜思.txt"，单击"确定"。

6. 用计算器转换数据:单击"开始/所有程序/附件/计算器"命令,打开计算器,选择"查看/科学型"命令,弹出"科学计算器"窗口,单击"十进制"单选按钮,用鼠标分别依次单击1、5、8 三个数字,再单击"二进制"单选按钮,文本框将出现十进制数据"158"转换成二进制后的对应数据:"10011110",单击标题栏关闭按钮退出计算器。

7. 使用画图工具绘制太阳:

步骤1:打开"画图"程序。

步骤2:设置前景色:单击"主页"选项卡的"颜色"按钮的下拉箭头,单击"颜色1",然后单击红色色块,设置红色为前景色。

步骤3:设置背景色:单击"主页"选项卡中"颜色"按钮的下拉箭头,选择"颜色2",再单击黄色色块,使黄色成为背景色。

步骤4:选择刷子:单击"刷子"下拉按钮,在下拉列表中选择第一个。

步骤5:选择形状:单击"形状"下拉按钮,选择"椭圆"工具。

步骤6:绘制圆形:按住"Shift"键,拖动鼠标绘制一个合适大小的圆,绘制完成后单击任一处退出。

步骤7:绘制眼睛:拖动鼠标,继续用椭圆工具在圆内部合适位置绘制两个眼睛。

步骤8:绘制眼珠:单击"刷子"下拉按钮,选择下拉列表中的第四个工具"喷枪",单击上一步绘制的眼睛内部,制造眼珠效果。

步骤9:绘制鼻子:单击"刷子"下拉按钮,选择下拉列表中的第一个工具,在绘制的"太阳"脸内拖动鼠标绘制鼻子。

步骤10:绘制嘴巴:单击"形状"下拉按钮,选择下拉列表中的"曲线"工具,拖动鼠标在"太阳"脸的嘴部位置绘制一条短的水平线,然后单击水平线下方正中位置单击鼠标,则直线向下弯曲。

步骤11:填充颜色:单击"工具"组下拉按钮,选择下拉列表中的第二个工具,将鼠标移向"太阳"脸内部,右击鼠标。

步骤12:绘制太阳光芒:单击"刷子"下拉按钮,选择下拉列表中的第一个工具,再单击"粗细"组下拉按钮,选择一种合适的粗细度。移动鼠标到"太阳"脸周围,按住鼠标右键拖动鼠标绘制一条条直线,形成太阳的光芒效果。

步骤13:保存图片:单击"快速工具栏"的"保存"按钮,打开"保存为"对话框,在对话框左侧窗格选择保存位置为"桌面",对话框下方"保存类型"不变,文件名右侧的文本框输入"太阳",单击"保存"。

◇ 相关知识

一、记事本

记事本是一个用来创建简单文档的文本编辑器,功能没有写字板强大,适于编写一些篇幅短小的文件,通常用来查看或编辑文本文件。使用记事本程序创建的文件默认的扩展名为.txt。

在 Windows XP 系统中的"记事本"又新增了一些功能,比如可以改变文档的阅读顺序,可以使用不同的语言格式来创建文档,能以若干不同的格式打开文件。

启动记事本时,用户可以采用如下方法:

单击"开始"按钮,选择"所有程序"|"附件"|"记事本"命令,即可启动记事本,如图2-52所示,它的界面与写字板的基本一样。

用户也可以在"运行"中输入"notepad"来打开写字板程序。

为了适应不同用户的阅读习惯,在记事本中可以改变文字的阅读顺序,在工作区域右击,弹出快捷菜单,在"从右到左的阅读顺序",则全文的内容都移到了工作区的右侧。

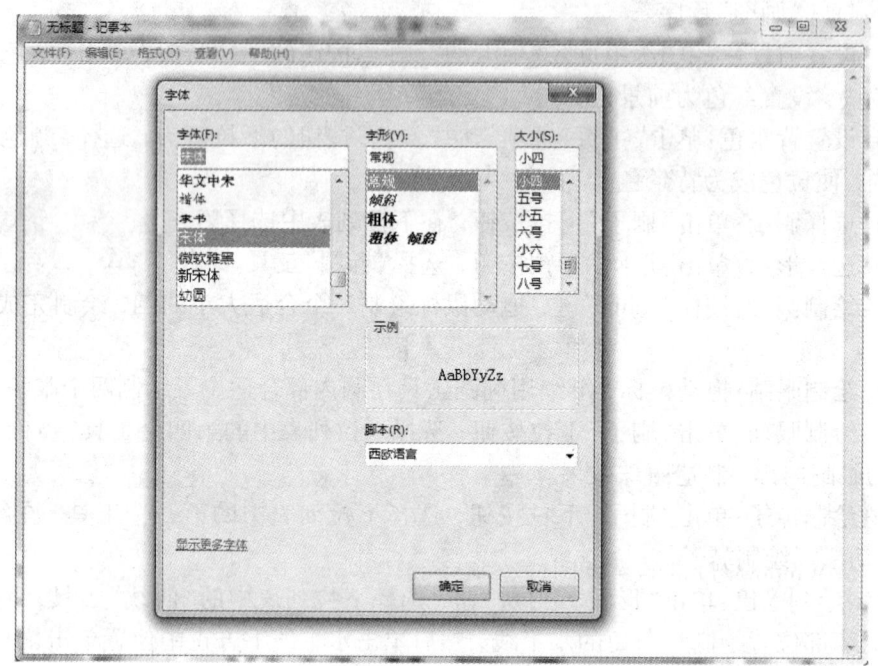

图2-52　记事本

在记事本中用户可以使用不同的语言格式创建文档,而且可以用不同的格式打开或保存文件,当用户使用不同的字符集工作时,程序将默认保存为标准的 ANSI(美国国家标准化组织)文章。

用户可以用不同的编码进行保存或打开,如 ANSI,Unicode,big-endian Unicode 或 UTF-8 等类型。

二、写字板

"写字板"是一个使用简单,却功能强大的文字处理程序,用户可以利用它进行日常工作中文件的编辑。它不仅可以进行中英文文档的编辑,而且还可以图文混排,插入图片、声音、视频剪辑等多媒体资料。使用写字板程序创建的文件默认的扩展名为.rtf。

当用户要使用写字板时,可执行以下操作:

在桌面上单击"开始"按钮,在打开的"开始"菜单中执行"所有程序"|"附件"|"写字板"命令,这时就可以进入"写字板"界面,如图2-53所示。

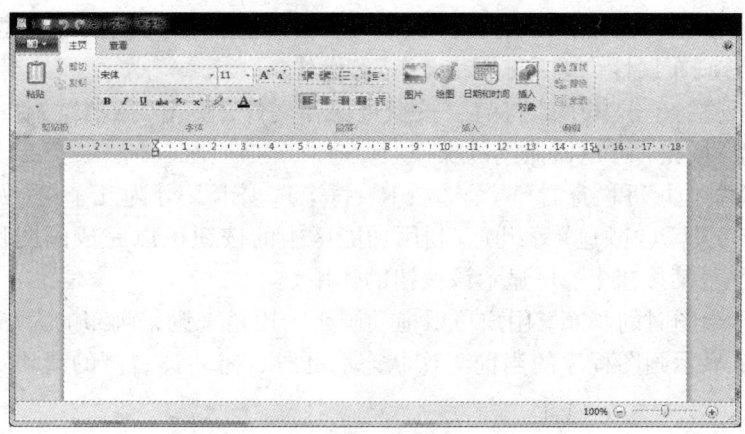

图 2-53 "写字板"窗口

从图中用户可以看到,它由标题栏、菜单栏、工具栏、格式栏、水平标尺、工作区和状态栏几部分组成。写字板的界面和使用方法与本书后面章节介绍的 Word 非常相似,在此不再赘述。

用户也可以在"运行"中输入"notepad"来打开写字板程序。

三、画图

"画图"是 Windows 自带的一款图像绘制和编辑工具。用户可以使用"画图"来绘制简单图片和进行创意设计,可以对各种位图格式的图画进行编辑,也可以对扫描的图片进行编辑修改,或者将文本和设计图案等添加到其他图片中。在编辑完成后,可以以 BMP,JPG,GIF 等格式存档,用户还可以发送到桌面和其他文本文档中。使用"画图"工具编辑出来的图片格式默认为位图文件(.bmp)。

在桌面上单击"开始"按钮,在打开的"开始"菜单中执行"所有程序"|"附件"|"画图"命令,这时就可以进入"画图"程序界面,如图 2-54 所示。

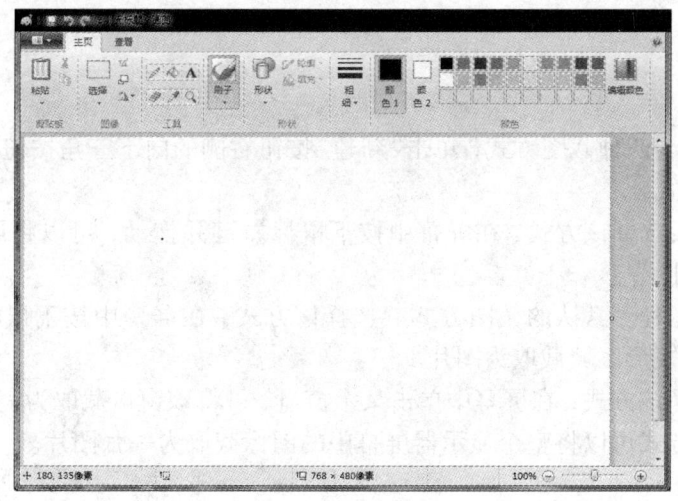

图 2-54 "画图"窗口

下面来简单介绍一下程序界面的构成：

"画图"按钮：单击该按钮，在展开的列表中选择相应选项，可以执行新建、保存和打印图像文件，以及设置画布属性(包括颜色和大小)等操作。

快速访问工具栏：单击其中的"保存"按钮可保存文件，单击"撤消"按钮，可撤销上一步操作，单击"重做"按钮，可重做撤消的操作。

功能区：包含"主页"和"查看"两个选项卡，每个选项卡又分为几个组(如"主页"选项卡中包含"图像"、"工具"、"颜色"等组)。利用功能区中的按钮可以完成画图程序的大部分操作(将鼠标指针移至某按钮上，可显示该按钮的作用)。

画布：相当于绘图时的画布，用户可以拖动画布的边角来调整画布的大小。

状态栏：用来显示画图程序的当前工作状态。此外，拖动其右侧的滑块可调整画布的显示比例。

四、截图工具

截图工具是 Windows7 自带的一款用于截取图像的工具，使用它能够将屏幕中显示的内容截取为图片，并保存为文件或复制到其他程序中。捕获截图后，系统会自动将其复制到剪贴板和标记窗口。可在标记窗口中添加注释、保存或共享该截图。

启动"截图工具"

单击"开始"菜单—所有程序—附件—截图工具 命令，打开"截图工具"窗口，如图 2－55 所示。

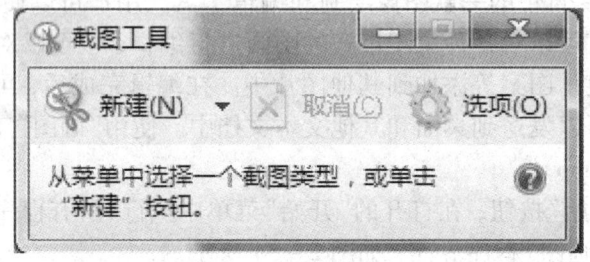

图 2－55　"截图工具"操作界面

截图方式

截图工具提供了四种截图方式，单击"新建"按钮右侧的向下三角按钮，在展开的列表中可以看到这四种方式。

任意格式截图：选择该方式，在屏幕中按下鼠标左键并拖动，可以将屏幕上任意形状和大小的区域截取为图片。

矩形截图：这是程序默认的截图方式。选择该方式，在屏幕中按下鼠标左键并拖动，可以将屏幕中的任意矩形区域截取为图片。

窗口截图：选择该方式，在屏幕中单击某个窗口，可将该窗口截取为完整的图片。

全屏截图：该方式可以将整个显示器屏幕中的图像截取为一张图片。

截图方法

选取一种截图方式，然后拖动鼠标或单击要截取的屏幕图像，松开鼠标左键，即可打开

"截图工具"窗口，其中会显示出截取好的图片。

五、计算器

计算器是 Windows 7 中的一个数学计算工具，与我们日常生活中的小型计算机器类似。它分为"标准型"、"科学型"、"程序员"和"统计信息"等模式，用户可以根据需要选择特定的模式进行计算。

可以帮助人们完成数据的运算，它分为"标准计算器"和"科学计算器"两种。

1. 标准计算器

在处理一般的数据时，用户使用"标准计算器"就可以满足工作和生活的需要了，单击"开始"按钮，选择"所有程序"|"附件"|"计算器"命令，即可打开"计算器"窗口，系统默认为"标准计算器"，如图 2-56 所示。

图 2-56　标准型计算器

计算器窗口包括标题栏、菜单栏、数字显示区和工作区几部分。工作区由数字按钮、运算符按钮、存储按钮和操作按钮组成，当用户使用时可以先输入所要运算的算式的第一个数，在数字显示区内会显示相应的数，然后选择运算符，再输入第二个数，最后选择"="按钮，即可得到运算后数值，在键盘上输入时，也是按照同样的方法，到最后敲回车键即可得到运算结果。

当用户在进行数值输入过程中出现错误时，可以单击"Backspace"键逐个进行删除。当需要全部清除时，可以单击"CE"按钮。当一次运算完成后，单击"C"按钮即可清除当前的运算结果，再次输入时可开始新的运算。

计算器的运算结果可以导入到别的应用程序中，用户可以选择"编辑"|"复制"命令把运算结果粘贴到别处，也可以从别的地方复制好运算算式后，选择"编辑"|"粘贴"命令，在计算器中进行运算。

2. 科学型计算器

当用户从事非常专业的科研工作时，要经常进行较为复杂的科学运算，可以选择"查看"|"科学型"命令，弹出"科学计算器"窗口，如图 2-57 所示。

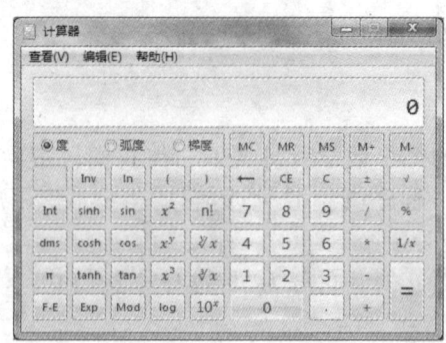

图 2-57　科学计算器

此窗口增加了数基数制选项、单位选项及一些函数运算符号，系统默认的是十进制，当用户改变其数制时，单位选项、数字区、运算符区的可选项将发生相应的改变。

用户在工作过程中，也许需要进行数制的转换，这时可以直接在数字显示区输入所要转换的数值，也可以利用运算结果进行转换，选择所需要的数制，在数字显示区会出现转换后的结果。

另外，科学计算器可以进行一些函数的运算，使用时要先确定运算的单位，在数字区输入数值，然后选择函数运算符，再单击"="按钮，即可得到结果。

六、放大镜

使用 Windows 7 的放大镜可以将电脑屏幕上的任何内容放大若干倍，从而让用户更清晰地查看屏幕内容。

启动放大镜

单击"开始"菜单—所有程序—附件—轻松访问—放大镜命令，启动放大镜程序，如图2-58 所示。启动放大镜工具后，将自动全屏放大当前屏幕中显示的内容。

图 2-58　放大镜

视图模式

放大镜的提供了三种视图模式，单击"视图"按钮右侧的向下三角按钮，在展开的列表中可以选择。

全屏模式：在该模式下，整个屏幕会被放大，用户可以使放大镜跟随鼠标指针移动。

镜头模式：在该模式下，鼠标指针周围的区域会被放大，移动鼠标指针时，放大的屏幕区域随之移动。

停靠模式：在该模式下，屏幕被分为上下两部分，上方为放大的区域，下方为正常显示的区域。用户可以通过移动鼠标指针来控制放大屏幕的哪些区域。

使用放大镜

设置好放大镜后，就可以移动鼠标来放大屏幕的任意部分了，此时会退出"放大镜"窗口并显示一个放大镜的图标。若想返回"放大镜"窗口，单击该图标。

退出放大镜

单击"放大镜"窗口右上角的"关闭"按钮，即可退出放大镜程序。

七、录音机

使用 Windows 7 附件中的"录音机"程序可以录制、混合、播放和编辑声音文件（.wav 文件），也可以将声音文件链接或插入到另一文档中。

使用录音机程序程序录制声音，应确保电脑上装有声卡和扬声器，还要在麦克风或其他音频输入设备。

使用"录音机"进行录音的操作如下：

（1）单击"开始"按钮，选择"所有程序"｜"附件"｜"娱乐"｜"录音机"命令，打开"声音 - 录音机"窗口，如图 2 - 59 所示。

图 2 - 59　录音机

（2）单击"开始录制" 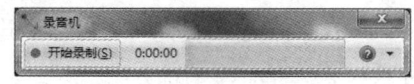 按钮，即可对着麦克风或其他音频输入设备说话，此时"开始录制"按钮变为"停止录制"按钮。

（3）声音录制完毕后，单击"停止录制" 按钮即可。

（4）此时系统打开"另存为"对话框，在此可保存录制的声音。

注意："录音机"通过麦克风和已安装的声卡来记录声音。所录制的声音以波形（.wav）文件保存。

◇ **技能实训**

1. 利用记事本新建一个文本文件，输入下列内容，并完成相应操作要求。

翻阅旧报，几则医家楹联重现眼帘。浙江宁波名医范文甫的门联写着："但愿人常健，何妨我独贫"。江西吉水一位医生兼开一中药铺，他在门上高挂："但祈世间人无病，何愁架上药尘生"。湖南湘乡有位老医生的对联为："何须我千秋不老，但愿人百病莫生"。这些楹联，都竭诚地表达了这些老医者的高尚情操和医德，读来让人敬佩。

操作要求：

（1）字体设为隶书、四号字。

（2）将第一句话移动到最后。

（3）设置自动换行。

（4）将文中的"医生"替换为"doctor"。

（5）将文件保存在 D 盘，文件名为"医德.txt"。

(6)比较"保存"和"另存为"的区别。
2. 使用画图工具绘制如下图形：

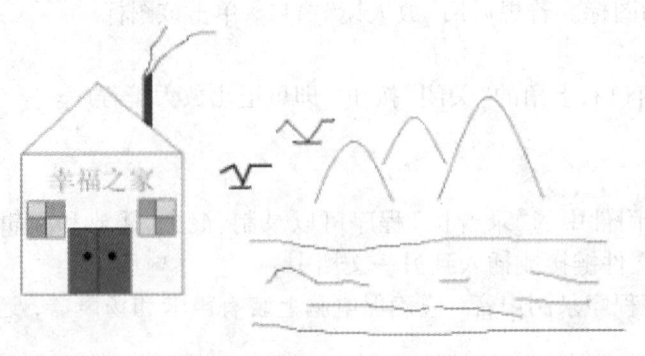

图 2-60

操作要求：
画布大小为 700×400 像素，图中字体为：宋体，22 号字，进行透明处理。将文件以"我的家园"为名保存在 D 盘，并将其设置为墙纸(平铺)。
3. 新建一个写字板，并完成下列操作要求：
(1)将"素材"文件"文章"的内容复制到写字板中。
(2)将第一行文字"眼睛与大脑的距离"设为标题，要求设置为隶书、红色、三号、居中显示。正文文字设为宋体、四号。
(3)将段落设为首行缩进 1cm，居中对齐。
(4)第一、二段之间插入任意图片。设置为"链接"，观察其作用。
(5)将该文件保存在 D 盘下，名为"散文"。
4. 使用计算器进行下列计算。
(1)$28/(4+4)+74*2+20*9+67+39$
(2)$(65FA)_{16} = (\quad)_{10}$ $(457)_8 = (\quad)_2$
(3)259
(4)$\mathrm{Sin}(0.4)$（0.4 为弧度值）
(5)16、17、23、45、38、43、99 的平均值、总和（用统计方法计算）
(6)$\ln 8$
(7)$e8$
(8)$10!$
(9)$\log 89$
(10)$\sqrt{\dfrac{2}{3}}$ $\sqrt[3]{126}$
(11)$\arcsin(0.7)$
5. 用附件中的录音机录制一段自己说的话或朗诵，并保存为默认的声音文件，播放并听取效果。

项目三　字处理软件 Word 2010

Office Word 2010 集一组全面的书写工具和易用界面于一体，全新的面向结果的界面，可在需要时提供相应的工具，从而便于快速设置文档的格式；新增的图表制作功能和绘图功能包括三维形状、透明度、投影以及其他效果，可以帮助创建具有专业外观的图形，使文档能够更加有效地传达信息；Office Word 2010 提供了与他人共享文档的选项，无须增加第三方工具，就可以将 Word 文档转换为可移植文档格式文件（PDF）或 XML Paper Specification（XPS）格式，从而可以与使用任何平台的用户进行广泛交流。

本教材中通过案例的展示，分析制作过程，解读操作步骤的方式进行知识的介绍，通过案例拓展对知识进一步巩固和提高。

任务一　"我的学业规划"的基本编辑

■ 能力目标：
能掌握 Word 的启动、退出
能掌握 Word 文档的建立、打开及保存
能掌握 Word 文档的文字、符号的录入
能掌握 Word 文档中选定、剪切、复制
能掌握 Word 文本的查找与替换
能掌握 Word 的字体、段落设置

◇ 任务情景

放下试卷走出高考考场，心中期盼的是十几年苦读能画上完美的句号；背上行囊走进大学校园，双脚踏上的是一段新的奋斗历程的起点。大学生涯是人生的重要发展阶段，大学的生活怎么过？这是一个摆在我们这些大学生面前的现实问题。为了自己能够踏踏实实地走好大学生涯中的每一步，有一个激励自己前进的目标，需要制订属于自己的大学学业规划，如

图 3-1、图 3-2 所示。

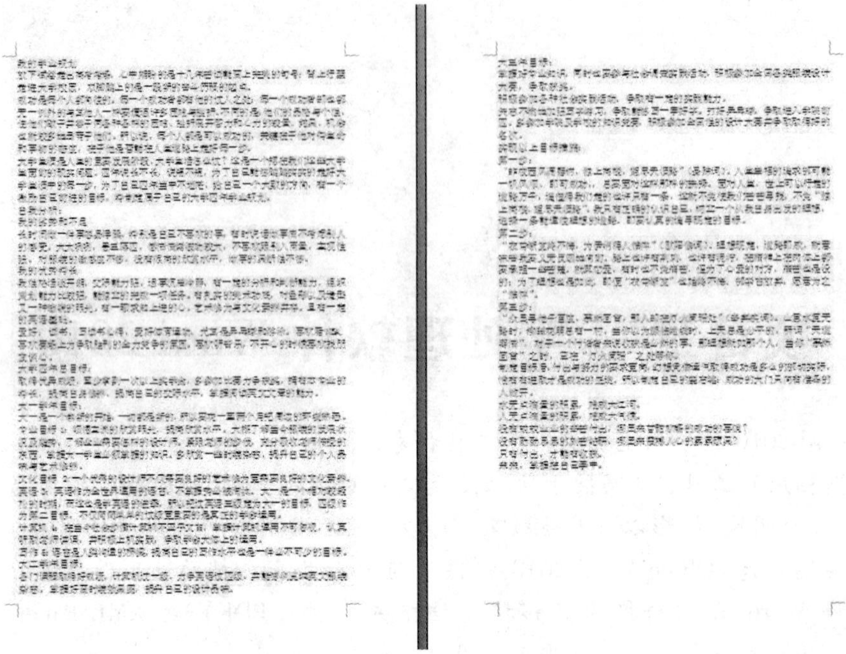

图 3-1 任务原始图

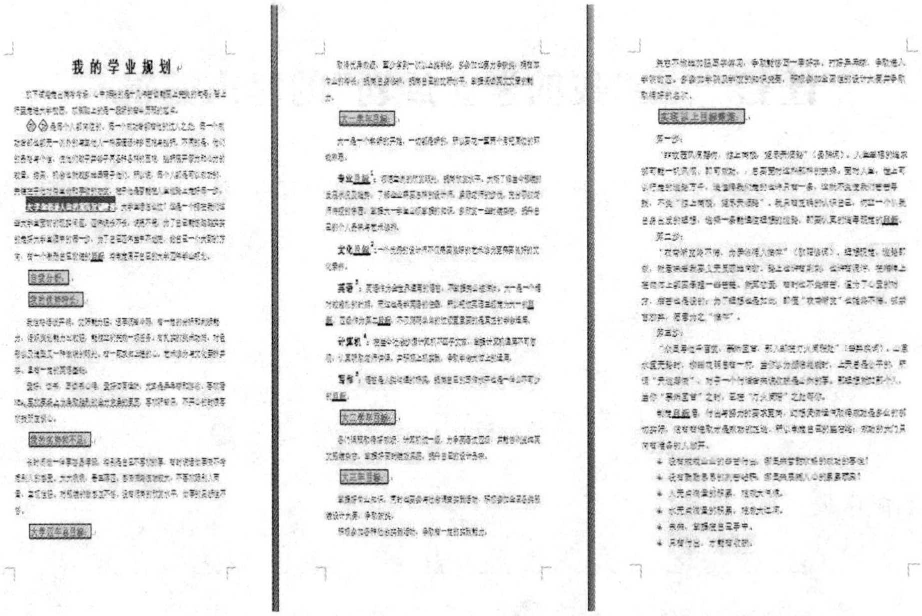

图 3-2 任务效果图

◇ 实施步骤

1. 启动 Word 2010。单击 Windows 桌面上左下角的"开始"按钮,从"程序"项中选择"Mi-

crosoft Office",单击"Microsoft Office"中"Microsoft Office Word 2010"菜单项。

2. 在任务栏中点击输入法按钮,选择适合自己的输入法,进行文本录入。

3. 在窗口上方,切换到"开始"功能面板。

4. 选中整篇文章。将鼠标放在页面左侧页边距中,当鼠标变成指向斜右上方箭头的时候,连击鼠标左键三次。

5. 设置全文字体为楷体、小四号字。点击"字体"工具栏上字体和字号按钮右侧的"三角",在下拉列表中选择相应的设置。

6. 将标题行字体设置为黑体、小一号字、加粗。将鼠标放在标题行的左侧页边距区域内,当鼠标变成指向斜右上方时,单击鼠标左键,即可快速准确地选定标题行;然后在"字体"工具栏中设置相应字体和字号;点击按钮 B 即可将选中的文本加粗。

7. 将标题的字符间距加宽4磅。选定标题行,点击"字体"工具栏右下角的按钮,弹出字体对话框;点击"字符间距"标签,在"间距"的下拉框中选择"加宽"后,设置右侧的"磅值"为4磅,最后点击"确定"。

8. 将标题居中。选定标题行,然后点击"段落"工具栏中的居中按钮。

9. 设置标题行的段后间距为12磅。选定标题行(或在标题段中单击鼠标),然后点击"段落"工具栏右下角的按钮,弹出"段落"对话框,在"间距"栏中"段后"的文本框中输入"12磅",确定即可。

10. 将正文中所有段落首行缩进2个字符。首先选中正文(先在正文开始位置单击鼠标,然后通过"鼠标滚轮"或窗口右侧的"滚动条"找到文章最后,左手按住"Shift"键不松开,同时用鼠标在文章最后单击,即可选定除标题外的正文);然后弹出"段落"对话框,在其中点击"特殊格式"的下拉框,选择"首行缩进",在右侧"磅值"文本框中输入"2字符",最后点击"确定"。

11. 将正文行间距设置为固定值22磅。选定正文(标题除外),弹出"段落"对话框,在"间距"一栏里的"行距"下拉框中选择"固定值",然后在右侧的"设置值"中输入"22磅",最后点击"确定"。(也可以通过点击"段落"工具栏上的"行距"按钮,在下拉列表中点击"行距选项",打开"段落"对话框。)

12. 为第二段开头的"成功"两字分别加"菱形"框。先选择中"成"字,然后点击"字体"工具栏中的"带圈字符"按钮,弹出"带圈字符"对话框,在"样式"栏中点击"增大圈号",在"圈号"栏中选择第四个"菱形",确定即可;为"功"字以同样的方法加"菱形"框。

13. 为第三段中第一句话加"突出显示文本"颜色设为"紫罗兰"色,并将这句话中的文本字体颜色改为"白色"。选中这句话,点击"字体"工具栏上的"突出显示文本"按钮右侧的三角,在下拉列表框中选择"紫罗兰色";点击"字体颜色"按钮右侧三角,在下拉列表框中选择"白色"。

14. 同时选中文中的"自我分析""我的劣势与不足""我的优势特长""大学四年总目标""大一学年目标""大二学年目标""大三学年目标""实现以上目标的措施",共八段。先选中"自我分析"行,然后左手按住"Ctrl"键不松开,同时用鼠标去选中其他行,即可同时选中多段不连续的文本。

15. 为步骤14中选中的八行文本加字符底纹和字符边框。选中八行文本后,分别点击

"字体"工具栏中的"字符底纹"按钮和"字符边框"按钮即可。

16. 为步骤14中选中的八行文本加橙色双下划线。选中八行文本后，点击"字体"工具栏中"下划线"按钮右侧的三角，在下拉列表中先选择下划线的线型"双下划线"，然后再次打开"下划线"的下拉列表，在"下划线颜色"中选择"橙色"。

17. 将步骤14中选中的八行文本的段后间距设置为6磅。

18. 将"大一学年目标"下的"专业目标、文化目标、英语、计算机、写作"五个词设置为四号字、加粗。

19. 将步骤18中的五个词右侧的数字设置为上标、宋体、加粗、小二号。同时选中这5个数字，点击"字体"工具栏中的"上标"按钮，然后再分别点击"字体""字号""加粗"按钮进行相应设置即可。

20. 将文章中所有的"目标"两字设置为"红色并添加黑色粗下划线"。点击"编辑"工具栏中的"替换"，弹出"查找和替换"对话框；在"替换"标签中，输入"查找内容"（因为文本内容不发生变化，所以"替换为"的文本框中不用输入）；点击"更多"按钮展开对话框；在"替换为"的文本框中单击之后（这一步必不可少），点击对话框下方的"格式"按钮，在展开的下拉列表中选择"字体"，即可打开"字体"对话框，在其中进行"字体颜色"和"下划线"的设置，确定后回到"查找和替换"对话框；点击"全部替换"按钮；最后关闭"查找和替换"对话框。

21. 将"我的优势特长"这一项目中的所有文本移动到"我的劣势与不足"的前面。选中"我的优势特长"及其下面的文本；点击"剪贴板"工具栏中的"剪切"按钮；在"我的劣势与不足"的前面单击；点击"剪贴板"工具栏中的"粘贴"按钮。

22. 将当前文件以"大学学业计划"为文件名保存到D盘下。点击功能区名称"文件"，在菜单中点击"另存为"，弹出"另存为"对话框，在"保存位置"下拉框中选择"D盘"；在"文件名"处输入"大学学业计划"，最后点击"确定"。

23. 关闭文件。点击窗口右上角的"关闭"按钮。

24. 重新打开"大学学业计划"文件。在word 2010窗口中，单击功能区名称"文件"，在菜单中点击"打开"命令，弹出"打开"对话框，在"查找范围"下拉列表中选择D盘，在文件夹列表框中双击"大学学业计划"文件名或单击文件名后再单击"打开"。

25. 为文件加打开密码。打开"另存为"对话框，点击左下角的"工具"按钮，在下拉列表中选择"常规选项"，打开"常规选项"对话框，在其中输入"打开文件"时的密码，点击确定，进行第二次密码输入，确定后，密码设置完成，文件关闭后生效。

◇ 相关知识

一、启动 Word 2010

1. 启动方法：

（1）单击 Windows 桌面上左下角的"开始"按钮，鼠标在"程序"的下级菜单中指向"Microsoft Office"，在弹出的下级菜单中点击"Microsoft Office Word 2010"菜单项，即可完成启动；

（2）如果在桌面上存在 Word 2010 的图标，也可以通过双击图标的方式启动。

2. 窗口简介：

完成上面的操作后，进入 Word 2010 用户界面，如图3－3所示。其中包括以下一些组成部分：自定义快速访问工具栏、标题栏、功能区、编辑区、状态栏、滚动条等。

项目三　字处理软件 Word 2010

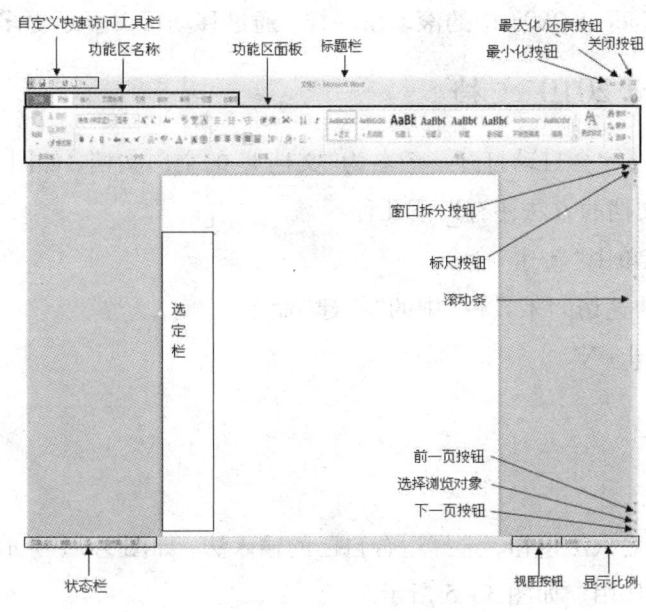

图 3-3　Word 2010 文档窗口

(1)标题栏：标题栏位于窗口的最上方，用来显示文档的名称。如图 3-3 所示的窗口中，标题栏显示的文档名称是"文档1"。

(2)快速访问工具栏：快速访问工具栏是一个可自定义的工具栏，包含一组独立于当前所显示选项卡的命令。它可以位于以下两个位置之一：

①"功能区名称"的上方（默认位置）；

②功能区的下面（功能区是 Microsoft Office Fluent 用户界面的一部分）。

移动"快速访问工具栏"的方法：

①单击"自定义快速访问工具栏"按钮 ；

②在下拉列表中，单击"在功能区下方显示"。

向"快速访问工具栏"中添加命令的方法：

①单击"自定义快速访问工具栏"按钮 ；

②在下拉列表中点击"其他命令"，弹出"Word 选项"对话框。

③切换到"自定义"选项卡，在左边的选框中选择要添加的命令，按下"添加"按钮，就可以将需要的工具添加到右面的工具栏了，最后单击"确定"。

(3)功能区：在窗口上方看起来像菜单的名称其实是功能区的名称，当单击这些名称时并不会打开菜单，而是切换到与之相对应的功能区面板，每个功能区根据功能的不同又分为若干个组。

(4)标尺：标尺分为水平标尺和垂直标尺，它的主要作用是查看所编辑文档的宽度和高度。在"视图"功能面板中，点击"显示/隐藏"组里的"标尺"复选框可显示或隐藏标尺。

(5)文本编辑区：文本编辑区是 Word 文档录入与编辑的区域，该区域也称为文档窗口。

(6)视图按钮：视图按钮在文本编辑区的下方，它主要实现文档在不同视图之间的转换。

(7)状态栏：状态栏位于 Word 窗口的左下方，它显示了当前所编辑文档的主要属性及信息。

(8) 滚动条:与 Windows 2003 中的滚动条一样,通过移动可以显示更多的文档内容。

二、建立 Word 2010 文档

启动 Word 时,Word 会自动打开一个名为"文档 1"的空白文档,如图 3-3 所示。除此之外,在 Word 中创建文档的方法还有以下几种:

1. 点击"文件"菜单中"新建"命令。

2. 点击"自定义快速访问工具栏"中的"新建"命令。

3. 使用快捷键 Ctrl + N。

三、文本录入

1. 选择使用的输入法

在任务栏中点击输入法按钮,选择适合自己的输入法,如图 3-4 所示。这里以五笔输入法为例说明各按钮的作用。如图 3-5 所示。

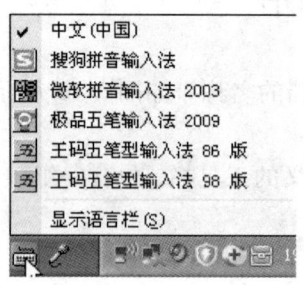

图 3-4　选择中文输入法

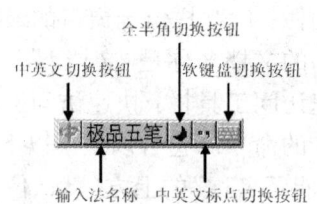

图 3-5　五笔输入法

(1) 中英文切换按钮:图中状态为中文输入状态。鼠标单击此按钮,则转换成英文输入状态 ，此时从键盘输入的是英文字母。

(2) 输入法名称:标注当前使用的是何种输入法。

(3) 全半角切换按钮:图中状态为半角状态,输入的数字或英文字母占一个字符位置,也就是半个汉字的宽度。鼠标单击此按钮,则转换成全角状态 ，此时输入的数字或英文字母占两个字符位置,也就是一个汉字的宽度。此按钮对汉字没有影响。

(4) 中英文标点切换按钮:图中状态为中文标点状态。鼠标单击此按钮,则转换成英文标点状态 。

(5) 软键盘切换按钮:图中状态为隐藏软键盘的状态。鼠标单击此按钮,则会显示键盘,可以用鼠标在软键盘上点击进行输入。

在键盘上,中英文切换的组合键是"Ctrl + 空格",中文输入法之间切换的组合键是"Ctrl + Shift"。

2. 文字与符号录入

在文档的首行首列有一个闪烁的竖线,称为"插入点",它指示文字的输入位置。每输入一个文字,插入点会自动向后移动,输完一行文字后,插入点会自动移动到下一行的最前面。在文字录入过程中要注意以下几个问题:

(1)输入文本时,在每行的结尾处 Word 会自动换行,因此不要在行尾按 Enter 键,直到一段文本输入结束后才按 Enter 键。

(2)输入文本时,文本的对齐可以使用文本缩进,尽可能少地使用空格对齐,特别是居中对齐更不能使用空格。

(3)输入文本的过程中,可使用 Delete 键删除光标右侧的字符,使用 BackSpace 键(即键盘上标有"←"的按键)删除光标左侧的字符。

(4)为防止由于死机或断电而导致录入的文字丢失,因此要在录入过程中经常地保存文件。养成一个良好的保存习惯在 Word 使用中是非常重要的。

(5)在文字录入过程中有两种工作状态,一是"插入状态",就是我们常用的在插入点处直接录入文字的状态,它不影响已经录入的文字;二是"改写状态",在这个状态录入的文字将自动替换插入点后已经录入的文字。双击状态栏中的"改写"框或按 Insert 键,可在"插入"和"改写"两种状态间进行切换。

(6)输入文本时,会遇到类似※、≈、℃、:这样的特殊符号,此时可以使用"插入"菜单中"符号"或"特殊符号"功能,如果下拉列表中没有需要的符号,可以点击"其他符号"或"更多",打开对话框,在对话框中先点击要插入的符号,然后点击插入按钮,最后关闭对话框,即可在插入点的位置插入相应符号。

四、文本的选定

在 Word 中,若要对文本进行操作,首先要将被操作的文本选择出来,使其以反白显示,这就是"选定",它是我们进行各种编辑工作的基础。

先将光标插入到要选定的文本的开始位置,按住鼠标左键不放,向后拖动鼠标直到要选定的文本结束位置,松开鼠标左键,所需要的文本即被选取。这是最基本也最常用的操作方法。

文本的选取可以单独使用鼠标、键盘,也可以使用鼠标与键盘的组合,如表 3-1 所示。

1. 选定一句:按住 Ctrl 键,并单击句子内的任何位置。

2. 选定一行:将鼠标指针指向段落左侧的选定栏,使鼠标指针变成指向右上方箭头,单击鼠标左键。

3. 选定一段:将鼠标指针指向段落左侧的选定栏,使鼠标指针变成指向右上方箭头,双击鼠标左键。

4. 选定全文:单击"编辑"工具栏里"选择"的下拉菜单中"全选"命令。

5. 选定纵向矩形文本：按住 Alt 键，按住鼠标左键拖动选择文字。

6. 选定不连续的文本：先选定第一个文本区域后，按住 Ctrl 键不松开，同时选定其他的文本区域。

表 3-1　　　　　　　　　　利用键盘选取文本的快捷方式

操作方法	选取结果
Shift + ←（此处的←是左方向键）	选取光标左侧的一个字符
Shift + →	选取光标右侧的一个字符
Shift + ↑	选取光标之前到上一行与光标所在位置对应的所有字符
Shift + ↓	选取光标之后到下一行与光标所在位置对应的所有字符
Shift + Ctrl + ←	选取光标左侧的一个词
Shift + Ctrl + →	选取光标右侧的一个词
Shift + End	选取光标处至改行结尾处的所有字符
Shift + Home	选取光标处至改行开始处的所有字符
Ctrl + A	选取全文

若想取消选取，在文档编辑区的任意位置单击鼠标左键，或者按一下键盘上任意一个方向键即可。

五、字体效果的设置

1. 选定要设置字体效果的文本。

2. 在"开始"功能面板中，点击"字体"组的右下角"显示字体对话框"按钮，如图 3-6 所示，即可弹出"字体"对话框。

图 3-6　"开始"功能面板—"显示字体对话框"按钮

3. "字体"对话框中，在"效果"一栏里，点击要设置效果的复选框，最后点击"确定"按钮即可。

六、设置字体、字形、字号、字体颜色

1. 使用"字体"对话框设置

(1) 选定要进行设置的文本。

(2) 进入"字体"对话框。

①在"中文字体"的下拉框中选择适合的中文字体；

②在"西文字体"下拉框中选择适合的西文字体；
③在"字形"列表框中选择其中一项；
④在"字号"列表框中选择适合的字号；
⑤在"字体颜色"的下拉框中选择适合的颜色。
(3) 最后点击"确定"按钮。

字号大小有两种表达方式，分别用"号"和"磅"为单位。以"号"为单位的字号中，初号字最大，八号字最小；以"磅"为单位的字体中，72 磅最大，5 磅最小。当然我们还可以在对话框中自行输入磅值。根据页面的大小，文字的磅值最大可以达到 1638 磅。

2. 使用"字体"组面板设置

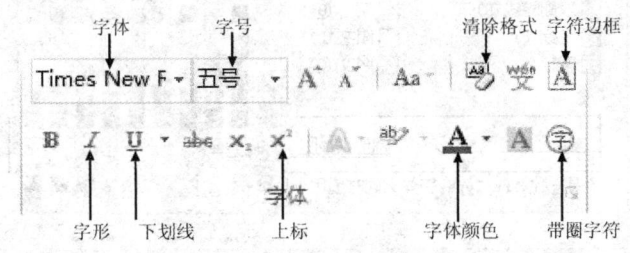

图 3-7　"字体"组面板

(1) 选定要进行设置的文本。
(2) 在"字体"组面板中，分别点击"字体""字号""字体颜色"右侧的"▼"，即可打开下拉框进行相应的选择。

字形中"B"是为文本加粗；"I"是为文本设置倾斜，如果需要，直接点击即可。

七、撤销与恢复

在操作中，发现操作有误时，在没有进行保存的情况下，可以点击"自定义快速访问工具栏"中"撤销"命令，即可撤销误操作，再重新完成正确的操作。

如果要对撤销的操作进行恢复，可点击"自定义快速访问工具栏"菜单中"恢复"命令。

八、下划线的添加

1. 选定要进行设置的文本。
2. 添加下划线有两种方法：使用"字体"组功能面板和使用"字体"对话框。
(1) 使用"字体"组功能面板。如图 3-7 所示，点击"字体"组中"下划线"按钮右侧的三角，在下拉列表中先选择下划线的线型，然后再次打开"下划线"的下拉列表，在"下划线颜色"中选择颜色。
(2) 使用"字体"对话框。如图 3-8 所示的"字体"对话框，在"下划线线型"中选取需要的线型,再在右侧的"下划线颜色"的下拉框中选择指定颜色,最后点击"确定"。

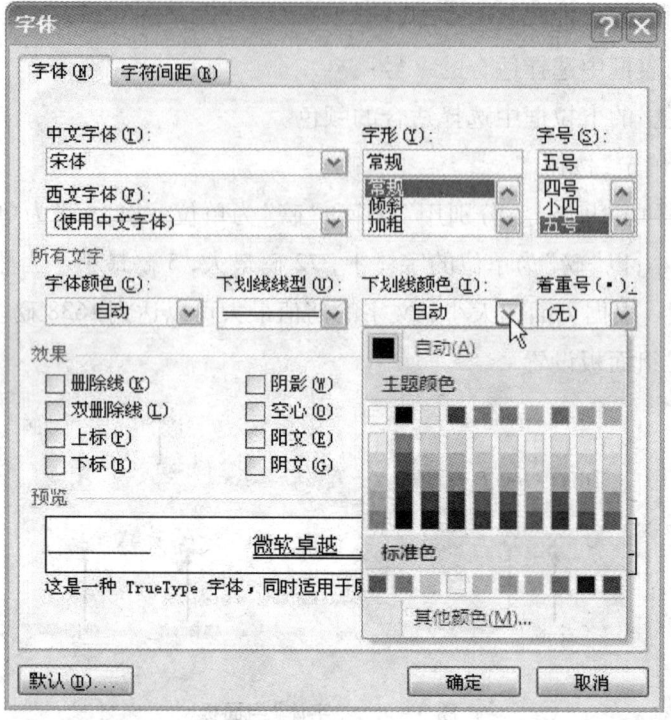

图3-8 "字体"对话框—下划线设置

九、字符间距和字符位置的设置

1. 选定要进行设置的字符。

2. 点击"显示字体对话框"按钮,弹出"字体"对话框。

3. 在"字体"对话框中,点击"字符间距"标签,如图3-9所示。

(1)在"缩放"的下拉框中选择字符缩放的百分比。

(2)在"间距"的下拉框中选择"加宽"或"紧缩"后,设置右侧的"磅值"。

(3)在"位置"的下拉框中选择"提升"或"降低"后,设置右侧的"磅值"。

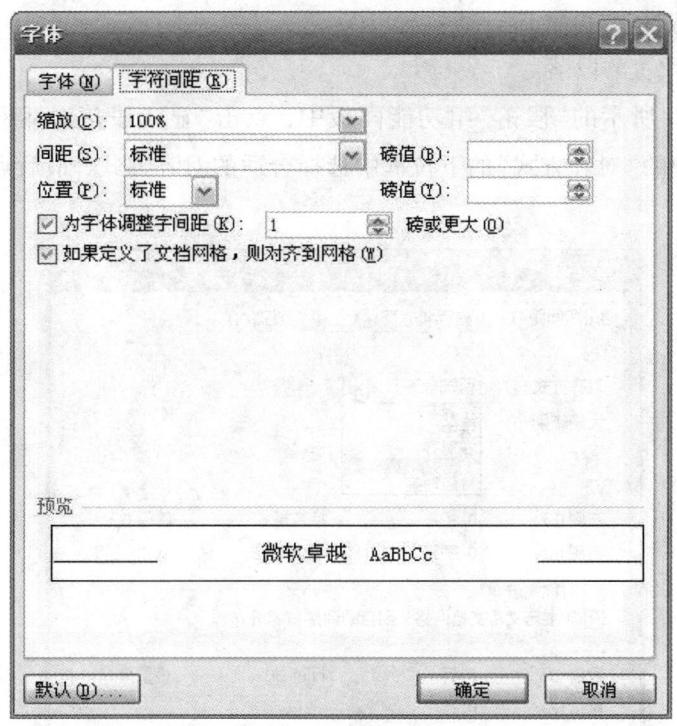

图3-9　"字体"对话框—字符间距设置

使用"段落"组功能面板上的按钮 ，可以设置字符的缩放比例。方法是：单击右边的下拉按钮，弹出下拉列表，在列表中选择"字符缩放"，则可以直接选择合适的比例，或者单击"其他"按钮，可根据需要进行缩放、间距等设置。

十、设置段落的对齐方式

段落的对齐方式设置有以下三种方法：
1. 使用"段落"组功能面板设置
(1)选定要进行设置的段落。
(2)如图3-10所示的"段落"组功能面板，在对齐方式中，点击其中合适的一种即可。

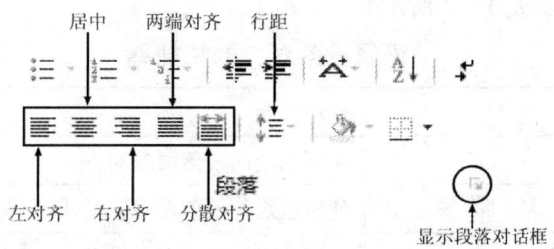

图3-10　"段落"组功能面板

2. 使用"段落"对话框设置

(1)选定要进行设置的段落。

(2)在如图 3-10 所示的"段落"组功能面板中,点击"显示段落对话框"按钮,弹出"段落"对话框。在其中的"对齐方式"的下拉框中选择合适的对齐方式,最后点击"确定"。如图 3-11 所示。

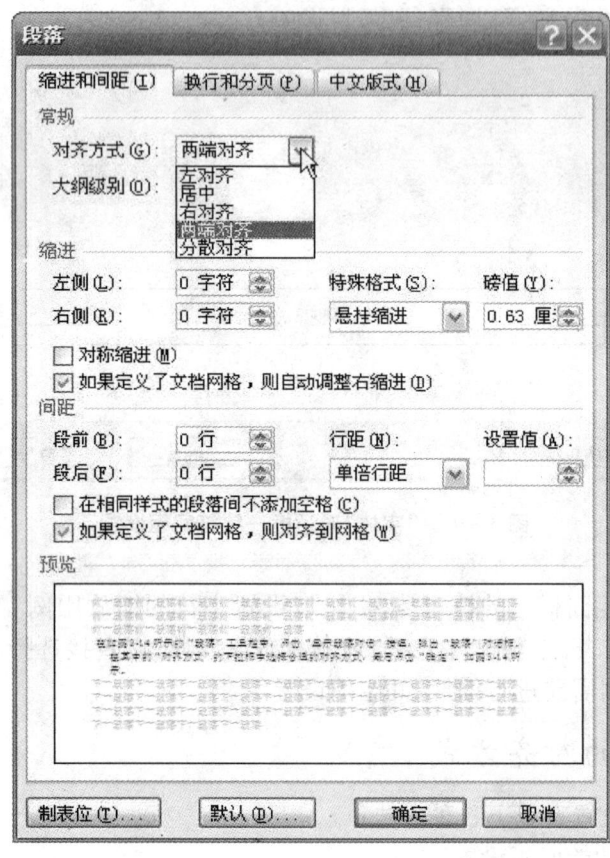

图 3-11　"段落"对话框—对齐方式设置

3. 用快捷键设置(如表 3-2 所示)

表 3-2　　　　　设置段落对齐的快捷键

快捷键	作用说明
Ctrl + J	使所选定的段落两端对齐
Ctrl + L	使所选定的段落左对齐
Ctrl + R	使所选定的段落右对齐
Ctrl + E	使所选定的段落居中对齐
Ctrl + Shift + D	使所选定的段落分散对齐

十一、段落左右边界设置

段落的左边界是指段落的左端与页面左边距之间的距离,同样,段落的右边界是指段落的右端与页面右边距之间的距离。进行段落"缩进"的设置有两种方法:

1. 使用"段落"对话框

(1)选定要设置左、右边界的段落。

(2)弹出"段落"对话框,如图3－12所示。

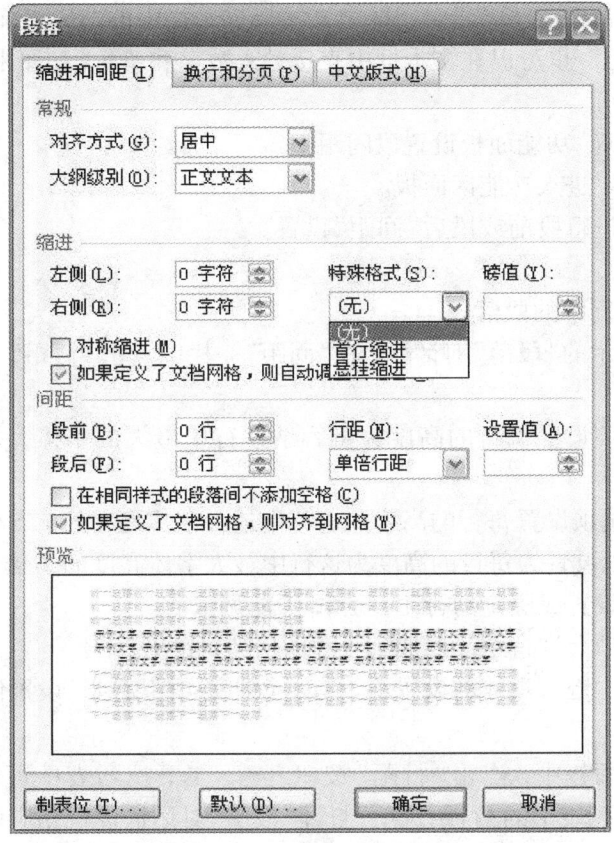

图3－12　"段落"对话框—缩进

(3) 在"缩进和间距"标签中的"缩进"栏

①单击"左侧"或"右侧"文本框的增减按钮,设置左右边界的字符数。

②在"特殊格式"的下拉框中选择"首行缩进"、"悬挂缩进"或"无"。"首行缩进"确定段落首行的格式;悬挂缩进是指除第一行外,段落其他各行相对于第一行缩进的距离。

2. 使用"页面布局"功能面板

(1)点击"页面布局"进入功能区面板。

(2)在"段落"组中进行段落左右"缩进"设置。

十二、段间距与行间距的设置

1. 段间距设置

段间距是指段落与段落之间的距离,分段前、段后两种间距。"段前"是指当前段与前一段之间的距离,"段后"则是指当前段与下一段之间的距离。

(1)使用"段落"对话框设置段间距

①选定要改变段间距的段落。

②在如图 3-12 所示的"段落"对话框中,"间距"一栏中的"段前"和"段后"右侧文本框的增减按钮,设定间距。也可以在文本框中直接键入数字和单位(如厘米或磅)。

③点击"确定"即可。

(2)使用"页面布局"功能面板设置段间距

①点击"页面布局"进入功能区面板。

②在"段落"组中进行段前或段后"间距"设置。

2. 行间距设置

(1) 选定要改变段间距的段落。

(2) 如图 3-12 所示的"段落"对话框,在"间距"一栏中点击"行距"下拉框里的所需行距选项。

①"单倍行距"选项设置每行的高度为可容纳这行中最大的字体,并上下留有适当的空隙。这是默认值。

②"1.5 倍行距"选项设置每行的高度为这行中最大字体高度的 1.5 倍。

③"2 倍行距"选项设置为每行的高度为这行中最大字体高度的 2 倍。

④"固定值"选项设置成固定的行距,Word 不能调节。

⑤"多倍行距"选项允许行距设置成到小数的倍数,如 2.25 倍。

(3)在"设置值"框中键入具体的设置值。有的行距选项不需要"设置值"。

(4)点击"确定"。

在"段落"组功能面板中,点击"行距"按钮,在下拉列表中可以直接选择"多倍行距",也可以点击下拉列表中的"行距选项"打开"段落"对话框进行相应设置。

十三、文档的保存与退出

1. 新建文档的保存

保存文档的方法有以下几种:

(1)直接点击"自定义快速访问工具栏"中的保存按钮。

(2)点击"文件"菜单中的"保存"命令。

(3)按快捷键 Ctrl + S。

若是第一次保存文档,会弹出如图 3-13 所示"另存为"对话框,在"保存位置"下拉框中选择所要保存文档的文件夹,在"文件名"处输入新的文件名,点击"保存"按钮。文档保存后,该文档窗口并没有关闭,可以继续输入或编辑该文档。

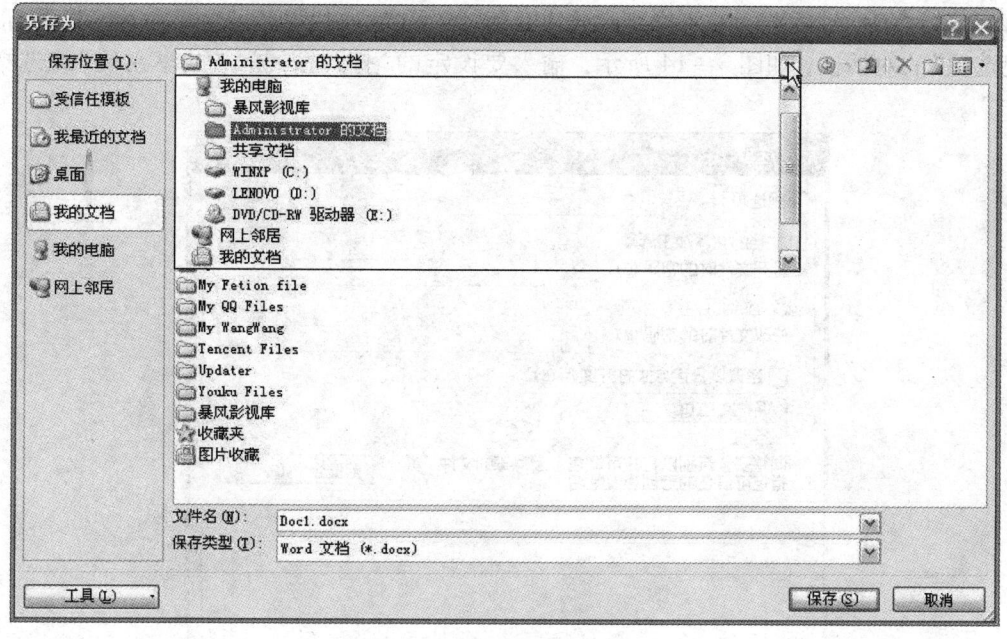

图 3-13 "另存为"对话框

2. 保存已有的文档

对已有的文件打开和修改后，同样可用上述方法将修改后的文档以原来的文件名保存在原来的文件中。此时不再出现"另存为"对话框。

3. 用另一文档名保存文档

点击"文件"菜单，选择"另存为"命令，可以把一个正在编辑的文档以另一个不同的名字保存在不同的位置，而原来的文件仍然存在。

4. 保存为其他格式的文档

点击"文件"菜单，用鼠标指向"另存为"命令，在下级菜单中提供了四种文件格式可以选择。

5. 文档的退出

（1）选择"文件"菜单中的"关闭"命令。

（2）单击标题栏右边"关闭"按钮 ✖ 。

（3）按快捷键 Alt + F4。

十四、文档的保护

如果所编辑的文档是一份机密文件，不希望无关人员查看或修改此文档，则可以给文档设置"打开权限密码"或"修改权限密码"。

"打开权限密码"：使别人在没有密码的情况下无法打开此文档。

"修改权限密码"：文档允许别人查看，但禁止修改。

设置密码的方法如下：

(1)点击"文件"菜单中的"另存为"命令，打开"另存为"对话框。

(2)在"另存为"对话框的左下角,点击"工具"的下拉框中"常规选项"命令,打开标题为"常规选项"的对话框,如图 3-14 所示,输入要设定的"打开密码"、"共享密码"或选择"只读方式"。

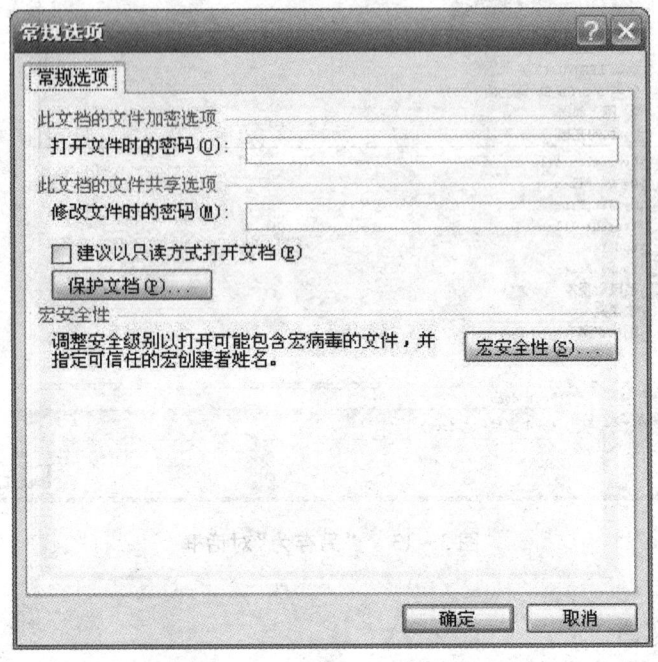

图 3-14 "常规选项"对话框

(3)单击"确定",此时会出现一个如图 3-15 所示的"确认密码"对话框,要求用户再次输入所设置的密码,输入后点击"确定"。

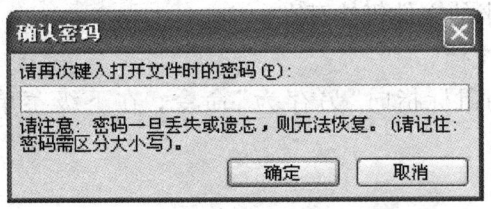

图 3-15 "确认密码"对话框

(4)当返回到"另存为"对话框后,单击"保存"按钮即可存盘。关闭文档后,密码就起作用了。

(5)如果想取消已设置的密码,首先以正确的密码打开文档,然后到"常规选项"对话框中将密码删除即可。

十五、文档的打开

使用下列方法中的任一种,都可以打开文件。

1. 在 word 2010 窗口中单击"自定义快速访问工具栏"按钮 或者单击"文件"菜单中"打开"命令,将会出现"打开"对话框,如图 3-16 所示,在"查找范围"下拉列表中选择本文件所在的文件夹,在文件夹列表框中点击要打开的文件名后,再单击"打开"。首次使用"打开"对话框时,My Document 文件夹是默认的文件夹。

如果选定多个连续或不连续的文档名后,点击对话框中的"打开"按钮,可同时打开多个文档,最后打开的一个文档成为当前的活动文档。

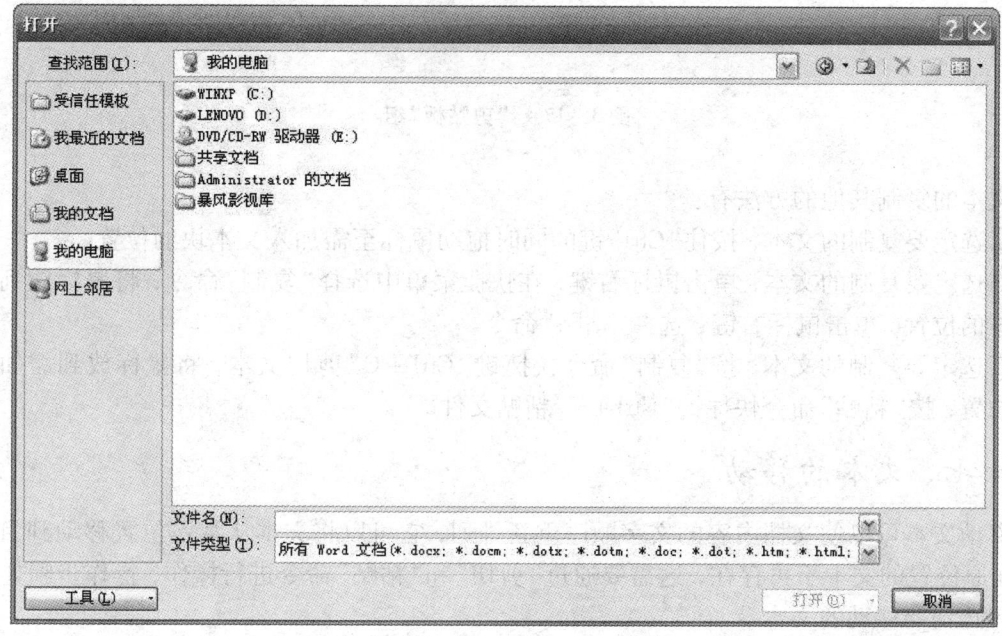

图 3 – 16　"打开"对话框

2. 在"文件"菜单的右侧列出了最近使用过的文件的名称,单击本文件名即可。

3. 单击"开始"按钮,选择"我最近的文档"中列出最近使用过的文件的名称,单击要打开的文件,即可打开文档。

十六、文本的复制

文本的复制是 word2010 中常用的一种操作,它是在所需位置处生成一个文本的副本,而原位置的文本仍然存在。例如,我们准备将已经录入的文档中第一段,放在另外一个文档中,通过文本的复制,我们不需重新录入就可完成这项任务。操作步骤如下:

1. 鼠标在的一段中三击,选定第一段。

2. 单击"剪贴板"组中的"复制"按钮,如图 3 – 17 所示。此时从视觉效果上看窗口中没任何变化,但实际上选定的文本被存放到了剪贴板中。

3. 单击需要粘贴的位置。

4. 单击"剪贴板"组中"粘贴"项,即可完成文本复制。

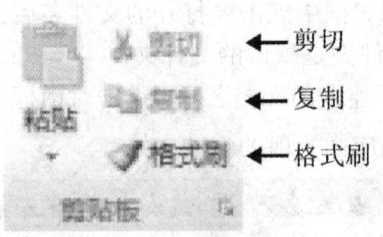

图 3-17 "剪贴板"组

文本的复制其他的方法有：
①选定要复制的文本，按住"Ctrl"键的同时拖动鼠标至需加入文本块的位置。
②选定要复制的文本，单击鼠标右键，在快捷菜单中选择"复制"命令，将鼠标放到需加入文本的位置，单击鼠标右键，选择"粘贴"命令。
③选定要复制的文本，按"复制"命令快捷键"Ctrl + C"剪切文本，将鼠标放到需加入文本的位置，按"粘贴"命令快捷键"Ctrl + V"粘贴文件。

十七、文本的移动

移动文本可以使文档内容的文字顺序重新排列，它可以将文本从某一位置移动到目的位置，而原位置的文本不再存在，这需要通过"剪切"和"粘贴"命令进行操作，操作步骤如下：
1. 选定要移动的文本。
2. 单击"剪贴板"组中的"剪切"按钮。
3. 击目标位置。
4. 单击"剪贴板"组中的"粘贴"按钮。

文本移动的其他方法有：
①选定要移动的文本，拖动鼠标至需加入文本的位置。
②选定要移动的文本，单击鼠标右键，在快捷菜单中选择"剪切"命令，将鼠标放到需加入文本的位置，单击鼠标右键，选择"粘贴"命令。
③选定要移动的文本，按"剪切"命令快捷键"Ctrl + X"剪切文本，将鼠标放到需加入文本的位置，按"粘贴"命令快捷键"Ctrl + V"粘贴文件。

十八、文本的删除

当我们要删除大量的文字时，如果用 Backspace 或 Delete 键逐字删除是很不方便的，此时可以选定要删除的文本，通过按"Backspace"或"Delete"键删除文本。

十九、文本的查找与替换

1. 文本的查找
(1) 在"开始"功能面板中，点击"编辑"组中的"查找"项（其快捷组合键是 Ctrl + F），打开"查找和替换"对话框，如图 3-18 所示。

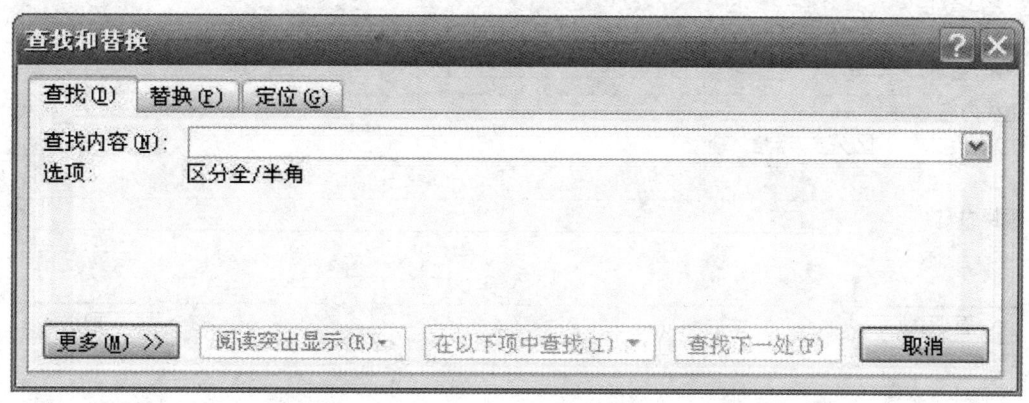

图 3-18 "查找和替换"对话框—查找

(2) 在"查找内容"文本框内输入要查找的错误文本,然后单击"查处下一处"按钮,则被查找的内容会以"反白"的方式显示出来。

2. 文本的替换

(1) 单击"替换"选项卡,如图 3-19 所示。

(2) 在"查找内容"文本框中输入要查找的文本,在"替换为"文本框中输入替换后的结果。

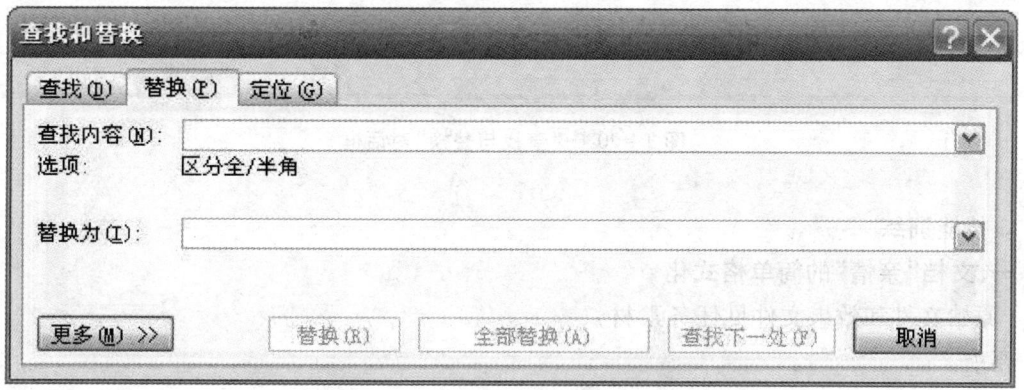

图 3-19 "查找和替换"对话框—替换

(3) 单击"查找下一处"按钮则被找到的符合条件的文本将以"反白"的方式显示,再单击"替换"按钮,该文本被替换。

(4) 要对文章中所有的查找内容进行替换,只需单击"全部替换"按钮即可。

(5) 点击"更多"按钮,可以展开"查找与替换"对话框,如图 3-20 所示,通过对话框下方的"格式"按钮,可以查找某种格式的文本,也可以将文本替换成某种格式。

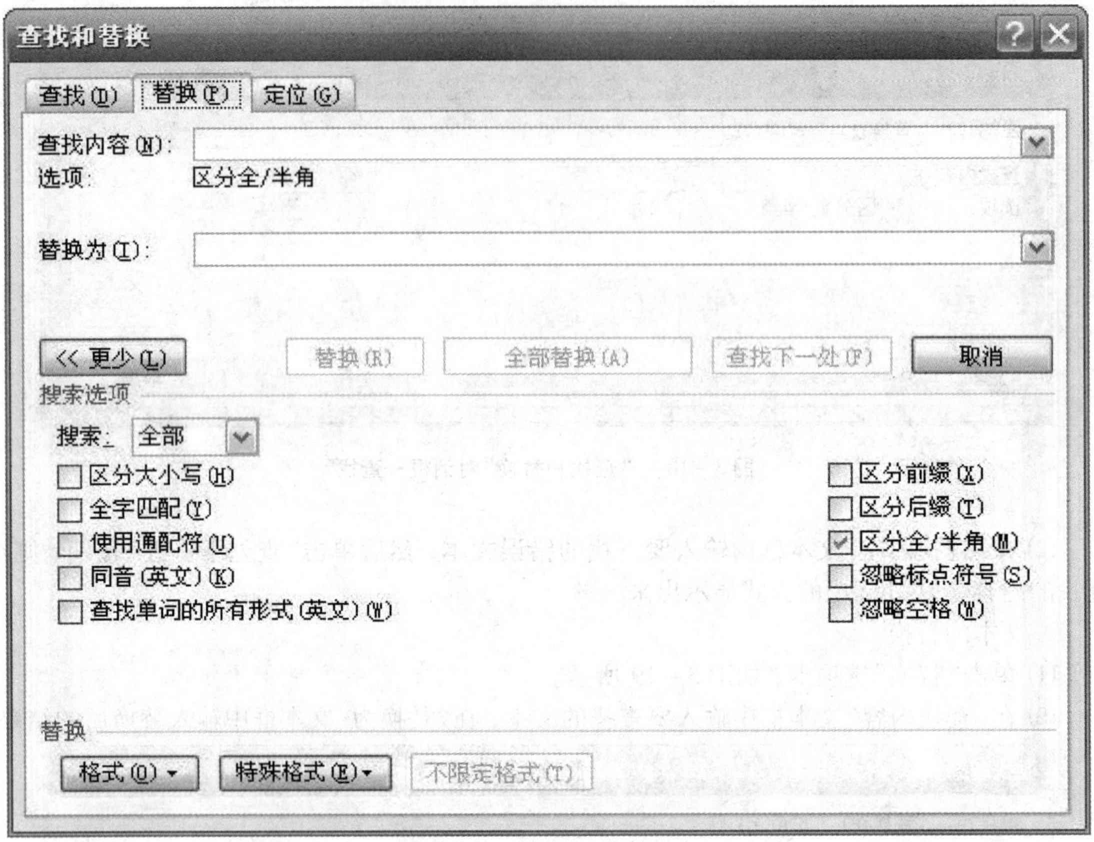

图 3-20 "查找与替换"对话框

◇ 技能训练
一、文档"亲情"的简单格式化
（原始文件和效果文件见任务素材）
要求：
1. 将标题段设置为"黑体、小二号、加粗、居中"。
2. 设置标题段"段前间距 6 磅、段后间距 18 磅"。
3. 将标题段的字符间距"加宽 8 磅"。
4. 将正文字体设置为"宋体、小四号"。
5. 正文所有段落设置为"首行缩进 2 个字符、行间距 23 磅"。
6. 为正文开头的两字"亲情"加"增大圈号的菱形框"。
7. 为文中最后一句话加"橄榄色单下划线"。
8. 为正文中所有的"我们"两字加"红色双下划线"。

二、药品说明书"奈邦"的简单格式化(如图 3-21)

奈 邦

【简述】
　　使用于类风湿性关节炎的症状治疗，疼痛性骨关节炎（关节病、退行性骨关节病）的症状治疗。
【其他】
【通用名】美洛昔康分散片
【汉语拼音】MeiLuoXiKangFenSanPian
【英文名】Meloxicam Dispersible Tablets
【化学名】4-羟基-2-甲基-N-（5-甲基-2-噻唑基）-2H-1，2-苯并噻嗪-3-甲酰胺-1,1-二氧化物
【分子式】$C_{14}H_{13}N_3O_4S_2$
【性状】本品为淡黄色或黄色片或薄膜衣片，除去膜衣后显淡黄色或黄色。
【用量用法】口服，用水或流质送服吞咽。
类风湿性关节炎：每天15mg（2片），根据治疗后反应，剂量可减至一日7.5mg（1片）。
骨关节炎：一日7.5mg（1片），如果需要，剂量可增值一日15mg（2片）。
对于不良反应有可能增加的病人：治疗开始剂量一日7.5mg(1片)。
严重肾衰竭的病人透析时：剂量不应超过一日7.5mg（1片）。
本品每日最大建议剂量为15mg(2片)。
<u>儿童适用的剂量尚未确定，目前只限于成人使用。</u>
【规格】7.5mg*12片/盒
【有效期】两年。
【生产企业】江苏亚邦爱普森药业有限公司

图 3-21　任务拓展 2 效果文件图

要求：
1. 将"分子式"中的数字设置成"下标"。
2. 将标题行字体设置为黑体、加粗、三号字。
3. 将标题的字符间距加宽 8 磅。
4. 将正文中文字体设置为宋体、小四号，英文字体设置为 Times New Roman。
5. 将"简述"和"其他"加粗。
6. 为文中"用法用量"中的"口服"两字加着重号。
7. 为"儿童适用的剂量尚未确定，目前只限于成人使用。"加红色的双下划线。
8. 将标题居中。
9. 将标题的段前间距设置为 20 磅，段后间距设置为 12 磅。
10. 将"使用于类风湿性………症状治疗"一段，首行缩进 2 个字符。
11. 将从"通用名"到最后的文本左缩进 2 个字符。
12. 将正文行间距设置为固定值 20 磅。
13. 将"汉语拼音 ……… "一段移动到"英文名 ……… "一段的前面。
14. 将这个文件以"奈邦使用说明书"为文件名保存到 D 盘下。
15. 关闭文档。

16. 重新打开药品说明书文件。
17. 以各种视图方式查看文档。
18. 给本文档设置打开密码。
19. 为标题段加20%的橙色底纹。（此题自主探究。提示：在"段落"组中点击"框线"按钮右侧的三角，在弹出的下拉列表中点击"边框和底纹"命令。）

任务二　文档"我的学业规划"格式化

■ 能力目标：

能掌握Word分栏设置

能掌握Word项目符号和编号设置

能掌握Word边框和底纹设置

能掌握Word首字下沉设置

能掌握Word格式刷的使用和样式的设置

能掌握Word视图功能区的设置

◇ 任务情景

《我的学业规划》文件编辑完，需要对文档内容进行格式化，通过样式、边框和底纹、项目符号等功能，可以使各级标题更加醒目、可以增加文章的可读性，如图3-22所示。

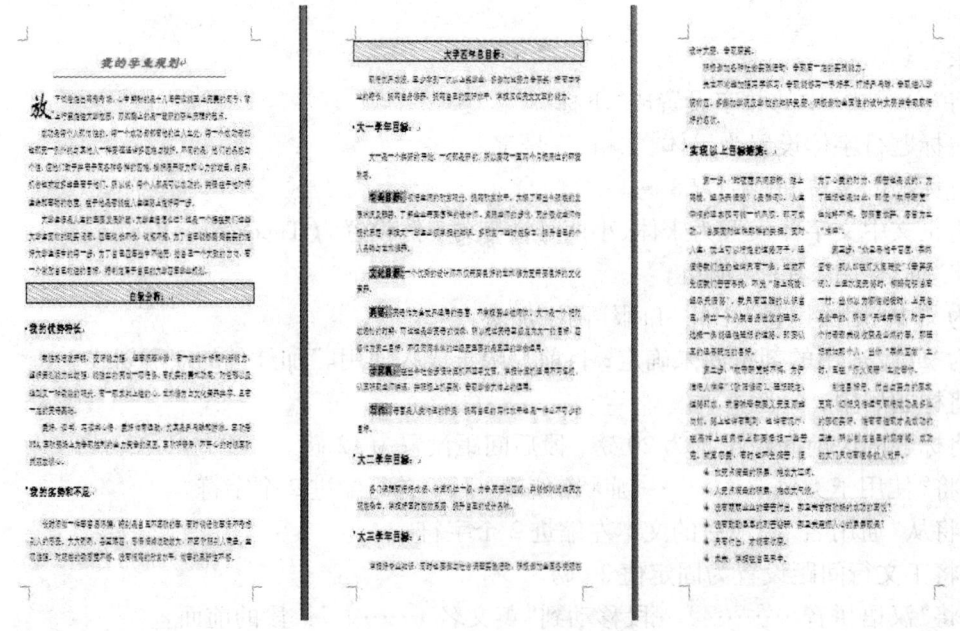

图3-22　任务文件效果图

◇ **实施步骤**

1. 将标题段应用"明显强调"的样式。选中标题段,在"开始"功能面板区中"样式"组里,点击"其他样式"按钮,在其中选择"明显强调"样式。

2. 将标题段设置为"隶书、二号、居中"。

3. 将正文设置为"楷体、小四号"。

4. 设置所有段落首行缩进2个字符、行间距为固定值24磅。

5. 将正文第一段首字下沉2行,距正文0.2厘米。在正文第一段中单击,打开"插入"功能面板,在"文本"组中,点击"首字下沉",在弹出的下拉框中点击"首字下沉选项",即可打开"首字下沉"对话框,在其中"位置"栏中选择"下沉","选项"栏中进行相应的设置。

6. 将"自我分析、我的优势特长、我的劣势不足、大学四年总目标、大一学年目标、大二学年目标、大三学年目标、实现以上目标措施"段落设置为"黑体、四号、加粗、段前间距18磅、段后间距6磅"。

7. 将"自我分析:"段居中,并为其添加1.5磅实线边框。段落居中后;选中该段,打开"开始"功能面板,在"段落"组中,点击"框线"按钮右侧的三角,在弹出的下拉列表中点击"边框和底纹…",弹出"边框和底纹"对话框;在"边框"标签中,"设置"栏中点击"方框","样式"栏中选择"单实线","宽度"栏中选择"1.5磅","应用于"的文本框选择"段落",确定后即可。(也可以通过点击"页面布局"功能面板中"页面背景"组中的"页面边框"项打开"边框和底纹"对话框。)

8. 为"自我分析:"段添加35%的橙色底纹。选中该段,打开"边框和底纹"对话框,在"底纹"标签中的"图案"一栏里,"样式"的下拉框中选择35%,"颜色"的下拉框中选择"橙色","应用于"的文本框中选择"段落",确定后即可实现效果。

9. 将"大学四年总目标:"段设置成与"自我分析:"段一样的格式。先选中"自我分析:"段;然后单击"开始"功能面板中"剪贴板"组里的"格式刷"按钮,此时鼠标回到编辑区时变成了"小刷子";最后用鼠标在"大学四年总目标:"段中单击,即可将选中段落的格式应用于该段。(此时自动取消格式刷状态)

10. 将"我的优势特长"和"我的劣势不足"左缩进4个字符。

11. 将"大一学年目标"中的"专业目标:"设置成"隶书、四号、加粗、添加20%的红色底纹"。

12. 将"文化目标:、英语:、计算机:、写作:"的格式设置成与"专业目标:"一样的格式。先选中"专业目标:";然后双击"格式刷"按钮,(这样可以连续的使用格式刷);再分别选中"文化目标:"及其他各项,即可将选中对象的格式赋给多个不连续的对象;最后再见点击"格式刷"按钮,取消格式刷状态。

13. 将"我的优势特长:""我的劣势不足:""大一学年目标:""大二学年目标:""大三学年目标:""实现以上目标措施:"这几行设置成"标题1"的样式,字号设置为"小三号"。

14. 将"实现以上目标措施"下的四段文本分成两栏形式,两栏间加分隔线。选中指定的四段文本;打开"页面布局"功能面板,在"页面设置"组中点击"分栏",然后在下拉列表框中点击"更多分栏",即可弹出"分栏"对话框;在其中的"预设"栏中选择"两栏",并点击"分隔线"复选框,确定即可。

15. 给文章最后六行文本添加项目符号。选中指定的文本;打开"开始"功能面板,在"段落"组中点击"项目符号"按钮右侧的三角,弹出下拉列表框,在其中点击合适的项目符号。

16. 打开"视图"功能面板，在"文档视图"组中分别点击各种视图方式，体验它们的不同。（各种视图方式的不同在相关知识中有详细介绍）

17. 在当前文件中显示"标尺"和"文档结构图"，并通过点击"文档结构图"中的项目浏览文章。在"视图"功能面板的"显示/隐藏"组中，点击相应的复选框，通过点击页面左侧的"文档结构图"中项目查看文章。

18. 将当前文件的显示比例设置为 120%。在"视图"功能面板的"显示比例"组中，点击"显示比例"项，弹出"显示比例"对话框，在其中"百分比"的文本框中输入 120%，确定即可。（点击"显示比例"组中 100% 按钮，可将文档缩放为正常大小的 100%）

19. 将当前文档窗口拆分成两个窗口，使当前文章的不同位置的两部分分别显示在两个窗口中进行查看。在"视图"功能面板的"窗口"组中点击"拆分"，鼠标指针变成双向箭头的形状并且与屏幕上出现的一条灰色水平线相连，移动鼠标到窗口中间位置，单击鼠标左键即可，鼠标放在两个窗口之间的隔线上向上或向下拖动鼠标，可调整窗口大小。点击"视图"面板中"窗口"组里的"取消拆分"项，可将被拆分的两个窗口合并成一个窗口。

◇ 相关知识

一、样式

1. 利用"开始"功能面板中"样式"组来应用样式

(1) 单击要应用样式的段落中的任意位置。

(2) 打开"开始"功能面板并单击"样式"组中的"其他"样式按钮 ，可弹出"样式库"，如图 3-23 所示，可以对标题、引文等进行设置；或者点击"样式"组右下角的"显示样式窗口"按钮 ，弹出"样式"窗口，可以对正文内容进行设置，如图 3-24 所示。

(3) 在"样式库"或"样式窗口"中选取所需要的样式即可。

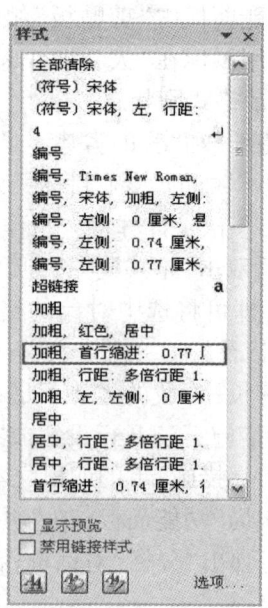

图 3-23　样式库　　　　图 3-24　"样式"窗口

2. 新建样式

如果 Word 系统提供的标准样式不能满足用户的需求，用户可以根据自己的需要来创建新样式。

(1) 在图 3-24 所示"样式"窗口中，单击"新建样式"按钮 ，打开"根据格式设置创建新样式"对话框，如图 3-25 所示。

(2) 在"名称"框中输入新建样式的名称，根据需要选择"样式类型"、"基准样式"及"后续段落样式"等项内容。

(3) 点击"格式"按钮，进行格式设置。

(4) 设置结束后，单击"确定"按钮。

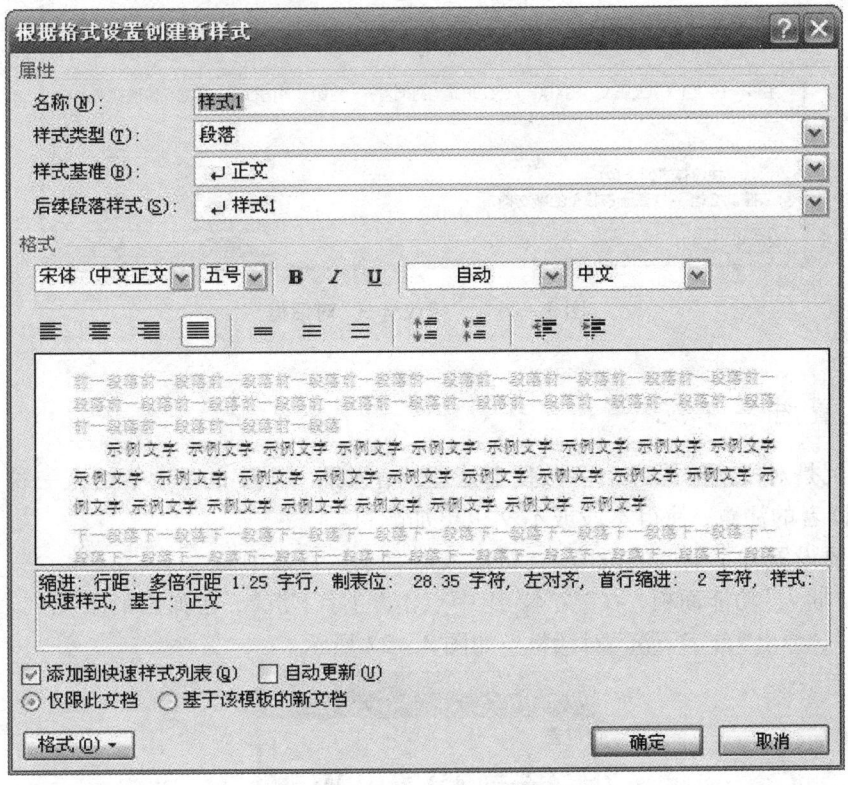

图 3-25 新建样式对话框

3. 修改和删除样式

对于已存在的样式，用户可以进行修改。在图 3-24 中，右击需要修改的样式，选择"修改样式"项，弹出"修改样式"对话框，如图 3-26 所示。修改后"确定"即可。

对于一些已经不需要的样式，用户可以将其删除。在图 3-24 所示"样式"窗口中，右击要删除的样式，选择"删除"。

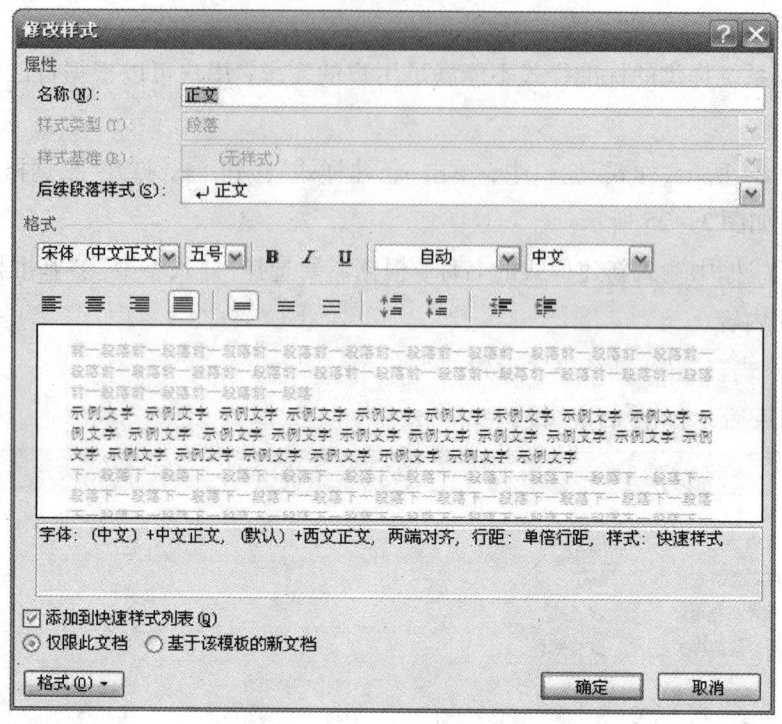

图 3-26 "修改样式"对话框

二、设置首字下沉

首字下沉是对段落的第一个字做技术处理,增大第一个字的字号,给人一种字符下沉的感觉,引起读者的注意,使得本段或本文也更加醒目。

1. 单击要设置首字下沉的段落。(将插入点置于这一段中)
2. 打开"插入"功能面板,在"文本"组中点击"首字下沉",在弹出的下拉列表中选择"首字下沉选项",弹出"首字下沉"对话框,如图 3-27 所示。

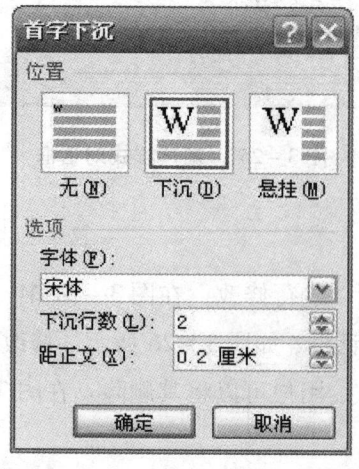

图 3-27 "首字下沉"对话框

3. 在"位置"栏中选择"无"、"下沉"和"悬挂"三种样式中的一种;再分别设置"选项"栏中的"字体""下沉行数""距正文"。

4. 设置完成后,单击"确定"按钮。

要取消首字下沉和悬挂,可将插入点定位到该段中,然后在"首字下沉"对话框中选择"无"即可。

三、为段落添加边框和底纹

(1) 选中要进行设置的段落。(如果是一段,只需将插入点放入该段即可)

(2) 打开"边框和底纹"对话框有两种方法:

①单击"页面布局"功能面板中"页面背景"组里的"页面边框",弹出"边框和底纹"对话框,如图3-28所示。

②在"开始"功能面板中的"段落"组里,点击"框线"按钮  右侧的三角,在弹出的下拉列表中点击"边框和底纹"项,也可弹出"边框和底纹"对话框。

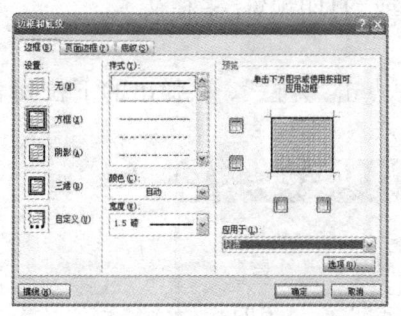

图3-28 "边框和底纹"对话框—边框

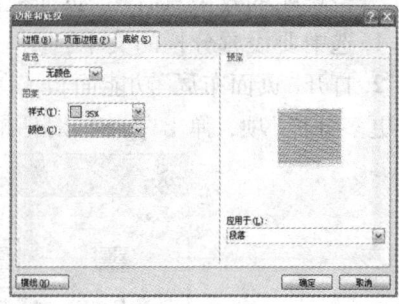

图3-29 "边框和底纹"对话框—底纹

(3) 在"设置"一栏中点击"方框";在"样式"一栏中选择合适的线型;在"颜色"下拉框中选择适合的颜色;在"宽度"下拉框中选择线型的宽度;在"应用于"下拉框中选择"段落"或"文字"。(如果在"应用于"下拉框中选择"文字",则是为段落中的每一行加边框)

(4) 在"边框和底纹"对话框,点击"底纹"标签,如图3-29所示。

(5) 在"图案"一栏中,"样式"下拉框中选择合适的百分比;"颜色"下拉框中选择合适的颜色;"应用于"下拉框中选择"段落"或"文字"。(如果只加某种颜色的底纹,可在"填充"颜色中选择即可。)

(6) 在预览框中可查看结果,最后点击"确定"即可。

四、格式刷的使用

对一部分文字设置的格式可以复制到别处的文字上,使其具有同样的格式。设置好的格式如果觉得不满意,也可以清除它。

1. 格式的复制

(1) 选定已设置格式的文本。

(2)点击"开始"功能面板中"剪贴板"组里的"格式刷",此时鼠标指针变为刷子形。
(3)将鼠标指针移到要复制格式的文本开始处。
(4)拖动鼠标直到要复制格式的文本结束处,放开鼠标左键。

如果想多次使用,应双击"格式刷",如果取消"格式刷"功能,只要再单击"格式刷"按钮一次即可。

2. 格式的清除

如果对于所设置的格式不满意,可以清除,有下面两种方法:
(1)先点击"格式刷"按钮,再在要去掉格式的文本上拖动鼠标即可。
(2)选定要清除格式的文本,按组合键"Ctrl + Shift + Z"。

五、设置分栏

分栏经常用于排版报纸、杂志和词典,它有助于版面的美观,便于阅读,同时对换行较多的版面起到节约纸张的作用。

分栏功能的效果只有在"页面视图"下才可以显示或"打印预览"多栏文本。

1. 选中要设置分栏的文本。
2. 打开"页面布局"功能面板,在"页面设置"组中点击"分栏",在弹出的下拉列表中选择"更多分栏"项,弹出"分栏"对话框。如图3-30所示。

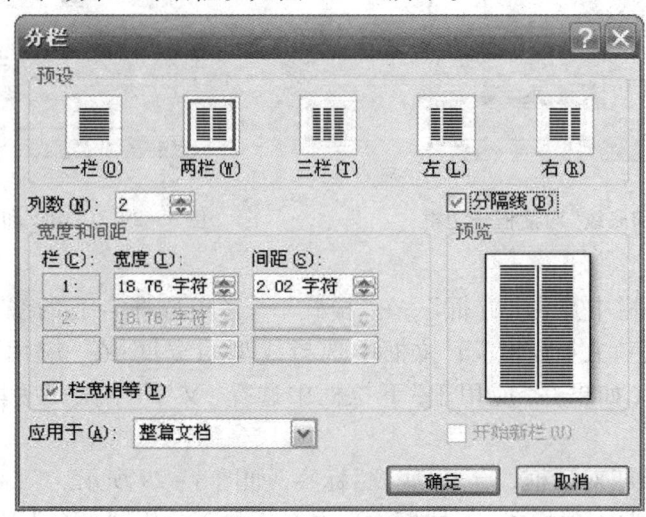

图3-30 "分栏"对话框

3. 在"预设"栏中点击合适的样式,再点击"确定"。
(1)如果要分成多栏,可在"列数"后直接输入;
(2)在"宽度和间距"栏中设置栏宽和两栏之间的距离;
(3)如果要各栏的栏宽相等,可点击"栏宽相等"的复选框;
(4)如果各栏之间需要加分隔线,可点击"分隔线"复选框。

六、添加项目符号和编号

1. 添加项目符号

(1)选中要添加项目符号的段落。

(2)打开"开始"功能面板,点击"段落"组中"项目符号"按钮 右侧三角,弹出"项目符号"下拉列表,如图 3-31 所示,在其中选中合适的项目符号即可。

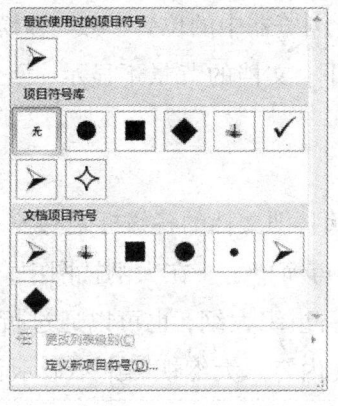

图 3-31　项目符号

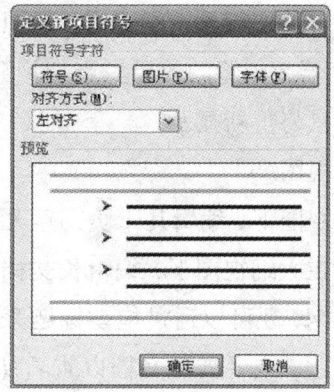

图 3-32　"定义新项目符号"对话框

(3) 如果想定义新的项目符号,可以点击图 3-31 中的"定义新项目符号",弹出"定义新项目符号"对话框,如图 3-32 所示,可以通过"符号"和"图片"按钮添加新符号,"字体"按钮可以改变项目符号的字体格式。

2. 添加编号

(1) 选中要加编号的段落。

(2) 打开"开始"功能面板,点击"段落"组中"编号"按钮 右侧三角,弹出"编号"下拉列表,选中需要的编号即可。

七、以文档的各种视图方式查看

所谓视图,是指文档在 Word 应用程序窗口中的显示形式。在 Word 应用程序窗口的右下角有五个控制按钮 ,单击这五个按钮可以实现视图之间的切换;还可以通过单击"视图"功能面板中"文档视图"组里的各种视图命令。这五种视图方式分别为:页面视图、阅读版式、Web 版式视图、大纲视图、普通视图。这些视图各有特点,下面分别进行介绍。

1. 页面视图

在页面视图下,我们看到的屏幕布局与将来的打印机上打印输出的结果完全一样。在这种视图方式下,页与页之间是不相连的,可以看到文档在纸张上的确切位置。页面视图可用于编辑页眉和页脚、调整页边距、处理分栏和编辑图形对象等。Word 默认的视图方式即为页面视图,是使用最多的视图方式。

2. 阅读版式视图

在该视图方式下最适合阅读长篇文章。阅读版式将原来的文章编辑区缩小,而文字大小保持不变。如果字数多,它会自动分成多屏。在该视图下同样可以进行文字的编辑工作,但视觉效果好,眼睛不会感到疲劳。要使用"阅读版式",只需在打开的 Word 文档中,点击工具栏上"阅读"按钮,或者按 Alt + R 就可能开始阅读了。阅读版式视图会隐藏除"阅读版式"和"审阅"工具栏以外的所有工具栏,这样的好处是扩大显示区且方便用户进行审阅编辑。

3. Web 版式视图

在 Web 版式视图中,可以创建能显示在屏幕上的 Web 页或文档,可看到背景和为适应窗口大小而自动换行显示的文本,且图形位置与在 Web 浏览器中的位置一致,即模拟该文档在 Web 浏览器上浏览的效果。当切换到其他视图方式下,文档的背景不显示,回到 Web 版式视图下背景将重新显示。

4. 大纲视图

在页面视图下,编辑几十页乃至几百页的长文档大纲(即文档的各级标题)是一件很麻烦的事情。而在大纲视图下,编辑长文档大纲的操作就变得简单了。在大纲视图中,既可以查看文档的大纲,还可以通过拖动标题来移动、复制和重新组织大纲,也可以通过折叠文档来查看主要标题,或者展开文档以查看所有标题以至正文内容。大纲视图中不显示页边距、页眉和页脚、图片和背景。

5. 普通视图

普通视图只显示文本格式,可以快捷地进行文档的输入和编辑。当文档满一页时,就会出现一条虚线,该虚线称为分页符。在普通视图下,不显示页边距、页眉和页脚、背景、图形和分栏等情况。由于普通试图不显示附加信息,因此具有占用计算机内存少、处理速度快的特点。在普通视图下可以快速的输入、编辑和设置文本格式。

八、窗口的拆分

Word 的文档窗口可以拆分为两个窗口,利用窗口拆分可以将一个大文档不同位置的两部分分别显示在两个窗口中,从而可以方便地编辑文档。拆分窗口有两种方法:

1. 使用功能面板

(1)打开"视图"功能面板,点击"窗口"组中的"拆分",此时鼠标指针变成双向箭头的形状并且与屏幕上出现的一条灰色水平线相连。

(2)移动鼠标到要拆分的位置,单击鼠标左键即可。

(3)鼠标放在两个窗口之间的隔线上向上或向下拖动鼠标,可调整窗口大小。

点击"窗口"组中"取消拆分",可将拆分的窗口合并成一个窗口。

2. 拖动垂直滚动条上端的小横条拆分窗口

(1) 鼠标移到垂直滚动条上面的窗口拆分条上。

(2) 鼠标指针变成双向箭头的形状时,向下拖动鼠标。

(3) 到要拆分的位置,单击鼠标左键即可。

插入点所在的窗口称为工作窗口。将鼠标指针移到非工作窗口的任意部位并单击一下,就可以将它切换成为工作窗口,在这两个窗口键可以对文档进行各种编辑操作。

◇技能训练

一、文章"人为什么要自我管理"格式化(原始文件在素材中,如图 3-33 所示)

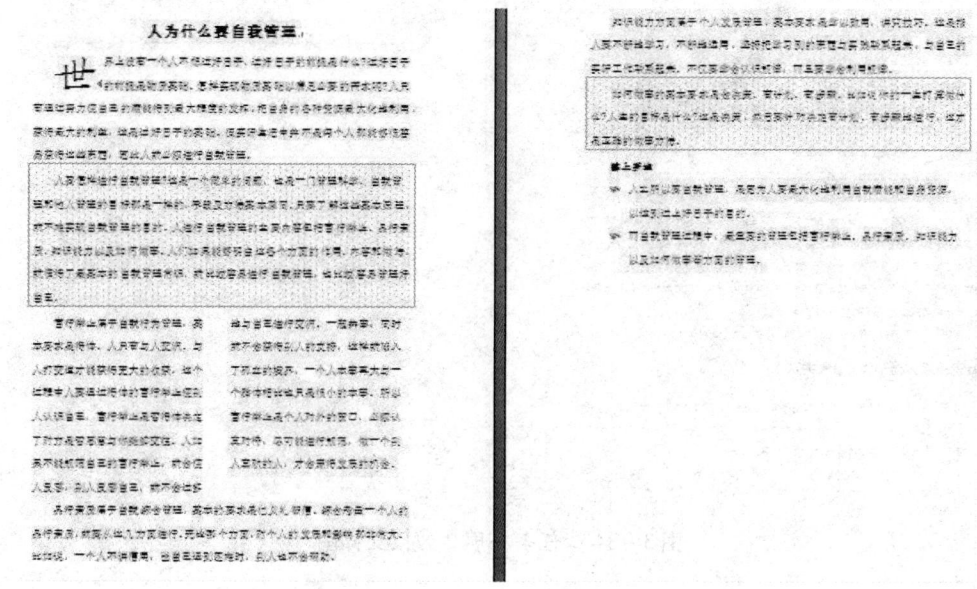

图 3-33　任务拓展 1 效果文件图

要求:

1. 将标题段应用"标题"样式。

2. 将倒数第三段"综上所述"应用"要点"样式。

3. 将标题段的字符间距"加宽 2 磅"。

4. 标题段的段前间距为"6 磅",段后间距为"18 磅"。

5. 正文中各段落"首行缩进 2 个字符"。

6. 正文字体设置为"宋体、小四号字"。

7. 正文行间距设置为"固定值 27 磅"。

8. 将正文第一段"首字下沉 2 行、楷体、距正文 0.2 厘米"。

9. 为文章第二段加"橄榄色、1.5 磅、实线边框;15% 的橙色底纹"。(颜色设置可自主)

10. 将文章第三段"分成两栏,加分隔线"。

11. 将文章第二段的格式应用到倒数第四段中。(提示:使用格式刷)

12. 为最后两段添加自定义项目符号。(项目符号要美观、颜色自主)

二、文章"谈判是一场以双赢为目的的生意"格式化(如图 3-34 所示)

(原始文件在素材中)

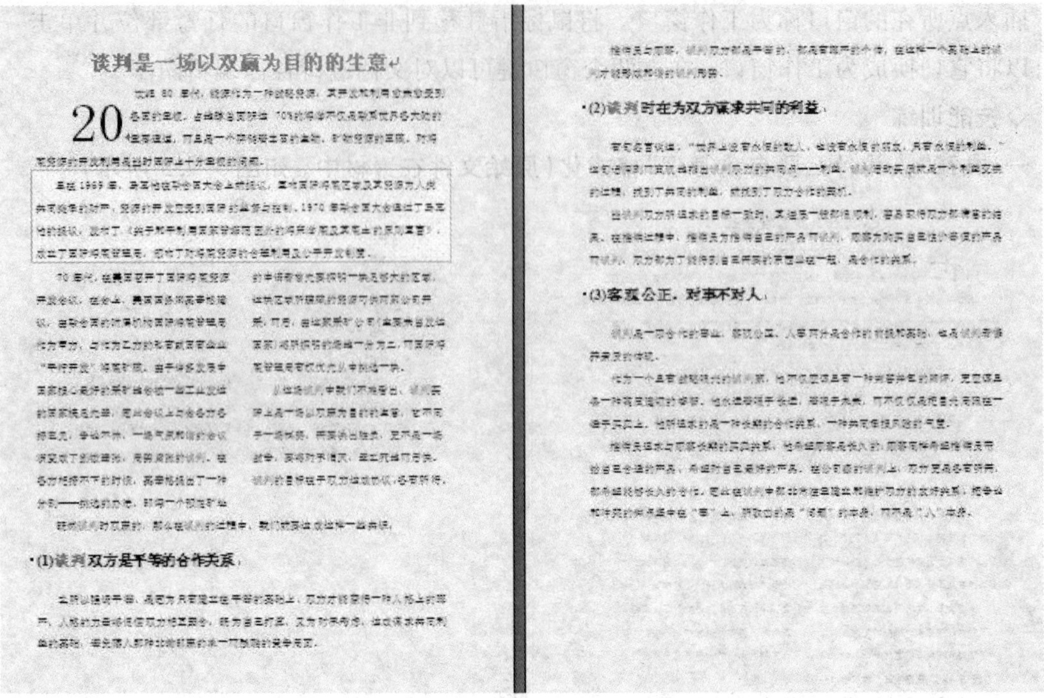
谈判是一场以双赢为目的的生意

20

(1)谈判双方是平等的合作关系

(2)谈判时在为双方谋求共同的利益

(3)客观公正，对事不对人

图 3－34　任务拓展 2 效果文件图

要求：

1. 将“标题”样式的字体修改为“黑体、二号、加粗、居中、深蓝色、段前间距为 6 磅，段后间距为 18 磅”。

2. 设置“标题 3”的样式为“字体：三号、加粗；行距：多倍行距 1.73 字行、段前间距 13 磅、段后间距 13 磅；3 级”。

3. 标题段应用“标题”样式。

4. 将标题段的字符间距加宽 3 磅。

5. 将正文字体设置为“宋体、小四号”；所有段落“首行缩进 2 个字符，行间距 25 磅”。

6. 将文中第一段的首字“20”下沉 3 行，距正文 0.1 厘米。

7. 给正文第二段加边框和底纹。（线型和颜色自主）

8. 将文中第三段和第四段分成两栏。

9. 将谈判中的三点共识应用“标题 3”的样式。

10. 将文中所有的“谈判”两字设置为“红色”。

11. 将文档背景设置为“羊皮纸”。（此题自主探究，提示：在“页面布局”功能面板中“页面背景”组中进行设置。）

任务三 "人员出勤表"的制作

■ 能力目标：
能掌握 Word 表格的创建
能掌握 Word 表格的编辑
能掌握 Word 表格的格式化

◇ 任务情景

表格在工作中的应用可以说是防损日常管理工作的灵魂，涉及设备的运转、班次的交接、人员的管理，等等。表格的管理到位、完善，可以大大提高管理工作的质量，加强各项流程和制度的控管力度，还可以分析和总结出各环节中出现和将要出现的问题和症结所在，从而达到安全、高效、有序、控损的防损管理工作要求。下面以"人员出勤表"为例讲述表格的制作方法。

人 员 出 勤 表

单位 \ 事由	月 日	应到人数	新进人数	未到人数						辞职人数	实到人数	备 注
				事假	病假	婚丧假	公假	公伤假	旷工	合计			
小计													
小计													

图 3-35 任务效果文件图

实施步骤

1. 新建一个空白文档。

2. 页面纸张横向放置。打开"页面布局"功能面板，在"页面设置"组中点击"纸张方向"，在弹出的下拉列表中点击"横向"。

3. 创建一个 9 行 6 列的表格。打开"插入"功能面板，然后点击"表格"组中的"表格"项，在下拉列表中点击"插入表格"，弹出"插入表格"对话框，在其中设置行数和列数，最后点击

"确定"。(如果生成的表格行数和列数比较少,也可以在"表格"下拉列表中直接通过"样格"的选择进行创建。)

4. 设置表格第一行的行高为 3 厘米。将鼠标放在表格第一行左侧的选定栏中,当鼠标变成指向斜右上方时,单击鼠标左键,即可选定第一行;然后打开"布局"功能面板,在"单元格大小"组中"行高"的文本框中进行相应的设置;或者点击"表"组中的"属性",弹出"表格属性"对话框,在其中"行"标签中进行相应设置。

5. 设置表格第一列的列宽为 3 厘米。将鼠标放在第一列的上面,当鼠标变成黑色向下箭头↓时,单击鼠标左键,即可选定第一列;然后在"布局"功能面板的"单元格大小"组中进行列宽设置;或者打开"表格属性"对话框,点击"列"标签,在"指定宽度"右侧文本框中输入 3 厘米,最后点击"确定"。(如果此项为灰色,不能设置,请点击"指定宽度"左侧的复选框,进行激活)。

6. 将第二、三列和第五、六列的列宽设置为 0.8 厘米。鼠标放在第二列的上面,当鼠标变成黑色向下箭头时,按住左键不松开,向右拖动,选定第二、三列,然后按住 Ctrl 键不松开,同时用同样的方法选定第五、六列后,松开 Ctrl 键,即可选定不连续的多列;按照步骤 5 中的方法设置列宽。

7. 设置第四列的列宽为 5.6 厘米。

8. 在第一行中的第二、三列和第五、六列单元格中分别输入法"应到人数""新进人数""辞职人数""实到人数"。如图 3-35 所示。

9. 在表格第六列右边插入一列,新列的第一行输入"备注"。选定第六列,然后打开"布局"功能面板,在"行和列"组中点击"在右侧插入",即可在第六列右侧插入一列。

10. 将第七列的列宽设置为 4 厘米。

11. 将第一行中第四个单元格拆分成两行一列。鼠标指针指向该单元格的左边线变为↗状,单击左键,选定该单元格;打开"布局"功能面板,点击"合并"组中"拆分单元格",弹出"拆分单元格"对话框,在其中设置要拆成的"行数"和"列数","确定"即可。

12. 手动将"未到人数"所在单元格的行高调整至如图 3-35 所示的视觉高度。将鼠标放在"未到人数"所在单元格的下框线上,当鼠标变成双向箭头时,按住鼠标向上拖动,即可手动调整行高。

13. 在表格最后增加一行。选定当前最后一行,打开"布局"功能面板,在"行和列"组中点击"在下方插入",即可插入一行。

14. 将"未到人数"下面的 10 个单元格拆分成 10 行 7 列,如图 3-35 所示。鼠标指针指向第一个单元格的左边线变为↗状,接着按住鼠标向下拖动至最后一个单元格,即可同时选定多个连续的单元格,然后按照步骤 11 所述进行单元格拆分。(注意在"拆分单元格对话框"中一定要将"拆分前合并单元格"的复选框选中)

15. 将"未到人数""事假"等数据依次输入到如图 3-35 所示的单元格中。

16. 将第一列中的第三到第六个单元格拆分成 4 行 2 列。

17. 将步骤 16 中刚拆分的左侧列四个单元格合并成一个单元格,如图 3-35 所示。选定这四个单元格,打开"布局"功能面板,点击"合并"组中"合并单元格"。

18. 重复步骤 16 和步骤 17 的方法,将第一列中最后四个单元格制作成如图 3-35 所示效果。

19. 将如图 3-35 中"小计"左框线手动向左调整到合适位置。将鼠标放在"小计"所在单元格的左框线上,当鼠标变成双向箭头时,按住鼠标向左拖动,即可手动调整列宽。

20. 将"小计"输入到图 3-35 所示的单元格中。

21. 将表格下移一行。鼠标放在第一行第一列单元格中单击,然后键入"回车键",即可将表格下移一行。(此方法仅限于当表格处于第一行时)

22. 在第一行输入表格名称"人员出勤表",设置为黑体、三号字、加粗、居中;"字符间距"加宽 8 磅;段前间距为 22 磅,段前间距为 12 磅。

23. 在表格标题后键入回车,在第二行输入"月日","字符间距"加宽 15 磅,左缩进 9 个字符。

24. 选定整个表格。鼠标在表格内单击,此时,表格左上角出现 ⊞,用鼠标单击这个全选标记,即可选中整个表格。

25. 将表格居中。选定整个表格,打开"开始"功能面板,点击"段落"组中的"居中" ≡ 按钮;或者打开"表格属性"对话框,在"表格"标签中,点击"对齐方式"一栏中的"居中"后,点击"确定"。

26. 将表格中已填入的文字设置为宋体、五号字、加粗。先选定要设置的单元格,然后在"开始"功能面板中的"字体"组中设置。

27. 在表格中,将文字在单元格中的位置设置为水平、垂直居中。选定整个表格,鼠标指向选定区域,单击右键,弹出快捷菜单,在"单元格对齐方式"的下级菜单中选择"中部居中";或者选定表格后,打开"布局"功能面板,在"对齐方式"组里也有数据在单元格中的 9 种位置。

28. 将表格的外框线设置为黑色、1.5 磅、实线边框;内框线设置为黑色、0.5 磅、实线边框。外框线设置:选定表格,打开"设计"功能面板,首先在"绘图边框"组中进行"线型""粗细""线条颜色"的设置,然后再点击"表样式"组中"边框"右侧三角,在弹出的下拉列表中点击"外侧框线"(注意:一定完成前面三项设置后,再进行框线选择);根据前面的步骤,完成"内部框线"的设置。

29. 为表格的第一行设置"橙色"底纹;第一列(除第一个单元格)设置"浅绿色"底纹。选定第一行,打开"设计"面板,点击"表样式"组中的"底纹",在弹出的下拉列表框中点击"橙色"即可;按前面的步骤完成第一列的底纹设置。

30. 为表格设置斜线表头,行标题为"事由",列标题为"单位",标题为五号字。鼠标在第一行第一列单元格中单击,打开"布局"功能面板,点击"表"组中"绘制斜线表头",弹出"插入斜线表头"对话框,在其中选择"样式一","字体大小"为五号,"行标题"文本框输入"事由","列标题"文本框输入"单位",点击"确定"。

31. 调整表格的整体大小。当鼠标在表格内单击,在表格右下角外侧会出现一个空心方块,鼠标放在这个方块上变成双向箭头,按住鼠标左键托动,即可改变表格的大小,调整到合适大小后,松开鼠标。

32. 保存文档到 D 盘下,文件名为"人员出勤表"。

33. 除自己设计表格样式外,还可以应用系统提供的"表样式"。鼠标在表格内单击,打开"设计"功能面板,鼠标指向"表样式"组中的表格样式,该样式效果就会在表格中体现,当鼠标点击某个样式时,该样式就会应用到表格中。(可以通过"表格样式选项"组中复选框的选择，改变"表样式"组中各种样式的形式。）
◇ 相关知识

一、创建表格

1. 自动创建规则表格
（1）使用对话框创建表格
①鼠标单击要插入表格的位置。
②打开"插入"功能面板，点击"表格"组中的"表格"，在下拉列表框中点击"插入表格"弹出"插入表格"对话框，如图 3-36 所示。

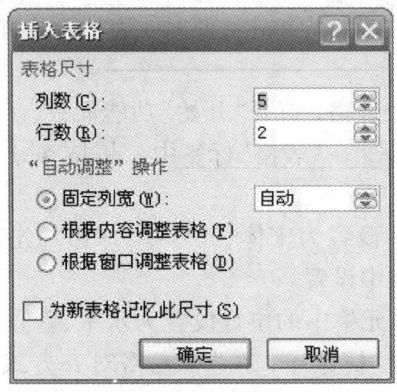

图 3-36 "插入表格"对话框

③ 在"插入表格"对话框中设置行数、列数，单击"确定"按钮，所需表格就插入到文档中了。
（2）使用"表格模板"创建表格
①鼠标单击要插入表格的位置。
②打开"插入"功能面板，点击"表格"组中的"表格"。
③在弹出的表格模板上拖动鼠标，在正确的行数和列数的位置单击鼠标左键，即可完成表格插入。

2. 手工绘制复杂表格
对于一些比较复杂或格式不固定的表格，也可以通过"绘制表格"来创建，绘制时先绘制表格的外边框，再画内线。
(1)打开"插入"功能面板，点击"表格"组中的"表格"，在下拉列表框中点击"绘制表格"；或者，打开"开始"功能面板，在"段落"组中点击"边框"右侧三角，在弹出的下拉列表中点击"绘制表格"。同时鼠标指针变成"笔"形状（鼠标处于"手动制表"状态）。
(2) 按下鼠标左键从需要制作表格的左上角位置拖至右下角，即可绘出表格的外边框。
(3) 在表格的边框内，从需要画线位置的开始处水平拖动鼠标可画出行线，垂直拖动鼠标可画出列线，沿对角拖动可画出斜线。
(4) 如果想擦除一些不需要的线，可在"设计"功能面板中单击"绘图边框"组中的"擦除"按钮，这时鼠标指针变为橡皮状，在要擦除的线上拖动或单击，即可擦除。

二、表格的选定

在编辑表格时,一般要首先进行选定操作,方法与文本的选定方法非常相似。

1. 用鼠标选定单元格、行、列

(1) 选定一行:将鼠标移到行左侧的选定栏,指针形状变为 ⇧ 状,单击即可。

(2) 选定一列:如果将鼠标移到列上面的表格边线处时,指针形状变为 ⬇ 状,单击即可。

(3) 选定单元格:鼠标指针指向单元格的左边线变为 ↗ 状,单击即可选定一个单元格;如果接着拖动鼠标,可以选定多个连续的单元格。

(4) 选定多行:选定一行后垂直拖动鼠标即可选定多行。

(5) 选定多列:选定一列后水平拖动鼠标即可选定多列。

(6) 选定整个表格:将鼠标指针移到表格区域,在表格的左上角出现全选的标记,单击该标记即可选定整个表格;在数字小键盘区被锁定情况下,按 Alt+5(数字小键盘上的5)组合键也可以选定整个表格。

2. 用"布局"功能面板选定单元格、行、列、整个表格

表格选定操作也可以利用功能面板来完成。将插入点移入表格内要选定的行、列或单元格内,打开"布局"功能面板,在"表格"组中点击"选定",弹出下拉列表中点击相应的命令项即可。

3. 用键盘选定单元格、行、列

(1) 按 Ctrl+A 可以选定插入点所在的整个表格。

(2) 如果插入点所在的下一个单元格中已输入文本,那么按 Tab 键可以选定下一单元格中的文本。

(3) 如果插入点所在的上一个单元格中已输入文本,那么按 Shift+Tab 键可以选定上一单元各种的文本。

(4) 按 Shift+End 键可以选定插入点所在的单元格。

(5) 按 Shift+↑/↓/←/→可以选定包括插入点所在的单元格在内的相邻的单元格。

(6) 按任意箭头键可以取消选定。

三、在表格内录入文本

在录入表格内容过程中要注意以下问题:

1. 插入点的移动可以用鼠标在需要编辑的单元格中单击,还可以通过键盘命令来实现:

(1) ↑、↓、←、→ 键:可以分别将插入点向上、向下、向左、向右移动一个单元格。

(2) Tab 键:按一下 Tab 键,插入点移到下一个单元格;如果插入点在最后一个单元格中再按 Tab 键时,表格结尾会增加一空行。按 Shift+Tab 组合键,插入点移到上一个单元格。

(3) Home 和 End:插入点分别移动到单元格数据之首和单元格数据之尾。

(4) Alt+Home 和 Alt+End:插入点移动到本行中第一个单元格之首和本行末单元格之首。

(5) Alt+PageUp 和 Alt+PageDown:插入点移动到本列中第一个单元格之首和本列末单元格之首。

2. 当在单元格中输入的内容超过单元格的宽度,它会自动换行,单元格的行高也会自动调整,只有在需要开始一个新段落时才按"回车"键,否则可能给排版带来麻烦。

3. 为了排版的方便,在每个单元格输入内容的开始尽量不要输入空格,这样有利于排版

时对齐方式的设置。

4. 如果表格在文档开始处,表格前输入标题时需增加一个空段落,可以将插入点定位在第一个单元格的开始处,按"回车"即可。

四、修改表格行高和列宽

修改表格的行高和列宽的方法也有拖动鼠标、使用功能面板和使用对话框三种。一般情况下,Word 能根据单元格中输入内容的多少自动调整行高,但也可以根据需要来修改它。

1. 用拖动鼠标修改表格的行高、列宽

(1) 鼠标移到要调整行高的行线上,按住鼠标左键,鼠标指针变成 ⇳ 状时,同时行线上出现一条虚线,按住鼠标左键拖放到需要的位置即可。

(2) 列宽的调整与行高的调整相似,鼠标移到要调整列宽的列线上,按住鼠标左键,鼠标指针变成 ⇔ 状时,同时列线上出现一条虚线,按住鼠标左键拖放到需要的位置即可。

(3) 拖动表格右下角处的表格大小控制点,可以改变表格大小。

如果想看到当前的列宽数据,那么只要在拖动鼠标时按住 Alt 键,水平标尺上就会显示列宽的数据。

如果按 Shift 键的同时拖动鼠标,只调整左列的列宽,右列的宽度保持不变。

如果选定了单元格,当鼠标拖动选定单元格的左或右列框线时,只影响选定单元格的列宽度,其他不变。

2. 用"布局"功能面板修改表格行高(或列宽)

(1) 选定要修改行高(列宽)的一行(一列)或多行(多列)。

(2) 打开"布局"功能面板。

(3) 在"单元格大小"组中进行行高或列宽的设置。

3. 用"表格属性"对话框修改表格行高(或列宽)

(1)选定要修改行高(列宽)的一行(一列)或多行(多列)。

(2)打开"布局"功能面板,点击"表"组中的"属性"命令,弹出"表格属性"对话框。点击"行"(或"列")标签,如图 3-37 所示。(图 3-38 显示"列"标签)

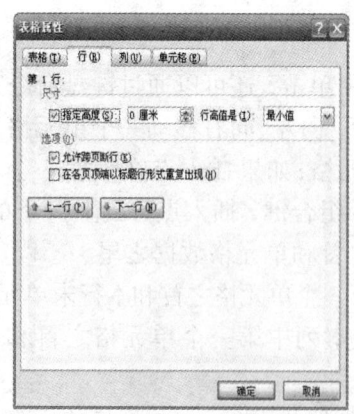
图 3-37 "表格属性"对话框—行

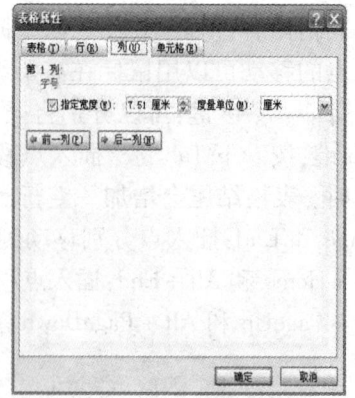
图 3-38 "表格属性"对话框—列

(3) 在图 3-37 所示图中，点击"指定高度"前面的复选框，指定高度文本框中输入数值。(在如图 3-38 所示图中，点击"指定宽度"复选框，设置"指定宽度"数值)最后点击"确定"。

五、插入或删除行、列、单元格

在已有的表格中，有时需要增加一些空白行或空白列，也可能需要删除某些行或列。

1. 插入行快捷方法：

单击表格某行最右边的边框外，按回车键，在当前行的下面插入一行；或光标定位在最后一行最右一列单元格中，按 Tab 键追加一行。

2. 插入行/列（使用"布局"功能面板）

(1)选中表格中的行(或列)。(或选定与将要插入的行或列等同数量的行或列)

(2)打开"布局"功能面板，在"行和列"组中，点击"在上方插入"或"在下方插入"，即可完成。

3. 删除行、列

(1) 选中要删除的行(列)。

(2) 打开"布局"功能面板，在"行和列"组中点击"删除"，弹出下拉列表中点击"删除行"或"删除列"即可。

4. 删除单元格

(1)选定要删除的单元格。

(2)打开"布局"功能面板，在"行和列"组中点击"删除"，弹出下拉列表中点击"删除单元格"即可打开"删除单元格"对话框，如图 3-39 所示。

①右侧单元格左移：删除后，同行中的后续单元格依次左移填充删除区域。

②下方单元格上移：删除后，同列中的后续单元格依次上移填充删除区域。

③删除整行：删除选定区域所在的整行。

④删除整列：删除选定区域所在的整列。

(3)在上述四项中进行选择后，单击"确定"按钮。

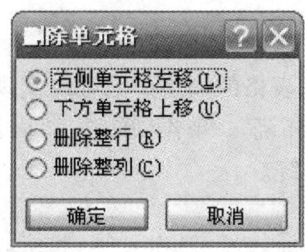

图 3-39 "删除单元格"对话框

5. 删除表格

(1) 选定表格。

(2)打开"布局"功能面板，在"行和列"组中点击"删除"，弹出下拉列表中点击"删除表格"；或者点击右键快捷菜单中的"剪切"。

表格的编辑中，选定表格后，单击 Del 键，结果是删除表格中所填内容，不是删除表格。

六、表格的属性设置

1. 表格的对齐方式

表格的对齐方式是指表格相对于整个页面的位置,有左对齐、居中和右对齐三种。

(1)选定整个表格。

(2)打开"布局"功能面板,在"表"组中点击"属性",弹出"表格属性"对话框,在"表格属性"对话框中选择"表格"标签,如图3－40所示。

(3)在"对齐方式"项中选择"居中"即可。

图3－40 "表格属性"对话框—表格

2. 表格与文字环绕

我们经常会希望文字能环绕在表格的周围,是可以实现的。如图3－40所示,"表格"标签中有一个"文字环绕"栏,选择"环绕",单击"确定"。回到编辑状态,拖动表格到文字的中间,文字就在表格的周围形成了环绕。

七、合并单元格

单元格合并是指多个相邻的单元格合并成一个单元格。

1. 选中两个或两个以上相邻单元格。
2. 打开"布局"功能面板,在"合并"组中点击"合并单元格",即可实现单元格的合并。

八、拆分单元格

拆分单元格是指将单元格拆分成多行多列的多个单元格。

1. 选定要拆分的单元格。

2. 打开"布局"功能面板,在"合并"组中点击"拆分单元格",弹出如图3-41所示的"拆分单元格"对话框。

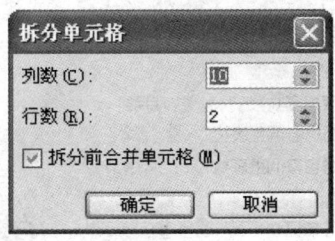

图3-41 "拆分单元格"对话框

3. 在"拆分单元格"对话框中输入拆分之后的"行数"和"列数",点击"确定"。

九、表格的合并和拆分

1. 要将两个连续的表格合并成一个表格,只要将插入点定位在第一个表格的最后,单击"Del 键"即可。

2. 要将一个表格拆分成两个表格,可以先选定要拆分的位置后,在"布局"面板中,点击"合并"组中的"拆分表格"。

十、文本与表格的转换

1. 文字转换为表格

如果我们有了一些排列规则的文本,则可以方便地将其转换为表格。操作步骤如下:

(1)为准备转换成表格的文本添加分隔符和段落标记(建议使用最常见的逗号分隔符,并且逗号必须是英文半角逗号),并选中需要转换成的表格的所有文字。(小提示:如果不同段落含有不同的分隔符,则Word2010会根据分隔符数量为不同行创建不同的列。)

(2)在"插入"功能区的"表格"分组中单击"表格"项,并在弹出的下拉列表中选择"文本转换成表格"命令。

(3)打开"将文字转换成表格"对话框,如图3-42所示。

①在"列数"编辑框中将出现转换生成表格的列数,如果该列数为1(而实际应该是多列),则说明分隔符使用不正确(可能使用了中文逗号),需要返回上面的步骤修改分隔符。

②在"自动调整"操作区域可以选中"固定列宽"、"根据内容调整表格"或"根据窗口调整表格"单选框,用以设置转换生成的表格列宽。

③在"文字分隔位置"区域自动选中文本中使用的分隔符,如果不正确可以重新选择。

(4)设置完毕单击"确定"按钮。

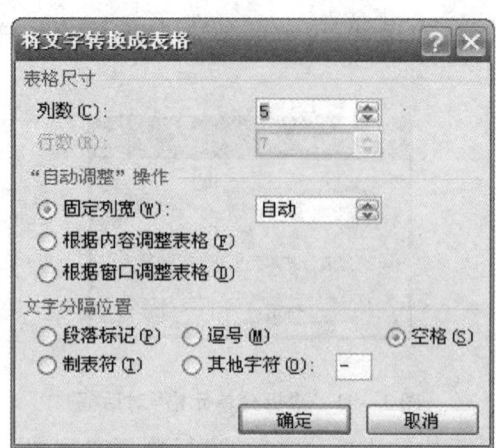

图 3-42 "将文字转换成表格"对话框

2. 表格转换成文字

文档中的表格内容可以转换为由逗号、制表符、段落标记或其他指定字符分割的普通文本。操作步骤如下：

(1)将光标定位在需要转换为文本的表格中，打开"布局"功能面板，在"数据"组里单击"转换成文本"项，弹出"表格转换成文本"对话框，如图 3-43 所示。

图 3-43 "表格转换成文本"对话框

(2)在"表格转换成文本"对话框中，选择合适的文字分隔符来分隔单元格的内容。如果想使用其他分隔符，可以在"其他字符"文本框中输入指定的分隔符，单击"确定"按扭即可。

十一、表格里的文本在单元格中的位置设置

文字在单元格中共有九种对齐方式，它们分别是：

靠上两端对齐 ▤，靠上居中 ▤，靠上右对齐 ▤，

中部两端对齐 ▤，中部居中 ▤，中部右对齐 ▤，

靠下两端对齐 ▤，靠下居中 ▤，靠下右对齐 ▤。

1. 选定表格。

2. 打开"布局"功能面板，在"对齐方式"组里，点击相应的对齐方式。

该操作也可以在选中表格后，单击鼠标右键，在快捷菜单中的"单元格对齐方式"里进行

选择。

十二、设置表格边框

1. 选定要设置边框的表格部分。
2. 打开"设计"功能面板，在"笔样式"下拉框中选择合适的线型。
3. 在"笔画粗细" 0.5 磅 下拉框中选择合适的磅值。
4. 在"笔颜色" 笔颜色 下拉框中选择合适的边框颜色。
5. 在"表样式"组中的"边框" 边框 下拉框中选择指定的框线。（注意：一定完成前面三项设置后，再进行框线选择）

十三、设置表格底纹

1. 选定要设置底纹的表格部分。
2. 打开"设计"功能面板，在"表样式"组中点击"底纹" 底纹 ，在弹出的下拉框中选择合适的颜色。

十四、"表样式"的应用

Word 提供了多种"表样式"功能，可以快速格式化表格，方法如下：
1. 单击表格中的任一单元格。
2. 打开"设计"功能面板，在"表样式"组中，鼠标指向任意一款表格样式，在表格中都会有效果实现，其中每种样式均包括边框格式、底纹格式、字体等。在某一款样式上单击鼠标，则这款样式就会应用到表格中，如图 3-44 所示。
3. 在图 3-44 中点击"表样式"右下角的"其他"按钮，打开下拉列表，可以进行更多样式的选择；可以清除当前应用的样式；可以新建表格样式。通过"表格样式选项"组中复选框的选择，改变"表样式"组中各种样式的形式。

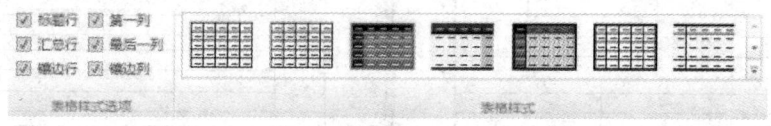

图 3-44　表格样式

十五、将表格下移一行

1. 鼠标在第一行第一列的单元格中单击。
2. 键入"回车键"，即可将表格向下调一行。

十六、设置表格斜线表头

1. 单击要添加斜线表头的单元格。
2. 打开"布局"功能面板，在"表"组中点击"绘制斜线表头"项，弹出"插入斜线表头"对话框，如图 3-45 所示。
3. 在"表头样式"列表中，单击所需样式。

4. 在"行标题"和"列标题"文本框中输入合适的文本。
5. 单击"确定"按钮。

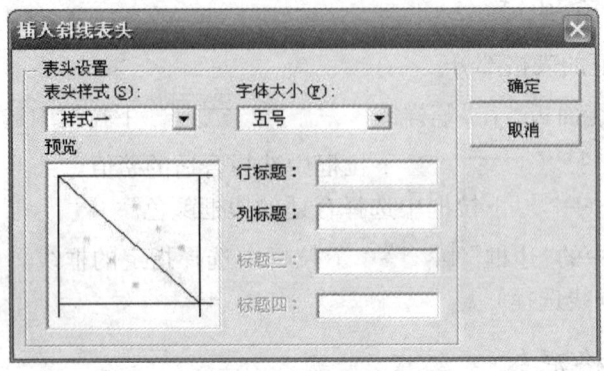

图3-45 "插入斜表头"对话框

十七、设置标题行重复

在制作的表格超过一页时，从第二页往后将没有标题行，这样给用户带来一些不便。如果使用 Word 中"标题行重复"功能，就可以解决上述问题，自动将选中的标题行区域内容放在每页表格的开始处。操作步骤如下：

1. 选定需要重复的标题行区域。
2. 打开"布局"功能面板，在"数据"组中单击"标题行重复"项即可。

◇ 技能训练

一、"个人求职简历"的制作

图3-46 "个人求职简历"效果图

要求：
1. 请绘制如图 3-46 所示的"个人求职简历"。
2. 参照素材文件，表格在页面中大小适中、美观、大方、项目齐全。
3. 单元格底纹颜色可以自主。
4. 使用"标题行重复"命令完成第二页中表头"个人求职简历"的填写。

二、"成绩单"的制作（如图 3-47、图 3-48）

姓名, 高等数学, 英语, 计算机基础, 总分
张成, 68, 76, 83
赵凯, 73, 76, 88
陈涛, 88, 83, 92
李丽, 85, 90, 98
林飞, 90, 88, 91
各科平均分

图 3-47　"成绩单"原始文件图

姓名＼科目	高等数学	英语	计算机基础	总分
张成	68	76	83	227
赵凯	73	76	88	237
陈涛	88	83	92	263
李丽	85	90	98	273
林飞	90	88	91	269
各科平均分	80.8	82.6	90.4	

图 3-48　"成绩单"效果文件图

要求：
1. 将原始图中的文本转换成表格。
2. 请绘制与图 3-48 相同的"成绩单"。
3. 表格第一行行高为 1.36 厘米，列宽 2.83 厘米；其他行行高为 0.93 厘米。
4. 第一行的底纹设置为"金色"。
5. 数据在单元格中水平、垂直居中；字体为"楷体、小四号"。
6. 绘制斜线表头。
7. 使用公式计算每位同学的"总分"和"各科平均分"。

提示：
计算"总分"
(1) 鼠标在"张成"的"总分"单元格中单击。
(2) 打开"布局"功能面板，在"数据"组中，点击"fx 公式"，弹出"公式"对话框，如

图3-49所示。

图3-49 "公式"对话框

(3)"公式"中的"SUM"是求和函数,"LEFT"是代表指定单元格的"左侧"所有数值数据。(公式中的字母大小写都可以)

(4)点击"确定"。

计算"各科平均分"

(1)鼠标在"高等数学"的"平均分"单元格中单击。

(2)点击"数据"组中的"公式",弹出图3-49。

(3)将"公式"中"="右边的原公式删除。

(4)单击"粘贴函数"下拉列表,选择"AVERAGE",并在其后的括号内输入"ABOVE"。"ABOVE"代表指定单元格上方所有数值数据。

(5)单击"确定"按钮,则计算出的结果会自动显示在该单元格内。

8.按"总分"字段降序排序。

提示:

(1)选中前6行。(最后一行不参加排序)

(2)打开"布局"功能面板,在"数据"组中点击"排序",弹出"排序"对话框,如图3-50所示。

(3)在"主要关键字"下拉框中选择"总分","类型"为"数字",选择"降序",单击"确定"按钮。

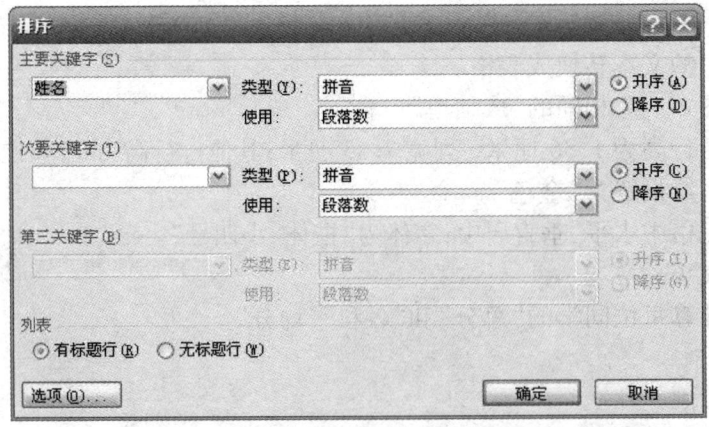

图3-50 "排序"对话框

项目三　字处理软件 Word 2010

任务四　"节能减排"宣传栏的制作

■ 能力目标：
能掌握 Word 页面设置
能掌握 Word 页面背景的设置
能掌握 Word 文本框的插入与格式设置
能掌握 Word 艺术字、剪贴画的插入与格式设置
能掌握 Word 中图片的插入与格式设置
能掌握 Word 自选图形的插入与格式设置

◇ **任务情景**

一些关于国家、社会、社区、单位等的发展信息需要对外宣传，并且要提高信息的宣传质量，所以，多数情况下是以宣传海报、报纸、画册等方式，图文并茂地展示信息内容，给人以深刻印象。那么它们是怎么排版制作的呢？下面将通过图片、艺术字、文本框等元素编辑"我国经济发展需要节能减排"的信息栏。

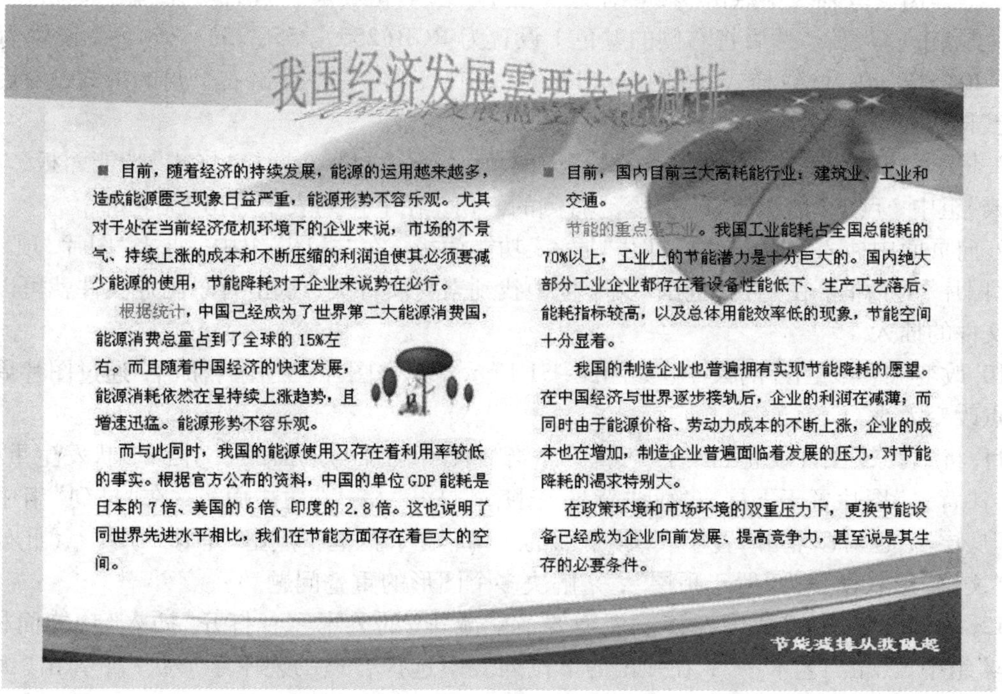

图 3-51　任务效果文件图

◇ 实施步骤

1. 打开素材,并新建一个空白文档。(以下操作均在新文档中进行)

2. 将纸张设置为 A4 纸,页边距上、下、左、右均为2厘米。打开"页面布局"功能面板,在"页面设置"组中,可以点击"纸张大小"命令,在下拉列表中选择纸张;可以点击"页边距"命令,在下拉列表中点击"自定义边距",弹出"页面设置"对话框,然后在"页边距"标签中设置上、下、左、右边距。

3. 将纸张横向放置。打开"页面布局"功能面板,在"页面设置"组中,可以点击"纸张方向"命令,在弹出的下拉列表中点击"横向"。

4. 设置页面背景为 RGB(253,233,217)。打开"页面布局"功能面板,在"页面背景"组中,可以点击"页面颜色"命令,在下拉列表中点击"其他颜色",弹出"颜色"对话框,在"自定义"标签中进行 RGB 设置。

5. 在文件中插入一个"文档"形状。打开"插入"功能面板,在"插图"组中,点击"形状"项,在下拉列表中选择"流程图"一栏中的"文档"图形,鼠标回到编辑区变成十字,按住鼠标左键拖动鼠标,画出"文档"形状。

6. 将刚插入的"文档"形状移动到页面顶端,并调整大小,如图 3-51 所示。鼠标在形状上单击,即可激活形状,同时鼠标变成四向箭头,按住鼠标左键拖到鼠标,就可以移动形状;形状处于被激活状态时,四周有八个控制点,鼠标放在控制点按住鼠标左键拖到鼠标,就可以改变形状的大小。

7. 为"文档"形状填充双色渐变式颜色,如图 3-51 所示。激活形状后,打开"格式"功能面板,在"形状样式"组中,点击"形状填充"项 右侧的三角,在下拉列表中用鼠标指向"渐变",弹出下级列表中点击"其他渐变",会弹出"填充效果"对话框;在"渐变"标签中"颜色"栏里点击"双色",然后将右侧的颜色 1 设置为 RGB(255,255,253),颜色 2 设置为 RGB(153,204,0);在"底纹样式"栏中点击"垂直";在"变形"栏中点击右下角的形式,最后点击"确定"即可。

8. 将"文档"形状的边框颜色设置为"无颜色"。激活形状,打开"格式"功能面板,在"形状样式"组中,点击"形状轮廓"项 右侧的三角,在下拉列表中点击"无轮廓"。

9. 向页面中插入背景图片。打开"插入"功能面板,在"插图"组中,点击"图片"项,弹出"插入图片"对话框,在"查找范围"文本框中找到素材文件夹,双击背景图片文件就可以实现图片文件的插入。

10. 改变"背景"图片的大小,如图 3-51 所示。单击图片,使图片激活,通过图片周围的控制点改变大小。

11. 将"背景"图片设置为"置于底层"。当"背景"图片与上面的"文档"形状发生重叠时,需要将"背景"图片置于下层,激活"背景"图片,打开"格式"功能面板,在"排列"组中点击"置于底层",也可以点击"置于底层"下面的三角,在下拉框中点击"下移一层"。(此处也可以将"文档"形状设置为"置于顶层",来解决多个图形的重叠问题。)

12. 向页面中插入"我国经济发展需要节能减排"的艺术字。打开"插入"功能面板,在"文本"组中,点击"艺术字",在弹出的下拉列表中选择合适的艺术字形状后,弹出"编辑艺术字文字"的对话框,在"文本"编辑区中输入艺术字内容,点击"确定"即可。

13. 改变艺术字的填充颜色。单击艺术字,使之激活,打开"格式"功能面板,在"艺术字样式"组中点击"形状填充"项，在下拉列表中选择"橙色"。

14. 改变艺术字的阴影效果，如图 3-51 所示。激活艺术字，打开"格式"功能面板，在"阴影效果"组中，点击"阴影效果"，在弹出的下拉列表中选择阴影样式，也可以在列表最下面的"阴影颜色"中设置阴影的颜色；在"阴影效果"组中，还可以设置阴影的偏移量。

15. 将文本素材复制到当前文档中，并将文本内容分成两栏。（可使用回车将文本向下移动）

16. 将所有文本格式设置为"宋体、四号字、行间距 24 磅、左缩进 2 个字符、各段落首行缩进 2 个字符"。

17. 在文中两个"目前"的前面添加红色实心方块"项目符号"。

18. 将文中第二段中"根据统计"四个字设置为红色。

19. 在文中第二段的后面插入一个图片，并放置在如图 3-51 所示位置。插入图片后，打开"格式"功能面板，在"排列"组中，点击"文字环绕"，弹出的下拉列表中点击"四周型环绕"；通过控制点改变图片大小，放在合适的位置处。

20. 将图片的"白色"底色去掉。选中图片，打开"格式"功能面板，在"调整"组中，点击"重新着色"，弹出下拉列表中点击"设置透明色"，此时鼠标变成"笔状"，在图片的白色区域内点击一下，即可去掉"白色"底色。

21. 在页面底部插入文本框。打开"插入"功能面板，在"文本"组中点击"文本框"项，弹出的下拉列表中（可以选择适合的"内置文本框"样式）单击列表中的"绘制文本框"，在编辑区按住鼠标左键拖动鼠标，即可实现文本框的插入。

22. 在文本框中输入"节能减排从我做起"。通过文本框的周围控制点可以改变文本框的大小。

23. 将文本框中的文字格式设置成"隶书、四号字、加粗、白色"，文本框位置如图 3-51 所示。单击文本框的边框，打开"开始"功能面板进行相应的设置即可（无须选中其中的文本）；将鼠标放在文本框的边框上，鼠标变成四向箭头时，按住鼠标左键拖动鼠标，就可以改变文本框的位置。

24. 将文本框的填充颜色及边框颜色设置为"无颜色"。点击文本框的边框，使之成选中状态，打开"格式"功能面板，在"文本框样式"组中，点击"形状填充"的下拉列表中"无填充颜色"；点击"形状轮廓"的下拉列表中的"无轮廓"。

◇ 相关知识

一、页面设置

纸张的大小、页边距确定了文本的编辑区域，页边距是编辑区域的四边分别与纸的边缘之间的距离。

1. 打开"页面布局"功能面板，在"页面设置"组中，通过点击"纸张大小""页边距"项，在弹出的下拉列表中进行相应的选择；也可以通过点击"纸张大小""页边距"下拉列表中最后一项，弹出"页面设置"对话框，如图 3-52 和 3-53 所示。

2. 在"页边距"一栏中分别输入指定数值；"纸张方向"一栏中点击"纵向"或"横向"。

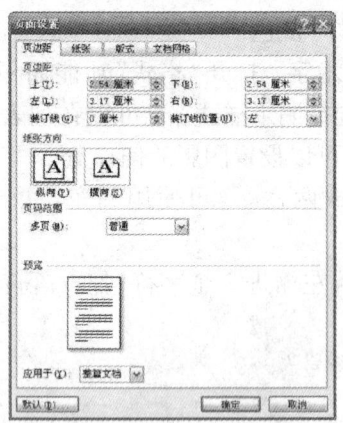
图 3-52 "页面设置"对话框—页边距

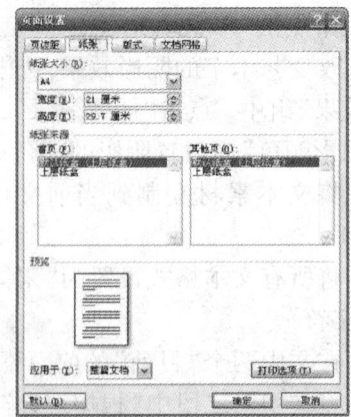
图 3-53 "页面设置"对话框—纸张

3. 点击"纸张"标签，如图 3-53 所示，在"纸张大小"的下拉框中选择合适的纸张；在宽度和高度处可以自定义纸张大小。

4. 设置完成后，点击"确定"。

二、页面背景设置

页面背景的设置在"页面布局"功能面板中。

1. 水印背景

水印是背景之一，可以提醒读者对文档的正确使用。

(1)打开"页面布局"功能面板，在"页面背景"组中点击"水印"项，在弹出的下拉列表中进行相应样式的选择；也可以通过点击下拉列表中"自定义水印"命令，弹出"水印"对话框，如图 3-54 所示。

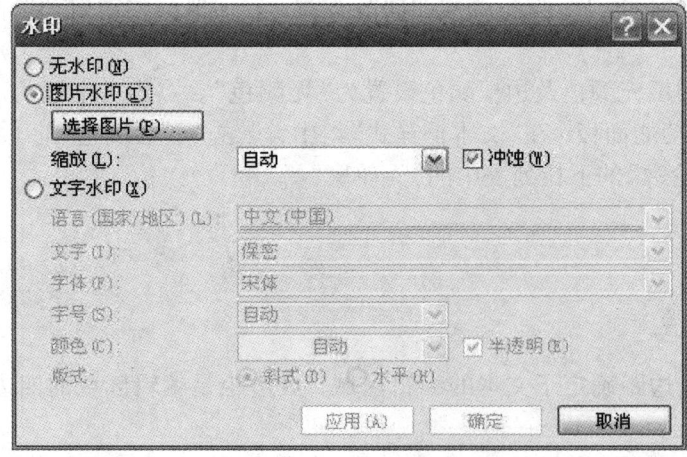
图 3-54 "水印"对话框

(2)可以点击"图片水印"，点击"选择图片"按钮，进行图片的选择；可以点击"文字水印"，在"文字"文本框中输入水印文本，再设置"字体""字号""颜色""版式"。

(3)设置完成后,单击"确定"。

如果要取消水印,可以在"水印"下拉列表中,单击"删除水印"即可。

2. 页面颜色背景

打开"页面布局"功能面板,在"页面背景"分组中点击"页面颜色",弹出背景颜色设置,选择其中一个颜色块,就可以将该颜色设为页面背景颜色。

3. 页面"纹理"和"图片"背景

(1) 打开"页面布局"功能面板,在"页面背景"分组中点击"页面颜色"项,在打开的下拉列表中选择"填充效果"命令,如图3-55所示。

(2) 在打开的"填充效果"对话框中切换到"纹理"选项卡,在纹理列表中选择合适的纹理样式,并单击"确定"按钮即可;如果需要使用自定义的图片作为背景,可以在"填充效果"对话框中切换到"图片"选项卡,如图3-56所示,单击"选择图片"按钮,选中图片,并单击"确定"按钮即可。

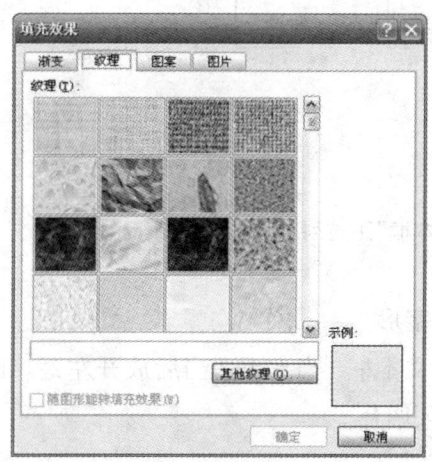
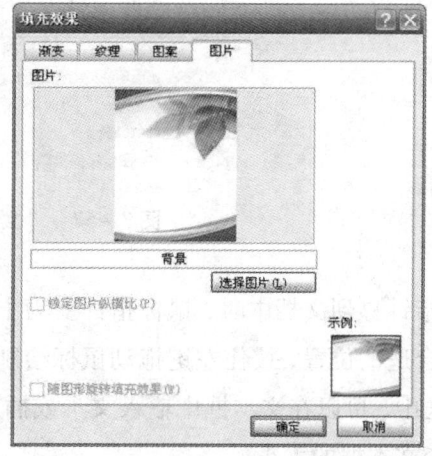

图3-55　"填充效果"对话框—纹理　　图3-56　"填充效果"对话框—图片

三、文本框

1. 插入文本框

文本框是一独立的对象,框中的文字和图片可随文本框移动,它与为文字加边框是不同的概念。实际上,可以把文本框看作一个特殊的图形对象。利用文本框可以把文档编排的更丰富多彩。横排文本框中的文字从上面开始由左到右书写;竖排文本框中的文字从右侧由上到下书写。

(1) 打开"插入"功能面板,在"文本"组中点击"文本框",弹出下拉列表(如图3-57所示)里可以选择一种"内置"的文本框样式,此处点击"绘制文本框"命令。

图3-57 "文本框"下拉列表

(2) 当指针移到文档中时,鼠标指针变为十字形。

(3) 在合适的位置,按住左键拖动鼠标绘制文本框,当大小适当后放开左键。此时,插入点在文本框中,可以在文本框中输入文本或插入图片。

2. 改变文本框的大小

(1) 鼠标放在文本框边框上单击,选定文本框,此时四周出现八个控制大小的圆圈,鼠标放在控制点上拖动,可改变文本框的大小。

(2) 单击文本框的边框,打开"格式"功能面板,在"大小"组中设置文本框的精确高度和宽度。

3. 改变文本框的位置

(1) 鼠标指针指向文本框的边框线,当鼠标指针变成形状时,用鼠标拖动文本框,实现文本框的移动。

(2) 点击文本框的边框,打开"格式"功能面板,点击"排列"组中的"位置",在弹出的下拉列表中点击"其他布局选项"命令,弹出"高级版式"对话框,如图3-58所示,精确设置文本框或图片的水平绝对位置和垂直绝对位置。

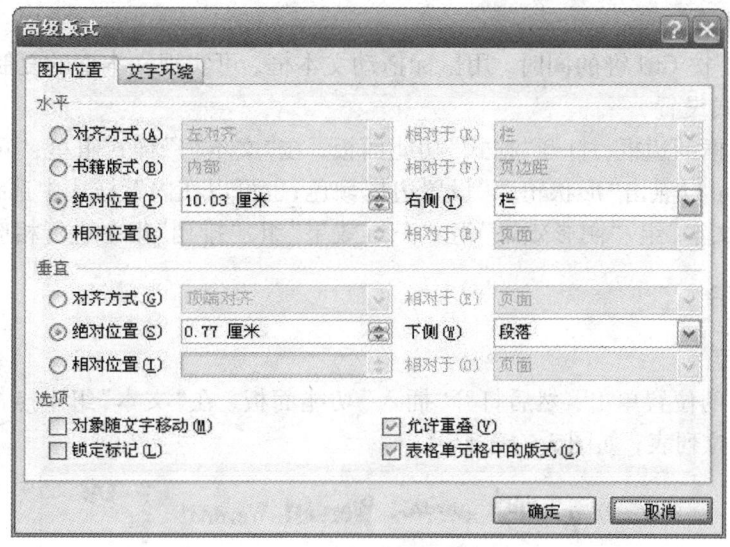

图 3-58 "高级版式"对话框—图片位置

4. 改变文本框的环绕方式

有以下两种方法：

(1) 双击文本框的边框，打开"格式"功能面板，在"排列"组中点击"文字环绕"，在下拉列表中选择环绕方式。

(2) 选定文本框，鼠标指向文本框的边框，单击右键，在快捷菜单中选择"设置文本框格式"，弹出"设置文本框格式"对话框，如图 3-59 所示，在"版式"标签中选择环绕方式。

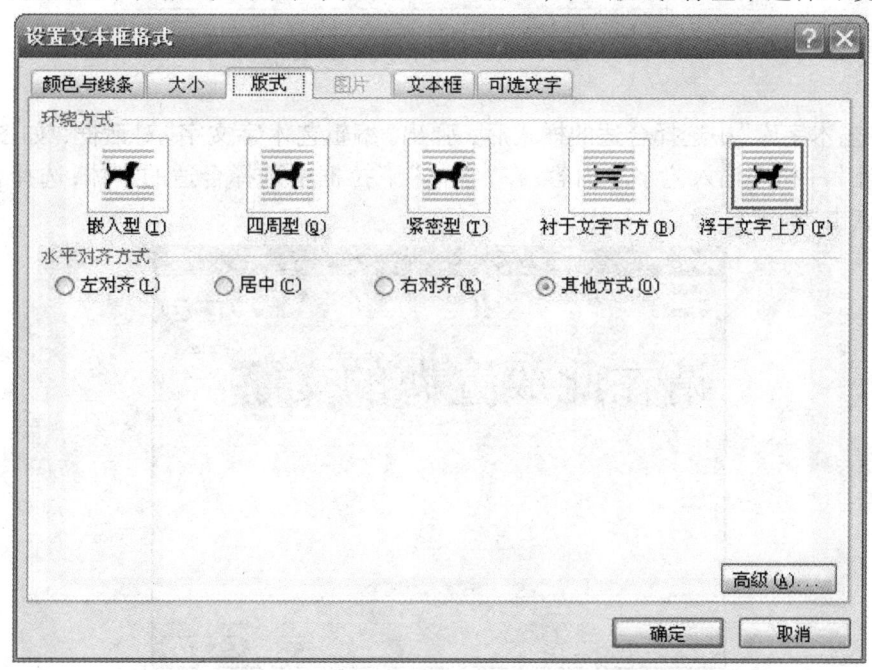

图 3-59 "设置文本框格式"对话框—版式

5. 文本框的复制

选中文本框，按 Ctrl 键的同时，用鼠标拖动文本框，可实现文本框的复制。

6. 文本框格式设置

(1) 双击文本框的边框，打开"格式"功能面板，在"文本框"样式组里，可以点击"形状填充"设置填充色；可以点击"形状轮廓"设置边框颜色；也可以在内置样式中选择一种。

(2) 另外在"文本"组、"阴影效果"组、"三维效果"组、"排列"组中进行相应的格式设置。

四、艺术字

1. 插入艺术字

(1) 在要插入的位置单击，然后打开"插入"功能面板，在"文本"组中点击"艺术字"。弹出"艺术字库"下拉列表，如图 3-60 所示。

图 3-60 "艺术字库"列表

(2) 在"艺术字库"中选择合适的样式后，弹出"编辑艺术字文字"对话框，如图 3-61 所示。在"文本"一栏中输入艺字术内容；在"字体"下拉框中选择合适的字体；选择合适的"字号"，最后点击"确定"。

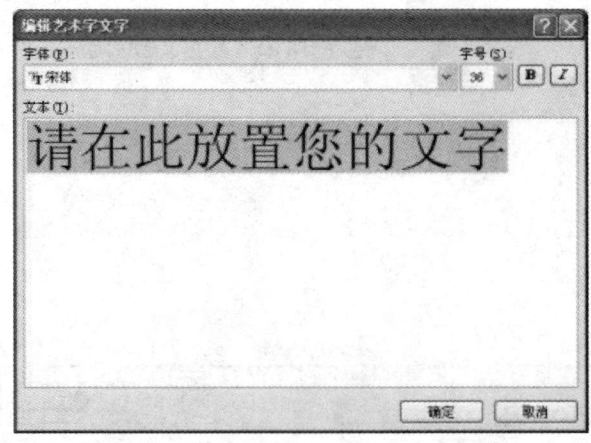

图 3-61 "编辑艺术字文字"对话框

2. 艺术字格式设置

鼠标双击艺术字,即可打开"格式"功能面板:

(1)刚插入的艺术字的版式是嵌入型,在"排列"组中可以改变艺术字的文字环绕方式;

(2)在"文字"组中可以改变艺术字的内容;

(3)在"艺术字样式"中可以重新选择艺术字的样式;

(4)在"阴影效果"组中可以为艺术字添加不同样式的阴影;

(5)在"三维效果"中可以为艺术字添加立体效果。

3. 改变艺术字的大小和位置

(1)点击艺术字,通过周围的控制点改变艺术字的大小。

(2)如果艺术字的环绕方式为"非嵌入式",鼠标指向艺术字,按住鼠标左键拖动,可以改变艺术字的位置(也可以在"格式"功能面板中,点击"排列"组中的"位置"确定精确位置)。

五、剪贴画

1. 剪贴画的插入

(1) 在要插入剪贴画的位置单击,然后打开"插入"功能面板,在"插图"组中点击"剪贴画",此时会在编辑区右侧弹出剪贴画的任务窗格,如图3-62所示。

图3-62 "剪贴画"任务窗格

(2)通过任务窗格插入"剪贴画"的方法

①如图3-62,在"搜索文字"编辑框中输入准备插入的剪贴画的关键字(例如"草");

②单击"搜索范围"下拉三角按钮,默认情况下会选中"所有收藏集位置"复选框,即在所有收藏集中搜索指定关键字的剪贴画,用户可以可根据需要取消或选中特定的收藏集;

③单击"结果类型"下拉三角按钮,在类型列表中仅选中"剪贴画"复选框;

④完成搜索设置后,在"剪贴画"任务窗格中单击"搜索"按钮;

⑤如果被选中的收藏集中含有指定关键字的剪贴画,则会显示剪贴画搜索结果,单击合适的剪贴画,或单击剪贴画右侧的下拉三角按钮,并在打开的菜单中单击"插入"按钮即可将该剪贴画插入到文档中。

2. 剪贴画的格式设置

(1) 使用"设置图片格式"对话框设置

鼠标指向剪贴画,在右键快捷菜单中点击"设置图片格式"命令,弹出"设置图片格式"对话框,如图3-63所示,在其中进行相应设置。

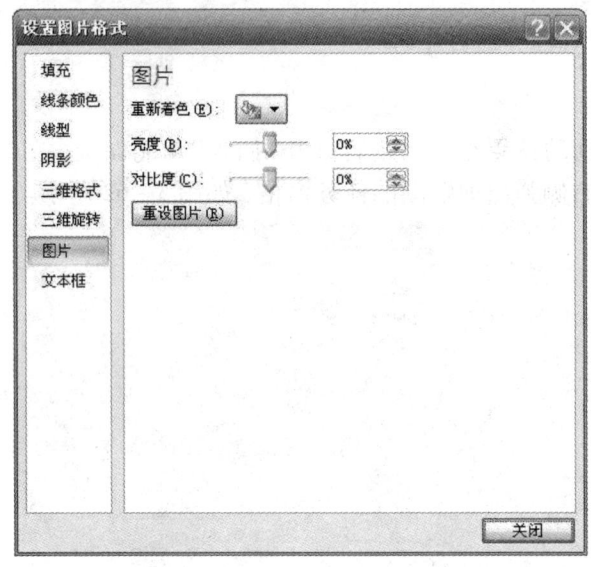

图3-63　"设置图片格式"对话框

(2)使用"格式"功能面板设置双击剪贴画,弹出"格式"功能面板,如图3-64所示。

图3-64　"格式"功能面板

①在"调整"组中,可以改变图片"亮度""对比度""重新着色"等。

②在"图片样式"组中,可以为图片应用适合的"图片样式"、也可以为图片加"阴影或立体"效果。

③在"排列"组中,可以设置图片在页面中的位置;可以设置图片的"文字环绕"方式、旋转角度;当多个图片发生重叠时,通过"置于顶层"和"置于底层"项可以设置图片层次。

④在"大小"组中,可以精确设置图片的高度和宽度;也可以对图片进行剪裁。点击"大小"组右下角的　按钮,打开"大小"对话框,如图3-65所示,在其中单击"锁定纵横比"的

复选框，去掉选中状态，否则无法改变高度和宽度的比例。

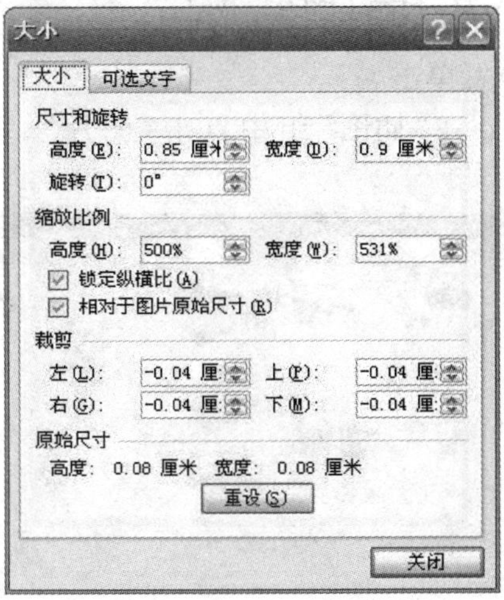

图 3-65 "大小"对话框

3. 改变剪贴画的大小

将鼠标移到剪贴画的控制点上，当鼠标指针变成双向箭头时，拖动鼠标改变大小。

4. 移动剪贴画位置

将鼠标指针移到图片中的任意位置，指针变成十字箭头时，拖动鼠标可移动剪贴画到新的位置。

5. 剪贴画的剪裁

改变剪贴画的大小并不改变内容，仅仅是按比例放大或缩小。如果要裁减掉某一部分的内容，先单击选定要裁减的剪贴画，然后打开"格式"功能面板，在"大小"组中点击"裁剪"按钮 。此时鼠标指针变成 形状，将鼠标移到剪贴画的控制点上，向内拖动鼠标，可裁去不需要的部分。如果拖动鼠标的同时按住 Ctrl 键，可以对称裁去剪贴画。

6. 与文字环绕

刚插入的剪贴画的环绕方式默认为"嵌入型"。通过版式设置成"非嵌入型"图片，就可以用鼠标拖动改变位置。

先单击选定剪贴画，然后在"格式"功能面板中，点击"排列"组里的"文字环绕"，在下拉列表中选择一种适合的环绕方式。

7. 重设图片

如果对图片的格式设置不满意，可以在选定图片后，在"格式"功能面板中，点击"调整"组里的"重设图片"按钮 取消前面所做的设置，是图片恢复到插入时的状态。

8. 剪贴画的复制和删除

复制：选定要复制的剪贴画，在右键快捷菜单中的单击"复制"，移动插入点到要插入的位置，再单击右键快捷菜单中的"粘贴"。

删除：选定要删除的图片，然后打开"开始"功能面板，在"剪贴板"组中点击"剪切"按钮或按 Delete 键即可。

六、插入以文件形式保存的图片

1. 在文档中插入图片的位置单击。
2. 打开"插入"功能面板,在"插图"组中点击"图片",弹出"插入图片"的对话框。如图3-66所示。

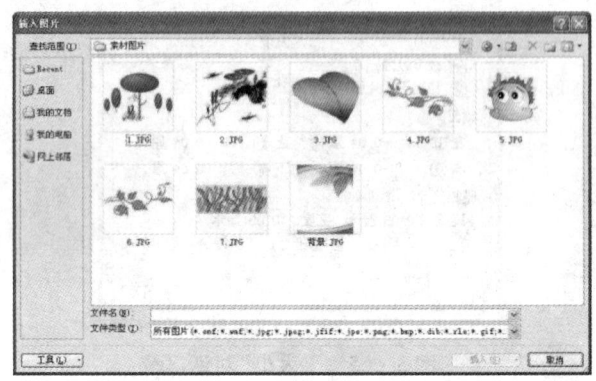

图3-66 "插入图片"对话框

3. "插入图片"对话框中,在"查找范围"下拉框中找到图片所在文件夹,双击图片文件即可完成图片的插入。(也可以单击图片文件,再点击"插入"按钮。)对图片的格式设置与剪贴画的设置方法相同。

七、形状

1. 插入形状

(1) 打开"插入"功能面板,在"插图"组中点击"形状",弹出下拉列表中选择一种合适的图形。如图3-67所示。

(2) 此时,鼠标为十字星,在适当位置拖动鼠标即可画出图形,通过控制点调整高度和宽度。

2. 形状的格式设置

双击形状,弹出"格式"功能面板,对形状的改变、样式、阴影、三维效果、排列、大小各方面进行格式设置,格式设置方法与剪贴画相同。

3. 在形状中添加文字

(1) 鼠标指向要添加文字的形状,单击右键,弹出快捷菜单。

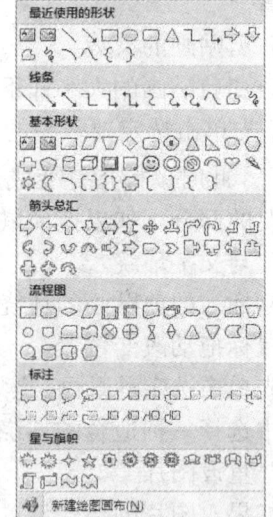

图3-67 "绘图"工具栏—自选图形

(2) 在快捷菜单中选择"添加文字",此时在形状内部出现插入点。

(3) 在插入点后键入文字即可。

4. 形状的叠放次序

当两个或多个形状对象重叠在一起时,最后绘制的那一个形状总是覆盖其他的形状。利用"叠放次序"可以调整各图形之间的叠放关系。

(1) 选定要确定叠放关系的形状。

(2) 鼠标指向形状，单击右键，弹出快捷菜单。

(3)在快捷菜单中选择"叠放次序"的下级菜单里的相应命令。

也可以在"格式"功能面板中的"排列"组里，通过"置于顶层"和"置于底层"两项进行设置。

5. 多个形状的组合

利用组合功能可以将许多简单形状组合成一个整体的形状对象，以便多个形状的同时移动和旋转。

(1) 打开"开始"功能面板，在"编辑"组中，点击"选择"项中"选择对象"命令。

(2) 将鼠标指针移到所有要组合的图形的左上角，按住左键拖出虚线框，使之包含所有要组合的简单图形。

(3) 打开"格式"功能面板，在"排列"组中点击"组合"项，在弹出的下拉列表中选择"组合"。（也可以在"页面布局"功能面板中的排列组里进行多个形状的组合操作）

(4) 组合完成后，再次点击"选择对象"命令，使鼠标指针恢复正常。

组合图形也可以在"页面布局"或"格式"功能面板中的"排列"组里，点击"组合"下拉列表中的"取消组合"命令来取消组合。

◇ 技能训练

一、"吸烟有害健康"宣传报制作(如图 3 – 68)

要求：

1. 纸张为 B5，页边距均为 2 厘米。

2. 边框为艺术型页面边框（可自主选择）。

3. 标题"吸烟有害健康"为艺术字（可自主选择样式），水平绝对位置距"页边距"2.22 厘米，垂直绝对位置距"页边距"1.1 厘米。

4. 背景使用文本框完成。填充色为双色：颜色 1 为白色，颜色 2 浅绿色（颜色也可以自主）；文本框边框颜色为无颜色；文本框应置于底层。

5. 使用文本框完成文字输入（文本框的填充颜色和线条颜色均设置为"无颜色"）。

6. 剪贴画在"科学"类中。

7. 图片在素材中。

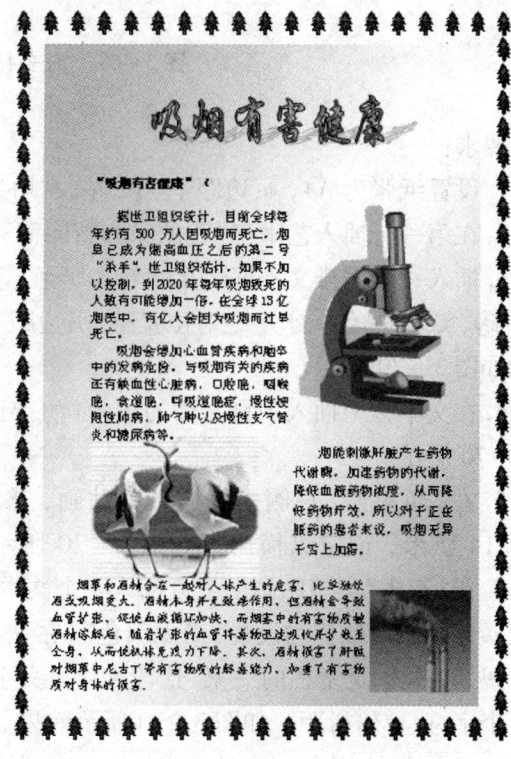

图 3 – 68　任务拓展 1 效果文件图

二、"我的家庭新闻稿"制作(如图 3-69)

图 3-69　任务拓展 2 文件效果图

要求：

1. 设置纸张为 A4，页边距上、下、左、右均为 1 厘米。

2. 在第一行插入艺术字"我的家庭新闻稿"。

3. 插入一个横排文本框。高度 6.6 厘米，宽度 12.38 厘米，填充色为"浅蓝色"，边框为 1.25 磅、实线、黑色。水平绝对位置距"页边距"0.32 厘米，垂直绝对位置距"页边距"1.92 厘米。如图 3-70 所示。

4. 在文本框中插入来自文件的图片"姐弟照"，图片高度为 5.95 厘米，锁定纵横比。如图 3-70 所示。

5. 在"姐弟照"右侧接着插入剪贴画，来自"office 收藏集"的"幻想"类，剪贴画高度为 2.14 厘米，锁定纵横比。如图 3-70 所示。

6. 在"幻想"类剪贴画的上方插入一个文本框，高度 3.15 厘米，宽度 3.2 厘米，文本框的填充颜色和线条颜色均设置为"无颜色"；在文本框中输入"这是我和弟弟，我们有爱我们的爸爸妈妈，我们是幸福的一家"这段文字，文字设置为宋体、五号字、白色、两端对齐、首行缩进 2 个字符、单倍行距。如图 3-70 所示效果。

7. 在页面右侧插入"自选图形"中的"矩形"。高度 25.05 厘米，宽度 6.35 厘米，填充色为"淡蓝色"，版式为"四周型"(很重要)。水平绝对位置距"页边距"12.7 厘米，垂直绝对位置距"页边距"1.92厘米,叠放次序设置为"置于底层"。如图3-70所示效果。

8. 在"矩形"的上半部分插入一个文本框,高度11.99厘米,宽度6.03厘米,文本框的填充颜色和线条颜色均设置为"无颜色"。在其中输入"生活中美丽的事……真是令人敬佩!"三段文字。"生活中美丽的事"设置为楷体、四号字、加粗、居中、褐色。后面两段文字设置为宋体、五号字、两端对齐、行距为固定值14磅。并为后面两段文字加"橙色"、菱形项目符号。具体效果参照图3-70所示。

9. 再插入一个"矩形"与"大"矩形的下半部分重叠,如图3-70所示。高度为12.54厘米,宽度为6.35厘米,填充色为"浅蓝色"。

10. 插入一张来自文件的"小狗"图片。高度为6.88厘米,宽度为5.48厘米,版式为"四周型"。将其拖到如图3-70所示位置。

11. 在"小狗"图片的下方插入一个文本框。高度为3.58厘米,宽度为5.08厘米,文本框的填充颜色和线条颜色均设置为"无颜色"。在其中输入"呵呵!……磨蹭大王"两段文字。文字设置为宋体、五号字、白色、两端对齐、单倍行距。位置如图3-70所示。

12. 将"插入点"调至16行(即"姐弟照"文本框的下方)。

13. 将"家庭给我带来烦恼……大家庭中幸福成长"输入到插入点处。文字设置为宋体、五号字,两端对齐,首行缩进2个字符,行间距为"固定值"16.55磅。

14. 将"家庭给我带来烦恼……大家庭中幸福成长"这几段文字分成两栏(选"偏左"项)。选中这段文字,点击"格式"菜单中"分栏"命令,弹出"分栏"对话框,在"预设"一栏中点击"偏左","确定"。

15. 在两栏中间,使用"自选图形"画一条直线。粗细为2.25磅,绿色,高度为13.48厘米。

16. 为"家庭给我带来烦恼……"这段设置首字下沉2行、宋体、距正文0.3厘米。

17. 在如图3-70所示的位置插入一张3行5列表格。第一行的行高为1.08厘米,后两行的行高为0.98厘米。第一列的列宽为2.1厘米,其他列的列宽为2.14厘米。

18. 插入斜线表头。样式一,字号为六号字,行标题为"成员",列标题为"情况"。

19. 第一行数据为"爸爸""妈妈""弟弟""我";第二行数据为"年龄""48""45""9""12";第三行数据为"性格""幽默""温柔""活泼""善良"。

20. 为表格第一行设置底纹颜色为"橄榄色"。

21. 表格外框线设置为1.5磅、黑色、实线边框;内框线设置为1磅、黑色、实线边框。

任务五 长文档"企业文化建设方案"编辑

■ 能力目标：
能掌握 Word 样式的具体应用
能掌握 Word 中分页符和分节符的应用
能掌握 Word 文档中目录的生成
能掌握 Word 脚注和尾注的插入
能掌握 Word 页眉和页脚的设置

◇ 任务情景

工作中经常会遇到编写的文字材料比较长，其中需要添加一些特殊的效果，如添加页眉页脚、添加脚注、尾注等，如何进行长文档的编辑呢？如何生成目录呢？下面将以"企业文化建设方案"这篇文档为例讲述编辑过程，如图 3-71 所示。

图 3-71 任务效果文件图

实施步骤
1. 打开"企业文化建设方案"任务原始文件。
2. 在文章开始插入"现代型"封面。鼠标在文件开始处单击，打开"插入"功能面板，在

"页"组中,点击"封面",在下拉列表中点击"现代型"。

3. 在封面中,保留标题和日期行,删除其他行。在封面中,左下角的文本部分是以"表格"形式列出,选中要删除的行,在右键快捷菜单中点击"删除行"。

4. 在封面中,将表格中标题行的行高设置为14厘米,并改变标题的文字方向。鼠标在标题行中单击,打开"布局"功能面板,在"单元格大小"组中设置行高;在"对齐方式"组中设置"文字方向"为纵向。

5. 在日期处输入"2012.12",并将封面中的标题和日期的字体设置为"黑体、初号、加粗",文字颜色设置为"主题颜色"中的蓝色系"蓝色,深色25%"。

6. 调整标题和日期位置,用鼠标拖动表格的"全选"按钮,即可移动标题和日期。

7. 将第二页中的前两行(标题和日期)删除。

8. 将第二页中的第一行文本"企业文化建设方案"设置为"黑体、一号、加粗、居中、段后间距25磅"。

9. 将正文字体设置成"宋体、小四号",所有段落首行缩进2个字符,行距1.5倍。

10. 将正文中序号为"一、"的段落的"样式"设置为"标题2",并将序号与其同级别的其他段落的"样式"也设置为"标题2"。

11. 在第一部分"企业文化分析"中,序号为"1,2"等级别的段落的"样式"设置为"标题3"。

12. 在第二页中生成"目录"。鼠标在第二页的开始位置单击,打开"引用"功能面板,在"目录"组中,点击"目录",在弹出的下拉列表中点击"自动目录1"。

13. 将"目录"两字设置为"黑体、二号、加粗、居中"。

14. 将目录中的一级标题的字体设置为"三号、红色"。

15. 在目录的最后(即正文之前)插入"分节符",并使正文下移一页。鼠标在目录最后单击,然后打开"页面布局"功能面板,在"页面设置"组中,点击"分隔符"项,在弹出的下拉列表中点击"分节符"一栏中的"下一页"。(分节的目的:本节的页面设置不影响其他节)

16. 为正文页面添加"字母表型"页眉,页眉内容是"企业文化建设方案"。鼠标在第三页中单击,打开"插入"功能面板,在"页眉和页脚"组中,点击"页眉",在弹出的下拉列表中的"内置"一栏中点击"字母表型";此时在页面上端的页边距中出现"页眉",页眉内容修改为"企业文化建设方案";在"页眉"右侧有"与上一节相同"的提示,这时要打开"设计"功能面板,在"导航"组里点击"链接到前一条页眉",取消"与上一节相同"(如果上一节(即目录)也添加了页眉,可以到目录页,双击页眉,然后删除即可,对下一节不会有影响。);最后,在"设计"功能面板中"关闭"组里点击"关闭页眉和页脚",退出页眉编辑状态。

17. 将页眉内容设置成"黑体、小四号、加粗、右对齐"。用鼠标双击页眉,即可进入页眉的编辑状态,选中页眉内容,在"开始"功能面板中进行相应设置后,打开"设计"功能面板,点击"关闭页眉和页脚",退出页眉的编辑状态。

18. 在页面底端插入"书的折角"型页码。打开"插入"功能面板,在"页眉和页脚"组里,点击"页码",弹出下拉列表中选择"页面底端",在下级列表中点击"书的折角"型;将页码设置成"小四号、加粗";点击"设计"功能面板中"关闭页眉和页脚",退出页脚编辑状态。

19. 使正文的页码从"1"开始。在页脚的位置双击,打开"页眉和页脚工具设计"功能面板,点击"页码"下拉列表中的"设置页码格式",弹出"页码格式"对话框,点击"页码编号"栏中的"起始页码"单选按钮,并在右侧文本框中输入"1"。确定即可,这样显示正文那一页是"1",而不是"3"。

20. 为第三页中"企业文化"四个字插入"脚注",脚注内容可从效果文件中复制。鼠标在"企业文化"后单击,打开"引用"功能面板,在"脚注"组中,点击"插入脚注",此时,在页面底端出现脚注编号,从效果文件中将脚注内容复制过来即可,字体格式设置成"宋体、小五号"。

21. 为第三页中"确立企业精神"插入"尾注",尾注内容可从效果文件中复制。鼠标在"管理体系"后单击,打开"引用"功能面板,在"脚注"组中点击"插入尾注",在整个文章结束处出现尾注编号,从效果文件中将尾注内容复制过来即可。(操作中体会"脚注"与"尾注"的区别)

22. 为文章添加水印文字背景,文字内容为"企业文化"。

◇ 相关知识

一、添加页眉和页脚

页眉和页脚是打印在一页顶部和底部的注释性文字或图形。它不是随文本输入的,而是通过命令设置的,页码是最简单的页眉或页脚。页眉和页脚只能在页面视图和打印预览方式下看到。

1. 页眉和页脚的添加

(1)打开"插入"功能面板,在"页眉和页脚"组中,点击"页眉"或"页脚",在下拉列表中选择一种"内置"的样式后,进入"页眉"或"页脚"编辑状态(文档中原来的内容呈灰色),同时功能面板转换到"页眉和页脚工具设计",如图 3-72 所示。

图 3-72 "页眉和页脚工具设计"功能面板

(2) 在页眉编辑区输入内容。

(3) 在"页眉和页脚工具设计"功能面板中,点击"导航"组中"转至页脚",转入"页脚"的编辑。

(4)点击功能面板中"页眉和页脚"组中的"页码"项,在下拉列表中选择"位置"后,弹出下级列表中点击页码样式即可。

(5) 在"页码"下拉列表中点击"设置页码格式"命令,弹出"页码格式"对话框,如图 3-73 所示,在"编号格式"的文本下拉框中选择合适的格式;在"页码编号"栏中选择本节的页码起始形式。(当然页脚中也可以不插入页码,而输入其他文本、图片等元素)

(6) 单击"页眉和页脚工具设计"功能面板中"关闭页眉和页脚"按钮,完成"页眉和页脚"的设置,返回文档的编辑区。

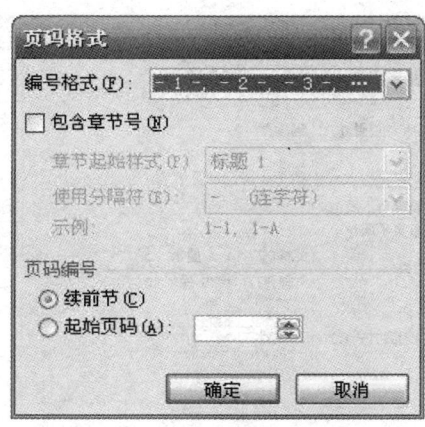

图3-73 "页码格式"对话框

2. 页眉和页脚的修改

(1)修改页眉或页脚内容:双击页眉或页脚,进入页眉和页脚的编辑状态,进行修改后,在"页眉和页脚工具设计"功能面板中点击"关闭页眉和页脚"即可。

(2)删除页眉或页脚:双击页眉或页脚,进入页眉和页脚的编辑状态,删除页眉或页脚内容,在"页眉和页脚工具设计"功能面板中点击"关闭页眉和页脚"即可。

(3)去掉页眉下的横线:双击页眉,进入页眉和页脚的编辑状态,打开"页面布局"功能面板,在"页面背景"组中点击"页面边框",弹出"边框和底纹"对话框,在"边框"标签中选择"无","确定"即可。

(4)页眉和页脚内容的格式设置与普通文字的设置方法相同。选中页眉或页脚内容,在"开始"功能面板中进行相应的设置后,回到"设计"功能面板中点击"关闭页眉和页脚"退出。

3. 设置页眉页脚距边界的距离

(1)使用"页眉和页脚工具设计"功能面板

①双击"页眉",进入编辑状态。

②打开"页眉和页脚工具设计"功能面板。

③在"位置"组中设置"页眉顶端距离"和"页脚底端距离"。

(2)使用"页面设置"对话框

①打开"页面布局"功能面板,点击"页面设置"组右下角的 ,可打开"页面设置"对话框。(点击"页边距"或"纸张大小"的下拉列表中最后一项,都可弹出"页面设置"对话框。)

②点击"版式"标签,如图3-74所示。

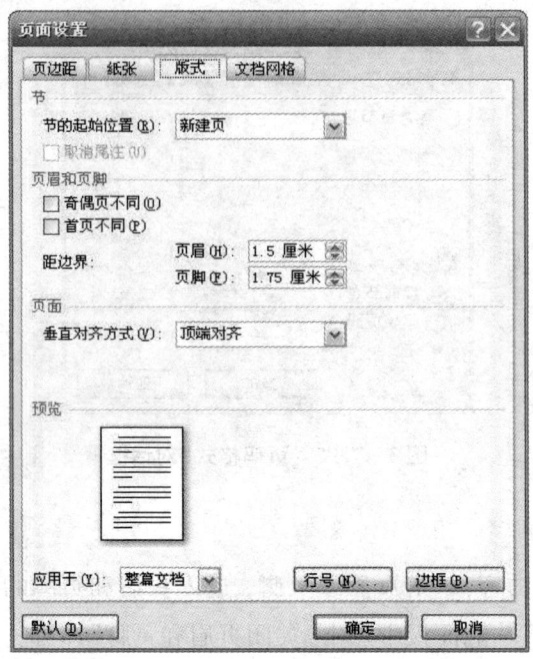

图 3-74 "页面设置"对话框—版式

③"页眉和页脚"一栏中"距边界"里，分别在页眉和页脚处输入指定数值。

④最后点击"确定"即可。

4．添加奇偶页不同的页眉和页脚

(1)使用"页眉和页脚工具设计"功能面板

①插入页眉或页脚后，打开"页眉和页脚工具设计"功能面板。

②在"选项"组中，点击"奇偶页不同"复选框。

③在"奇数页页眉(或页脚)"处输入奇数页的页眉(或页脚)内容，在"偶数页页眉(或页脚)"处输入偶数页的页眉(或页脚)内容。

④点击"页眉页脚工具设计"功能面板上的"关闭页眉和页脚"按钮即可实现。

(2)使用"页面设置"对话框

①在页眉或页脚添加之前，可先在如图 3-74 所示的版式对话框中选中"奇偶页不同"的复选框，点击"确定"。

②进行页眉或页脚的添加即可。

二、目录的生成

1．将"开始"功能面板中的各种"标题样式"应用到文档中的各级标题上。

2．打开"引用"功能面板，在"目录"组中，点击"目录"，在下拉列表中可以选择一种"内置"式的目录形式；也可在列表中点击"插入目录"，弹出"目录"对话框。如图 3-75 所示。

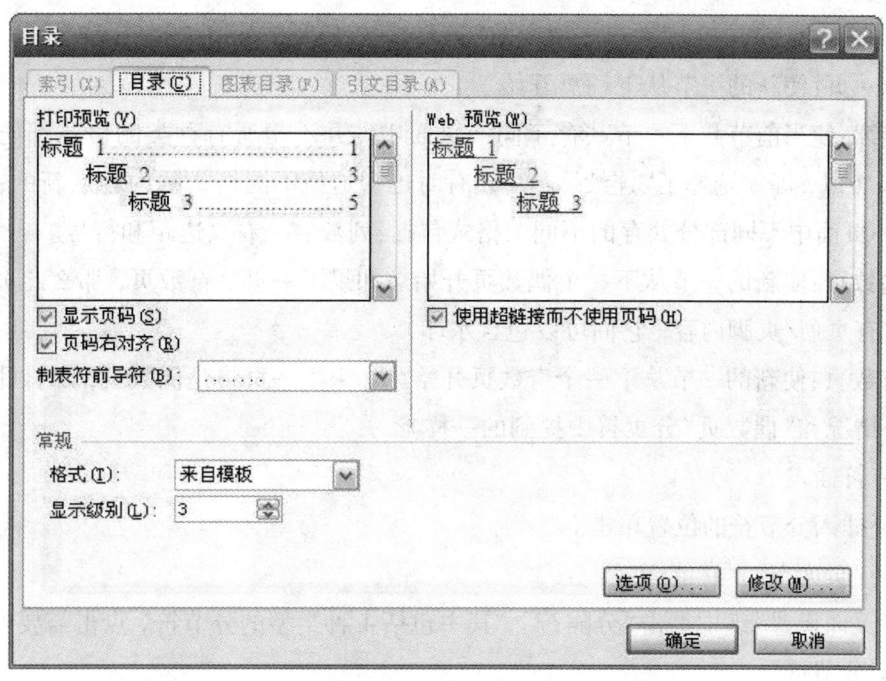

图3-75 "索引和目录"对话框

3. 在"格式"列表框中选择目录格式；在"显示级别"文本框中输入要显示的标题级别；选中"显示页码"和"页码右对齐"复选框，则在生成的目录中自动生成页码，并且页码按常规显示，自动右对齐。

4. 单击"确定"按钮，即可自动生成目录。

目录中的内容可以进行字体、段落的格式设置。

三、插入脚注和尾注

编写文章时常常需要对一些从别人的文章中引用的内容、名词或事件加以注释，这称为脚注或尾注。脚注和尾注的唯一区别是：脚注是放在每一页面的底端，而尾注却在文档的结尾处。

1. 在需要插入脚注和尾注的文字之后单击。

2. 打开"引用"功能面板，在"脚注"组中，点击"插入脚注"或"插入尾注"，即可在相应位置出现"脚注"或"尾注"的编号，直接输入内容即可。

四、分节符

通过在Word2010文档中使用分节符，可以把Word文档分成两个或多个部分，这些部分可以具有不同的页面设置。例如：可以将单列页面的一部分设置成双列页面；可以分隔文档中的各章,以便每一章的页码都从"1"开始;也可以为文档的某节创建不同的页眉和或页脚。

1.分节符的类型

(1)下一页:使新的一节从下一页开始。

(2)连续:使当前节与下一节共存于同一页面中。并不是所有种类的格式都能共存于同一页面中,所以,即使选择了"连续",Word 有时也会迫使不同格式的内容从新的一页开始。可以在同一页面中不同部分共存的不同节格式包括:列数、左、右页边距和行号。

(3)偶数页:使新的一节从下一个偶数页开始。如果下一页是奇数页,那么此页将保持空白(除非它有页眉/页脚内容,它们可以包含水印)。

(4)奇数页:使新的一节从下一个奇数页开始。如果下一页将是偶数页,那么此页将保持空白(例外情况和"偶数页"分页符中提到的一样)。

2.分节符插入

(1)在要插入分节符的位置单击。

(2)打开"页面布局"功能面板。

(3)在"页面设置"组中点击"分隔符",其中包括 4 种类型的分节符,点击需要的分节符。

3.删除分节符

分节符定义文档中格式发生更改的位置。删除某分节符会同时删除该分节符之前的文本节的格式。该段文本将成为后面的节的一部分并采用该节的格式。

(1)打开已插入分节符的文档,单击"文件"菜单中的"选项",如图 3-76 所示。

(2)在打开的"Word 选项"对话框中切换到"显示"选项卡,如图 3-77 所示,在"始终在屏幕上显示这些格式标记"栏中选中"显示所有格式标记"复选框,单击"确定"按钮。

(3)返回文档窗口,所有的分节符都显示出来,选中需要删除的分节符,在键盘上按 Delete 键即可删除。

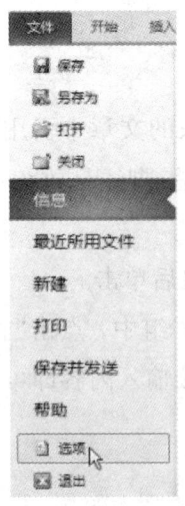

图 3-76 "文件"菜单

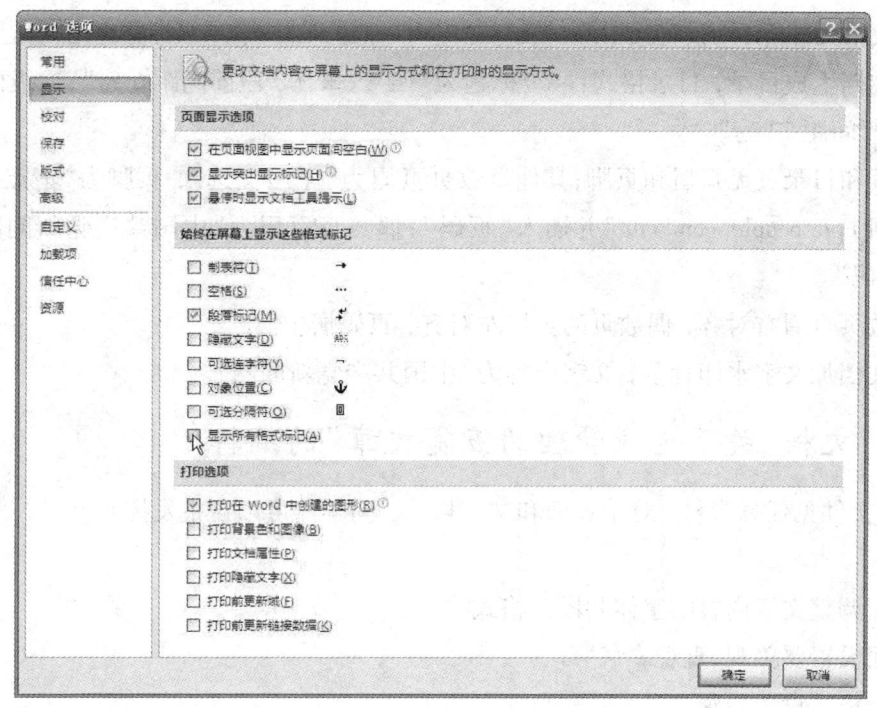

图 3-77 "Word 选项"对话框

五、分页符

分页符主要用于在文档的任意位置强制分页，使分页符后边的内容转到新的一页。使用分页符分页不同于文档中的自动分页，分页符前后文档始终处于两个不同的页面中，不会随着字体、版式的改变合并成为一页。

插入分页符有三种方法：

1. 将插入点定位到需要分页的位置，打开"页面布局"功能面板，在"页面设置"组中单击"分隔符"按钮，并在下拉列表中选择"分页符"命令。

2. 将插入点定位到需要分页的位置，打开"插入"功能面板，在"页"组中点击"分页"按钮即可。

3. 将插入点定位到需要分页的位置，按下 Ctrl + Enter 组合键插入分页符。

◇技能训练

六、长文档"学习文选"的编辑

（原始文件和效果文件见任务素材）

要求：

1. 封面设计合理(可自己发挥)。

2. 全文字体设置为"宋体、五号字"；所有段落"首行缩进 2 个字符，行间距 20 磅"。

3. 将"标题 1"样式修改为"宋体、四号、红色、加字符边框、段前间距 12 磅、段后间距 6 磅"。

4. 将"标题2"样式修改为"宋体、小四号、蓝色、加蓝色单下划线、段前和段后间距6磅"。

5. 如效果文件所示,设置文中的一级标题应用"标题1"样式;二级标题应用"标题2"样式。

6. 为文档生成目录,目录格式:一级标题为"四号、宋体,段前间距6磅";二级标题"小四号、宋体,行间距22磅"。

7. 首页和目录页无页眉和页脚;其他奇数页页眉为"学习文选",页脚为"请点击 中国共产党新闻网 cpc.people.com.cn/"并插入"页码";偶数页页眉为"中国共产党新闻网",页脚处插入"页码"。

8. 奇数页页眉右对齐,偶数页的页眉左对齐,页码居中。

9. 为文档加文字水印背景,文字内容为"中国共产党新闻网"。

七、长文档"关于企业管理的五篇文章"的编辑

(原始文件见任务素材,对于页面和文字格式,同学们可以自主发挥)
要求:

1. 合理调整文章内容的字体和段落格式。
2. 页面设置要美观、直观。
3. 目录格式设置美观。
4. 页眉、页脚设置合理、美观。

任务六　利用"邮件合并"批量制作信函、标签、信封

■ 能力目标:
能掌握 Word 邮件合并的意义
能掌握 Word 中信函的批量制作
能掌握 Word 中标签的批量制作
能掌握 Word 中信封的批量制作
能掌握 Word 文档的打印

◇ 任务情景

"博世"汽车修配厂是学院的校办企业,为答谢1000余名老客户一年以来的支持和帮助,准备给客户邮寄一批纪念品。你是公司的一名职员,经理要求你为每一位老客户制作答谢函、信封,并且为VIP客户制作公司宣传材料上粘贴的标签,如图3-78、3-79、3-80所示。

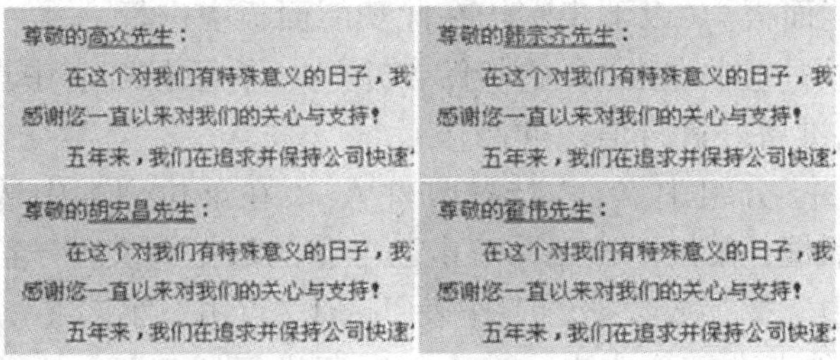

图 3-78 "信函"批量制作效果图

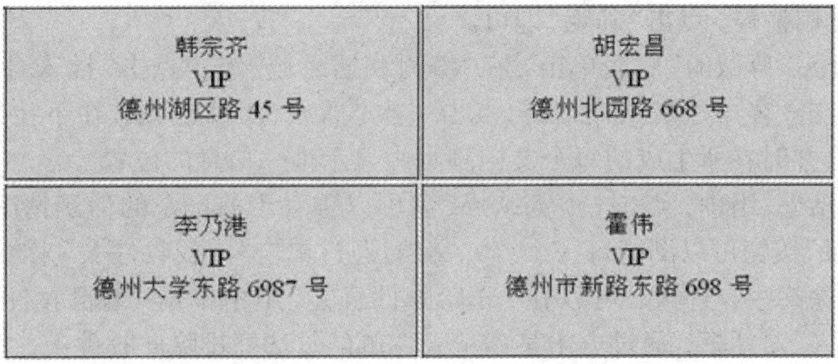

图 3-79 "标签"批量制作效果图

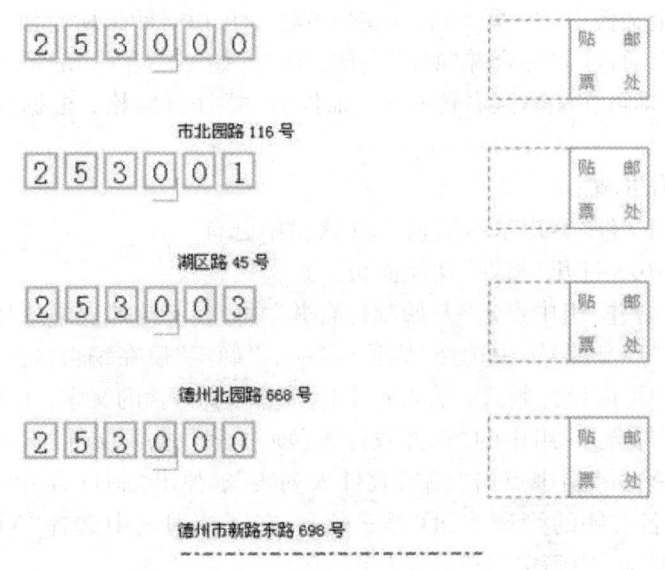

图 3-80 "信封"批量制作效果图

◇ 实施步骤

"信函"批量制作步骤：

1. 准备好以 Excel 形式保存的数据源文件"客户基本信息"。（素材中已有）

2. 打开已写好的 Word 信函原始文件素材"信函原稿"。

3. 打开"邮件"功能面板。（以下步骤均在此功能面板中进行）

4. 在"开始邮件合并"组中点击"开始邮件合并"项，在下拉列表中点击"信函"（此时页面没什么反应，但系统已准备好进行信函的制作）。

5. 在"开始邮件合并"分组中点击"选择收件人"，在下拉列表中选择"使用现有列表"，打开"选取数据源"对话框，在其中找到并双击已准备的数据源文件"客户基本信息"；在弹出的"选择表格"对话框中选择存放数据的工作表 sheet1，点击"确定"。

6. （如果需要对收件人进行筛选或收件人的顺序进行调整等，就进行此步骤，否则跳过这一步）在"开始邮件合并"组中点击"编辑收件人列表"，弹出"邮件合并收件人"对话框，可以在其中点击每个字段名右侧的三角，在下拉列表中对收件人进行筛选或者点击"排序"对收件人的顺序进行调整等，点击"确定"即可。

7. 在文档开头"尊敬的"后面单击，在"编写和插入域"组中点击"插入合并域"，在弹出的下拉列表中点击"客户姓名"，然后再点击一次"插入合并域"项，在下拉列表中点击"称谓"。（域表示合并时在所生成的每个文档副本中显示惟一信息的位置）

8. 在"预览结果"组中，点击"预览结果"项可以查看当前记录的信函情况；点击"上一记录"或"下一记录"按钮可以浏览每一个合并文档；通过单击"查找收件人"来预览特定的文档。（如果此时想排除某些收件人，可以在"开始邮件合并"组中单击"编辑收件人列表"，弹出"邮件合并收件人"对话框，通过点击某条记录左侧的复选框排除此收件人，也可以点击字段名右侧三角进行重新筛选。）

9. 在"完成"组中点击"完成并合并"项，在下拉列表中，点击"编辑单个文档"，可以将所有信函合并到同一个文档中，一页一封；点击"打印"，可以打印出所有信函。

以上过程也可以通过"邮件合并向导"完成，在"开始邮件合并"的下拉列表中点击"邮件合并分步向导"命令即可在编辑区右侧打开"邮件合并"任务窗格，根据向导完成邮件合并。详见知识拓展。

"标签"批量制作步骤：

1. 准备好数据源文件"客户基本信息"。（素材中已有）

2. 启动 Word 2010，打开"邮件"功能面板。

3. 在"开始邮件合并"组中点击"开始邮件合并"项，在下拉列表中选择"标签"，弹出"标签选项"对话框，在"产品编号"中选择"媒体标签"，"确定"后在编辑区出现标签页面。

4. 在标签页面中可以设计版式，输入每个标签中都要包含的文字，调整好格式。

5. 通过"开始邮件合并"组中的"选择收件人"项 加载数据源文件"客户基本信息"。

6. 在"开始邮件合并"组中点击"编辑收件人列表"，弹出"邮件合并收件人"对话框，点击"会员类型"字段名右侧的筛选按钮（黑三角），在下拉列表中选择"VIP"，"确定"即可。（这样可实现在"数据源"中筛选出符合条件的记录）

7. 在标签页面中需要插入域名的地方单击，然后在"编写和插入域"组中，通过"插入合并域"项在相应位置插入域名"客户姓名""会员类型""地址"。

8. 在"预览结果"组中可以预览所有标签的效果。

9. 在"完成"组中可以将所有标签合并到一个文档中，也可以打印所有标签。

"中文信封"批量制作步骤：

1. 准备好数据源文件"客户基本信息"。(素材中已有)
2. 启动 Word 2010,打开"邮件"功能面板。
3. 在"创建"组中点击"中文信封",弹出"信封制作向导"对话框,点击"下一步",进入向导。共四步。
4. 进入"选择信封样式",在"信封样式"下拉框中选择"国内信封 – B6(176 * 125)",点击"下一步"。
5. 进入"选择生成信封方式和数量",选择"基于地址簿文件,生成批量信封",点击"下一步"。
6. 进入"从文件中获取并匹配收信人信息",首先点击"选择地址簿"按钮,弹出"打开"对话框,在其中找到数据源文件"客户基本信息"并双击文件;然后为"地址簿中的对应项"分别选择相应的字段,点击"下一步"。
7. 进入"输入寄信人信息",将信息填入相应的文本框中,点击"下一步"。
8. 点击"完成",至此,信封批量制作完成。
9. 将文档打印。

◇ 相关知识

一、"邮件合并"的基本概念和功能

"邮件合并"这个名称最初是在批量处理"邮件文档"时提出的。具体地说,就是在邮件文档(主文档)的固定内容中,合并与发送信息相关的一组通信资料(数据源:如 EXCEL 表、ACCESS 数据表等),从而批量生成需要的邮件文档,因此大提高工作的效率。

"邮件合并"功能除了可以批量处理信函、信封等与邮件相关的文档外,还可以轻松地批量制作标签、工资条、成绩单、准考证、获奖证书等。

二、"邮件合并"的适用范围

需要制作的数量比较大且文档内容可分为固定不变的部分和变化的部分(比如打印信封,寄信人信息是固定不变的,而收信人信息是变化的部分),变化的内容来自数表中含有标题行的数据记录表。

三、域的概念

简单地讲,域就是引导 Word 在文档中自动插入文字、图形、页码或其他信息的一组代码。每个域都有一个唯一的名字,它具有的功能与 Excel 中的函数非常相似。域可以在无须人工干预的条件下自动完成任务,例如编排文档页码并统计总页数;按不同格式插入日期和时间并更新;通过链接与引用在活动文档中插入其他文档;自动编制目录、关键词索引、图表目录;实现邮件的自动合并与打印;创建标准格式分数、为汉字加注拼音;等等。

域也可以被格式化。可以将字体、段落和其他格式应用于域结果,使它们融合在文档中,有时,如果不仔细看甚至看不出域代码中的信息。

四、使用"邮件合并向导"进行邮件合并

(在"实施步骤"中采用的是"邮件"功能面板)

1. 准备主文档
2. 准备数据源文件
3. 将数据源合并到主文档中

打开"邮件"功能面板，在"开始邮件合并"组中点击"开始邮件合并"项，在下拉列表中点击"邮件合并分步向导"，此时，在编辑区右侧弹出"邮件合并"任务窗格，进入"邮件合并"向导，它将引导我们一步一步、轻松地完成邮件合并。完成信函制作共六步。

(1)需要选择文档的类型，使用默认的"信函"即可，之后在任务窗格的下方点击"下一步：正在启动文档"；

(2)由于主文档已经打开，选择"使用当前文档"作为开始文档即可，进入下一步；

(3)选择收件人，即找到数据源文件。我们使用的是现成的数据表，选择"使用现有列表"，并点击下方的"浏览"，选择数据表所在位置并将其打开（如果工作簿中有多个工作表，选择数据所在的工作表并将其打开）。在随后弹出的"邮件合并收件人"对话框中，我们可以对数据表中的数据进行筛选和排序，具体操作方法与 Excel 表格类似，这里不赘述。完成之后进入下一步；

(4)撰写信函，这是最关键的一步。这时任务窗格上显示了"地址块"、"问候语"、"电子邮政"和"其他项目"四个选项。前三个的用途就如它们的名字一样显而易见，是常用到的一些文档规范，可以将自己的数据源文件中的某个字段映射到标准库中的某个字段，从而实现自动按规范进行设置。不过，更灵活的做法当然是自己进行编排，选择的就是"其他项目"。在主文档中，先点击将要显示不同内容的位置，然后点击任务窗格的"其他项目"，在弹出的"插入合并域"对话框中，选择要插入的字段进行插入。可以看到，插入域名后的文档中出现了引用字段，它们被书名号"包围"了。可以像编辑普通文字一样编辑这些引用字段，因此在插入字段的过程中，其实也可以一次性把需要的所有字段取出，再将它们放到合适的位置；

(5)预览信函，可以看到一封一封已经填写完整的信函。如果在预览过程中发现了什么问题，还可以进行更改，如对收件人列表进行编辑以重新定义收件人范围，或者排除已经合并完成的信函中的若干信函。完成之后进入最后一步；

(6)现在可以直接将这一批信件打印出来了。

五、文档打印

当文档编辑、排版完成后，就可以打印输出了。打印前，可以利用打印预览功能先查看一下排版是否理想。如果满意，则打印，否则可继续修改排版。

1. 打印预览

单击"文件"，在菜单中指向"打印"，弹出下级菜单中点击"打印预览"命令，打开文档的打印预览窗口。

文档预览窗口中有"打印预览"功能面板。面板中的"显示比例"组中的各项是最常用的，单击"显示比例"，可以弹出"显示比例"对话框，从中可选定合适的显示比例。查看完后，可单击"关闭"按钮退出"打印预览"状态。如果认为合适，则可以按"打印"命令打印输出。

2. 打印

文档的打印，可以打印整个文档，也可以打印某几页，同时还能打印多份文档。

(1)单击"文件"，在菜单中指向"打印"，弹出下级菜单中点击"打印"命令，会弹出"打印"对话框,如图3-81所示。

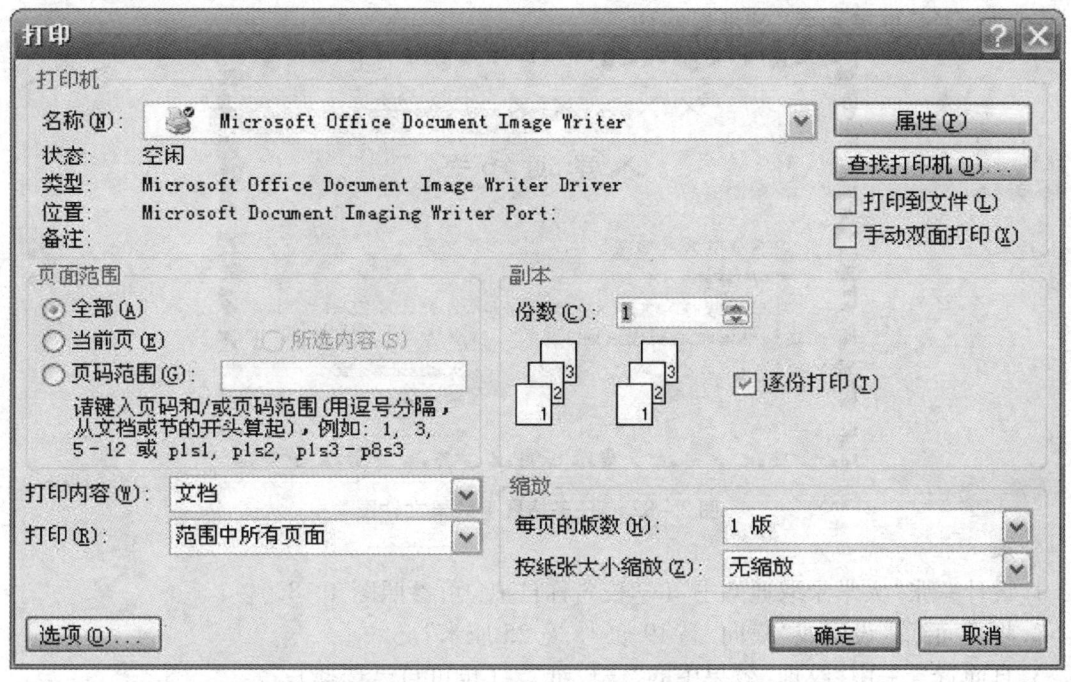

图3-81　"打印"对话框

(2) 在"页面范围"中选择打印范围,点击"当前页",则打印"插入点"所在页的内容;选择"页码范围"项,则需在后面的文本框中指定页码的范围,如果只打印第二页,可输入"2",如果要打印第一页至第十页,可输入1-10,若要打印第二页、第五页和第八页,可输入2,5,8即可;在文档中选择某些文本后,"所选内容"项被激活,选择"所选内容"后,只打印文档中选定的内容。

(3) 在"打印内容"下拉列表框中,可以选择打印"文档属性""样式""批注"等。在此,我们需选择"文档"。

(4) 在"打印"下拉列表框中可选择"范围中所有页面",也可选择奇数页或偶数页打印。

(5) 在"副本"项中设定打印的"份数"。

(6) 逐份打印:选中此项时,打印完整一份文档后接着再打印一份此文档;否则将打印完每一页足够的份数后才打印下一页。

(7) 完成设置后,单击"确定"即可。

3. 取消打印任务

在打印过程中如果要取消对某个文档的打印有两种方法。

(1) 在没有启用后台打印的情况下,单击按 Esc 键即可;

(2) 在启用了后台打印的情况下,双击状态栏上的打印机图标，在打印队列中选择文档名称,再单击"文档"菜单上的"取消"或右击选择"取消"菜单项,就可以取消打印某个文档。

· 167 ·

◇技能训练

一、"大学录取通知书"的批量制作

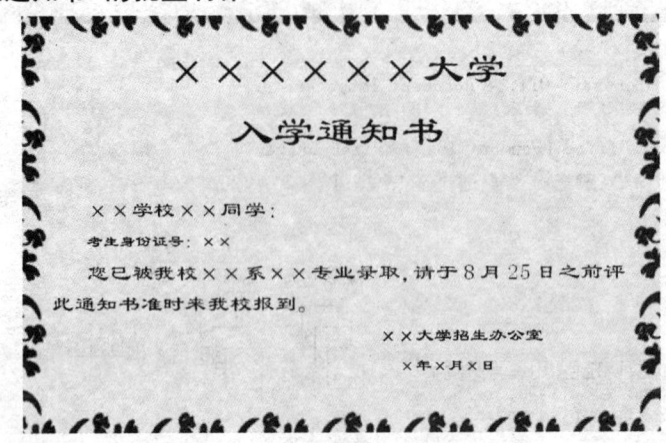

图 3-82 任务拓展 1 效果文件图

要求：

1. 设计一张"大学录取通知书"（学校名称自拟，可参照图 3-82）。
2. 将页面纸张设置成"横向、高 19 厘米、宽 25 厘米"。
3. 页面背景采用"纹理"效果中的"羊皮纸"。（也可自己选择）
4. 页面边框可在素材中选择。
5. 录取通知书中至少包括：原中学学校名称、姓名、考生身份证号、录取专业、录取时间。
6. 数据源文件中录入不少于 20 条的记录。
7. 通过"邮件合并"完成所有被录取学生的"大学录取通知书"的批量制作。

二、"计算机准考证"的批量制作

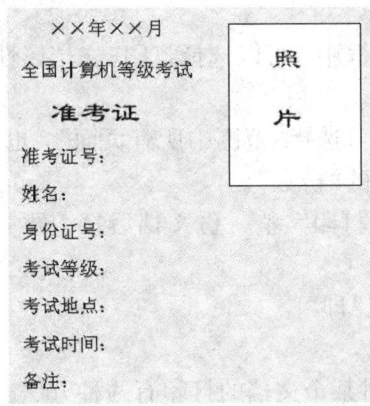

图 3-83 任务拓展 2 效果文件图

要求：

1. 设计一张"计算机考试准考证"。（可参照图 3-83）
2. 准考证中至少包括：考试名称、考生姓名、性别、专业、考试科目、考试时间、注意事项。
3. 数据源文件中录入不少于 20 条的记录。
4. 可以以"标签"形式完成所有报名人员的"计算机准考证"的批量制作，一页显示四张准考证。

项目四　　电子表格系统 Excel 2010

　　Microsoft Excel 2010 电子表格软件是 Microsoft 公司出品的 Office 2010 系列办公软件的成员之一，它和 Word、PowerPoint、Access 等组件一起，构成了 Office 2010 办公软件的完整体系。Excel 2010 功能强大、技术先进、使用方便且灵活，可以用来制作电子表格，完成复杂的数据运算，进行数据分析和预测，并且具有强大的制作图表功能及打印设置功能等。

　　通过本章学习，应掌握 Excel 2010 的工作簿和工作表的基本操作方法和使用技巧，能够对工作表进行格式化设置，会运用公式和函数对工作表中的数据进行计算，掌握工作表数据清单的建立、排序、筛选、分类汇总等数据库操作，能运用图表形象地表达和反映工作表中的数据，并会对工作表进行正确的页面设置和打印设置等操作。

任务一　　Excel 2010 之实战员工档案表

■ 技能要点：
掌握 Excel 2010 的启动、退出、建立、保存和打开
掌握 Excel 工作表数据的输入和基本编辑操作
会添加和使用批注
会查找和替换数据
会管理工作簿和工作表

◇ 任务情景

　　人事科要对员工信息进行统计与登记，因此要建立一个"员工基本情况登记表"（见图 4-1）。如果让你来完成这项工作，你应该怎么去做呢？

	A	B	C	D	E	F	G	H	I	J
1	员工基本情况登记表									
2	工号	姓名	性别	出生年月	民族	学历	职称	部门	基本工资	
3	005001	于强	男	1970-2-9	汉	本科	经济师	生产部	2700	
4	005002	杨婷婷	女	1975-3-9	汉	研究生	高级工程师	技术部	3000	
5	005003	赵力	男	1971-9-8	蒙	本科	高级工程师	技术部	3200	
6	005004	李艳	女	1965-9-2	汉	本科	经济师	生产部	3400	
7	005005	刘小红	女	1980-2-9	汉	研究生	工程师	技术部	2680	
8	005006	李玉明	男	1959-3-9	汉	本科	经济师	财务部	3550	
9	005007	李志远	男	1989-9-8	汉	本科	助理工程师	生产部	2300	
10	005008	王建国	男	1960-9-2	汉	专科	工程师	生产部	2750	
11	005009	张丽娜	女	1970-12-9	汉	专科	会计师	财务部	3100	
12	005010	孟丽	女	1975-3-19	汉	本科	经济师	策划部	2880	
13	005011	王辉	男	1985-9-8	汉	研究生	工程师	技术部	2900	
14	005012	王敏	女	1965-9-12	回	本科	高级工程师	技术部	3500	
15	005013	郑明	男	1975-9-22	汉	专科	工程师	生产部	2800	
16	005014	刘卉	女	1986-2-9	汉	专科	助理会计师	财务部	2480	
17	005015	高明亮	男	1985-3-9	汉	本科	工程师	技术部	2660	

图 4-1 员工档案表

◇ **实施步骤**

步骤 1. 启动 Excel 2010 后，打开 Excel 应用程序窗口。

步骤 2. 输入表格标题：单击 A1 单元格，输入对应表格标题。

步骤 3. 输入表格其他内容：单击相应单元格，输入表格其他内容，出生年月按照"年-月"格式输入，如"1970-2-9"（"工号"列数据暂不输入）。

步骤 4：输入数据：选择 A3 单元格，在"英文、半角"输入状态下输入"′005001"，按下回车键。

步骤 5：自动填充数据：单击选择 A3 单元格，将鼠标指向该单元格填充柄（右下角的黑色小方块），当鼠标变成"+"字星时，按住鼠标左键向下拖动，直到 A17 单元格，释放鼠标。

步骤 6：调整列宽：把鼠标指向"职称"列 G 列的列标右边框线处，当鼠标变成双向箭头时，向右拖动鼠标，G 列变宽，直到 G 列单元格内容全部显示。

步骤 7：更改日期显示方式：如果出生年月列的日期格式并非图 4-1 中所示格式，可到控制面板中，选择"时钟、语言和区域"选项，在打开的窗口中选择"区域和语言"下方的"更改日期、时间或数字格式"，打开"区域和语言"对话框，在"格式"选项卡下，单击"短日期"右侧的倒三角按钮，选择其中的"yyyy-M-d"，单击"确定"。然后用鼠标单击 D3 单击格并向下拖动以选择 D3:D17 单元格区域，然后单击鼠标右键，在弹出的快捷菜单中选择"设置单元格格式"命令，在打开的"设置单元格格式"对话框中"数字"选项卡下，左侧的"分类"中选择"日期"，右侧的"类型"中选择"＊2001-3-14"，单击"确定"。

步骤 8：添加批注：选择 F13 单元格，右击鼠标，选择"插入批注"命令，在出现的插入批注的文本框中输入批注内容："在读研究生"，单击任意处退出。

步骤 9：更改工作表名称：单击"Sheet1"工作表标签，右击鼠标，选择"重命名"命令，输入新的工作表名称"基本情况表"，单击任意一处单元格退出。

步骤 10：保存工作簿：单击"文件"选项卡，选择"保存"，在打开的"另存为"对话框中，选择工作簿要存放的位置，如"桌面"。保存类型取默认，文件名为"员工档案表"，单击"保存"。

项目四　电子表格系统 Excel 2010

◇ 相关知识

一、Excel 基本知识

1. Excel 2010 的启动

单击"开始"按钮 ，在弹出的菜单中选择"所 有 程 序/Microsoft Office/Microsoft Excel 2010"，即可完成启动，如图 4-2 所示。

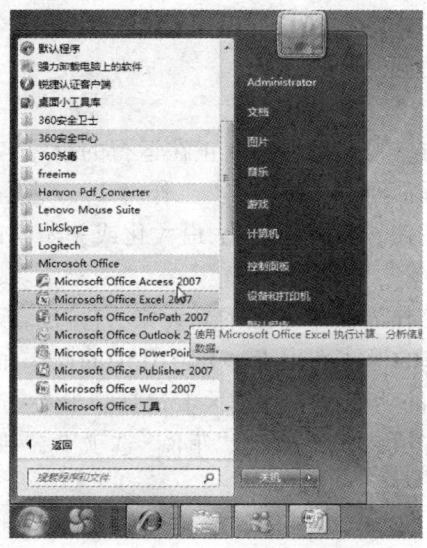

图 4-2　Excel 2010 的启动

如果在桌面上存在 Excel 2010 的图标，也可以通过双击图标的方式启动。

2. Excel 2010 的新界面

和以前的版本相比，Excel 2010 的工作界面颜色更加柔和，更贴近于 Windows Vista 操作系统。Excel 2010 的工作界面主要由"文件"选项卡、标题栏、快速访问工具栏、功能区、编辑栏、工作表区、滚动条和状态栏等元素组成，如图 4-3 所示。

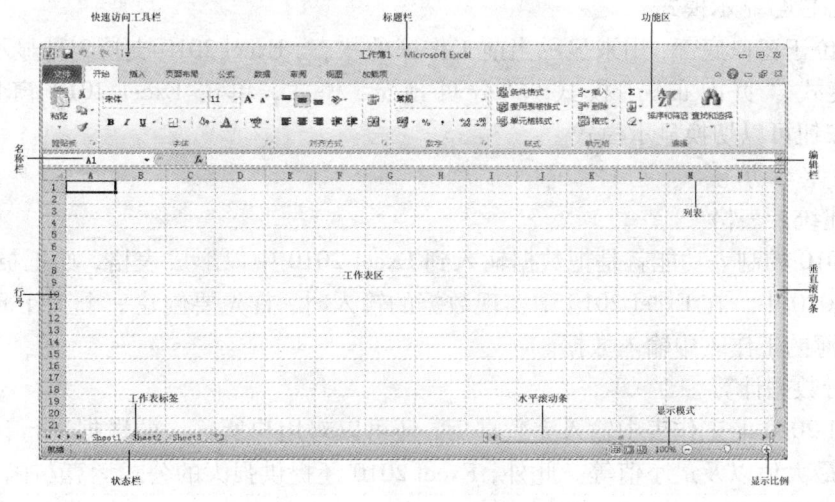

图 4-3　Excel 2010 窗口界面

· 171 ·

(1)"文件"选项卡

单击 Excel 工作界面左上角的"文件"选项卡，可以打开"文件"菜单。在该菜单中，用户可以利用其中的命令对工作簿进行保存、另存为、打开、关闭、新建、打印、保存并发送等操作。单击相应的命令，右侧即显示出详细的功能信息，进行相应的选择或设置即可。

(2)快速访问工具栏

Excel 2010 的快速访问工具栏中包含最常用操作"保存、撤销、恢复"等快捷按钮，方便用户使用。单击快速访问工具栏中的按钮，可以执行相应的功能。单击快速访问工具栏右侧的 按钮，可以自定义快速访问工作栏。

(3)标题栏

标题栏位于窗口的最上方，用于显示当前正在运行的程序名及文件名等信息。如果是刚打开的新工作簿文件，用户所看到的文件名是"工作簿1"，这是 Excel 2010 默认建立的文件名。单击标题栏右端的对应按钮，可以最小化、最大化或关闭窗口。

(4)功能区

功能区是在 Excel 2010 工作界面中添加的新元素，它将旧版本 Excel 2003 中的菜单栏与工具栏结合在一起，以选项卡的形式列出 Excel 2010 中的操作命令，如图4-4所示。

默认情况下，Excel 2010 的功能区中的选项卡包括："开始"选项卡、"插入"选项卡、"页面布局"选项卡、"公式"选项卡、"数据"选项卡、"审阅"选项卡、"视图"选项卡以及"加载项"选项卡。

图4-4　功能区

(5)状态栏与显示模式

状态栏位于窗口底部，用来显示当前工作区的状态。Excel 2010 支持3种显示模式，分别为"普通"模式、"页面布局"模式与"分页预览"模式，单击 Excel 2010 窗口左下角的 按钮可以切换显示模式。

3. Excel 基本功能

(1)创建统计表格

Excel 2010 的制表功能就是把数据输入到 Excel 2010 中以形成表格，如把员工信息表输入到 Excel 2010 中。在 Excel 2010 中实现数据的输入时，首先要创建一个工作簿，然后在所创建的工作簿的工作表中输入数据。

(2)进行数据计算

在 Excel 2010 的工作表中输入完数据后，还可以对用户所输入的数据进行计算，比如求和、平均值、最大值以及最小值等。此外，Excel 2010 还提供强大的公式运算与函数处理功能，可以对数据进行更复杂的计算工作。

通过 Excel 来进行数据计算，可以节省大量的时间，并且降低出现错误的概率，甚至只要输入数据,Excel 就能自动完成计算操作。

(3)建立多样化的统计图表

在 Excel 2010 中,可以根据输入的数据来建立统计图表,以便更加直观地显示数据之间的关系,让用户可以比较数据之间的变动、成长关系以及趋势等。

(4)分析与筛选数据

当用户对数据进行计算后,就要对数据进行统计分析。如可以对它进行排序、筛选,还可以对它进行数据透视表、单变量求解、模拟运算表和方案管理统计分析等操作。

(5)打印数据

当使用 Excel 电子表格处理完数据之后,为了能够让其他人看到结果或成为材料进行保存,通常都需要进行打印操作。进行打印操作前先要进行页面设置,然后进行打印预览,最后才进行打印。为了能够更好地对结果进行打印,在打印之前要进行打印预览。

二、Excel 基本操作

1. 工作簿的建立

(1)创建新的空白工作簿

启动 Excel 2010 后,将自动创建一个 名为"工作簿1"的工作簿。创建新的空白工作簿,操作方法如下:

启动 Excel 2010,单击"文件"选项卡,在下拉菜单中选择"新建"命令,在右侧的功能信息框的"可用模板"下,单击"空白工作簿",单击"创建"按钮,如图 4-5。

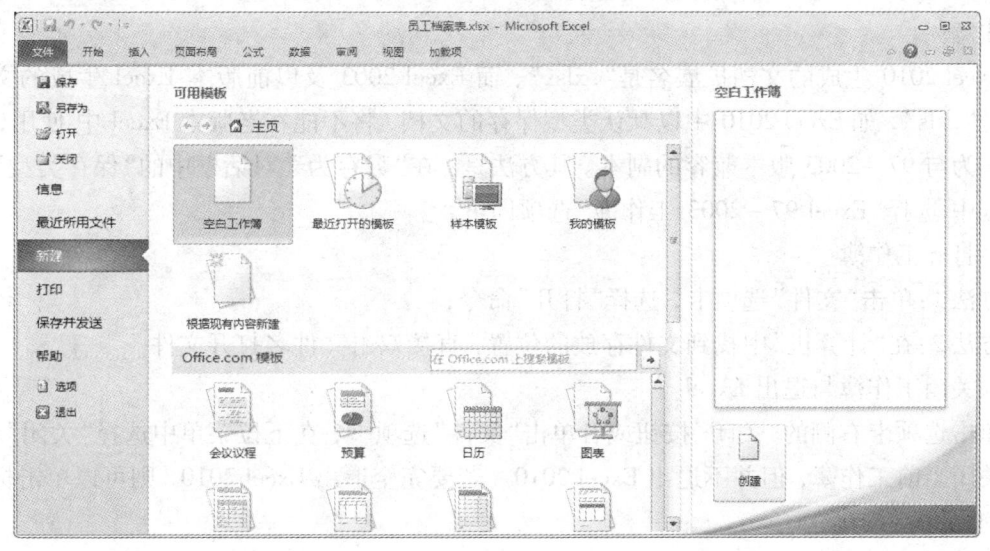

图 4-5　创建新的空白工作簿

(2)使用模板快速创建工作簿

使用模板创建工作簿有两大好处,一是速度快,节约工作时间;二是准确。

操作方法:

单击"文件"选项卡,在弹出的菜单中选择"新建"命令,在右侧的功能信息框中"Office.com"模板下选择相应的工作簿模板名称,双击该模板。如图 4-6 所示。

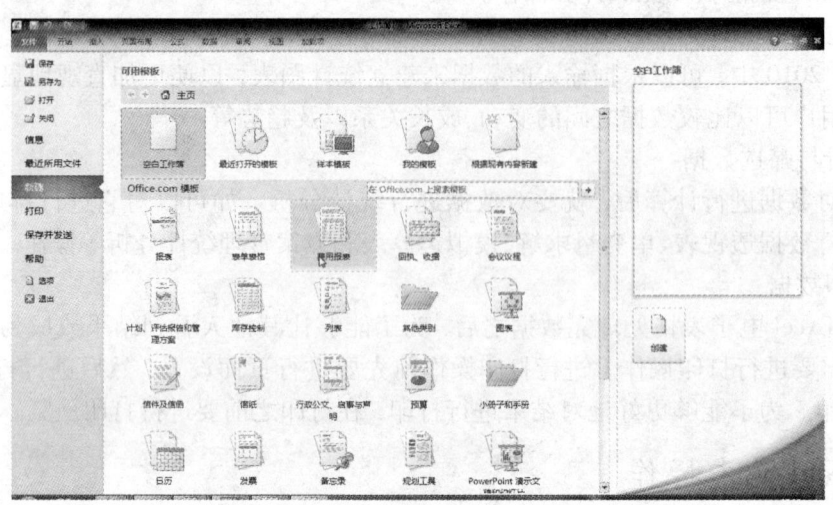

图 4-6　使用模板快速创建工作簿

2. 保存工作簿

方法 1：单击"文件"选项卡，选择"保存"命令；

方法 2：单击"文件"选项卡，选择"另存为"命令，可以重新命名工作簿及选择存放文件夹；

方法 3：单击快速访问工具栏的"保存"按钮。

注意：

Excel 2010 生成的文档扩展名是".xlsx"，而 Excel 2003 及以前版本 Excel 生成的文档扩展名是".xls"，如 Excel 2010 中以默认类型保存的文档，将不能在老版本 Excel 中使用，可将其保存为与 97-2003 版本兼容的副本。其方法是：在"另存为"对话框中的"保存类型"下拉列表框中 选择"Excel 97-2003 工作簿"选项即可。

3. 打开工作簿

方法 1：单击"文件"选项卡，选择"打开"命令；

方法 2：在"计算机"中找到文件存放的位置，直接双击文件名打开文件。

4. 关闭工作簿与退出 Excel

单击选项卡右侧的"关闭"按钮或者单击"文件"选项卡，在下拉菜单中选择"关闭"命令，可以关闭当前工作簿，但并不退出 Excel 2010。若要完全退出 Excel 2010，则可以单击标题栏右部的"关闭"按钮。

三、工作表数据的输入及编辑

1. 选择单元格

（1）选定单元格

鼠标指针移至需要选定的单元格上，单击鼠标左键，该单元格即被选定为当前单元格，被选定的单元格以黑线框显示，如图 4-7 所示。

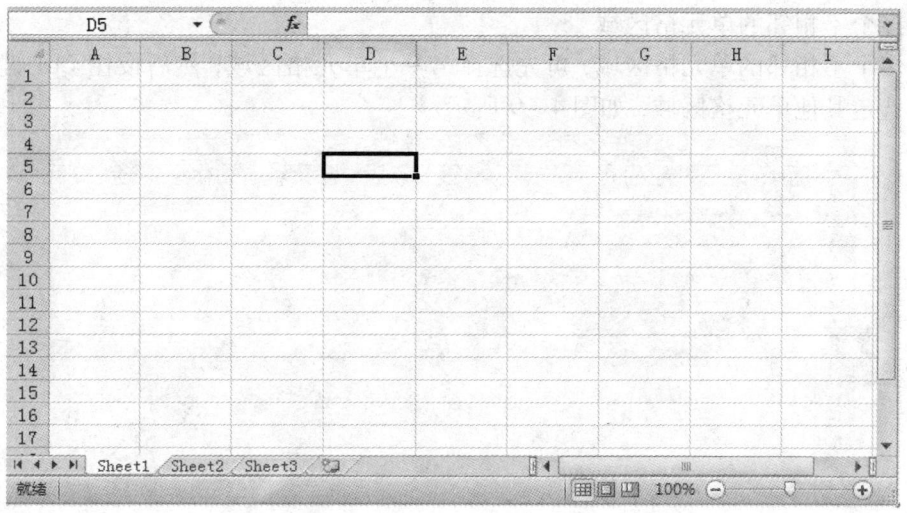

图 4-7　选择单个单元格

(2)选定单元格区域

选择一个单元格区域

如果要选择一个单元格区域，先用鼠标单击区域左上角的单元格，按住左键并拖动鼠标到达区域的右下角，释放鼠标左键即可，如图 4-8 所示。

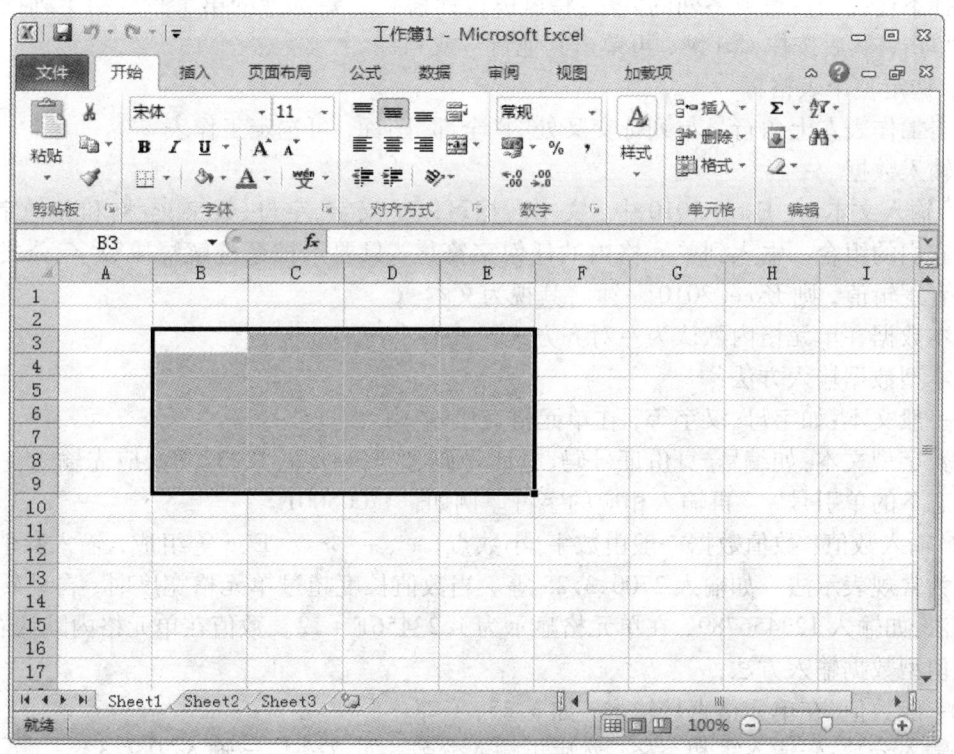

图 4-8　选择一个单元格区域

选择多个不相邻的单元格区域

选择多个不相邻的单元格区域,可先选择第一个单元格区域,然后按住 Ctrl 键不放,再使用鼠标选定其他单元格区域,如图 4-9 所示。

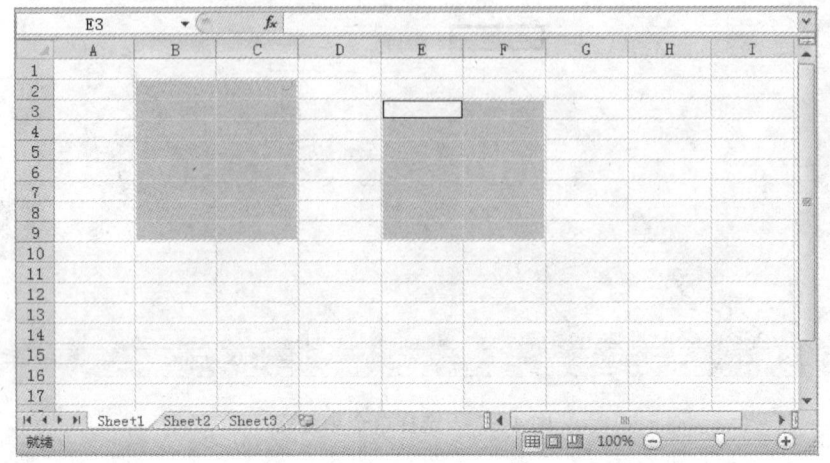

图 4-9　选择不相邻的单元格

(3)选定整行或整列

将鼠标指针移动到需要选择行单元格的行号或列标上,当鼠标指针变为双向箭头时单击鼠标左键,即可选择该行或该列。

选择连续的多行或多列的方法:只需要在选择整行时按住鼠标左键向下或向右拖动即可。

选择不连续的多行或多列的方法:将鼠标指针移到需要选择的第 1 行或第 1 列的行号或列标上单击,然后按住 Ctrl 键,再单击其他行号或列标。

(4)选定整个表格

单击工作表左上角行号与列标交叉处的"全部"图标,可选定工作表。

2.输入数据

(1)输入文本:在 Excel 2010 中,文本数据可以是汉字、字母、数字、空格和其他字符,也可以是它们的组合。输入到单元格内的任何字符集,只要不被系统解释成数字、公式、日期、时间或者逻辑值,则 Excel 2010 一律将其视为文本。

文本数据在单元格内默认为左对齐方式。

文本型数据输入方法:

①一般文本:如字母、汉字等,在单元格直接输入;

②数字型文本:如编号、身份证号码、电话号码、"=3+5"、"2/3"等,应先输入一个英文半角状态下的单引号"'"再输入相应的字符。例如,"'005001"。

(2)输入数值:数值数据一般由数字、小数点、+、-、%、/、E、e 等组成,输入数值时,默认形式为常规表示法。如输入 2700、3.25 等。当数值长度超过单元格宽度时,自动转换成科学表示法:如输入 123456789,在单元格显示为 1.23456E+12。数值在单元格内默认右对齐。

数值型数据输入方法:

①一般数值:在单元格直接输入,如 3.25,1 等;

②输入分数:先输入零和空格,然后再输入分数,如:2/3 应该输入"0 2/3"。

注意:数字与非数字的组合视作文本型数据处理。

无论显示的数字的位置如何，Excel 2010 都只保留 15 位的数字精度。

(3) 输入日期和时间

当输入的数据符合日期或时间的格式时，Excel 将以日期或时间存储数据。日期和时间型数据在单元格中默认为右对齐。

输入日期/时间的方法：

①输入日期：一般使用"/"或"－"作分隔符，如输入 1970 年 2 月 9 日，可用如下方法：1970/2/9 或 1970－2－9 或 9－Dec－70；

②输入时间：一般用冒号"："作分隔符。如输入时间 15 点 30 分，可采用如下方法：15:30 或 3:30PM；

③日期和时间组合输入：之间用空格分隔，如：1991 年 4 月 5 日 15 点 30 分，可采用如下方法：1991/02/03 15:30；

④输入月和日：Excel 2010 取计算机内部时钟的年份作为默认值。例如，在当前单元格中输入 4－5 或 4/5，按回车键后显示 4 月 5 日，当再把刚才的单元格变为当前单元格时，在编辑栏中显示 2010－4－5（假设当前系统时间是 2010 年）；

⑤输入当天的日期或当前时间：当天日期：按 Ctrl＋"；"；当前时间，按 Ctrl＋Shifl＋"；"

(4) 输入逻辑值：逻辑值数据有两个："TRUE"（真值）和"FALSE"（假值），可直接在单元输入，也可通过输入公式得到计算的结果为逻辑值。如在某个单元格输入公式："＝4＜5"，结果为"TRUE"。

3. 修改数据

(1) 修改单元中的全部数据

单击单元格，直接输入数据。

(2) 修改单元格中的部分数据

方法 1：双击单元格，则单元格中出现插入点，移动鼠标指针定位插入点位置从而修改数据。

方法 2：选择单元格，在编辑栏中，单击鼠标定位插入点位置，修改数据。

(3) 清除内容

选择单元格，单击 Delete 健或者选择单元格后，在该单元格内右击鼠标，在弹出的快捷菜单中选择"清除内容"命令，即可删除该单元格内容（单元格的属性，如格式、注释等仍然保留）。

4. 移动或复制单元格内容

选定要移动（或复制）数据的单元格或单元格区域，然后在该位置单击鼠标右键，在弹出的快捷菜单中单击"剪切"（或"复制"）命令，然后再选择目标单元格，单击鼠标右键，选择"粘贴"命令。

5. 填充数据

对于相邻单元格中输入相同或者有规律变化的数据，可以通过 Excel 的自动填充功能一次性进行填充，这样不仅操作简便而且大大提高了输入速度。

(1) 利用填充柄填充数据系列

Excel 中选定的单元格或单元格区域的右下角有一小黑块，称为填充柄，当光标指向填充柄时会出现"＋"形状填充柄，此时拖动"填充柄"可实现快速自动填充数据。

①复制填充

初值为文本型数据或者纯数字型数据时,拖动填充柄,实现复制填充。

如:本节案例中,选定 E3 单元格,拖动该单元格填充柄向下直到 E17,松开鼠标,则 D3 至 D11 实现复制填充数据"汉"。

②自动增"1"填充

初值为数字型文本或日期时间型数据,拖动填充柄,实现自动增"1"填充。

如本节案例中 A3 至 A17 单元格数据的填充。

注意:若拖动填充柄时同时按住[Ctrl]键,则实现复制填充。

③预设系列填充

根据已输入的两个相邻单元格的数据关系进行后续数据的填充。

如:相邻的两个单元格初值分别为 1 和 3,则选定该相邻的两个单元格后拖动填充柄,后续单元格数据将依次填充为 5,7,9……

(2)利用对话框填充数据系列

①利用序列对话框填充:首先在需填充数据序列的单元格区域开始处第一个单元格输入序列的第一个数或文字,然后选定这个单元格或单元格区域,打开"开始"选项卡,在"编辑"组中单击 填充工具按钮右侧的下拉箭头,选择下拉列表中的"序列"命令,打开"序列"对话框,如图 4 – 10 所示,根据用户实际需要进行设置。

②利用"自定义序列"对话框填充

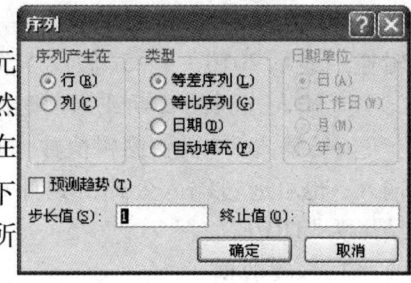

图 4 – 10 "序列"对话框

选择"文件"选项卡,单击"帮助/Excel 选项"命令,打开"Excel 选项"功能信息框,选择左侧窗格的"常用"选项,拖动右侧窗格中的滚动条,在"常规"栏目下单击"编辑自定义列表"按钮,打开"自定义序列"对话框,见图 4 – 11。在该对话框中输入想要定义的序列(每个条目之间用回车键分隔),最后单击"添加",则所建序列添加到"自定义序列列表"中。

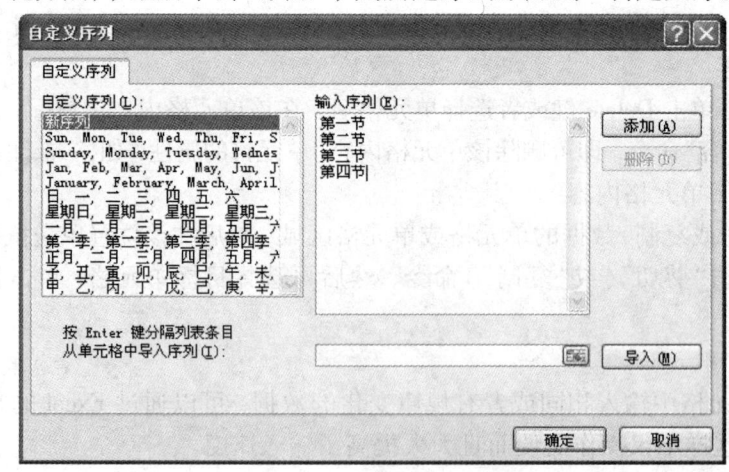

图 4 – 11 自定义序列

四、查找和替换数据

表格的内容太多,有时需要查找具体某一项数据或者替换里面的数据,使用 Excel 的查找和替换功能可以方便地查找和替换需要的数据。

操作方法:

在"开始"选项卡的"编辑"组中单击"查找和选择"按钮,在弹出的快捷菜单中选择"查找命令(替换操作需要选择"替换"命令),打开"查找和替换"对话框,在"查找内容"文本框中输入要查找的内容,单击"选项"按钮,可以详细地设置搜索条件,单击"查找全部"按钮,开始查找整张工作表,完成后在对话框下部的列表框中显示所有满足搜索条件的内容。如图 4-12 所示。

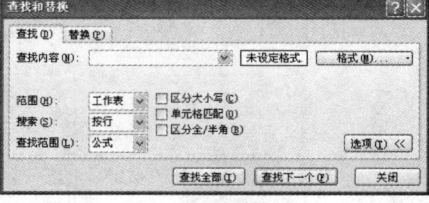

图 4-12 "查找和替换"对话框

五、Excel 2010 的视图方式

视图是 Excel 文档在计算机屏幕上的显示方式。在 Excel 2010 中有普通、页面布局、分页预览、全屏显示以及自定义视图等多种方式。打开功能区的"视图"选项卡,找到"工作簿视图"分组,在该分组中可以切换到不同的视图。

1. 普通视图

普通视图是 Excel 的默认视图方式,主要用于数据输入与筛选、制作图表和设置格式等操作。

2. 页面布局视图

选择"视图"选项卡,单击"工作簿视图"组中的"页面布局"按钮,可以切换到页面布局视图,见图 4-13。通过该视图可以查看文档的打印外观,包含文档的开端位置和停止位置、页眉和页脚等。在该视图中,还可以设置页面的页眉页脚效果、通过标尺调整页边距等内容。

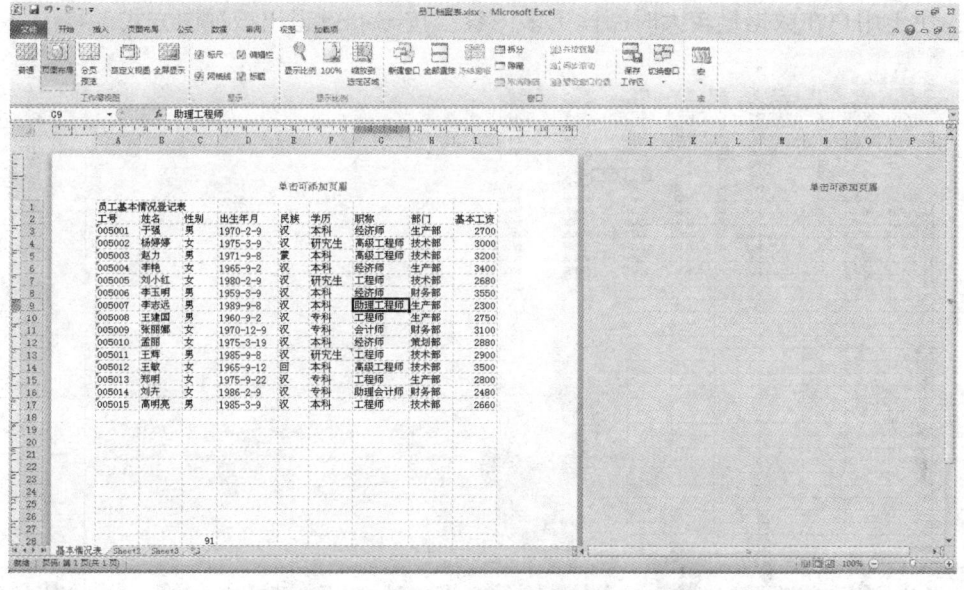

图 4-13 页面布局视图

3. 分页预览视图

选择"视图"选项卡，单击"工作簿视图"组中的"分页预览"按钮，可以切换到分页预览视图。见图4-14所示，在该视图方式下，看到的表格效果以打印预览方式显示，也可以对单元格中的数据进行编辑。应用该视图可以懂得打印时的页面分页位置。

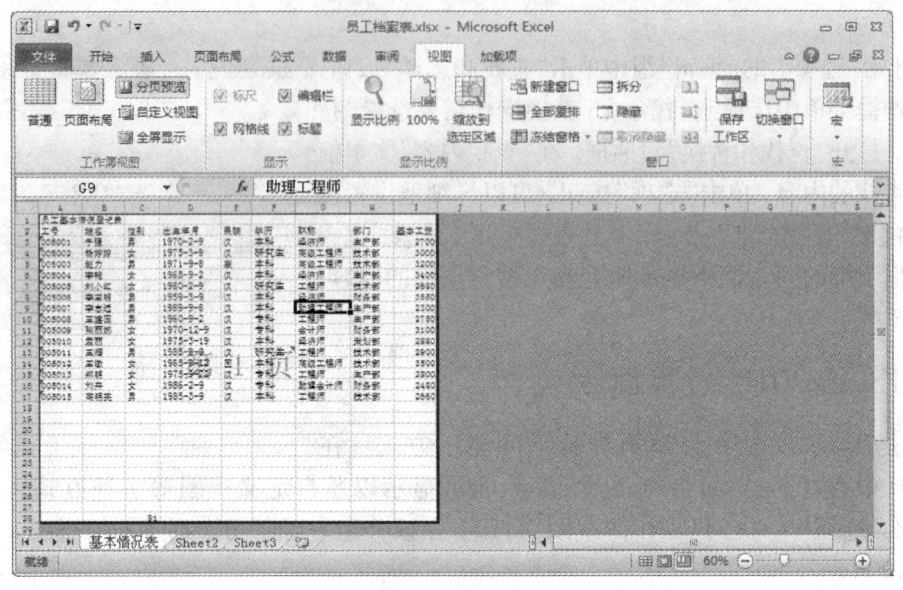

图4-14　分页预览视图

4. 全屏显示视图

选择"视图"选项卡，单击"工作簿视图"组中的"全屏显示"按钮，可以切换到全屏显示视图。如图4-15所示，在该视图方式下，以全屏的方法显示页面的表格，使得页面数据范畴更大，便于用户在数据量较大时阅读更多内容。按 Esc 键退出该视图方式。

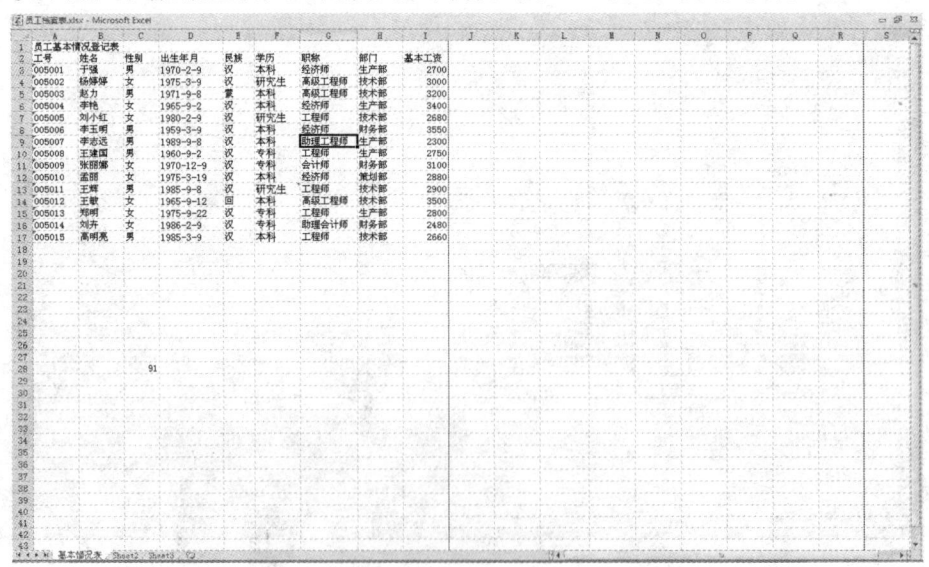

图4-15　全屏显示视图

5. 自定义视图

通过自定义视图能够设置用户定义的个性视图效果，比如为不同的打印设置保留不同的视图。切换到自定义视图，打开"视图管理器"进行个性化设置即可。

六、管理工作簿和工作表

工作表由多个单元格基本元素构成，而这样的若干个工作表构成了一个工作簿。在利用 Excel 进行数据处理的过程中，经常需要对工作簿和工作表进行适当的处理，例如插入和删除工作表，设置保护重要的工作表或工作簿等。

1. 选择工作表

在对某张工作表进行编辑前必须先选择该工作表。在选择工作表时，可以选择单张工作表，若需要对多张工作表同时进行操作，可以选择相邻的多张工作表使其成为"工作组"，还可以选择不相邻的多张工作表，也可以快速选择工作簿中的全部工作表。

（1）选择一个工作表

在要选择工作表的标签上单击，此时选择的工作表标签呈白底显示，选择的工作表即为当前工作表，可以对其进行操作。

（2）选择相邻的多个工作表

单击要选择的第一张工作表的标签，然后按住 Shift 键单击最后一张工作表标签。

（3）选择不相邻的多个工作表

单击要选择的第一张工作表标签，再按住 Ctrl 键单击其他要选择的工作表标签。

（4）选择工作簿中的全部工作表

在任意工作表标签上单击鼠标右键，在弹出的快捷菜单中选择"选定全部工作表"命令。

2. 插入工作表

在首次创建一个新工作簿时，默认情况下，该工作簿包括了 3 个工作表。但是在实际应用中，所需的工作表的数目可能各不相同，有时需要向工作簿添加一个或多个工作表。

在需要插入工作表的位置单击鼠标右键，在弹出的快捷菜单中选择"插入"命令，打开"插入"对话框，在"常用"选项卡下面的列表框中选择"工作表"图标，然后单击"确定"按钮。

3. 删除工作表

要删除一个工作表，首先单击工作表标签来选定该工作表，然后在"开始"选项卡的"单元格"组中单击"删除"按钮后的倒三角按钮，在弹出的快捷菜单中选择"删除工作表"命令，即可删除该工作表。

4. 重命名工作表

Excel 2010 在创建一个新的工作表时，它的名称是以 Sheet1、Sheet2 等来命名的，这在实际工作中很不方便记忆和进行有效的管理。这时，用户可以通过改变这些工作表的名称来进行有效的管理。要改变工作表的名称，只需双击选中的工作表标签，这时工作表标签以反白显示，在其中输入新的名称并按下 Enter 键即可。

5. 移动或复制工作表

在使用 Excel 2010 进行数据处理时，经常把描述同一事物相关特征的数据放在一个工作表中，而把相互之间具有某种联系的不同事物安排在不同的工作表或不同的工作簿中，这时就需要在工作簿内或工作簿间移动或复制工作表。

(1)在工作簿内移动或复制工作表

在同一工作簿内移动或复制工作表的操作方法非常简单,只需选择要移动的工作表,然后沿工作表标签行拖动选定的工作表标签即可;如果要在当前工作簿中复制工作表,需要在按住 Ctrl 键的同时拖动工作表,并在目的地释放鼠标,然后松开 Ctrl 键即可。

(2)在工作簿间移动或复制工作表

在工作簿间移动或复制工作表也可以利用在工作簿内移动或复制工作表的方法来实现,不过这要求源工作簿和目标工作簿均打开。打开"移动或复制工作表"对话框,在"工作簿"下拉列表框中可以选择目标工作簿。

6.隐藏或显示工作表

隐藏工作表可以避免其他人员查看,当需要查看时再将其显示出来。

选择需要隐藏的工作表,在该工作表标签上单击鼠标右键,在弹出的快捷菜单中选择"隐藏"命令,即可隐藏该工作表。

当需要查看隐藏的工作表时,需要将其显示出来,操作步骤如下:在该工作簿中任一工作表标签上单击鼠标右键,在弹出的快捷菜单中选择"取消隐藏"命令。

七、批注

在 Excel 2010 中可以为某个单元格添加批注,也可以为某个单元格区域添加批注,添加的批注一般都是简短的提示性文字。

1.添加批注

在需要添加批注的单元格上单击鼠标右键,在弹出的快捷菜单中选择"插入批注"命令,在批注框中输入批注的内容,如图 4-16 所示。

图 4-16 插入批注

2. 编辑批注

在插入了批注的单元格上单击鼠标右键，在弹出的快捷菜单中选择“编辑批注”命令，批注框中出现闪烁的光标后即可编辑内容。

3. 删除批注

在插入了批注的单元格上单击鼠标右键，在弹出的快捷菜单中选择“删除批注”命令可删除已插入的批注。

4. 隐藏批注

在插入了批注的单元格上单击鼠标右键，在弹出的快捷菜单中选择“显示/隐藏批注”命令可一直显示批注。如需隐藏批注同样在单元格上单击鼠标右键，在弹出的快捷菜单中选择“隐藏批注”命令即可。

◇技能实训

1. 建立如下所示“销售报表”，并按要求操作，如图 4－17、4－18 所示：

	A	B	C	D	E
1	数码相机部门销售报表				
2	商品编号	商品名称	单价（元）	销售量	销售额
3	1009923	佳能IXUS 110	2120	35	
4	1009923	佳能IXUS 111	1859	43	
5	1009923	三星ST550	1899	39	
6	1009923	尼康D90	8000	13	
7	1009923	索尼 T90	2440	76	
8	1009923	松下 DM-FP8	1580	58	
9	1009923	卡西欧 FC100	2590	32	
10	1009923	索尼 W220	1490	20	
11	1009923	富士 S2000HD	1790	34	
12	1009923	富士 F200EXR	1960	35	
13	1009923	松下 F200-LX3	3890	8	
14					

Sheet1 Sheet2 Sheet3

图 4－17 “销售报表”原工作表

	A	B	C	D	E
1	数码相机部门销售报表				
2	商品编号	商品名称	单价（元）	销量（台）	销售额（元）
3	1009923	佳能IXUS 110	2120	35	
4	1009923	佳能IXUS 111	1859	43	
5	1009923	三星ST550	1899	39	
7	1009923	索尼 T90	2440	76	
8	1009923	松下 DM-FP8	1580	58	
9	1009923	卡西欧 FC100	2590	32	
10	1009923	索尼 W220	1490	20	
11	1009923	富士 S2000HD	1790	34	
12	1009923	富士 F200EXR	1960	35	
13	1009923	松下 F200-LX3	3890	8	
14					

数码相机 Sheet2 Sheet3

图 4－18 “销售报表”任务效果图

(1) 修改 D2 单元格内容为“销量(台)”，修改 E2 单元格内容为“销售额(元)”。

(2) 为 B9 单元格添加批注，批注内容为“已停产”。

(3) 利用“查找/替换”功能在工作表中查找姓名为“索尼”相机的销售情况。

(4) 将 sheet1 工作表重新命名为“数码相机”，并将该工作表内容复制到“Sheet2”工作表。

(5) 隐藏“数码相机”工作表的第 6 条记录。

2. 建立如下所示的“学生成绩表”工作表，并按要求操作题目，如图 4－19、4－20、4－21 所示：

	A	B	C	D	E	F	G	H	I
1	学生成绩表								
2	序号	学号	姓名	性别	班级	数学	外语	政治	信息技术
3	1	008001	王小飞	男	一班	55	75	63	83
4	2	008002	李明真	女	二班	92	91	86	95
5	3	008003	张爱爱	女	二班	66	92	91	90
6	4	008004	刘民	男	一班	84	82	87	91
7	5	008006	赵瑞思	女	二班	81	89	89	90
8	6	008007	孟刚	男	一班	81	88	89	90
9	7	008008	陈然	女	二班	65	78	85	88
10	8	008009	李佳	女	一班	76	69	82	91
11	9	008010	肖明	男	一班	91	90	92	93
12									

Sheet1 / Sheet2 / Sheet3

图 4－19　学生成绩表

	A	B	C	D	E	F	G	H	I
1	学生成绩表								
2	序号	学号	姓名	性别	班级	数学	外语	政治	信息技术
3	1	008001	王小飞	男	一班	55	75	63	83
4	2	008002	李明真	女	二班	92	91	86	95
5	3	008003	张爱爱	女	二班	66	92	91	90
6	4	008004	刘民	男	一班	8	只可输入0-100之间的整数	87	91
7	5	008005	宋佳	女	一班	8		89	85
8	6	00[illegible]06	赵瑞思	女	二班	8		89	90
9	7	008007	孟刚	男	一班	81	88	89	90
10	8	008008	陈然	女	二班	65	78	85	88
11	9	008009	李佳	女	一班	76	69	82	91
12	10	008010	肖明	男	一班	91	90	92	93

汇总表 / 一班成绩表 / 二班成绩表

图 4－20　数据有效性设置效果

	A	B	C	D	E	F	G	H	I
1	序号	学号	姓名	性别	班级	数学	外语	政治	信息技术
2	1	008001	王小飞	男	一班	55	75	63	83
3	4	008004	刘民	男	一班	84	82	87	91
4	5	008005	宋佳	女	一班	84	77	89	85
5	7	008007	孟刚	男	一班	81	88	89	90
6	9	008009	李佳	女	一班	76	69	82	91
7	10	008010	肖明	男	一班	91	90	92	93
8									

汇总表 / 一班成绩表 / 二班成绩表

图 4－21　一班成绩表

二班成绩表略。

（1）在第 4 条记录和第 5 条记录之间增加一条记录，数据内容对应为“008005，宋佳，女，一班，84，77，89，85”，并重新填充序号列。

（2 设置数据有效性：汇总表中 F3：I12 单元格数据只接受 0－100 之间的整数，并设置显示信息“只可输入 0－100 之间的整数”。

（3）将 sheet1 工作表重新命名为“汇总表”，并将 sheet2 工作表更名为“一班成绩表”，

sheet3 工作表更名为“二班成绩表”。

(4)将“汇总表”中一班的学生数据全部复制到工作表“一班成绩表”中。

(5)将“汇总表”中二班的学生数据全部复制到工作表“二班成绩表”。

(6)保护工作表方式保存“汇总表”，以禁止他人修改该工作表。

(7)将文件以原名字保存到“桌面\姓名”文件夹下。

任务二 Excel 2010 之表格美化

■ 技能要点：

会设置单元格格式

掌握单元格操作

会应用自动套用格式

会使用条件格式

◇ 任务情景

嘿！周杰伦的全国个人演唱会正在组织中，如果你是会务组的人员，要求你做一下周杰伦的演唱会门票价格表，如图 4－23 所示，有没有困难？

	A	B	C	D	E	F	G	H	I
1	演出地	时间	看台				内场		
2			A区	B区	C区	D区	嘉宾席	VIP	V-VIP
3	北京	3月25日	380	480	680	880	1180	1480	1880
4	上海	4月7日	480	680	880	1080	1380	1680	2080
5	广州	4月12日	280	380	480	680	980	1280	1680
6	南京	4月18日	180	380	580	880	1080	1280	1580
7	杭州	4月25日	180	280	380	480	780	980	1280
8	哈尔滨	5月3日	100	200	300	500	800	1180	1800
9	南宁	5月8日	180	280	380	580	880	1280	1580
10	昆明	5月15日	380	480	680	980	1280	1880	2280
11	武汉	5月20日	100	200	300	500	700	1000	1300
12	长沙	6月1日	160	260	360	460	660	960	1260
13									
14									
15									
16									
17									

Sheet1 Sheet2 Sheet3

图 4－22 “演唱会门票价格表”任务原始图

	A	B	C	D	E	F	G	H	I
1	演唱会门票价格表								
2	演出地	时间	看台				内场		
3			A区	B区	C区	D区	嘉宾席	VIP席	V-VIP席
4	北京	3月25日	¥380	¥480	¥680	¥880	¥1,180	¥1,480	¥1,880
5	上海	4月7日	¥480	¥680	¥880	¥1,080	¥1,380	¥1,680	¥2,080
6	广州	4月12日	¥280	¥380	¥480	¥680	¥980	¥1,280	¥1,680
7	南京	4月18日	¥180	¥380	¥580	¥880	¥1,080	¥1,280	¥1,580
8	杭州	4月25日	¥180	¥280	¥380	¥480	¥780	¥980	¥1,280
9	哈尔滨	5月3日	¥100	¥200	¥300	¥500	¥800	¥1,180	¥1,800
10	南宁	5月8日	¥180	¥280	¥380	¥580	¥880	¥1,280	¥1,580
11	昆明	5月15日	¥380	¥480	¥680	¥980	¥1,280	¥1,880	¥2,280
12	武汉	5月20日	¥100	¥200	¥300	¥500	¥700	¥1,000	¥1,300
13	长沙	6月1日	¥160	¥260	¥360	¥460	¥660	¥960	¥1,260
14									

图 4-23 "演唱会门票价格表"任务效果图

◇ **实施步骤**

步骤 1：启动 Excel 2010，打开 Excel 应用程序窗口。

步骤 2：创建工作表：依照图 4-22 任务原始图所示，在 Excel 工作区中输入数据，创建"演唱会门票价格表"，并保存到"我的文档"。

步骤 3：添加标题行：选择 A1 单元格，右击鼠标，在弹出的快捷菜单中选择"插入"命令，单击"插入"对话框中的"整行"，单击"确定"。

步骤 4：输入表格标题：选定 A1 单元格，输入表格标题"演唱会门票价格表"。

步骤 5：合并单元格。

合并 A2:A3 区域：

选定 A2:A3 单元格区域，单击"开始"选项卡上"对齐方式"组中的"合并后居中"命令。

合并 B2:B3 区域：

选定 B2:B3 单元格区域，依照上述方法将该单元格区域合并后内容居中。

合并 A1:I1 区域：

选定 A1:I1 单元格区域，单击"开始"选项卡上"对齐方式"组中的"合并后居中"工具。

合并 C2:F2 区域：

选定 C2:F2 单元格区域，依照上述方法将该单元格区域合并后内容居中。

步骤 6：设置表格标题行高：单击行号"1"，右击鼠标，选择"行高"命令，在弹出的行高对话框中输入 68，单击"确定"。

步骤 7：设置其他行行高。

设置第 2 至第 3 行行高：

拖动鼠标选择第 2 至 3 行，右击鼠标，选择行高，在弹出的行高对话框中输入行高值 24，单击"确定"。

设置第 4 至第 13 行行高：

拖动鼠标从行号4至行号13，则选中第4－第13行，右击鼠标，设置行高值为22。

步骤8：设置列宽：单击列标C至I，选择C列至I列，右击鼠标，在弹出的对话框中选择"列宽"，输入列宽值11，单击"确定"。

步骤9：设置货币格式：选择C4:I13单元格区域，右击鼠标，选择"设置单元格格式"，打开"数字"选项卡，在左侧的"分类"栏目下选择"货币"，在右侧的"小数位数"中选择"0"，"货币符号"中选择人民币符号"￥"，单击"确定"。

步骤10：添加边框线：选择A2:I13单元格区域，右击鼠标，选择"设置单元格格式"命令，打开"边框"选项卡，线条"样式"选择"粗实线"，"颜色"下选择"标准色"中的"浅蓝"，单击"预置"中的"外边框"；再单击线条"样式"中的"细实线"，"颜色"下"标准色"中选择"橙色"，单击"预置"中的"内部"，单击"确定"。

步骤11：设置底纹。

给标题行添加底纹：

选择A2:I2单元格区域，右击鼠标，选择"设置单元格格式"命令，打开"填充"选项卡，对话框右侧的"图案颜色"选择"浅绿"，单击确定。

给列标题添加底纹：

选择A4:A13单元格区域，依同样的方法为该单元格区域添加"6.25%灰色，橙色"的底纹，单击"确定"。

步骤12：设置单元格内容水平垂直方向都居中：选择A2:I13单元格区域，单击"开始"选项卡下"对齐方式"右下角的"对话框启动器"图标，在打开的"设置单元格格式"对话框中"对齐"标签下"水平对齐"选择"居中"，"垂直对齐"选择"居中"，单击"确定"。

步骤13：设置条件格式（将C区门票价格在400~600之间的数字用红色加粗倾斜显示）：选择C4:E13单元格区域，单击"开始"选项卡下"样式"组中"条件格式"下的倒三角按钮，单击"突出显示单元格规则/介于"，在打开的"介于"对话框左侧的两个文本框分别输入"400"和"600"，单击"设置为"右侧文本框的下拉箭头，选择"自定义格式"，在打开的"设置单元格格式"对话框中，"字体"选项卡下，设置字形为"加粗倾斜"，颜色"红色"，单击"确定"，返回上一级对话框，再单击"确定"。

步骤14：保存文件：单击Excel 2010快速工具栏的"保存"工具，将文件以原文件名另存到桌面。

◇ **相关知识**

使用Excel 2010创建工作表后，还可以对工作表进行格式化操作。Excel 2010提供了丰富的格式化命令，利用这些命令可以具体设置工作表与单元格格式，创建出更美观、更具观赏性的工作表。

一、设置单元格格式

若单元格从未输入过数据，则该单元格为常规格式，输入数据时，Excel会自动判断数据类型并格式化。对工作表中的不同单元格数据，可以根据需要设置不同的格式，如设置单元格数据类型、文本的对齐方式和字体、单元格的边框和图案等。

设置单元格格式方法

在Excel 2010中，通常在"开始"选项卡中设置单元格的格式。对于简单的格式化操作，可以直接通过"开始"选项卡中的按钮来进行，如设置字体、对齐方式、数字格式等。其操作比较简单，选定要设置格式的单元格或单元格区域，单击"开始"选项卡中的相应按钮即可。对于比较复杂的格式化操作，则需要在"设置单元格格式"对话框中来完成。

1. 设置数字格式

默认情况下，数字以常规格式显示。当用户在工作表中输入数字时，数字以整数、小数方式显示。此外，Excel 还提供了多种数字显示格式，如数值、货币、会计专用、日期格式以及科学记数等。

在"开始"选项卡的"数字"组中，可以设置这些数字格式。若要详细设置数字格式，则需要单击"数字"组右下角的"对话框启动器"图标，打开"设置单元格格式"对话框，在"数字"选项卡中操作，如图 4-24。

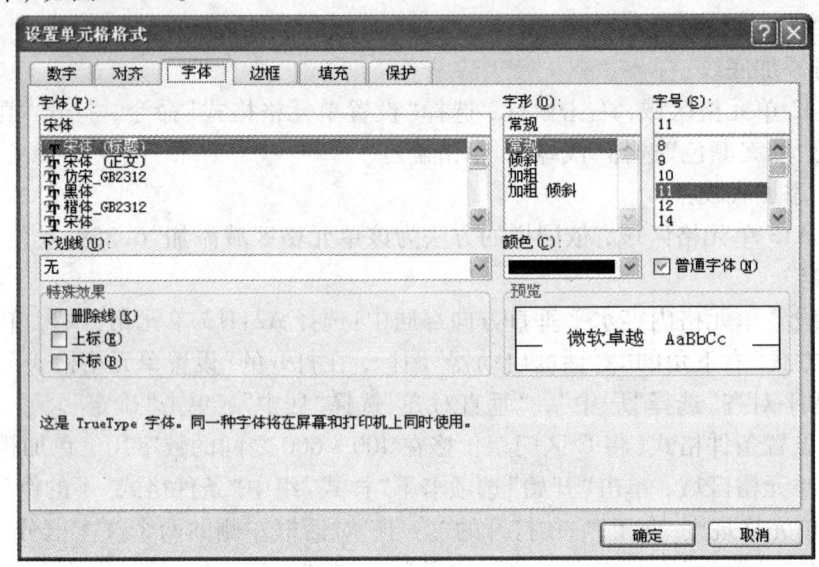

图 4-24　"设置单元格格式"对话框

2. 设置字体

在"开始"选项卡的"字体"组中，使用相应的工具按钮可以完成简单的字体设置工作。详细的设置，可以单击"开始"选项卡的"字体"组右下角的"对话框启动器"图标，打开"设置单元格格式"对话框，在"字体"选项卡下进行设置。

3. 设置对齐方式

所谓对齐，是指单元格中的内容在显示时相对单元格上下左右的位置。默认情况下，单元格中的文本靠左对齐，数字靠右对齐，逻辑值和错误值居中对齐。此外，Excel 还允许用户为单元格中的内容设置其他对齐方式，如合并后居中、旋转单元格中的内容等。

直接单击"对齐方式"组中的按钮可以完成单元格格式的相应对齐操作，也可通过单击"开始"选项卡中的"对齐方式"组右下角的"对话框启动器"图标，打开"设置单元格格式"对话框，在"对齐"选项卡下进行设置。

4. 设置边框和底纹

默认情况下，Excel 并不为单元格设置边框，工作表中的框线在打印时并不显示出来。但在一般情况下，用户在打印工作表或突出显示某些单元格时，都需要添加一些边框以使工作表更美观和容易阅读。应用底纹和应用边框一样，都是为了对工作表进行形象设计。使用底纹为特定的单元格加上色彩和图案，不仅可以突出显示重点内容，还可以美化工作表的外观。

选择要设置边框底纹的单元格或单元格区域，打开"单元格格式"对话框，切换到"边框"选项卡下作相应的设置。

二、单元格操作

在编辑工作表的过程中，经常需要进行单元格、行和列的插入或删除等编辑操作，下面介绍在工作表中插入与删除行、列和单元格的操作。

1. 插入行、列和单元格

在工作表中选择要插入行、列或单元格的位置，在"开始"选项卡的"单元格"组中单击"插入"按钮旁的倒三角按钮，弹出如图所示的菜单。在菜单中选择相应命令即可插入行、列和单元格。其中选择"插入单元格"命令，会打开"插入"对话框，见图 4-25，在该对话框中可以设置插入单元格后如何移动原有的单元格。

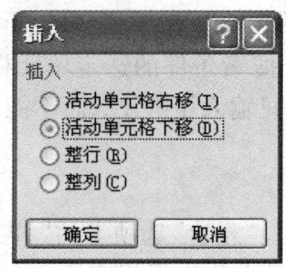

图 4-25 插入单元格对话框

2. 删除行、列和单元格

需要在当前工作表中删除某行(列)时，单击行号(列标)，选择要删除的整行(列)，然后在"开始"选项卡的"单元格"组中单击"删除"按钮旁的倒三角按钮，在弹出的菜单中选择"删除工作表行(列)"命令。被选择的行(列)将从工作表中消失，各行(列)自动上(左)移，如图 4-26 所示。

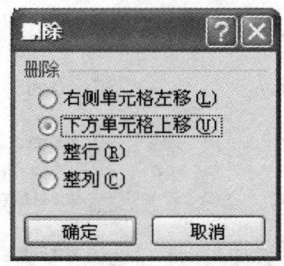

图 4-26 "删除"对话框

3. 调整行高和列宽

在向单元格输入文字或数据时，经常会出现这样的现象：有的单元格中的文字只显示了一半；有的单元格中显示的是一串"#"符号，而在编辑栏中却能看见对应单元格的数据。出现这些现象的原因在于单元格的宽度或高度不够，不能将其中的文字正确显示。因此，需要对工作表中的单元格高度和宽度进行适当的调整。

操作方法
（1）拖动法
将鼠标指针移到需要调整的行号或列标的分隔线上，当鼠标指针变为双向箭头时，按住鼠标左键拖动即可。

（2）通过对话框设置
调整行高：
选择需要调整行高的行号，单击"开始"选项卡"单元格"组中的"格式"按钮，在弹出的菜单中选择"行高"命令，在打开的"行高"对话框中进行设置。

调整列宽：
选择需要调整列宽的列标，单击"开始"选项卡"单元格"组中的"格式"按钮，在弹出的菜单中选择"列宽"命令，在打开的"列宽"对话框中进行设置。

三、使用条件格式

在编辑工作表时，可以设置条件格式，条件格式功能可以根据指定的公式或数值来确定搜索条件，然后将格式应用到符合搜索条件的选定单元格中，并突出显示要检查的动态数据。设置条件格式的单元格必须是只输入了数字，而不能有其他文字，否则是不能被设置成功的。

操作方法：

选择搜索范围单元格区域，单击"开始"选项卡的"样式"组中的"条件格式"按钮，选择"突出显示单元格规则"，在弹出的菜单中选择相应的命令，打开对应的对话框，在文本框中输入相应的数字，在"设置为"下拉列表框中选择相应的格式，单击"确定"，如图 4 – 27 所示。

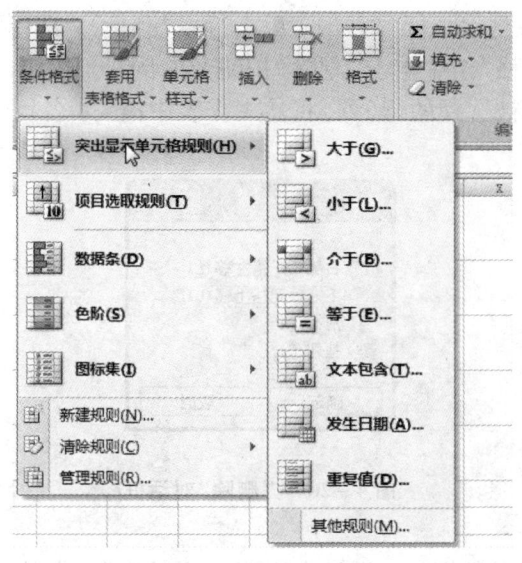

图 4 – 27　条件格式

四、套用单元格样式

样式就是字体、字号和缩进等格式设置特性的组合,将这一组合作为集合加以命名和存储。应用样式时,将同时应用该样式中所有的格式设置指令。

在 Excel 2010 中自带了多种单元格样式,可以对单元格方便地套用这些样式。同样,用户也可以自定义所需的单元格样式。

1. 套用内置单元格样式

选择要设置样式的单元格区域,单击"开始"选项卡"样式"组中的"单元格样式"按钮,在弹出的菜单中选择要套用的单元格样式。

注意:

除了套用内置的单元格样式外,用户还可以创建自定义的单元格样式,并将其应用到指定的单元格或单元格区域中。

2. 删除单元格样式

如果想要删除某个不再需要的单元格样式,可以在单元格样式菜单中右击要删除的单元格样式,在弹出的快捷菜单中选择"删除"命令即可。

五、套用工作表样式

在 Excel 2010 中,除了可以套用单元格样式外,还可以整个套用工作表样式,节省格式化工作表的时间。

选择单元格区域,单击"开始"选项卡"样式"组中的单击"套用表格格式"按钮,在弹出的工作表样式菜单中选择要套用的表格样式,如图 4-28。

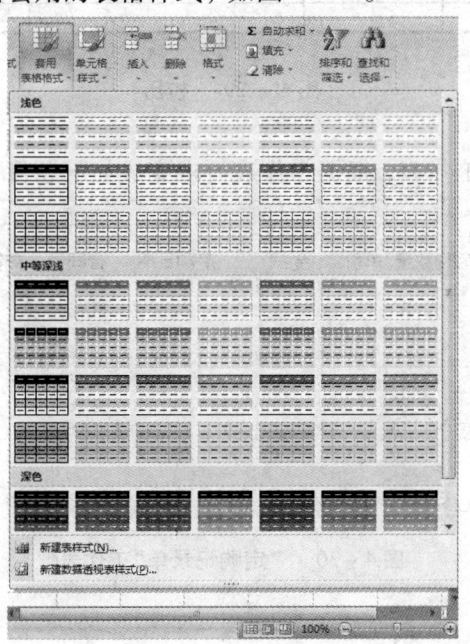

图 4-28 套用表格格式

注意：
删除应用的样式时选择"编辑"组中的"清除"按钮。

◇ 技能实训

1. 制作校历并设置格式，最终效果如图4-29所示。

图4-29 校历

2. 现有"定购记录单"工作表，根据工作表要求完成如下题目，如图4-30、4-31所示。

图4-30 "定购记录单"工作表

	A	B	C	D	E	F	G	H
1				定购记录单				
2	物料名称	定购数量	单价	金额	定购日期	合同号	交货数量	交货情况
3	PD12	30	80	￥2,400.00	2009-3-8	KL16	30	已交
4	MA07D	50	50	￥2,500.00	2009-2-6	KL16	50	已交
5	MTC51	100	30	￥3,000.00	2009-4-7	KL16	50	*待交*
6	DIC64	50	45	￥2,250.00	2009-4-7	KL16	50	已交
7	ATND1A	60	35	￥2,100.00	2009-3-1	KL16	60	已交
8	A515	50	60	￥3,000.00	2009-3-2	KL16	30	*待交*
9	DA50	70	71	￥4,970.00	2009-3-8	KL16	70	已交
10	S012	50	51	￥2,550.00	2009-6-5	KL16	50	已交

图4-31 "定购记录单"任务效果图

（1）将表格内容复制一份到 sheet2。
（2）在 sheet2 为表格 A2:H10 区域自动套用"古典2"格式。
（3）选择 sheet1 工作表，设置表标题字体"黑体，加粗，24"，在表格宽度范围内居中。
（4）设置 A2:H2 单元格区域"楷体，加粗，16号"。
（5）所有列宽设置为最适合的列宽。
（6）设置数据区格式"宋体，14"，金额数据设置为货币格式，保留两位小数，使用千分位分隔符。
（7）表格内所有内容水平、垂直方向都居中。
（8）将定购数量大于50的数据用蓝色、粗体显示，将交货情况为待交的数据用红色、加粗、倾斜表示。
（9）除表格标题外，为表格加上黑粗外框线，黑细内框线。
（10）将 A2:H2 区域设置"6.25，浅绿色底纹"，A3:A10 区域设置成浅黄色底纹。
（11）以原文件名保存工作表到"桌面\姓名"文件夹下。

任务三　　Excel2010 之成绩分析表

■ 技能要点：
会使用 Excel2010 的公式
会使用 Excel2010 的函数
正确引用单元格
能理解和使用单元格的相对引用和绝对引用
会使用选择性粘贴

◇ 任务情景

期末考试结束了，同学们的成绩已经评阅出来（见图4-32），身为班级学习委员的你要协助班主任一块对同学们的成绩作个统计分析（见图4-33）。怎么样？现在开始吧。

学号	姓名	数学	语文	英语	平均成绩	总成绩	名次
009001	李强	98	88	78			
009002	张子乔	97	97	68			
009003	周小琴	83	84	85			
009004	杨文秀	100	95	100			
009005	王永平	55	64	42			
009006	刘民	97	97	68			
009007	宋雪	96	93	87			
009008	冯如燕	60	77	90			
009009	李成功	79	89	98			
009010	王小飞	96	94	86			
009011	刘强	94	85	76			
009012	赵子健	88	76	48			

图 4－32　任务原始图

学号	姓名	数学	语文	英语	平均成绩	总成绩	名次
009001	李强	98	88	78	88.00	352	1
009002	张子乔	97	97	68	87.33	262	6
009003	周小琴	83	84	85	84.00	252	9
009004	杨文秀	100	95	100	98.33	295	2
009005	王永平	55	64	42	53.67	161	12
009006	刘民	97	97	68	87.33	262	6
009007	宋雪	96	93	87	92.00	276	3
009008	冯如燕	60	77	90	75.67	227	10
009009	李成功	79	89	98	88.67	266	5
009010	王小飞	96	94	86	92.00	276	3
009011	刘强	94	85	76	85.00	255	8
009012	赵子健	88	76	48	70.67	212	11

成绩分析	科目	数学	语文	英语
	平均分	86.92	86.58	77.17
	最高分	100	97	100
	最低分	55	64	42

图 4－33　任务效果图

◇ 实施步骤

步骤 1:打开素材。启动 Excel 2010 后，打开素材“学生成绩表. xls”文件。

步骤 2:计算第一个学生的总成绩。选择 G2 单元格，选择“开始”选项卡下“编辑”组中的自动求和工具按钮 Σ ·，(G2 单元格出现函数，同时 C2:F2 被自动选定)，将鼠标指向 C2 单元格，按下鼠标左键向右拖动至 E2 单元格，则重新选择了 C2:E2 单元格区域为计算对象，单击编辑栏左侧的“ ✓ ”，确认输入，则计算结果出现在 G2。

步骤 3:复制求和函数，计算其他学生的总成绩。选择 G2 单元格，将鼠标指向填充柄(该单元格右下角小黑方块)，当鼠标变成“ + ”形状时，按住鼠标左键向下拖动，直至 G13 单元格，释放鼠标，则 G3:G13 单元格区域显示出计算结果。

步骤 4:计算第一个学生的平均成绩。选择 F2 单元格，选择“开始”选项卡下“编辑”组中的自动求和工具按钮 Σ 右侧的下拉箭头,选择下拉列表中的"平均值"命令(则F2单元格出现平均值函数,同时C2:F2单元格区域被自动选定),单击编辑栏左侧的" ✓ ",确认输入,则计算结果出现在F2。

步骤5:复制平均值函数,计算其他学生平均成绩。选择F2单元格,向下拖动其填充柄,至E13单元格,释放鼠标,则F3:F13显示出计算结果。

步骤6:计算第一个学生的排名。选择H2单元格,选择"开始"选项卡下"编辑"组中的自动求和工具按钮 Σ 右侧的下拉按钮,选择"其他函数",在打开的"插入函数"对话框中,单击"或选择类别"右侧的下拉按钮,选择"全部",在正文"选择函数"栏目下,拖动滚动块,选择函数"RANK",单击"确定"。

在"函数参数"下,将插入点定位在"Number"右侧的文本框,到工作表中选取要排序的数据:单击G2单元格,则该单元格引用G2显示在"Number"右侧的文本框。

将插入点定位在"Ref"右侧的文本框,到工作表中选取排序的范围,即G2:G13单元格区域,则该区域引用G2:G13显示在"Number"右侧的文本框。

在"Ref"文本框内选定G2:G13,按键盘上F4键,将相对引用G2:G13切换为绝对引用\$G\$2:\$G\$13。

再将插入点定位在"Order"右侧文本框内,对话框下方对该参数的解释,本操作此处不输入内容。然后单击"确定",则计算结果显示在H2单元格。

步骤7:复制RANK函数。将鼠标指向H2单元格填充柄,向下拖动鼠标至H13释放,则H3:H13单元格区域显示出计算结果。

步骤8:创建新的内容区域。单击A16单元格,输入"成绩分析",依次在B16:B19单元格区域分别输入"科目、平均分、最高分、最低分"文本内容,字形加粗;在B16:E16单元格区域依次输入"数学、语文、英语",字形加粗。

步骤9:绘制边框线。选择B16:E19单元格区域,选择"开始"选项卡下"字体"组中的绘制边框工具按钮 ▦ ,单击该按钮右侧的下拉按钮,在其下拉列表框中选择"所有框线",为B16:E19绘制上边框线。

步骤10:计算成绩分析表中数学成绩平均分。依照步骤4的同样方法,先选定C17单元格,然后自动求和按钮 Σ 右侧的下拉箭头,选择下拉列表中的"平均值"命令(则C17单元格出现平均值函数,同时C2:C16单元格区域被自动选定),现在需要重新选择数据区域:将鼠标指向C2单元格的同时向下拖动鼠标,至C13单元格,释放鼠标,单击编辑栏左侧的" ✓ ",确认输入,则计算结果出现在C17单元格。

步骤11:复制平均值函数,计算其他科目平均分。选定C17单元格,将鼠标指向其填充柄,向右拖动直到E16单元格,释放鼠标,则D17:E17显示出计算结果。

步骤12:平均分成绩保留两位小数。拖动鼠标选定C17:E17单元格区域,单击"开始"选项卡下"数字"组中的数字格式工具按钮 常规 下拉列表中的"数字"。

步骤13:计算成绩分析表中数学成绩的最高分。选定C18单元格,然后选择"开始"选项卡下"编辑"组中的自动求和工具按钮 Σ 右侧的下拉箭头,选择下拉列表中的"最大值"命令(则C17单元格出现最大值函数,同时C17单元格被自动选定),现在需要重新选择数据区域:将鼠标指向C2单元格的同时向下拖动鼠标,至C13单元格,释放鼠标,单击编辑栏左侧的"✓",确认输入,则计算结果出现在 C18 单元格。

步骤 14:复制最大值函数,计算其他科目最高分。单击选定 C18 单元格,拖动其填充柄至 E18,释放鼠标,则 D18:E18 单元格区域值显示计算结果。

步骤 15:计算成绩分析表中数学的最低分。依照步骤 10 的方法,可在自动求和按钮 Σ 右侧的下拉箭头,选择下拉列表中的"最小值"命令,从而计算出 C19 单元格数据。

步骤 16:复制最小值函数,计算其他科目的最小分数。选择 C19 单元格,拖动其填充柄至 E19 单元格,释放鼠标,则 D19:E19 单元格区域将显示出计算结果。

步骤 17:将工作表中不及格的分数用红色加粗标识。选择 C2:G13 单元格区域,单击"开始"选项卡"样式"组中的"条件格式"下方的倒三角按钮,选择"突出显示单元格规则/小于",弹出"小于"对话框,在对话框左侧的"文本框"输入 60,然后单击对话框右边侧"设置为"文本框右侧的下拉按钮,选择"自定义格式",在弹出的"设置单元格格式"对话框中设置字形"加粗",颜色"红色",单击"确定"。

步骤 18:保存文件。选择"文件"按钮,在下拉菜单中选择"另存为",将工作簿以"学生成绩分析表"为名字保存到桌面。

◇ 相关知识

Excel 提供各种统计计算功能,具有强大的计算能力。用户可根据系统提供的运算符和函数构造计算公式,或利用系统提供的丰富的函数进行各种复杂计算。

一、引用单元格

在使用公式(或函数)时,需要对单元格地址进行引用。引用的作用在于标识某个单元格或单元格区域,并指明公式中所使用的数据地址。引用单元格分为:相对引用、绝对引用和混合引用 3 种。

在编辑栏中选择公式或函数中的参数后,利用 F4 键可以进行相对引用与绝对引用的切换。按一次 F4 键转换成绝对引用,连续按两次 F4 键转换为不同的混合引用,再按一次 F4 键可还原为相对引用。

默认情况下,表格公式中的单元格使用相对引用。

1. 相对引用

相对引用是相对于公式(或函数)的单元格位于某一位置处的单元格引用。当公式(或函数)所在的单元格位置改变时,其引用的单元格地址也随之改变。当复制相对引用单元格的公式时,被粘贴公式(或函数)中的引用将自动更新,并指向与当前公式(或函数)位置相对应的单元格。

例如:本任务案例中,使用拖动法将 G2 单元格中的函数复制到单元格 G3 中后,则 G3 单元格中 SUM 函数的参数自动改变为"C3:E3"。

2. 绝对引用

如果不希望在复制单元格的公式(或函数)时,引用的单元格地址发生改变,则应使用绝对引用。绝对引用是指把公式(或函数)复制或填入到新位置后,公式(或函数)中的单元格地址保持不变。在引用单元格的列标和行号之前分别加入符号"$"便为绝对引用。

例如:图 4-32 所示的表格中,G2 单元格包含函数"=SUM(C2:E2)",如果更改为"=SUM($C$2:$E$2)"这就是绝对引用,更改为绝对引用再向下拖动填充柄复制函数,则下面单元格计算结果不正确。

3. 混合引用

混合引用是指在引用一个单元格的地址中,既有绝对单元格地址,又有相对单元格地址。

如果公式(或函数)所在单元格的位置改变,则相对引用的单元格地址改变,而绝对引用的单元格地址不变。

例如:图 4-32 中,G2 单元格引用的函数若更改成"=SUM($C2:$E2)",或者"=SUM(C$2:E$2)",则均为混合引用,试着更改后重新拖动填充柄复制函数,观察效果。

二、使用公式

1. 公式的形式

输入的公式形式为:=<表达式>

其中的表达式由运算符、常量、单元格地址、函数及括号等组成(不能包括空格),用运算符将常量、单元格地址、函数及括号等连接起来就组成了表达式。

表达式可以是算术表达式、关系表达式和字符串表达式。

2. 运算符

(1)运算符类型

运算符的类型有:算术运算符、比较运算符、文本运算符和引用运算符。

①算术运算符:+、-、*、/、%、^。用于完成基本的数学运算,返回值为数值。例如,在单元格中输入"=4+5"后回车,结果为 9。

②比较运算符:=、>、<、>=、<=、<>。用于实现两个值的比较,结果是一个辑值:True 或 False。例如:在单元格中输入"=1<3",结果为 True。

③文本运算符:&。用来连接一个或多个文本数据以产生组合的文本。例如:在单元格中输入"="计算机"&"应用""(注意:输入的文本需加英文半角状态下的双引号)后回车,单元格将显示"计算机应用"文本。

④单元格引用运算符::(冒号)。用于合并多个单元格区域,例如 B2:E2 表示引用 B2 到 E2 之间的所有单元格。

(2)运算符优先级

运算符的优先级从高到低依次为:(冒号)→%(百分比)→^(乘幂)→*/(除)→+(加)→&(连接符)→=<><=>=<>(比较运算符)公式中的运算符,按照优先级从高到低的顺序进行计算优先级相同的运算符,则按照从左到右的顺序进行计算。

3. 公式的输入

选定要放置计算结果的单元格后,可以在该单元格或者在编辑栏输入公式。公式中引用的单元格地址一般通过直接单击工作表中的单元格获取,也可通过键盘自行输入,输入后的公式可进行编辑修改。

公式输入确认无误后,单击编辑栏中的输入按钮 ✓ 或者按回车键,系统就将计算的结果显示在对应单元格内。

若单击取消按钮 × 或者按键盘上的 ESC 键,则刚才编辑的公式取消。

注意:运算符必须是英文半角状态下输入。

4. 公式的修改

在单元格中输入公式后，如果发现输入有误，可以修改该公式。修改公式的方法与修改单元格中数据的方法类似。可以在单元格中进行，也可以在编辑栏中进行。

操作步骤

（1）单击需要修改的单元格；

（2）单击编辑栏，将鼠标定位到需要修改的单元格地址处，按住鼠标左键拖动将其选择；

（3）在工作表中选择正确的用于计算的单元格；

（4）单击编辑栏中的"输入"按钮 即可完成修改公式的操作并计算出正确结果。

二、使用填充法快速复制公式

当需要在工作表的同列单元格中输入类似的公式时，如果采用逐个输入公式的方法，则输入的速度非常慢，而使用填充法复制公式就会节约很多时间。

操作步骤

1. 选择有公式的单元格；

2. 将鼠标指针移到该单元格右下角的的小黑方块处，当鼠标提针变为"＋"形状时，按住鼠标左键不放向下拖动直到要计算的最后一个单元格，释放鼠标。

三、自动计算

Excel 中对于常见的计算，如求和、平均值、统计个数、求最大值和最小值等，可以利用"开始"选项卡"编辑"组中的"求和" Σ 按钮，无须公式即可实现快速自动计算，下面以求和为例说明。

操作方法

1. 选择要存放计算结果的单元格；

2. 单击"开始"选项卡编辑组中的"求和"按钮 Σ ，系统自动选择第"1"步中所选择单元格上方或侧面所有包含数据的单元格，并在第"1"步所选择的单元格中显示引用范围与计算公式；

3. 单击编辑栏中的"输入"按钮 ，求和结果便自动显示出来；说明单击"开始"选项卡"编辑"组中的"求和"按钮 Σ 后，系统自动选择该列中有数值的单元格，用户也可直接选择自己要求和的单元格区域，选择的单元格区域出现闪烁的边框，然后单击编辑栏中的"输入"按钮，即可计算出所选单元格区域的数值之和。

四、使用函数

函数是 Excel 中预定义的公式，它通过使用一些成为参数的特定数值并按特定的顺序或结构执行运算。Excel 2010 中包括 7 种类型的上百个具体函数，每个函数的应用各不相同，利用函数可方便地执行复杂的计算，从而提高工作效率。

1. 函数格式

函数一般由函数名和参数组成，形式为：函数名(参数表)。

其中，函数名由 Excel 提供，参数可以是常数、单元格地址、单元格区域、单元格区域名称或函数等，参数表由用逗号分隔的参数 1、参数 2、…、参数 N(N≤30)构成。

2. 使用函数

单击编辑栏中的"插入函数"按钮，通过打开"插入函数"对话框，如图4－34选择相应的函数类别和函数进行工作表数据的计算。

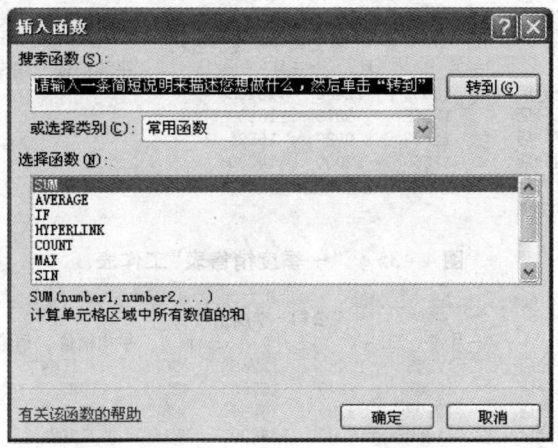

图4－34　"插入函数"对话框

操作方法

（1）选定在存放计算结果的单元格；

（2）单击工作栏中的"粘贴函数"按钮打开"插入函数"对话框；

（3）在"选择函数"列表中选择需要的函数，单击确定；

（4）在先打开的"函数参数"对话框中"Number"文本框中显示的是默认引用的单元格区域，如果不需修改，直接单击确定，如需修改，单击其右侧的，到工作表中重新选择需要引用的单元格设置参数即可；

（5）单击确定。

3. 关于错误信息

在单元格中输入或编辑公式后，有时会出现诸如####！或#VALUE！的错误信息，错误信息一般以"#"符号开头。出现错误值一般有几个几种原因，见表4－1：

表4－1　　　　　　　　　　　错误信息和出错原因

错误值	错误值出现原因	举例说明
######	宽度不够，加宽即可	
#VALUE	使用的参数或操作的数据类型不对	＝"A"＋1
#DIV/0！	被除数为0	＝5/0
#NAME？	公式中使用了Excel不能识别的文本	＝SAM(B3:G3)
#REF！	单元格引用无效	引用的单元格已被删除
#N/A	在函数或公式中没有可用数值	＝RANK(E2,＄E＄2:＄E＄96)，E2为空
#NULL！	试图为两个不相交的区域指定交叉点	＝SUM(B1:B3 D1:D3)
#NUM！	公式或函数中某个数值有问题	＝SQRT(－6)

◇ 技能实训

1. 现有"一季度销售表"工作表如图4-35，按要求对工作表数据计算，操作结果如效果图（图4-36）。

	A	B	C	D	E	F	G
1	某公司一季度销售表						
2		一月	二月	三月	总计	平均销量	销量排名
3	一分店	12365	12458	18265			
4	二分店	18265	9876	15230			
5	三分店	12698	9989	15896			
6	四分店	11360	12000	14800			
7	最大值						
8	最小值						

图4-35 "一季度销售表"工作表

	A	B	C	D	E	F	G
1	某公司一季度销售表						
2		一月	二月	三月	总计	平均销量	销量排名
3	一分店	12365	12458	18265	43088	21544	2
4	二分店	18265	9876	15230	43371	21685.5	1
5	三分店	12698	9989	15896	38583	19291.5	3
6	四分店	11360	12000	14800	38160	19080	4
7	最大值	18265	12458	18265	43371		
8	最小值	11360	9876	14800	38160		

图4-36 "一季度销售表"任务效果图

（1）用两种方法分别求出表中对应的"总计"、"平均值"（公式法、函数法）。
（2）用函数求出分店每月销售的最大值和最小值。
（3）用函数对各分店进行销售排名。
（4）操作完成后将工作簿以原文件名保存到"D:\姓名"文件。

2. 现有"学期成绩表"如图4-37，按要求对工作表数据计算，操作结果如效果图（图4-38）。

	A	B	C	D	E	F	G	H	I	J	K
1	学号	姓名	班级	测验1	测验2	测验3	平时成绩	期中成绩	期末成绩	学期成绩	名次
2	008001	王小飞	一班	92	90	90		95	92		
3	008002	李明真	二班	85	79	79		77	84		
4	008003	张爱爱	二班	73	76	76		75	80		
5	008004	刘民	一班	95	89	89		86	90		
6	008006	赵瑞思	二班	75	84	84		75	68		
7	008007	孟刚	一班	87	90	90		83	85		
8	008008	陈然	二班	83	87	87		81	92		
9	008009	李佳	一班	86	89	91		92	89		
10	008010	肖明	一班	80	91	86		91	93		

图4-37 "学期成绩表"

	A	B	C	D	E	F	G	H	I	J	K
1	学号	姓名	班级	测验1	测验2	测验3	平时成绩	期中成绩	期末成绩	学期成绩	名次
2	008001	王小飞	一班	92	90	90	272	95	92	73.8	1
3	008010	肖明	一班	80	91	86	257	91	93	71.8	2
4	008009	李佳	一班	86	89	91	266	92	89	71.7	3
5	008004	刘民	一班	95	89	89	273	86	90	71.5	4
6	008008	陈然	二班	83	87	87	257	81	92	69.5	5
7	008007	孟刚	一班	87	90	90	267	83	85	68.8	6
8	008002	李明真	二班	85	79	79	243	77	84	64.9	7
9	008003	张爱爱	二班	73	76	76	225	75	80	61.5	8
10	008006	赵瑞思	二班	75	84	84	243	75	68	59.7	9
11											
12		一班人数	5								
13		二班人数	5								

图4-38 "学期成绩表"任务效果图

(1) 计算平时成绩，平时成绩等于三次测验之和。

(2) 计算学期成绩，学期成绩 = 平时成绩 * 10% + 期中成绩 * 20% + 期末成绩 * 70%，并保留一位小数。

(3) 对学生成绩进行降序排序。

(4) 填充名次列。

(5) 分别统计一班和二班的人数，将结果分别放在 C12 和 C13 单元格内。

(6) 操作完成后，以原文件名保存到"桌面\姓名"文件夹下。

任务四　Excel2010 之考试皇帝的诞生

■ 技能要点：

能创建和编辑数据清单

能对 Excel2010 数据排序

能对 Excel2010 数据筛选

能对 Excel2010 数据分类汇总

◇ **任务情景**

学习委员是老师的左膀右臂，尤其刚考完试的这段时间，学习委员还真是大忙人呢！瞧，班主任老师又在召唤你呢，什么事情哈，一起去看看吧（见图 4-39、4-40、4-41）。

	A	B	C	D	E	F	G
1			选修课成绩单				
2	系别	学号	姓名	性别	美学	心理学	茶艺
3	计算机	009003	刘凯	男	83	88	92
4	电气	009112	赵平平	女	79	87	90
5	机械	009203	高博	男	93	91	95
6	计算机	009325	张雨	女	90	92	89
7	电气	009120	李振	男	84	82	91
8	计算机	009008	王红	女	92	93	94
9	机械	009217	陈松	男	79	89	90
10	电气	009330	王艳艳	女	88	94	93
11	计算机	009010	李浩	男	71	84	88
12	机械	009219	杨海涛	男	66	82	86

图 4-39　任务原始图

	A	B	C	D	E	F
1		系别	姓名	性别	美学	
2	美学前五名	机械	高博	男	93	
3		计算机	王红	女	92	
4		计算机	张雨	女	90	
5		电气	王艳艳	女	88	
6		电气	李振	男	84	
7						
8	**各系部平均成绩：**					
9						
10		**美学**	**心理学**	**茶艺**		
11	**电气**	83.67	87.67	91.33		
12	**机械**	79.33	87.33	90.33		
13	**计算机**	84.00	89.25	90.75		
14						

成绩表 | 成绩分析表 | 计算机系

图 4 – 40　任务效果图 – 1

	A	B	C	D	E	F	G
1	选修课成绩单						
2	系别	学号	姓名	性别	美学	心理学	茶艺
3	计算机	009008	王红	女	92	93	94
4	计算机	009325	张雨	女	90	92	89
5	计算机	009003	刘凯	男	83	88	92
6	计算机	009010	李浩	男	71	84	88
7							
8							
9							

成绩表 | 成绩分析表 | 计算机系

图 4 – 41　任务效果图 – 2

◇ 实施步骤

步骤 1. 启动 Excel 2010 后，打开“选修课成绩表”。

步骤 2. 重新命名工作表。将鼠标指向 Sheet1 工作表标签，右击鼠标，选择“重命名”，工作表标签呈黑底显示，输入新的名字“成绩表”，按回车键确认。用同样方法将 Sheet2 工作表重命名为“成绩分析表”，Sheet3 工作表更名为“计算机系”。

步骤 3. 建立“成绩分析表”。单击“成绩分析表”标签，选择 A2:A6，单击“开始”选项卡“对齐方式”组中的“合并后居中”工具按钮，然后在合并后的单元格内输入“美学前五名”，再在 B1、C1、D1、E1 单元格依次输入“系别”、“姓名”、“性别”、“美学”；A8 单元格，输入“各系部平均成绩”；在 B10、C10、D10 单元格内依次输入“美学”、“心理学”、“茶艺”；在 A11、A12、A13 单元格依次输入“电气”、“机械”、“计算机”。然后将以上输入的单元格内容设置加粗，字号 12。

步骤 4：找出美学成绩前五名的记录（若美学成绩相同，则按心理学成绩降序排列）。选择工作表“成绩表”，选择数据清单中任一单元格，单击“数据”选项卡“排序和筛选”组中的“排序”工具按钮，打开“排序”对话框，单击“主要关键字”右侧的下拉按钮，选择“美学”，对话框右侧的“次序”组中选择“降序”；然后单击“排序”对话框上方的“添加条件”按钮，窗口中添加一行“次要关键字”选项：单击“次要关键字”右侧的下拉按钮，选择“心理学",右边的"次序"项选择"降序"单击"确定",完成排序。

步骤5:选择美学前五个记录的系别、姓名、性别、美学相关数据。拖动鼠标选择A3:A7单元格区域,然后左手按住"Ctrl"键,再去选择"C3:E7"单元格区域,松开"Ctrl";在刚才的选择区域内右击鼠标,选择"复制"命令。

步骤6:复制相关数据到"成绩分析表"。选择"成绩分析表",选定B2单元格,右击鼠标,选择"粘贴"命令。

步骤7:筛选出计算机系学生的选修成绩单。选择"成绩表",选择数据清单中任一单元格,单击"数据"选项卡下"排序和筛选"组中的"筛选"工具按钮 ,单击"系别"右侧的下拉按钮,在下拉列表中下方去掉"全选"左侧的勾选符号,只勾选下方的"计算机"复选框。

步骤8:复制相关数据到工作表"计算机系"。将"成绩表"中的筛选结果全部选中,即选择A1:G6,右击鼠标,选择"复制"命令;然后选择"计算机系"工作表标签,单击"计算机系"工作表中的A1单元格,右击鼠标,选择"粘贴"命令。

步骤9:取消筛选。选择工作表"成绩表"标签,切换回"成绩表"中,按键盘上"ESC"键,取消当前闪烁线,然后再次单击"排序和筛选"组中的"筛选"工具,从而取消筛选。

步骤10:统计各系部选修课的平均成绩。在"成绩表"中,选择数据清单"系别"列下的任一单元格,单击"排序和筛选"组左上角的的"升序"工具按钮 ,对"系别"排序,即按系别分类;然后选择"数据"选项卡下"分级显示"组中的"分类汇总"工具按钮,打开"分类汇总"对话框,"分类字段"已自动选择为"系别",需要选择"汇总方式"为"平均值","选定汇总项"下拉列表中,勾选上"美学"、"心理学"、"茶艺",单击"确定"。

步骤11:设置汇总结果数据保留两位小数。此时工作表中显示分类汇总结果,选择E6:G6单元格区域,然后左手按住"Ctrl"键,再去选择E10:G10,E15:G15单元格区域,松开"Ctrl"键,则三处不连续的单元格区域被同时选定。单击"开始"选项卡下"数字"组中"数字格式"工具右侧的下拉按钮,选择"数字",则选中的数据均以保留两位小数格式显示。

步骤12:复制汇总数据到"成绩分析表"。同时选中E6:G6,E10:G10,E15:G15单元格区域,在选定区域内右击鼠标,选择"复制",然后切换到工作表"成绩分析表"中,选择B11单元格,右击鼠标,选择"粘贴"命令。

步骤13:删除分类汇总。切换到工作表"成绩表"中,选择"数据"选项卡"分级显示"组中的"分类汇总"工具,打开"分类汇总"对话框,单击对话框左下角的"全部删除"按钮,单击"确定"。

步骤14:保存文件。将工作簿文件以"选修课成绩统计"保存到桌面。

◇ 相关知识

Excel 2010与其他的数据管理软件一样,拥有强大的排序、检索和汇总等数据管理方面的功能。Excel 2010不仅能够通过记录单来增加、删除和移动数据,而且能够对数据清单进行排序、筛选、汇总等操作。

一、数据清单

1. 数据清单

所谓数据清单,就是包含有关数据的一系列工作表数据行。它具备数据库的多种管理功能,是Excel常用的工具。在对数据清单进行管理时,一般把数据清单看作是一个数据库。

数据清单的第一行为字段名称,称为标题行。其中每一列均为字段,列标题相当于数据库中的字段名。每一行均为记录,行标题相当于记录名。

数据清单至少有一行文字作为标题行,在标题行下是连续的表格数据区。这是数据清单与普通表格的不同之处。使用数据清单,可以方便地实现数据添加、删除、排序、筛选、分类汇总以及一些分析操作。

2. 建立数据清单规则

为了能够发挥数据清单分析和管理数据的强大功能,在建立数据清单时注意以下几点:

(1)数据清单至少要有一行文字作为区分数据类型的标志,标志之下是连续的表格数据区。

(2)清单中同一列各个单元格内容的性质都相同,是文本均为文本格式,是数值则均为数值格式。

(3)Excel 通过空白行与列将数据清单与工作表中其他部分区分开来。当选定此范围内任意单元格时,Excel 自动为清单定义范围。

(4)尽管 Excel 允许在一张工作表中建立多个数据清单,但为了清晰明了,最好在一张工作表中仅建立一个数据清单。

(5)在单元格的开始处不要插入多余的空格。

二、数据排序

数据排序是指按一定规则对数据进行整理、排列,这样可以为数据的进一步处理作好准备。Excel 2010 提供了多种方法对数据清单进行排序,可以按升序、降序的方式,也可以由用户自定义排序,排序依据的字段称为关键字。

在进行升序排列时,当需要排序的对象是数字时就从最小的负数到最大的正数进行排序;若是字母则按 A ~ Z 的顺序进行排序;若为逻辑值则 FLASE 排在 TRUE 之前;若是空格则排在最后,降序排序的结果与升序排序的结果相反。

1. 按单个条件进行排序

如果需要将数据按某一字段进行排序,此时可以使用按单个条件进行排序的方法。

操作步骤

(1)选择单元格区域。

(2)选择"数据"选项卡,单击"排序和筛选"组中的"排序"按钮,打开"排序"对话框,如图 4 - 42 所示。

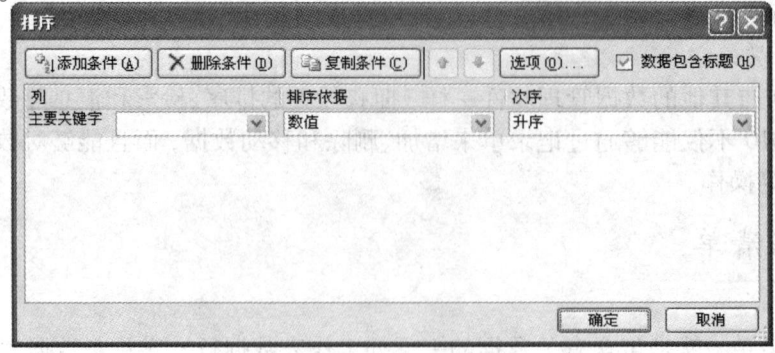

图 4 - 42 "排序"对话框

(3)在打开的"排序"对话框中,在"列"栏下的"主要关键字"下拉列表框中选择需要排序的列,在"排序依据"下拉列表框中选择对应选项,在"次序"下拉列表框中选择恰当项。

(4)单击"确定"按钮。

注意:

如果创建的表格中没有表头,则在"排序"对话框的"主要关键字"下拉列表框中将显示"列 A"、"列 B"和"列 C"等选项,此时只需选择其中某个选项即可进行该列的排序。

2. 按多个条件排序

按单个条件排序时,如果出现关键字值相同的情况,此时可以再按其他条件进行排序,即按多个条件排序。

Excel 2010 可以添加多个条件进行排序。

操作步骤

(1)选择单元格区域。

(2)选择"数据"选项卡,单击"排序和筛选"组中的"排序"按钮。

(3)在打开的"排序"对话框中,在"列"栏下先对"主要关键字"设置,然后单击"添加条件"按钮,进行相应设置。

(4)单击"确定"按钮。

注意:

如果"主要关键字"和"次要关键字"两项都相同时,可以再以"第三关键字"进行排序。

3. 自定义排序

在某些情况下,已有的规则是不能满足用户要求时,可以用自定义排序规则来解决。用户除了可以使用 Excel 2010 内置的自定义序列进行排序外,还可根据需要创建自定义序列,并按创建的自定义序列进行排序。

操作步骤

(1)打开工作表,选择"数据"选项卡,单击"排序和筛选"组中的"排序"按钮。

(2)在打开的"排序"对话框中,单击其中的"选项"按钮,打开"排序选项"对话框,在"方向"栏和"方法"栏中进行相应选择,单击"确定",如图 4-43 所示。

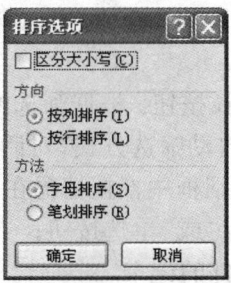

图 4-43 排序选项

(3)返回到"排序"对话框,在"列"栏下选择主要关键字,在"排序依据"下拉列表框中根据情况选择恰当选项,在"次序"下拉列表框中选择"自定义序列"选项,打开"自定义序列"对话框。

(4)在打开的自定义序列对话框中,在"输入序列"文本框中按顺序输入需要定义的数据，每个数据之间用"、"分隔，单击"添加"按钮，将输入的序列添加到自定义序列列表框中，单击"确定"返回"排序"对话框。

（5）在"排序"对话框中单击"确定"按钮完成排序。

4．取消排序

若希望将已经过多次排序的数据清单恢复到未排序前的状态，可事先在数据清单中增加一个名字"记录号"的字段，并依次输入记录号1，2，3，…，然后按"记录号"升序排序，即可恢复到原来状态。

三、数据的筛选

Excel提供了数据筛选功能，通过该功能可以选择性地在大型数据库中只显示满足某一个或某几个条件的记录。经过筛选后的数据清单只显示包含指定条件的数据行，以供用户浏览、分析。

筛选有3种方式：自动筛选、自定义筛选和高级筛选，下面分别介绍。

1．自动筛选

如果想在工作表中只显示满足给定条件的数值，可以使用Excel 2010自带的筛选条件来快速完成对数据清单的筛选操作，即自动筛选功能。

使用自动筛选功能筛选记录时，字段名称将变成一个下拉列表框的框名。

操作步骤

（1）选择表头所在的单元格区域，选择"数据"选项卡，单击"排序和筛选"组中的"筛选"按钮，在工作表表头各字段右侧均出现下拉按钮；

（2）单击所要筛选字段右侧的下拉按钮，在弹出的下拉列表中选择相应的命令；

（3）此时数据清单只显示指定条件的记录。

2．自定义筛选

当需要设置更多条件进行筛选时，可以通过"自定义自动筛选方式"对话框进行设置，从而得到更为准确的筛选结果。

操作步骤

（1）选择表头所在的单元格区域，选择"数据"选项卡，单击"排序和筛选"组中的"筛选"按钮；

（2）单击所要筛选字段右侧的下拉按钮，根据筛选的条件要求在弹出的下拉列表中选择第二组中的相应命令，打开"自定义自动筛选方式"对话框；

（3）在"自定义自动筛选方式"对话框中根据情况在其右侧的文本框中输入数值，并根据筛选条件要求选择"与"单选按钮或者"或"单选按钮；

（4）此时数据清单显示出满足条件的记录。

3．高级筛选

高级筛选是通过已经设置好的条件来对工作表中的数据进行筛选。

使用高级筛选，必须先建立条件区域。就是在工作表中无数据的地方指定一个区域用于存放的筛选条件，这个区域是条件区域。条件区域的第一行是所有作为筛选条件的字段名，这些字段名与数据清单中的字段名必须完全一样。

例如：本任务案例"选修课成绩表"，如果想要显示出美学成绩大于90并且心理学成绩也大于 90 的所有学生的记录，则可以使用高级筛选。

操作步骤

（1）打开"选修课成绩表"工作簿，在空白单元格中建立条件区域，并输入筛选条件，如图 4-44 所示。

	A	B	C	D	E	F	G
1			选修课成绩单				
2	系别	学号	姓名	性别	美学	心理学	茶艺
3	电气	009330	王艳艳	女	88	94	93
4	电气	009120	李振	男	84	82	91
5	电气	009112	赵平平	女	79	87	90
6	机械	009203	高博	男	93	91	95
7	机械	009217	陈松	男	79	89	90
8	机械	009219	杨海涛	男	66	82	86
9	计算机	009008	王红	女	92	93	94
10	计算机	009325	张雨	女	90	92	89
11	计算机	009003	刘凯	男	83	88	92
12	计算机	009010	李浩	男	71	84	88
13							
14		美学	心理学				
15		>90	>90				

图 4-44　建立条件区域

（2）选择"数据"选项卡，单击"排序和筛选"组中的"高级"按钮。

（3）在打开的"高级筛选"对话框中，在"方式"栏下选中"在原有区域显示筛选"单选按钮""，在"列表区域"文本框中默认选择区域 A2：G12，单击"条件区域"文本框，到工作表中选择条件区域，则条件区域所在的单元格区域地址显示在此处文本框中，如图 4-45 所示。

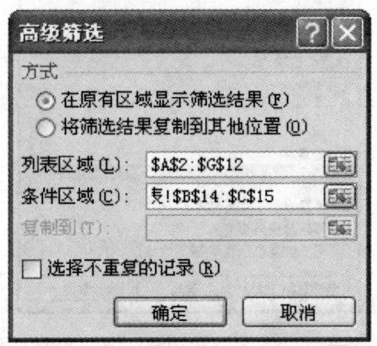

图 4-45　"高级筛选"对话框

（4）单击"确定"。

（5）此时工作表中显示出满足条件的学生记录。

4. 取消筛选

如果想要退出工作表的筛选状态，即在数据清单中只显示符合条件的记录的情况下，想恢复原数据清单显示状态，只需再次单击"筛选"按钮即可。

四、数据的分类汇总

分类汇总是对数据库中指定的字段进行分类,然后统计同一类记录的有关信息。统计的内容可以由用户指定,也可以统计同一类记录的记录条数,还可以对某些数值段求和、求平均值、求极值等。

1. 创建分类汇总

在创建分类汇总之前,用户必须先根据需要进行分类汇总的数据列对数据清单排序,即将同类的数据排列在一起。

操作步骤

(1)打开工作簿,选择分类字段所在的列,选择"数据"选项卡,在"排序和筛选"组中单击"排序"按钮;

(2)在"排序"对话框中,以分类的字段为"主要关键字"进行排序,次序选择"升序"或"降序"均可;

(3)此时排序完成;

(4)选择"数据"选项卡,单击"分级显示"组中的"分类汇总"按钮,打开"分类汇总"对话框,见图 4-46。根据实际情况在"分类字段"下拉列表框中选择相应字段名称,在"汇总方式"中根据实际情况选择汇总结果的计算方式,根据实际情况在"选定汇总项"列表框中勾选相应字段名,单击"确定"按钮;

(5)此时工作表显示分类汇总数据。

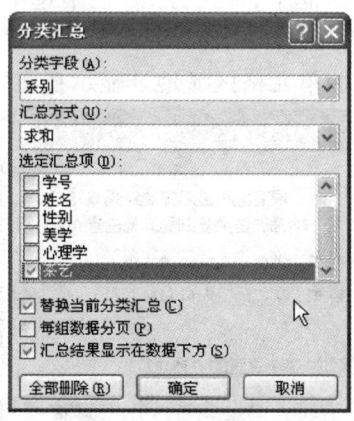

图 4-46 "分类汇总"对话框

2. 显示或隐藏分类汇总

为了方便查看数据,可将分类汇总后暂时不需要使用的数据隐藏起来,减少界面的占用空间。

当需要查看隐藏的数据时,可再将其显示。

操作方法

在显示分类汇总数据的工作表中,单击每一组汇总结果左侧的"折叠"按钮,则每一组汇总的详细数据将被隐藏,只显示其汇总结果。同时,"折叠"按钮变成"展开"按钮。

单击各组汇总结果左侧的"折叠"按钮,则可显示所隐藏的详细数据。

3. 删除分类汇总

查看完分类汇总的数据后，有时需要删除分类汇总，使表格还原至以前的状态。

操作方法

选择"数据"选项卡，在"分级显示"组中单击"分类汇总"按钮，在打开的"分类汇总"对话框中单击"全部删除"按钮，则工作表还原至原来的状态。

◇ **技能实训**

1. 现有"销售记录单"工作表（见图4－47），按题目要求对工作表操作，操作后效果见图4－48：

	A	B	C	D	E
1			商品销售记录单		
2	分店	商品名称	单价	数量	销售额
3	红星店	电饭锅	135.00	31	4185.00
4	双龙店	高压锅	65.00	22	1430.00
5	双龙店	热水瓶	32.00	32	1024.00
6	红星店	热水瓶	36.00	12	432.00
7	双龙店	电饭锅	158.00	25	3950.00
8	红星店	高压锅	48.00	32	1536.00
9	红星店	热水瓶	35.00	26	910.00
10	双龙店	高压锅	58.00	43	2494.00
11	红星店	电饭锅	138.00	15	2070.00
12	双龙店	高压锅	75.00	55	4125.00

图4－47　"销售记录单"工作表

	A	B	C	D	E	F
1			红星店电饭锅销售情况			
2	分店	商品名称	单价	数量	销售额	
3	红星店	电饭锅	135.00	31	4185.00	
4	红星店	电饭锅	138.00	15	2070.00	
5						
6						
7			商品名称▼			
8	分店▼	数据 ▼	电饭锅	高压锅	热水瓶	总计
9	红星店	求和项:数量	46	32	38	116
10		求和项:销售额	6255	1536	1342	9133
11	双龙店	求和项:数量	25	120	32	177
12		求和项:销售额	3950	8049	1024	13023
13	求和项:数量汇总		71	152	70	293
14	求和项:销售额汇总		10205	9585	2366	22156
15						

图4－48　"销售记录单"任务效果图

（1）计算销售额（＝单价＊数量）。

（2）将sheet1工作表更名为"销售记录"，sheet2工作表更名为"销售分析"，并在"销售分析"工作表中 A1 单元格输入:红星店电饭锅销售情况。

(3)筛选出红星店电饭锅的销售情况,交将结果复制到"销售分析"工作表中 A2 开始的单元格区域。

(4)建立数据透视表:显示各分店各种商品的销量和以及各种商品的销售额的和,并放置在"销售分析"工作表中 A7 开始的单元格区域。

(5)操作完成将文件以原文件名保存到"D:\桌面\姓名"文件夹下。

2.现有"学生成绩表"工作表见图 4-49,根据题目要求对工作表操作,操作后效果如图 4-50:

	A	B	C	D	E	F	G	H	I
1	学生成绩表								
2	序号	学号	姓名	性别	班级	数学	外语	政治	信息技术
3	1	008001	王小飞	男	一班	55	75	63	83
4	2	008002	李明真	女	二班	92	91	86	95
5	3	008003	张爱爱	女	二班	66	92	91	90
6	4	008004	刘民	男	一班	84	82	87	91
7	6	008006	赵瑞思	女	二班	81	89	89	90
8	7	008007	孟刚	男	一班	81	88	89	90
9	8	008008	陈然	女	二班	65	78	85	88
10	9	008009	李佳	女	一班	76	69	82	91
11	10	008010	肖明	男	一班	91	90	92	93

图 4-49 "学生成绩表"工作表

	A	B	C	D	E	F	G
1	数学成绩前三名:						
2	学号	姓名	性别	班级	数学		
3	008002	李明真	女	二班	92		
4	008010	肖明	男	一班	91		
5	008004	刘民	男	一班	84		
6	数学90以上或60以下的学生:						
7	学号	姓名	性别	班级	数学	外语	政治
8	008001	王小飞	男	一班	55	75	63
9	008002	李明真	女	二班	92	91	86
10	008010	肖明	男	一班	91	90	92
11	一、二班信息技术的平均成绩						
12	班级	外语	信息技术				
17	二班 平均值	87.5	90.8				
23	一班 平均值	80.8	89.6				
24	总计平均值	83.8	90.1				

图 4-50 "学生工作表"任务效果图

(1)将 sheet2 工作表重新命名为"成绩分析"。

(2)将数学成绩前三的学生学号、姓名、性别、数学数据信息复制到"成绩分析"工作表中 A2 开始的单元格区域。

(3)把数学 90 以上,或 60 分以下的学生相关信息复制到"成绩分析"工作表。

(4)求出一、二班两个班级各自的信息技术课的平均成绩,并将结果放置在"成绩分析"工作表中 A12 开始的单元格区域。

任务五　Excel2010 之图形化数据

■ 技能要点：

能创建图表

能编辑和修饰图表

◇ 任务情景

简单的几个数字，往往给人抽象的概念，尤其是在对数字进行比较的时候，让我们一起来看看五颜六色的图表究竟能带来怎样的效果呢(见图 4－51、4－52、4－53)？

	A	B	C	D	E
1	公司利润表				
2	年度	收入总额	利润总额	收入增长	利润增长
3	96	1000	300		
4	97	1100	350	10.0%	16.7%
5	98	1230	400	11.8%	14.3%
6	99	1300	440	5.7%	10.0%
7	00	1500	520	15.4%	18.2%
8	01	1700	600	13.3%	15.4%
9	02	2000	720	17.6%	20.0%
10	03	2300	820	15.0%	13.9%
11	04	2700	1000	17.4%	22.0%
12	05	3200	1300	18.5%	30.0%
13					

Sheet1　Sheet2　Sheet3

图 4－51　任务原始图

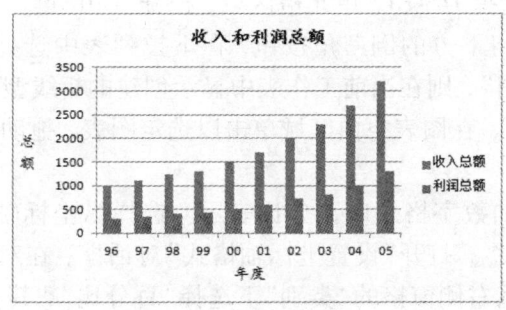

图 4－52　任务效果图－1

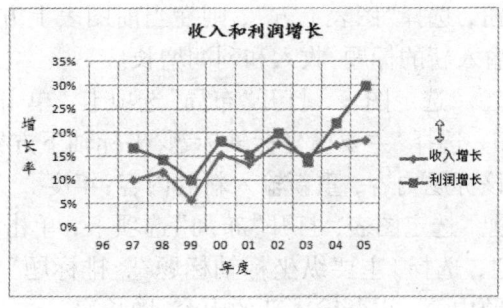

图 4－53　任务效果图－2

◇ **实施步骤**

步骤1：启动Excel 2010后，打开工作簿文件"公司利润表"。

步骤2：建立总额和利润总额的簇状柱形图表。在工作表中选择A2：C12单元格区域，"插入"选项卡下"图表"组中"柱形图"工具按钮下方的倒三角按钮，在下拉列表中选择"二维图形图"类型组中的第一个"簇状柱形图"，则在当前工作表中显示创建的柱形图表。

步骤3：移动图表位置。在图表空白区域单击以选定图表，拖动鼠标以移动图表位置，直至满意位置，松开鼠标。

步骤4：添加图表标题。选定图表，打开"布局"选项卡选择"标签"组中的"图表标题"工具按钮下方的倒三角按钮，选择"图表上方"，则在当前图表上方显示图表标题，拖动鼠标选择图表标题内容，重新输入新的标题：收入和利润总额。

步骤5：添加横轴标题。选定图表，打开"布局"选项卡，单击"标签"组中的"坐标轴标题"工具下方的倒三角按钮，选择"主要横坐标轴标题/坐标轴下方标题"，则在横坐标轴下方出现"坐标轴标题"，选中该标题内容，重新输入新的内容：年度。

步骤6：添加纵轴标题。选定图表，打开"布局"选项卡，单击"标签"组中的"坐标轴标题"工具下方的倒三角按钮，选择"主要纵坐标轴标题/竖排标题"，则在纵坐标轴左侧出现"坐标轴标题"，选中该标题内容，重新输入新的内容：总额。

步骤7：设置标题格式。选择图表标题，在"开始"选项卡下的"字体"组中选择相应的工具将其设置为字体：华文楷体，字号14；依同样方法，将横坐标轴标题设置为华文楷体，12号字；纵坐标标题也设置为华文楷体，12号字。

步骤8：建立收入增长和利润增长的折线图。在工作表中选择A2：A12单元格区域，左手按下"Ctrl"键，再用鼠标选择D2：E12单元格区域，松开"Ctrl"键。单击"插入"选项卡下"图表"组中"折线图"工具按钮下方的倒三角按钮，在下拉列表中选择"二维折线图"类型组中"带数据标记的二维折线图"，则在当前工作表中显示创建的折线型图表。

步骤9：移动图表位置。在图表空白区域单击以选定图表，拖动鼠标以移动图表位置，直至满意位置，松开鼠标。

步骤10：设置纵坐标轴数字格式以百分比表示。选择纵坐标轴，在该位置处右击鼠标，选择"设置坐标轴格式"命令，打开"设置坐标轴格式"对话框，在对话框窗格左侧的"坐标轴选项"下选择"数字"，再从右侧窗格的"类别"下选择"百分比"，其右侧的"小数位置"文本框中输入"0"，单击"关闭"。

步骤11：添加图表标题。选定图表，打开"布局"选项卡选择"标签"组中的"图表标题"工具按钮下方的倒三角按钮，选择"图表上方"，则在当前图表上方显示图表标题，拖动鼠标选择图表标题内容，重新输入新的标题：收入和利润增长。

步骤12：添加横轴标题。选定图表，打开"布局"选项卡，单击"标签"组中的"坐标轴标题"工具下方的倒三角按钮，选择"主要横坐标轴标题/坐标轴下方标题"，则在横坐标轴下方出现"坐标轴标题"，选中该标题内容，重新输入新的内容：年度。

步骤13：添加纵轴标题。选定图表，打开"布局"选项卡，单击"标签"组中的"坐标轴标题"工具下方的倒三角按钮，选择"主要纵坐标轴标题/竖排标题"，则在纵坐标轴左侧出现"坐标轴标题"，选中该标题内容，重新输入新的内容：增长率。

步骤14：设置标题格式。选择图表标题，在"开始"选项卡下的"字体"组中选择相应的工具将其设置为字体:华文楷体,字号14;依同样方法,将横坐标轴标题设置为华文楷体,12号字;纵坐标标题也设置为华文楷体,12号字。

步骤15:添加横坐标轴网格线。选择横坐标轴,在该区域内右击鼠标,选择"添加主要网格线"。

步骤16:设置主要网格线格式。选择横坐标轴,右击鼠标,选择"设置主要网格线格式",在打开的对话框左侧窗格中选择"线条颜色",右侧空格中选择"自动"。依同样方法,设置纵坐标轴网格线线条色为"自动"。

步骤17:保存文件。单击"文件"按钮,在下拉列表中选择"另存为",将文件以"公司利润分析"名字保存到桌面。

◇ 相关知识

为了能更加直观地表达工作表中的数据,可以将工作表中的数据以图表的形式表示。通过图表可以清楚地了解各个数据的大小以及数据的变化情况,方便对数据进行对比和分析。Excel自带各种各样的图表,如柱形图、折线图、饼图、条形图、面积图、散点图等,各种图表各有优点,适用于不同的场合。

一、图表的构成

一个图表主要由以下部分构成,如图4-54所示:

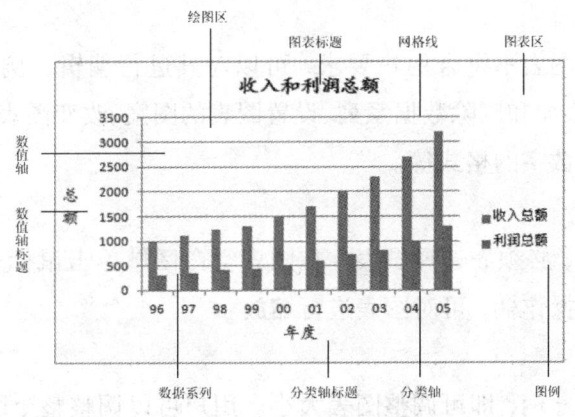

图4-54 图表的构成

1.图表标题:描述图表的名称,默认在图表的顶端,可有可无;
2.坐标轴与坐标轴标题:坐标轴标题是X轴和Y轴的名称,可有可无;
3.图例:包含图表中系列名称和数据系列在图中的颜色;
4.绘图区:以坐标轴为界的区域;
5.数据系列:一个数据系列对应工作表中选定区域的一行或一列数据;
6.网格线:从坐标轴刻度线延伸并贯穿整个"绘图区"的线条系列可有可无;
7.背景墙壁与基底:三维图表中会出现背景墙与基底,是包围在许多三维图表周围的区域,用于显示图表的维度和边界。

二、创建图表

在 Excel 2010 中，有两种类型的图表，一种是嵌入式图表，另一种是图表工作表。嵌入式图表就是将图表看作是一个图形对象，并作为工作表的一部分进行保存；图表工作表是工作簿中具有特定工作表名称的独立工作表。在需要独立于工作表数据查看或编辑大而复杂的图表或节省工作表上的屏幕空间时，就可以使用图表工作表。

操作步骤

1. 选择需要创建图表的单元格区域；
2. 选择"插入"选项卡，在"图表"组中单击想要创建的图表类型的按钮，在弹出的菜单中进一步选择子图表类型；
3. 此时在工作表中即插入相应类型的图表。

注意：

选择"插入"选项卡，单击"图表"组右下角的"对话框启动器"图标，在打开的"插入图表"对话框中选择要插入的图表类型，单击"确定"按钮也可创建图表。

三、编辑图表

如果已经创建好的图表不符合用户要求，可以对其进行编辑。例如，更改图表类型、调整图表位置、在图表中添加和删除数据系列、设置图表的图案、改变图表的字体、改变数值坐标轴的刻度和设置图表中数字的格式等。

1. 选择图表

在对图表编辑之前，必须先选择图表。在图表空白区域单击鼠标，即选定了该图表，选定的图表四周出现 8 个操作柄，可对图表进行缩放。

2. 调整图表大小

拖动图表四周的尺寸柄，即可调整图表大小。用户可以调整整个图表的大小，也可以单独调整图表中的某个组成部分的大小，如绘图区、图例等。

3. 调整图表位置

可以通过选择图表后拖动图表的方法移动图表的位置，图表中的组成部分，也可通过拖动的方法调整它们的位置。

4. 修改图表中文字的格式

若对创建图表时默认使用的文字格式不满意，则可以重新设置文字格式，如可以改变文字的字体和大小，还可以设置文字的对齐方式和旋转方向等。

5. 修改图表类型

选定图表，选择"设计"选项卡，单击"类型"组中的"更改图表类型"按钮，在打开的"更改图表类型"对话框中从左侧选择图表类型，然后在右侧的选项区域进一步选择样式，单击

"确定"按钮,如图 4-55 所示。

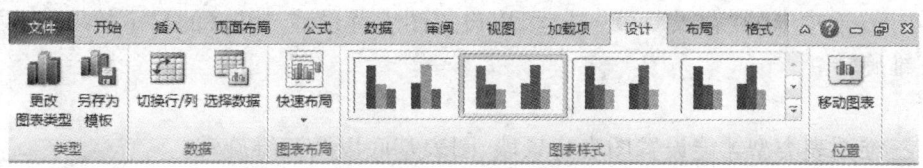

图 4-55 "设计"选项卡

6. 设置图表布局

选定图表后,Excel 2010 会自动打开"图表工具"的"布局"选项卡,如图 4-56 所示。在该选项卡中可以完成设置图表的标签、坐标轴、背景等操作,还可以为图表添加趋势线。

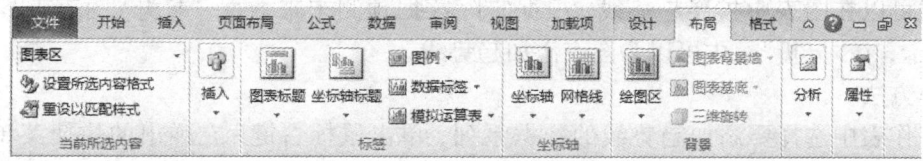

图 4-56 "布局"选项卡

(1)设置图表标签

在"布局"选项卡的"标签"组中,可以设置图表标题、坐标轴标题、图例、数据标签以及数据表等相关属性。

(2)设置坐标轴和网格线

在"布局"选项卡的"坐标轴"组中,可以设置坐标轴的样式、刻度等属性,还可以设置图表中的网格线属性,见图 4-57。

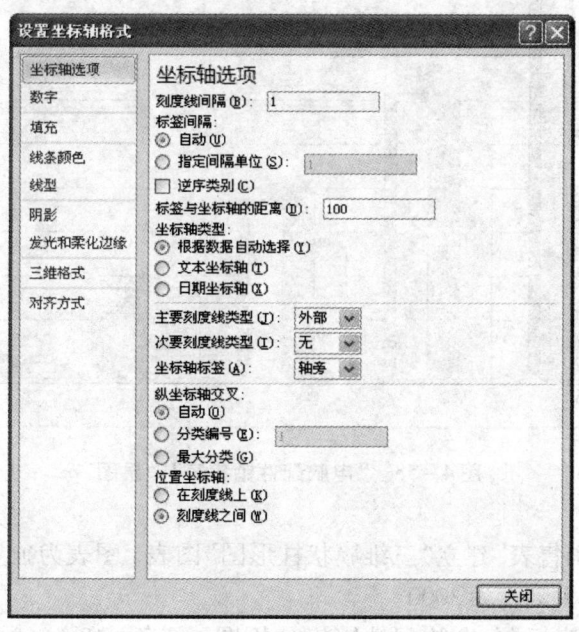

图 4-57 设置坐标轴格式

(3) 设置图表背景

在"布局"选项卡的"背景"区域中，可以设置图表背景墙与基底的显示效果，还可以对图表进行三维旋转。

注意：

只有三维图表类型才能设置图表背景墙、图表基底以及三维旋转。

若要为二维类型设置背景，则可以在"布局"选项卡的"背景"墙中单击"绘图"区按钮，在弹出的菜单中选择"其他绘图区选项"命令，打开"设置绘图区格式"对话框，在该对话框中可以设置二维类型图表的背景选项。

(4) 添加趋势线

趋势线就是用图形的方式显示数据的预测趋势并可用于预测分析，也叫作回归分析。利用趋势线可以在图表中扩展趋势线，根据实际数据预测未来数据。打开"图表工具"的"布局"选项卡，在"分析"组中可以为图表添加趋势线。

操作方法

在工作表中选择要添加趋势线的数据系列，单击鼠标右键，在弹出的快捷菜单中选择"添加趋势线"命令，打开"设置趋势线格式"对话框，在"趋势线选项"组中选择"移动平均"单选按钮，单击"关闭"按钮，此时图表中显示出趋势线效果。

◇ 技能实训

1. 打开素材文件"电脑配件销售表"工作表，按照要求操作题目，完成后效果如图4-58。

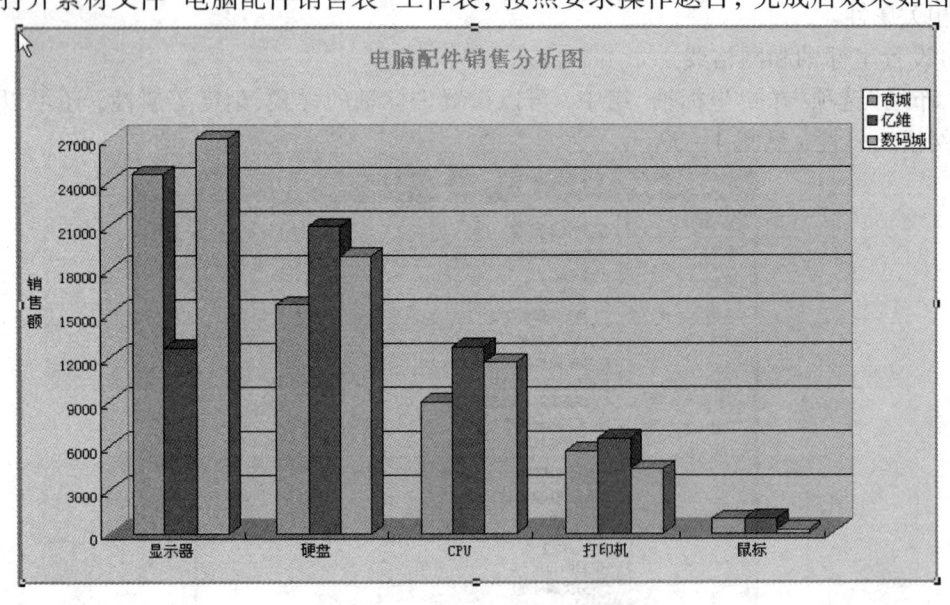

图4-58 "电脑配件销售表"效果图

(1) 为"电脑配件销售表"建立"三维簇状柱形图"图表，图表为独立图表。
(2) 设置数值轴最大刻度为3000。
(3) 为图表添加图表标题：电脑配件销售分析图，红色，18磅；数值轴标题：销售额，12磅，对齐方式为纵向。

(4)图例置于图表右上角。
(5)设置图表区格式:添加红色、最粗、单线型边框,图表区填充茶色。

2.打开素材文件"技术人员职称情况"工作表,按要求操作题目,完成后效果如图4-59所示。

(1)根据该工作表建立二维饼图,建立的图表嵌入到工作表A8:G26单元格区域。
(2)添加数据标签,标签包括:类别名称、百分比。
(3)设置标签位置在"数据标签内"。
(4)数字类别设置为百分比,并保留一位小数。

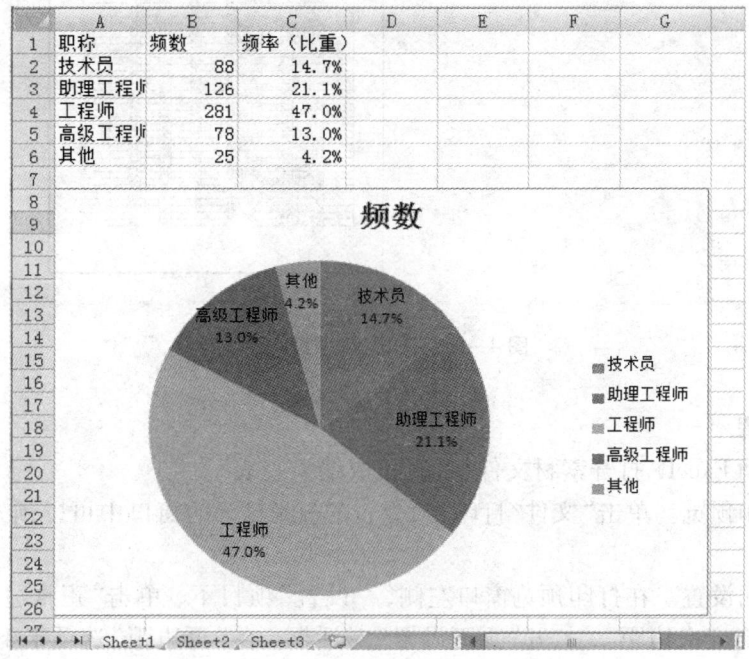

图4-59 "技术人员职称情况"效果图

任务六　　Excel 2010 之看我纸上谈兵

■ 技能要点:
学会页面设置
设置页眉和页脚
会设置分页
打印工作表

◇ 任务情景

日常生活中,Excel文件建立、编辑完成后,需要把整理好的文件打印出来,以便随时查阅及存档，下面我们就一起把刚刚收到的"计算机考试成绩汇总表"打印出来吧(如图4-60)。

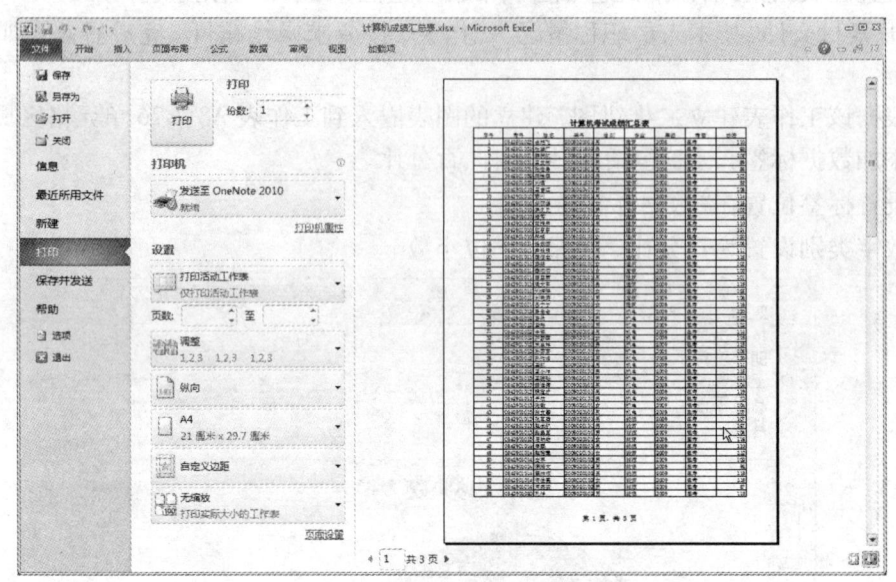

图4-60 "打印预览"窗口

◇ 实施步骤

步骤1：启动 Excel，打开素材文件"计算机成绩汇总表"。

步骤2：打印预览。单击"文件/打印"命令，在右侧打开的窗口中可以预先浏览文件的打印效果。

步骤3：页面设置。在打印预览窗口左侧，"设置"项目下，单击"正常边距"右侧的倒三角按钮，选择"自定义边距"，打开"页面设置"对话框，在"页边距"选项卡下，将上、下、左、右页边距分别设置为"1.9、2.4、1.8、1.8"，页眉、页脚距边界距离分别设置为："0.8和1.3"，单击"确定"。

步骤4：设置每页打印页标题。在打印预览窗口左侧，在"设置"栏目最下方靠右位置单击"页面设置"，打开"页面设置"对话框，切换到工作表选项卡，在"打印标题"项目下的"顶端标题行"右侧的文本框中输入"＄1：＄2"(工作表第1行和第2行的内容在后续页中重复打印)，单击"确定"。

步骤5：设置页脚。单击"插入"选项卡"文本"组中的"页眉和页脚"工具，进入"页眉"编辑状态(此处不填)，单击"设计"选项卡下"导航"组中的"转至页脚"工具，进入页脚编辑状态，单击"页眉和页脚"组中的"页脚"工具下方的倒三角按钮，选择"第1页，共？页"，插入页脚。

步骤6：切换到分页预览视图。选择"视图"选项卡下"工作簿视图"组中的"分页预览"工具，弹出"欢迎使用"分页预览"视图"窗口，单击"确定"。

步骤7：调整分页符位置。在分页视图显示方式下，将鼠标指向虚线标识的现有分页符，如第"57"行下面的分页符，将鼠标指向该分页符，当鼠标变成上下双向箭头时，向上拖动鼠标，使分页符位于第55行下面，松开鼠标，则第一页将只显示55行。

步骤8：打印预览。按"Ctrl + F2"组合键，再次进入"打印预览"窗口，浏览文件，如果满意，准备打印。

步骤9：打印设置。"文件/打印"，在打开的窗口左侧，"打印"栏目下，"份数"输入"10"，则该份文档将被打印成10份。

步骤10：保存文件。单击"文件"按钮，选择"另存为"命令，将文件以文件名"计算机成绩汇总表（打印版）"保存到桌面。

◇ 相关知识

工作表建立完成后，通常需要打印出来。利用Excel 2010提供的设置页面、设置打印区域、打印预览等打印功能，可以对制作好的工作表进行打印设置，美化打印的效果。在打印Excel文档前，应先通过"打印预览"命令预先浏览一下打印效果，如果不满意，可进行页面设置等调整，直到满意后再打印。

一、页面设置

在打印工作表之前，可根据要求对希望打印的工作表进行一些必要的设置。例如，设置打印的方向、纸张的大小、页眉或页脚和页边距等。在"页面布局"选项卡的"页面设置"组中可以完成最常用的页面设置，如图4-61所示。

图4-61 "页面设置"组

1. 添加打印机

在打印Excel工作表之前，首先要在当前系统中添加打印机。在Windows 7操作系统中，可以通过添加打印机向导来添加新的打印机。该打印机可以是连接在本地计算机中的本地打印机，也可以是连接在局域网中的网络打印机。

2. 设置纸张大小

在设置打印页面时，应选用与打印机中打印纸大小对应的纸张大小设置。在"页面设置"组中单击"纸张大小"按钮，在弹出的菜单中可以选择纸张大小。

3. 设置纸张方向

在设置打印页面时，打印方向可设置为纵向打印和横向打印两种。在"页面设置"组中单击"纸张方向"按钮，在弹出的菜单中选择"纵向"或"横向"命令，可以设置所需打印方向。

4. 设置页边距

页边距指的是打印工作表的边缘距离打印纸边缘的距离。Excel 2010提供了3种预设的页边距方案，分别为"普通"、"宽"与"窄"，其中默认使用的是"普通"页边距方案。通过选择这 3 种方案之一,可以快速设置页边距效果,见图 4-62。

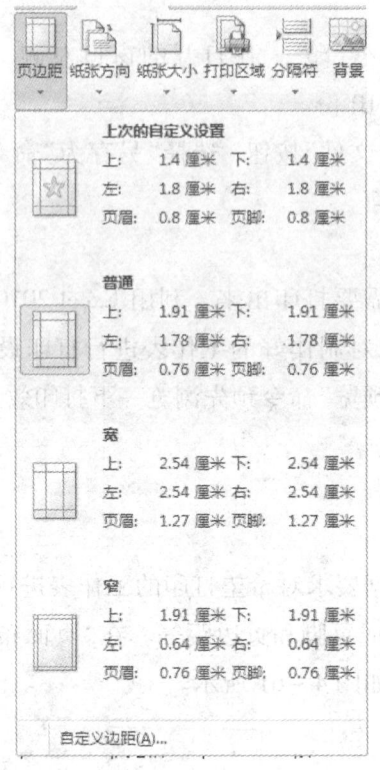

图 4-62 三种预设的页边距方案

如果 Excel 2010 预设的 3 种页边距方案不能满足用户的需要,可以单击"页面布局"选项卡下"页面设置"组右下角的"对话框启动器"图标,打开"页面设置"对话框,在"页边距"选项卡中进行页边距大小的设置,见图 4-63。

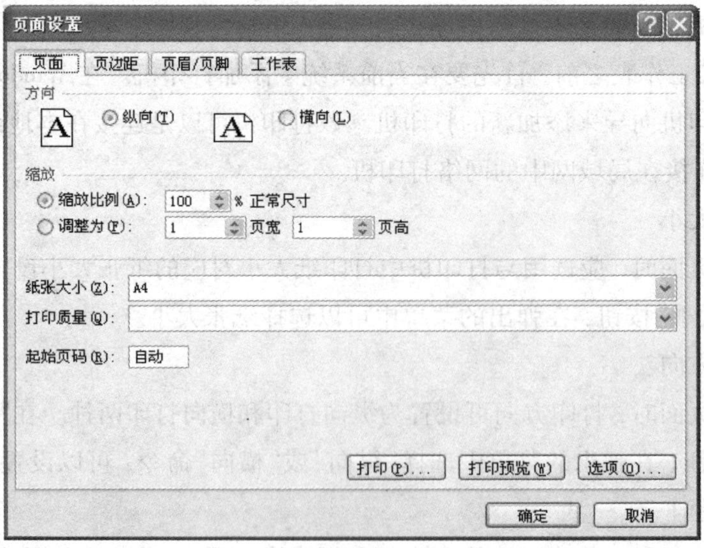

图 4-63 "页面设置"对话框

3. 设置打印标题

在打印工作表时，可以选择工作表中的任意行或列为打印标题。若选择行为打印标题，则该行会出现在打印页的顶端，若选择列为打印标题，则该列会出现在打印页的最左端。

二、设置页眉和页脚

页眉是页面顶部添加的附加信息，页脚则是页面底部添加的附加信息。设置页眉页脚的目的是为了使打印出来的表格更加美观。

选择"页面布局"选项卡，单击"页面设置"组右下角的"对话框启动器"图标的"页眉页脚"选项卡，分别在"页眉"下拉列表框中和"页脚"下拉列表框中选择设置页眉和页脚，见图4-64。

如果要自定义页眉或页脚，可以单击"自定义页眉"和"自定义页脚"按钮，在打开的对话框中完成所需的设置即可。

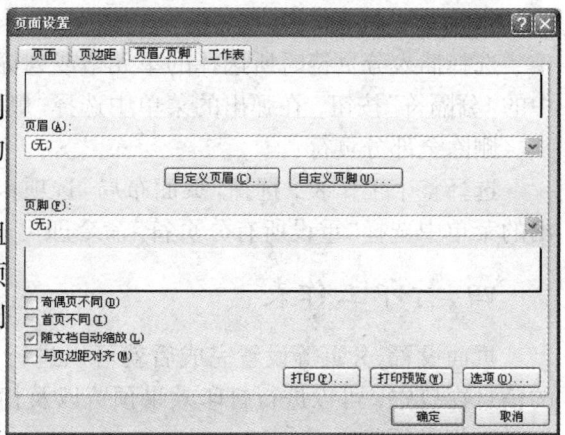

图4-64 "页面设置—页眉/页脚"

在"页眉/页脚"选项卡中，勾选"奇偶页不同"复选框可以在同一个文档中为奇数页和偶数页设置不同的页眉和页脚；勾选"首页不同"复选框可以将文档首页的页眉和页脚设置为与其他页不同。

如果要删除页眉或页脚，选定要删除页眉或页脚的工作表，在"页眉/页脚"选项卡中，在"页眉"或"页脚"的下拉列表框中选择"无"，表明不使用页眉或页脚。

三、设置分页

如果用户需要打印的工作表中的内容不止一页，Excel 2010会自动在其中插入分页符（分页预览视图下以蓝色的虚线表示），将工作表分成多页。这些分页符的位置取决于纸张的大小及页边距设置。用户也可以自定义插入分页符的位置，根据需要插入水平分页符或垂直分页符，从而改变页面布局。

1. 插入水平分页符

打开工作表，选择要插入分页符位置下方的单元格，选择"页面布局"选项卡，单击"页面设置"组中的"分隔符"按钮，在弹出的菜单中选择"插入分页符"命令，此时在所选单元格上方插入水平分页符（显示为一条蓝色的水平实线）。所选单元格以下的行（包括单元格所在行）的内容将会换到下一页打印。

2. 插入垂直分页符

打开工作表，选择要插入分页符位置右侧的列标，选择"页面布局"选项卡，单击"页面设置"组中的"分隔符"按钮，在弹出的菜单中选择"插入分页符"命令，此时在所选列左侧插入垂直分页符（显示为一条蓝色的垂直实线）。所选列右侧（包括所选列）的内容将会换到下一页打印。

3. 移动分页符

选择"视图"选项卡，单击"工作簿视图"组中的"分页预览"按钮，此时切换到分页预览视图，将鼠标指针移到需要移动的分页符上，鼠标光标显示为双向箭头形状时，按住鼠标左键不放拖动分页符至所需位置，释放鼠标左键。

4．删除分页符

对于人工插入的分页符，可以手动删除。

删除一个分页符：

选择插入分页符时所选择的单元格或列标，选择"页面布局"选项卡，单击"页面设置"组中的"分隔符"按钮，在弹出的菜单中选择"删除分页符"命令。

删除全部分页符：

选择整个工作表，选择"页面布局"选项卡，单击"页面设置"组中的"分隔符"按钮，在弹出的菜单中选择"重设所有分页符"命令即可。

四、打印工作表

页面设置、分页等设置完成后就可以进行打印了，单击"文件/打印"命令，在右侧打开的信息窗口中，可以进行打印效果预览以及相关打印设置。

1．打印预览

通过打印预览，用户可以预先查看打印后的实际效果，如页面设置、分页符效果等。若不满意可以及时调整，避免打印后不能使用而造成浪费。

在 Excel 2010 中选择"文件/打印"，在打开的右边窗口中即可预览当时活动工作表的打印效果。预览时有两种比例可切换，分别是整页预览和放大预览。

（1）整页预览

一进入"文件/打印"打印界面默认显示的就是整页预览模式，将一页的资料完整地呈现在荧幕上。此时资料会被缩小，所以只能看到大略的排列情形。

（2）放大预览

在打印预窗口中，单击右下角的 钮，可放大工作表的显示比例至100%，再次单击该按钮，则又回到整页预览比例。

注：如果在编辑工作表时，想预先知道工作表的打印效果，可单击窗口右下角视图模式中的"页面布局"按钮 。在此模式下，工作表会分割成多页文件，方便用户预览。

2．打印选项设置

页面设置和打印预览完成后，就可以进行打印输出了。选择"文件/打印"命令，在右边显示的窗口中的左侧部分，可以对打印机、打印份数、打印页数等进行设置，如图4-60。

（1）设置打印份数

需要打印多份时，可以在"打印"栏目下，在"份数"框中输入打印份数。

（2）设置打印机

打印机可以是连接在本地计算机中的本地打印机，也可以是连接在局域网中的网络打印机。若安装一部以上的打印机，单击"打印机"栏目右侧"名称"下拉按钮，选择要使用的打印机。

在"设置"栏目下，单击"打印活动工作表"右侧下拉按钮，可以选择打印活动工作表、打印整个工作簿、打印选定区域，根据需要选取打印范围，以免浪费纸张。

（3）设置页码范围

在"设置"栏目下，在"页数"右侧，可以设置打印的页码范围。

(4)设置打印顺序

单击"调整"右侧下拉按钮,可在进行多份打印时的页码打印顺序进行设置。

(5)设置打印方向

有时候工作表的资料列数较多、行数较少,就适合横向打印;反之,如果工作表列的内容较多,行数较小,则选择纵向打印。

(6)缩小比例以符合纸张尺寸

当工作表最后一页的内容只有寥寥一行或几行时,可以通过缩小比例的方式排列以符合纸张尺寸,这样不但节约纸张,阅读起来也方便。

(7)设置页面边界

为求工作表打印的美观,我们通常会在纸张四周留一些空白,这些空白的区域为边界,调整边界即是控制四周空白的大小,也就是控制工作表在纸上打印的范围。工作表预设会套用标准边界,如果想让边界再宽一些,或设定较窄的边界,可直接套用边界的预设值。

如果觉得预设的选项太少,则可以在打印预览窗口中,单击右下角的显示边界按钮,再拖曳控点就能调整边界位置了。

3. 打印图表设置

有些情况下我们只需要打印图表,而不需要工作表中的其他内容。则需要选取要打印的图表,再选择"文件/打印"命令,就会看到打印范围会自动显示为打印选取的图表。

◇ 技能实训

1. 创建并打印如下图所示的"课程表"。要求:纸型 A4,方向:横向,自定义页脚:2013-9-1,页边距:左,右:2,2;上,下:1,2.5,页眉距边界距离 0.5CM,页脚距边界距离 1.3CM;居中方式:水平垂直都居中,设置后的打印预览界面如图 4-65 所示。

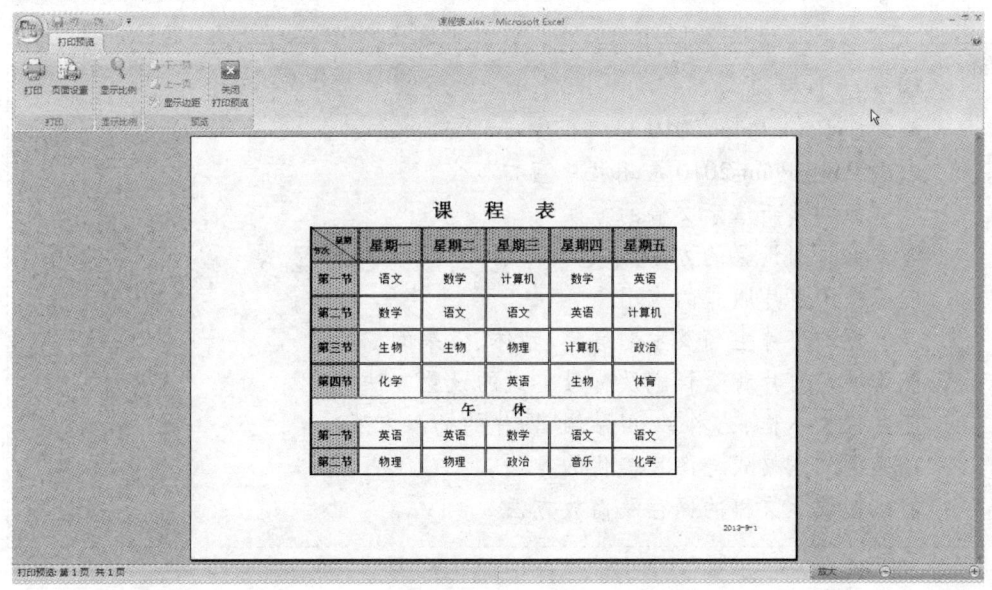

图 4-65

2. 将本章任务二创建的"演唱会门票价格表"进行打印,要求:使用 A4 纸、横向、居于页面中间打印,逐份打印,打印 3 份。

项目五　PowerPoint 2010 的运用

PowerPoint 2010 是微软公司最新发布的 Office 2010 办公软件的重要组件之一。演示文稿制作软件 PowerPoint 2010 可以用于设计制作广告宣传、产品展示、学术交流、演讲、工作汇报、电子相册、企业管理、个人求职、辅助教学、旅游等众多领域。其操作界面简单，增加了前所未有的图形功能，可以创建动感十足且令人印象深刻的演示文稿。

本章从平面设计的角度出发，对演示文稿的设计、制作进行了全面、细致的阐述。通过由浅入深地介绍与学习，使学习者能够利用 PowerPoint 2010 编辑文本，使用图形、图像、图表、表格、声音、视频、动画效果等多媒体元素于一体，以及使用各种手法制作出精美的演示文稿。

任务一　制作"我爱我的学院"演示文稿

■ 能力目标：
能掌握 PowerPoint 2010 应用程序启动、退出的方法
熟悉 PowerPoint 2010 应用程序窗口
能掌握创建新演示文稿的方法
能掌握页面设置的方法
能掌握幻灯片版式的应用
能掌握幻灯片主题及主题颜色、字体、效果的应用
能掌握幻灯片背景样式及背景格式的设置方法
能掌握文本框、艺术字、剪贴画、图片的插入方法
能掌握文本格式与图片美化的方法
能掌握演示文稿的保存及播放方法

◇ **任务情景**

PowerPoint 2010 具有强大的演示文稿制作功能，而且使用起来比较灵活。利用 PowerPoint 2010 可以制作出适合不同需求的演示文稿。本任务重点介绍演示文稿的创建、演示文稿的页面的设置、演示文稿的简单操作及保存和播放等功能，以使用户轻松掌握制作演示文

稿的基本方法和技巧，为今后制作具有专业水准的演示文稿打下坚实的基础。下面就以给定的素材，并且以学院的外观为主线创建"我爱我的学院"为主题的演示文稿为例（图5－1任务效果图），来学习制作基本演示文稿的方法与步骤。

图5－1　任务一效果图

◇ **实施步骤**

步骤1：PowerPoint的启动。单击"开始"按钮，在"程序"级联菜单中执行"Microsoft Office 2010 | Microsoft Office PowerPoint 2010"命令，启动PowerPoint 2010。

步骤2：第一张幻灯片的制作。右击第一张幻灯片，设置该幻灯片的版式为"空白"。选择"设计"选项卡中"背景"功能区中的"背景样式"下拉按钮，在"设置背景格式"对话中，选择"图片或纹理填充"，单击"文件"按钮，选择相应的背景图片，并设置其透明度为40%，单击"关闭"，即可完成该幻灯片背景的设置。

步骤3：选择"插入"选项卡"文本"组中的"艺术字"按钮，选择艺术字样式的"填充—强调文字颜色2，暖色粗糙棱台"，并输入相关的内容；利用"开始"选项卡"字体"功能组，设置字体为"隶书"、字号为60磅、加粗、阴影、红色。

步骤4：第二张幻灯片的制作。在新建的幻灯片中，选择"插入"选项卡"文本"组中的"文本框"按钮，选择文本框样式中"横排"样式，输入相应的内容，选定标题文本框，设置其字号为48磅、华文隶书、加粗、红色；选定内容文本框，设置其字号20磅、华文楷体，黑色；设置该文本框的边框为无色。

步骤5：第三张幻灯片的制作。选择"开始"选项卡中"新建幻灯片"命令，新建"两栏内容"版式幻灯片；并通过"设计"选项卡中"主题"组，将该幻灯片的主题设计为"聚合"，并可通过"颜色"设置该幻灯片的主题颜色为"活力"。

步骤6：选择"插入"选项卡"插图"命令组中的"图片"命令，或者选择占位符中"插入来自文件的图片"按钮，插入相应的图片。选择该图片，利用"格式"选项卡中"图片样式"组，设置该图片为"复杂框架，黑色"样式、图片边框为"橙色"、图片效果为"棱台"中的"斜面"。

步骤7：选择"插入"选项卡"文本"组中的"文本框"按钮，选择文本框样式中"横排"样式，输入相应的内容，选择上方的文本框，利用"格式"选项卡 中"形状样式"组，设置该文本框为"浅色1轮廓，彩色填充－强调颜色1"样式。下方文本框为"浅色1轮廓，彩色填充－强调颜色5"样式。

步骤8：第四张幻灯片的制作。选择"开始"选项卡中"新建幻灯片"命令，新建"标题和内容"版式幻灯片，按步骤5的方法设计该图片的主题为"流畅"，主题颜色为"穿越"。交换占位符的位置，并在各自的占位符中插入图片和输入相应的文字，图片样式为"棱台亚光，白色"、图片效果为"棱台－松散嵌入"，文本标题效果为"隶书、24磅、加粗、橙色"，文本效果为"华文楷体、加粗、白色"。

步骤9：第五张幻灯片的制作。新建"空白版式"幻灯片，设计其主题为"聚合"、颜色为"视点"。插入图片，图片样式为"柔化边缘椭圆，柔化边缘25磅"。插入横排文本框，文本格式"华文楷体、20磅、黑色"，文本框边框格式为"2.25磅、红色"。

步骤10：第六张幻灯片的制作。新建"空白版式"幻灯片，设计其主题为"龙腾四海"、背景样式为样式9"。图片格式为"金属椭圆，边框浅绿色，效果－棱台－硬边缘"。文本框样式为"浅色1轮廓，彩色填充－强调颜色1"，效果为"棱台－硬边缘"。

步骤11：第七张幻灯片的制作。新建"空白版式"幻灯片，设计其主题为"流畅"、背景样式为样式12。插入文本框，样式为"浅色1轮廓，彩色填充－强调颜色1"。插入图片，样式为"金属框架、颜色为橙色、效果－棱台－突起"。

步骤12：第八张幻灯片的制作。新建"内容与标题"幻灯片，设计其主题为"聚合"、背景样式为样式10。插入图片，样式为"棱台亚光，白色、橙色，强调文字颜色1，淡色40%"。插入横排文本框，样式为"浅色1轮廓，彩色填充－强调颜色4、效果－棱台－松散嵌入"。

步骤13：第九张幻灯片的制作。新建"两栏内容"幻灯片，设计其主题为"流畅"、背景样式为样式12。标题文字样式"华文隶书、60磅、加粗、橙色、阴影－外部－居中偏左"。图片样式分别为"映象右透视、棱台－圆和棱台左透视、无轮廓、棱台－圆"。

步骤14：第十张幻灯片的制作。新建"标题和内容"幻灯片，设计其主题为"龙腾四海"、背景样式为样式11。交换标题与内容占位符的位置，插入图片，样式为"映象圆角矩形、效果－棱台－草皮"。文本框为"横排，红色边框"，字体为"仿宋、20磅、加粗、黄色"。

步骤15：第十一张幻灯片的制作。新建"两栏内容"幻灯片，设计其主题为"跋涉"、背景样式为样式11。设置标题艺术字样式为"填充－强调文字颜色1，塑料棱台，映象"。图片样式分别为"柔化边缘矩形和柔化边缘椭圆，柔化边缘为25"。

步骤16：第十二张幻灯片的制作。新建"标题和内容"幻灯片，设计其主题为"流畅"、背景样式为样式12。图片样式为"双框架，黑色、边框白色，文字1，深色15%"。文本框样式为"轮廓－海螺，强调文字颜色5、文字效果－发光－强调文字颜色2，11pt发光"。

◇ 相关知识：

一、PowerPoint的启动与退出

1．要创建、编辑演示文稿，首先必须启动Office程序中的PowerPoint组件

（1）单击"开始"按钮，在"程序"级联菜单中执行"Microsoft Office 2010 | Microsoft Office

PowerPoint 2010"命令,启动 PowerPoint 2010。

(2)也可双击桌面上的 Microsoft Office PowerPoint 2010 快捷方式图标,启动 PowerPoint 2010。

(3)执行"运行"命令,在"运行"对话中输入"PowerPoint2010"并单击"确定"按钮,启动。

2. 退出 PowerPoint

(1)单击演示文稿中的"文件"按钮,再单击"退出 PowerPoint2010"按钮,退出所有打开的演示文稿。

(2)用户也可以双击控制菜单图标 P ,退出 PowerPoint2010。

二、PowerPoin2010 的工作界面

1. PowerPoint2010 的工作界面令人耳目一新,用户能很快适应新的用户界面,快速掌握其工作方式并且运用自如。PowerPoint 的工作界面,如图 5 - 2 所示。

2. PowerPoint2010 的视图方式:普通视图、幻灯片浏览视图、备注视图、幻灯片放映视图 4 种主要视图方式。

三、创建演示文稿的方法

在 PowerPoint2010 中,创建新演示文稿的方法主要有 4 种方法。

1. 创建空白演示文稿
2. 根据模板创建
3. 根据已安装的主题创建
4. 根据现有内容创建

图 5 - 2　PowerPoint 的工作界面

四、页面设置的方法

页面设置主要包含幻灯片大小及方向的设置。

1. 设置幻灯片的大小

选择"设计"选项卡，单击"页面设置"组中的"页面设置"按钮，在"页面设置"对话框中设置幻灯片的大小、高度和宽度，如图5-3所示。

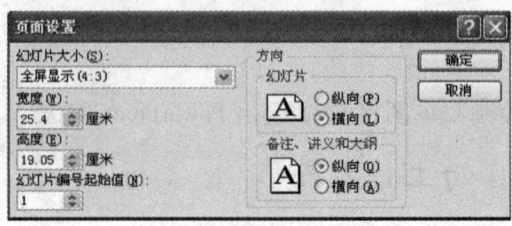

图5-3　页面设置

2. 设置幻灯片的方向

设置幻灯片方向的方法有两种。

（1）通过"页面设置"组中的"幻灯片方向"下拉按钮，设置幻灯片的方向。

（2）通过"页面设置"对话框，设置幻灯片的方向。

五、幻灯片布局

幻灯片的布局格式也称幻灯片版式，通过幻灯片版式的应用，能使制作的幻灯片更加整齐，简洁。PowerPoint2010提供了11种幻灯片版式。如图5-4所示。

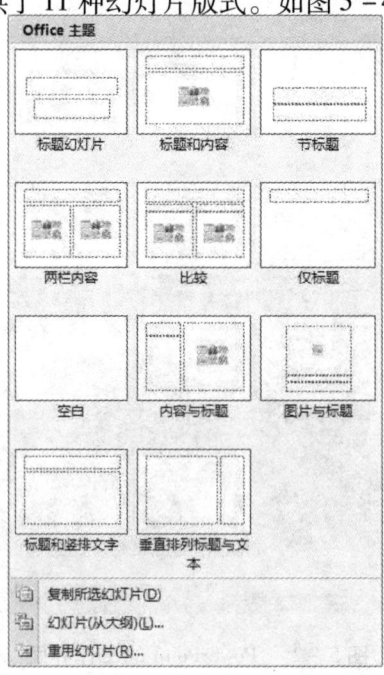

图5-4　幻灯片版式

1. 幻灯片版式，应用幻灯片版式的方法主要有3种：

(1)通过单击"幻灯片"组中的"新建幻灯片"下拉铵钮应用幻灯片版式。

通过"新建幻灯片"下拉按钮应用版式时，PowerPoint 会在原有幻灯片的下方插入新幻灯片。

(2)通过单击"幻灯片"组中的"版式"下拉铵钮应用幻灯片版式。

通过"版式"下拉按钮应用版式，可以直接在所选的幻灯片中更改其版式。

(3)在幻灯片窗格中选择幻灯片，右击该幻灯片选择"版式"级联菜单中幻灯片版式。

2. 重设幻灯片版式

重设幻灯片版式是指幻灯片中占位符的位置、大小和格式重设为其默认设置。

单击"幻灯片"组中的"重设"按钮，即可重设幻灯片版式。

六、幻灯片主题的应用

幻灯片主题是指对幻灯片中的标题、文字、图表、背景等项目设定的一组配置，PowerPoint2010 提供了24种内置主题，用户还可以对幻灯片主题进行配置，并将其应用到幻灯片中。

1. 应用主题

单击"编辑主题"组中的"主题"下拉按钮，选择一种主题样式，在幻灯片中应用主题。如图5-5所示。

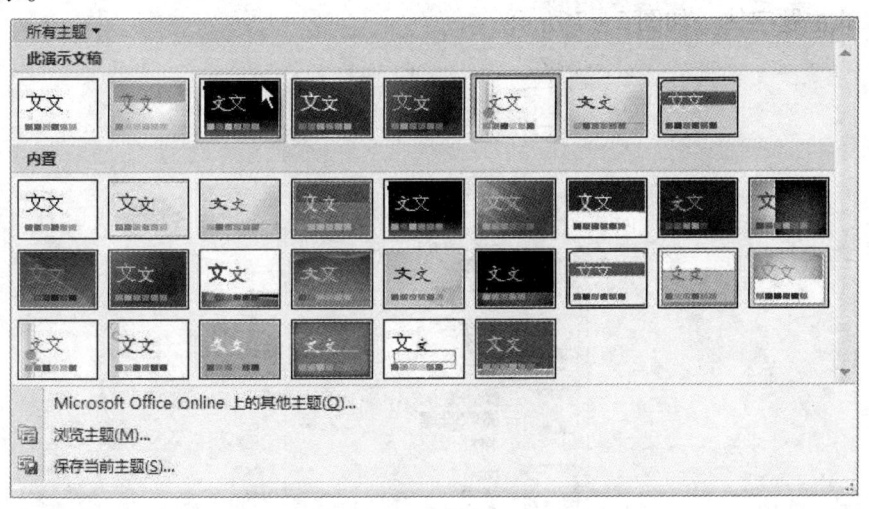

图 5-5　幻灯片主题

2. 更改主题

PowerPoint2010 提供了25种内置主题颜色、24种内置主题字体和24种内置主题效果，用户可以通过设置来更改幻灯片的主题。

(1)更改主题颜色：单击"编辑主题"组中的"颜色"下拉按钮，选择一种主题颜色，即可更改幻灯片的主题颜色。如图5-6所示。

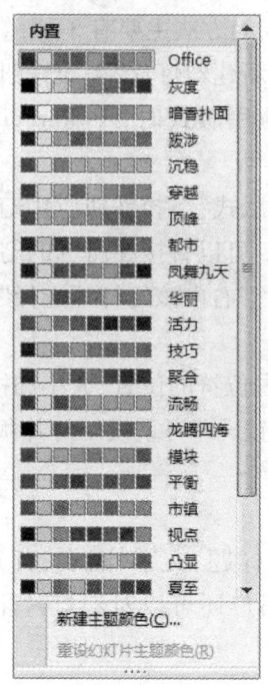

图 5-6　更改主题颜色窗格

（2）更改主题字体：单击"编辑主题"组中的"字体"下拉按钮，选择一种主题字体，即可更改幻灯片的主题字体。如图 5-7 所示。

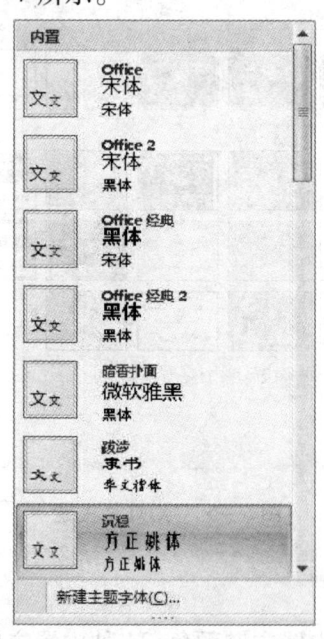

图 5-7　更改主题字体窗格

（3）更改主题效果：单击"编辑主题"组中的"效果"下拉按钮，选择一种主题效果，即可更改幻灯片的主题效果。如图 5-8 所示。

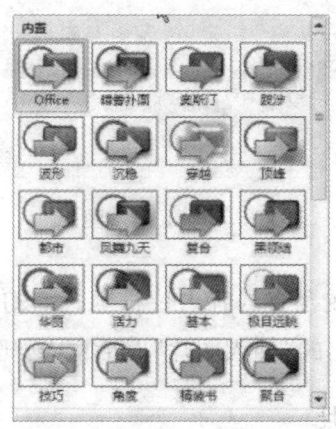

图 5-8 更改主题效果窗格

七、设置幻灯片的背景

幻灯片背景可以通过"背景"组和对话框两种方法来设置。

1．选定需要更改背景的幻灯片，单击"背景"组中的"背景样式"下拉按钮，选择一种背景样式。

2．单击"背景"组中的"背景样式"下拉按钮，选择"设置背景格式"命令或右击幻灯片，选择"设置背景格式"命令，对幻灯片进行背景格式的设置。如图 5-9 所示。

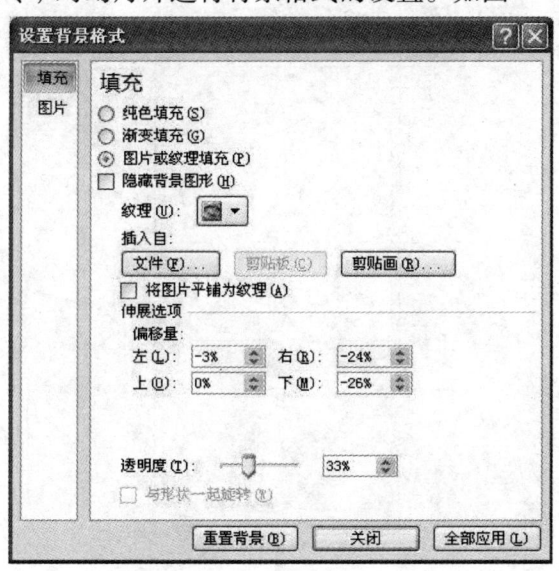

图 5-9 设置背景格式

八、图片的插入方法

1．通过文件插入：选择"插入"选项卡，单击"插图"组中的"图片"按钮。如图 5-10 所示。

图 5-10 插入图片

2. 通过占位符中图标插入：在含有内容占位符版式的幻灯片中单击占位符中的"插入来自文件的图片"图标，然后在弹出的"插入图片"对话框中，选择所需图片进行插入。

九、剪贴画的插入方法

在 PowePoint 中包含有大量的剪贴画，并已分门别类地归纳到剪辑管理器中，使用方便。插入剪贴画的方法主要有两种。

1. 通过剪贴画搜索项插入

单击"插图"组中的"剪贴画"按钮，弹出"剪贴画"任务窗格。在"搜索文字"文本框中输入相应的图片名称，来完成图片的搜索与插入。如图 5-11 所示。

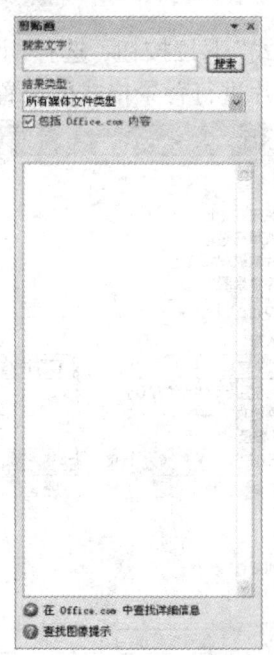

图 5-11 剪贴画的搜索与插入窗格

2. 通过管理剪辑插入

在"剪贴画"任务窗格中单击"管理剪辑"按钮，弹出"剪辑管理器"对话框，然后单击对话框中的"Office 收藏集"展开按钮。如图 5-12 所示。

图 5-12 剪辑管理器

十、文本框的插入

选择"插入"选项卡"文本"组中的"文本框"下拉按钮,选择文本框格式,在幻灯片的相应位置处拖动,即可插入对应的文本框。

十一、艺术字的插入与设置

艺术字是一个文字样式库,可以将艺术字添加到文档中,以制作出装饰效果。

1. 通过"文本"组插入艺术字

选择"插入"选项卡,单击"文本"组中的"艺术字"下拉按钮,选择其中一项即可。如图 5-13 所示。

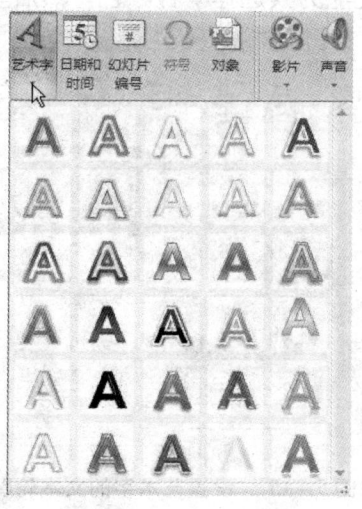

图 5-13 插入艺术字

2. 将文本转换成艺术字

选择要转换的文本,单击"艺术字"下拉按钮,选择其中一项即可。

3. 设置艺术字大小

选择要设置的艺术字并选择"开始"选项卡,在"字体"组中设置其字号大小。

4. 设置文本填充

文本填充主要是纯色、渐变、图片或纹理的填充设置。

(1)纯色填充

选择艺术字并选择"格式"选项卡,然后单击"艺术字样式"组中的"文本填充"下拉按钮,选择"标准色"栏中的任一色块即可。如图5-14所示。

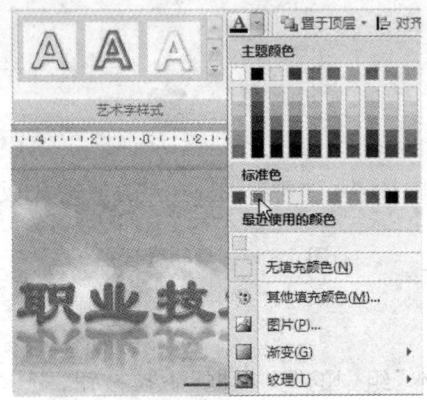

图 5-14　艺术字文本纯色填充

(2)图片填充

单击"艺术字样式"组中的"文本填充"下拉按钮,执行"图片"命令。然后在弹出的"插入图片"对话框中选择所需的图片,进行插入。

5. 设置文本轮廓

在设置文本轮廓之前,首先应为其选择一种颜色。然后单击"文本轮廓"下拉按钮,设置粗细和线型。如图5-15所示。

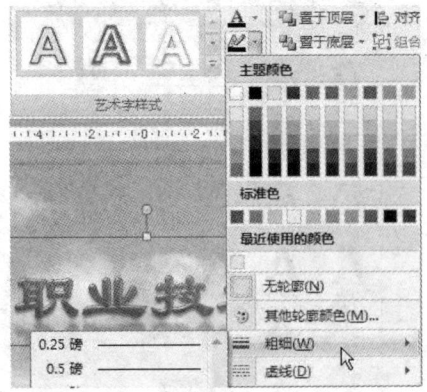

图 5-15　设置艺术字的文本轮廓

6. 添加文本效果

对文本添加外观效果，主要包括对阴影、发光、映象或三维旋转的添加。

添加阴影，单击"艺术字样式"组中的"文本效果"下拉按钮，在"阴影"级联菜单中的"透视"栏中，选择一项即可。如图 5-16 所示。

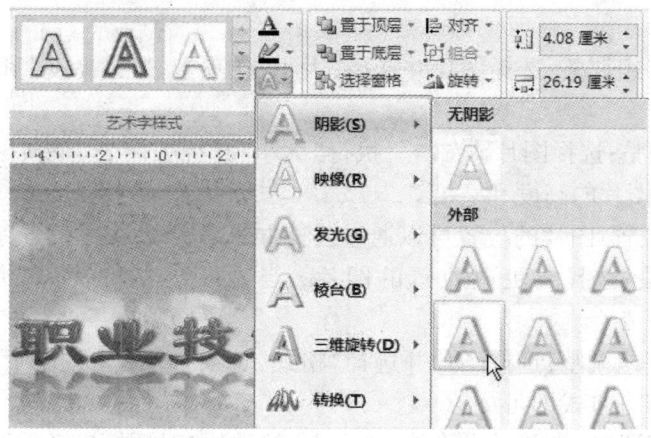

图 5-16　艺术字添加阴影

十二、文本格式的设置

1. 字体格式的设置

（1）设置字体和字号：选择"开始"选项卡，在"字体"组中单击"字体"下拉按钮，在其下拉列表中选择一种字体并输入文本内容，或直接更改所选择的文本。单击"字号"下拉按钮，在其下拉列表中选择一种字号，可更改占位符、文本框内文本的大小。

（2）设置其他字体格式：用户还可以在"字体"组中，设置字形、字体颜色、文字阴影等格式。如图 5-17 所示。

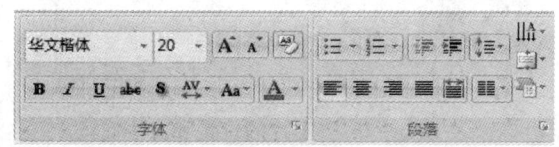

图 5-17　文本格式与段落格式设置

2. 设置段落格式

用户可以选择"开始"选项卡，在"段落"组中进行段落缩进、间距、对齐方式等设置。

（1）添加项目符号和编号：将光标放置在需要添加项目符号和编号的文字前，单击"项目符号"或"编号"下拉按钮，选择一种项目符号或编号即可。

（2）设置缩进和间距：单击"段落"组中的"对话框启动器"按钮，在弹出的"段落"对话框中设置段落的缩进和间距。

（3）设置文字方向：选择文字，单击"文字方向"下拉按钮，在其下拉列表中选择一种文字方向。

十三、图片美化

1. 调整图片的大小：为了使图片大小合适，可调整图片的大小。

（1）鼠标调整法：选择图片，将光标置于控点上，当光标变成"双向剪头"时，拖动即可调整图片。

（2）通过"大小"组调整：选择图片并选择"大小"选项卡，在"高度"和"宽度"微调框中输入调整值即可。

（3）通过右击调整：选择图片，右击。执行"大小和位置"命令。然后在弹出的"大小和位置"对话框中，设置图片的高度和宽度。

2. 调整图片的位置：图片的位置可以通过三种方法来实现。

（1）鼠标拖动法：选择要更改位置的图片，当光标变成"四向箭头"时，拖动至合适位置即可。

（2）通过"排列"组调整：选择图片并选择"格式"选项卡，单击"排列"组中的"对齐"下拉按钮，选择合适的对齐方式即可。

（3）通过对话框调整：选择图片并单击"大小"组中的"对话框启动器"按钮，弹出"大小和位置"对话框，然后选择"位置"选项卡，设置水平值和垂直值即可。如图5-18所示。

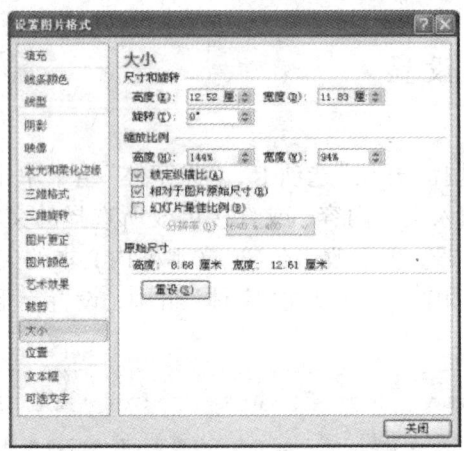

图5-18　图片的位置和大小

3. 调整图片的对比度和亮度：在插入图片后为了使图文更加的美观，可以针对图片的亮度、对比度、着色等进行设置。如图5-19所示。

图5-19　图片的调整

（1）设置图片的亮度：选择图片并选择"格式"选项卡，然后单击"调整"组中"亮度"下拉按钮，并选择相应的值即可。

（2）设置图片的对比度：选择图片并选择"格式"选项卡，单击"排列"组中的"对比度"下拉按钮，选择相应的值即可。

4. 图片的其他设置：图片的其他设置主要是对图片的样式、图片形状、图片边框、图片效果及图片排列的设置。如图 5-20 所示。

图 5-20　图片效果的设置

（1）添加图片样式：在 PowerPoint2010 中有 28 种内置图片样式。可以通过"图片样式"组中的"其他"下拉列表，选择一种图片样式。

（2）设置图片形状：选择"格式"选项卡，单击"图片样式"组中的"图片形状"下拉按钮，选择一种适合题意的形状即可。

（3）设置图片边框：在"图片样式"组中单击"图片边框"下拉按钮，选择"标准色"栏中的图块，并设置边框的粗细。

（4）设置图片效果：单击"图片效果"下拉按钮，选择"预设"级联菜单中的项即可。同时也可设置图片的三维旋转、阴影、映象、柔化边缘、棱台效果。

（5）调整图片的排列次序：选择图片并选择"格式"选项卡，单击"排列"组中的选项即可。

（6）旋转图片：选择图片并选择"格式"选项卡，单击"排列"组中的"旋转"下拉按钮，执行相应的旋转效果即可。

十四、演示文稿的保存

1. 单击 Office 按钮，执行"保存"或"另存为"命令，在弹出"另存为"对话框中选择保存的位置和文件名即可。如图 5-21 所示。

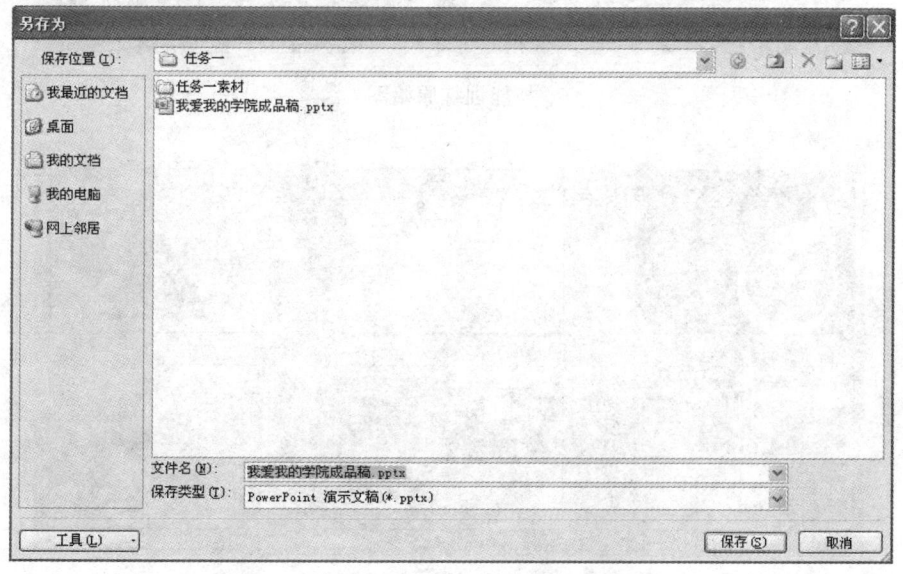

图 5-21　演示文稿保存对话框

2. 单击"快速访问工具栏"中的"保存"按钮,在弹出"另存为"对话框中选择保存的位置和文件名即可(若保存演示文稿时,保存的类型为.ppsx格式,则双击打开时即可播放)。

十五、播放演示文稿

制作演示文稿的最终目的是为了在计算机屏幕或投影设备上进行播放。

1. 通过"演示文稿视图"组播放

选择"视图"选项卡,单击"演示文稿视图"组中的"幻灯片放映"按钮。如图 5－22 所示。

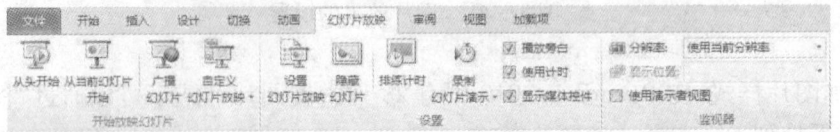

图 5－22　幻灯片放映视图

2. 单击"幻灯片放映"按钮播放

单击状态栏中的"幻灯片放映"按钮,即可从当前选择的幻灯片开始播放。

◇ 技能训练

技能训练原始图

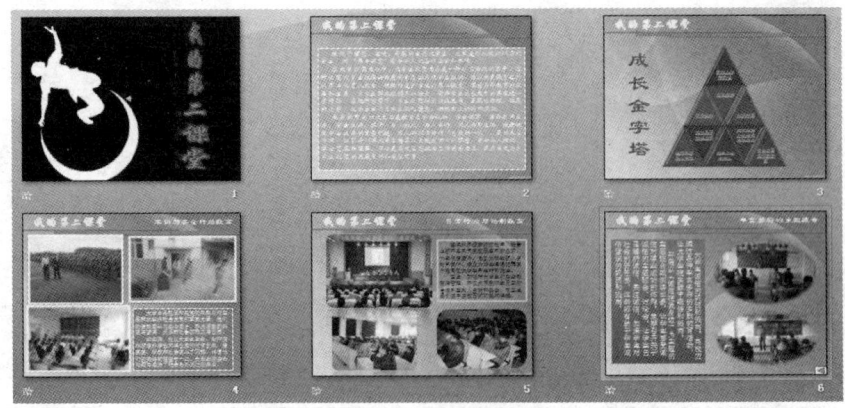

技能训练效果图

要求:

步骤1:根据提供的素材,创建新演示文稿文件。

步骤2:第一张,在第一张幻灯片中插入给定的图片作为背景。插入背景音乐文件,并设置为:放映时隐藏、循环播放直到停止;播放音乐的方式:自动播放。设置标题为:华文行楷、加粗、文字阴影、红色;影像:紧密接触;发光:强调文字颜色1,5pt发光;棱台:冷色斜面;三维旋转:斜透视。设置标题自定义动画:盒状、缩小、中速、单击鼠标、无声音。幻灯片的切换方式:切出,单击鼠标。

步骤3:第二张,选定文本,添加形状样式为浅色1轮廓,彩色填充,强调颜色6。动画效果:菱形展开。幻灯片切换:溶解。

步骤4:第三张,设置其幻灯片的主题为平衡。添加艺术字,并设置其艺术字样式为:填充–强调文字颜色2,粗糙棱台。插入分段棱锥图,为其上的文字添加相应的超链接。切换效果:向下擦除。

步骤5:第四张,设置图片样式为简单框加,白色。文本设置形状样式为:浅色1轮廓,彩色填充–强调颜色2。将图片组合,并设置动画效果:梯状。文本动画效果:强调,陀螺旋。切换效果:盒状收缩。

步骤6:第五张,图片样式为映象圆角矩形。动画效果:伸展。文本形状轮廓为:橙色、4.5磅。动画效果:劈裂。切换效果:圆形。

任务二 制作"专业特色设置"演示文稿

■ 能力目标:
掌握动画、形状、SmartArt结构图的插入方法
掌握形状、结构图中图片的填充及组合方法
掌握表格、图表的插入及编辑方法
掌握图形的翻转、排列及对齐方式的设置方法
掌握选定、插入、复制、移动、删除幻灯片的方法
掌握对象动画效果的设置方法
掌握幻灯片切换效果的设置方法
掌握创建超链接的操作方法

◇ 任务情景

在掌握了制作基本演示文稿的基础上,会利用PowerPoint 2010提供表格、图表、形状、SmartArt结构图等元素,设计出直观、交互性强、专业性的演示文稿。结合给定的素材,以学院专业设置为前提,设计并制作"专业特色设置"演示文稿(图5–23任务效果图)。

图 5-23　任务效果图

◇ **实施步骤**

步骤1：第一张幻灯片的制作。单击"文件"按钮，执行"新建"命令，弹出"新建演示文稿"对话框。在"空白文档和最近使用文档"栏中选择"空白演示文稿"图标，并单击"创建"按钮。然后在新建的空白演示文稿中，选择"开始"选项卡，在"幻灯片"组中单击"版式"下拉按钮，选择"空白"项，将幻灯片设置为空白版式。

步骤2：选择"设计"选项卡中"背景"功能区中的"背景样式"下拉按钮，执行"设置背景格式"命令。然后在弹出的"设置背景格式"对话框中，选择"图片或纹理填充"单选按钮，并单击"文件"按钮，在弹出的"插入图片"对话框中，选择相应的背景图片，并设置其透明度为40%，单击"关闭"，即可完成该幻灯片背景的设置。

步骤3：选择"插入"选项卡，在"文本"组中单击"文本框"下拉按钮，执行"横排文本框"命令。然后插入的文本框中，输入"德州职业技术学院"，设置字体为隶书、字号为72磅、加粗、文字阴影。选择"格式"选项卡中的"艺术字样式"功能组，设置艺术字样式为"填充-强调文字颜色2，暖色粗糙棱台"，阴影为"向下偏移"，映象为"半映象，接触"。插入副标题"特色专业设置"，设置为仿宋、32磅、加粗、阴影。设置艺术字样式为"渐变填充-强调文字颜色4，映象"。

步骤4：在"动画"选项卡中，单击"动画"功能区中的下拉按钮，弹出"动画"任务窗格。在"动画"任务窗格中，执行"进入"命令。设置添加"动画效果：伸展、开始：之后、方向：跨越、速度：快速"。选择副标题，添加动画效果为"伸展、之后、自左侧、快速"。

步骤5：选择该幻灯片，并选择"切换"选项卡，在"切换到此幻灯片"功能组中应用"向下擦除、切换声音：风铃、切换速度：快速、切换方式：单击鼠标时"。

步骤6：第二张幻灯片的制作。选择"设计"选项卡，单击"页面设置"组中的"页面设置"按钮。在弹出的"页面设置"对话框中设置幻灯片的宽度为25，高度为19。选择"开始"选项卡中"幻灯片"功能区中的"新建幻灯片"，新建空白版式幻灯片。选择"设计"选项卡中"主题"组中的"凸显"项，为其更改主题。

步骤7：插入两张图片，并改变其大小和位置，并在各自的图片上添加相应的文本。选定图片，选择"格式"选项卡中"图片样式"组中的"图片边框"下拉按钮，为图设置边框颜色为橙色，粗细为 4.5 磅。按下 ctrl 键，选择两个图片，选择"开始"选项卡中"绘图"功能组中的"排列"下拉按钮，执行"组合"命令。插入横排文本框，输入相应的文本内容。选择"格式"选项卡中"形状样式"功能组中的"形状轮框"下拉按钮，设置文本框边框颜色为"白色 - 文字 1"、粗细为 4.5 磅。

步骤 8：设置图片的动画效果为"十字扩展、开始：之后、方向：缩小、速度：快速"；设置文本框动画效果分别为"劈裂、开始：之后、方向：上下向中央收缩、速度：快速"和"压缩、开始：之后、速度：快速"。幻灯片切换方式为"溶解、快速、单击鼠标"。

步骤 9：第三张幻灯片的制作。新建"空白"幻灯片，设置其主题为"跋涉"。插入横排文本框并输入"专业设置设置及学生分配比例"，设置其字体格式为"隶书、36 磅、红色"，艺术字样式为"阴影：向上偏移、影像：半影像 - 接触"。

步骤 10：选择"插入"选项卡"表格"下拉按钮，插入 2 行 11 列的表格。选择"设计"选项卡中"表格样式"功能组，设置表格的样式为"主题样式 2 - 强调 6"，并输入相应的文本和数据。

步骤 11：选择"插入"选项卡"插图"功能组中的"图表"根据表格数据建立柱形图。并添加图表名称为"各专业学生分配比例图表"。

步骤 12：设置标题动画效果"伸展、之后、跨越、快速"；表格动画效果"伸展、忽明忽暗、快速"；图表动画效果"阶梯状、之后、右下、快速"；幻灯片的切换方式"向右下揭开"。

步聚 13：第四张幻灯片的制作。新建"空白"幻灯片，设置其主题为"暗香扑面"。插入剪贴画"火焰条"，并调整到幻灯片的上边缘。复制该剪贴画到幻灯片的下边缘，选择该剪贴画，单击"格式"选项卡中"排列"功能组"旋转"下拉列表中的"水平翻转"，完成该图片的水平翻转。选择"插入"选项卡，在"插图"功能组中单击"SmartArt"按钮。然后在弹出的"选择 SmartArt 图形"对话框中选择"关系"选项卡，选择"分离射线"图形。插入形状后，选择"设计"选项卡中"SmartArt 样式"功能组"三维 - 优雅"。

步骤 14：选择形状后，右击并执行"编辑文字"命令。然后在形状中输入相应的系名并设置字体格式。右击形状，在弹出的快捷菜单中选择"设置图片格式"命令，在该对话框中完成图片的填充。

步骤 15：添加形状。选择形状，右击执行"添加形状"命令，在该级联菜单中选择"在后面添加形状"或"在前面添加形状"即可。

步骤 16：第五张幻灯片的制作。新建空白版式幻灯片，选择"设计"选项卡"背景"功能组中"背景样式 7"。插入相应的动画、文本、剪贴画、图片并调整大小及位置。选择"插入"选项卡"插图"功能组中的"形状"，在幻灯片中插入"上下箭头"形状并添加文字。并分别设置对象的动画效果及幻灯片的切换效果。

步骤 17：第六张幻灯片的制作。新建空白版式幻灯片，插入相应的文本与图片、调整大小及位置并设置其动画效果。选择文本或图片，打开"自定义动画"窗格，单击"添加效果"下拉按钮，选择"退出"级联菜单中的效果。第一项选择"开始：单击鼠标"，其他三个对象为"开始：之前"。

步骤 18：在原对象上插入文本与图片，并将原来的对象进行覆盖，再分别进行对象的动画设置。

步骤 19：第七张幻灯片的制作。新建空白版式幻灯片，设置其背景样式为"样式 12"。插入相应的文本与图片，调整大小及位置并对三张图片进行组合。依次编辑下列各幻灯片，分别设置其动画效果及幻灯片的切换效果。

步骤20：选择第四张幻灯片，选择"计算机"形状。选择"插入"选项卡中"链接"功能组中的"超链接"按钮。打开"编辑超链接"对话框，在"链接到"选项中，选择"本文档中的位置"。在"请选择文档中的位置"下拉列表框中选择"幻灯片7"，单击"确定"超链接建立完成。

步骤21：选择第七张幻灯片并选定"gif图标"，选择"插入"选项卡中"链接"功能组中的"超链接"按钮。打开"编辑超链接"对话框，在"链接到"选项中，选择"本文档中的位置"。在"请选择文档中的位置"下拉列表框中选择"幻灯片4"，单击"确定"，超链接建立完成。

◇ 相关知识

一、创建演示文稿常用的方法

单击"文件"按钮，执行"新建"命令。然后在弹出的"新建演示文稿"对话框中，选择"空白演示文稿"图标，单击"创建"按钮。如图5-24所示。

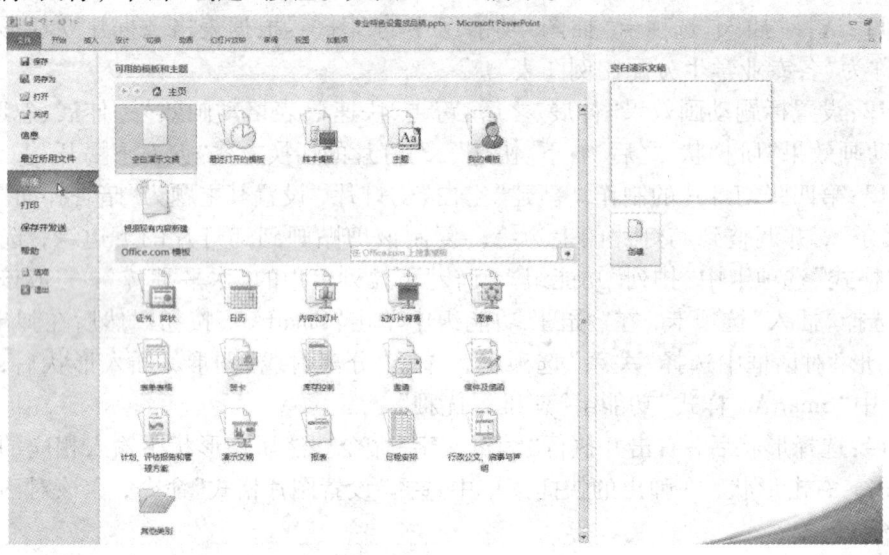

图 5-24　新建演示文稿

二、幻片背景格式的设置

选择"设计"选项卡中"背景"功能区中的"背景样式"下拉按钮，执行"设置背景格式"命令。如图5-25所示。

图 5-25　背景样式

三、幻灯片的操作

1. 插入幻灯片

(1) 通过"幻灯片"组插入

在"幻灯片"窗格中，选择一张幻灯片。然后选择"开始"选项卡，单击"幻灯片"组中的"新建幻灯片"下拉按钮，选择任一版式的幻灯片即可。如图 5-26 所示。

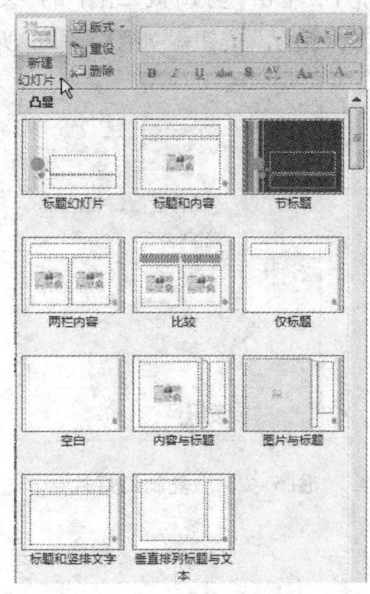

图 5-26 插入新幻灯片

(2) 通过右击幻灯片插入

选择幻灯片，右击并执行"新建幻灯片"命令，即可在选择的幻灯片之后插入一张新的幻灯片。如图 5-27 所示。

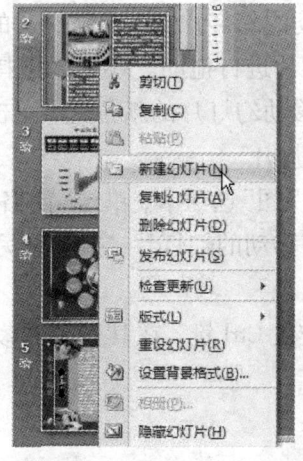

图 5-27 快捷菜单插入幻灯片

(3)通过键盘插入

在"幻灯片"窗格中选择一张幻灯片,然后按回车键,即可插入一张新的幻灯片。

2.复制和粘贴幻灯片

为了使新建的幻灯片与已经建立的幻灯片保持相同的版式或设计风格,可以运用复制和粘贴的方法来实现。

(1)通过"剪贴板"组进行复制粘贴

在"幻灯片"窗格中选择幻灯片,单击"剪贴板"组中的"复制"按钮。然后将光标置于需要创建副本幻灯片的位置上,单击"粘贴"按钮。如图5-28所示。

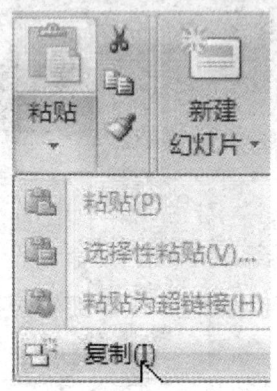

图5-28 复制幻灯片

(2)通过右击进行复制粘贴

选择幻灯片,右击执行"复制"命令。然后将光标置于需要创建副本幻灯片的位置上,右击执行"粘贴"命令。

3.移动幻灯片

为了调整幻灯片的播放顺序,可移动幻灯片的位置。

(1)同一篇演示文稿中移动

在"幻灯片"窗格中选择要移动的幻灯片,拖动至合适的位置后松开鼠标。也可以切换至幻灯片浏览视图中,然后选择幻灯片进行拖动。还可以选择要移动的幻灯片,单击"剪贴板"组中的"剪切"按钮。然后选择要移动幻灯片的新位置,单击"粘贴"按钮。

(2)在不同演示文稿中移动幻灯片

将两篇演示文稿打开,选择"视图"选项卡,单击"窗格"组的"全部重排"按钮,则将两个文稿显示在一个界面中,再选择要移动的幻灯片,拖动至另一个演示文稿中。

(3)同时移动多张幻灯片

单击要移动的幻灯片,然后按住Ctrl键,在其他要移动的幻灯片上依次单击,选择多张幻灯片,按住鼠标左键拖动即可。

4.删除幻灯片

(1)通过右击删除

选择要删除的幻灯片,右击并执行"删除幻灯片"命令。如图5-29所示。

项目五　PowerPoint 2010 的运用

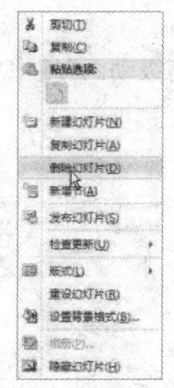

图 5-29　删除幻灯片

(2)通过键盘删除

选择要删除的幻灯片，按 Delete 键进行删除。

四、选择动画方案

要对幻灯片使用动画效果，首先应选择一种动画方案。可通过"动画"任务窗格选择动画方案。在动画列表中，显示的是当幻灯片中，所有已被应用了动画效果的元素及其对应的动画效果设置。列表中包含了多个项目，每个项目表示一个动画事件，在幻灯片播放的时候按照由上至下的顺序，对动画列表中的动画事件进行顺序播放。

动画是为幻灯片的单个对象，如文本、图片，进行自定义，从而实现动画的多样性。

1. 添加动画效果

(1)通过"动画"选项卡添加动画

在"动画"选项卡中，单击"动画"功能组中的下拉按钮，弹出"动画"任务窗格。如图 5-30 所示。

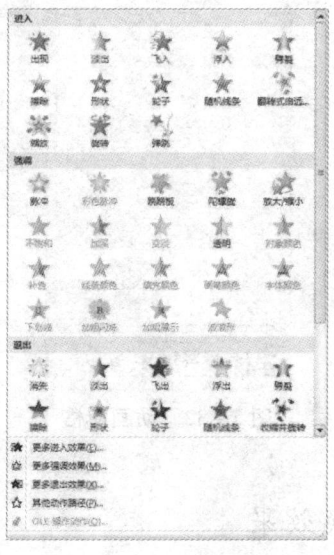

图 5-30　动画窗格

(2)通过"高级动画"功能组添加动画

选择要设置动画的对象,然后在"高级动画"组中单击"添加动画"下拉按钮,执行动画命令。如图5-31所示。

图5-31　动画列表框

2. 设置动画播放顺序

在"高级动画"功能区中,单击"动画窗格"按钮,在打开的任务窗格中就可更改动画的播放顺序。如图5-32所示。

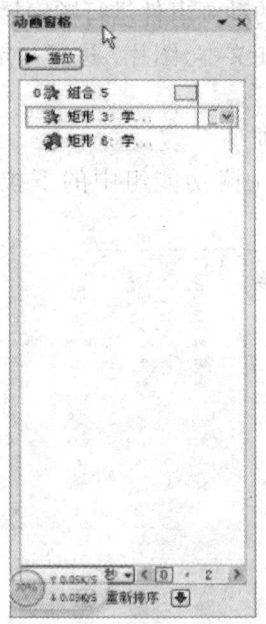

图5-32　动画窗格

五、设置幻灯片的切换效果

幻灯片切换动画是一种特殊效果,是在上一张幻灯片过渡到当前幻想灯片时可应用的效果。如图5-33所示。

1. 设置切换效果

选择要应用切换效果的幻灯片,并选择"切换"选项卡,在"切换到此幻灯片"功能组中应用一种切换效果即可。在"切换到此幻灯片"功能组中,如果单击"全部应用"按钮,则演示文稿中每张幻灯片在切换时,将显示为相同的切换效果,否则只应用于选定的当前幻灯片。

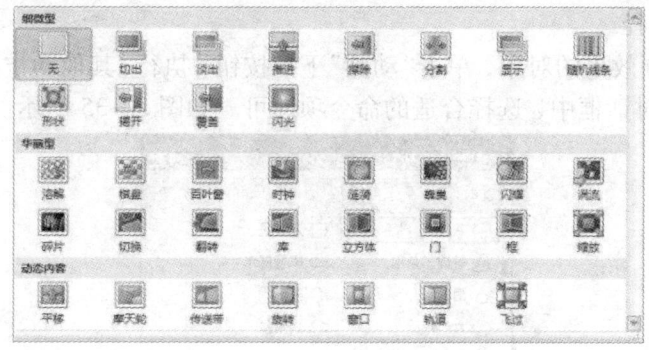

图 5-33　幻灯片切换效果选项

2. 设置切换声音和速度

设置切换声音和速度,可使上一张幻灯片过渡到当幻灯片时播放该声音或改变动画速度。如图 5-34 所示。

图 5-34　设置切换声音和速度

(1) 设置切换声音

选择要设置切换声音的幻灯片,在"切换到此幻灯片"功能组中单击"切换声音"下拉按钮,执行一种声音命令即可。也可执行"其他声音"命令,在弹出"添加声音"对话框中,选择要添加的声音,单击确定。

在"添加声音"对话框中,选择的声音文件格式必须为.wav 格式,否则将无法播放声音文件。

(2) 设置切换速度

在"切换到此幻灯片"组中,单击"切换速度"下拉按钮,执行速度命令。

3. 设置换片方式

演示文稿的换片方式,默认的方式为单击鼠标时。在"切换到此幻灯片"功能组中,启用"切换方式"栏中的"单击鼠标"复选框,则在切换时单击鼠标才可实现。

在"切换到此幻灯片"组中,启用"换片方式"栏中的"在此之后自动设置动画效果"复选框,并在其后的微调框中输入调整时间。在"切换到此幻灯片"功能组中,单击"全部应用"按钮,则演示文稿中每张幻灯片在切换时无须单击鼠标,只需等待设置的时间就可自动切换。

六、动画设置技巧

1. 设置动作路径动画效果

设置动作路径动画效果，可以运用内置路径，也可通过绘制自定义路径来设置。

（1）运用内置路径

选择要设置动画效果的对象，单击"动画"下拉按钮，执行"其他动作路径"命令，在弹出的"添加动作路径"对话框中，选择合适的命令项即可。如图5-35所示。

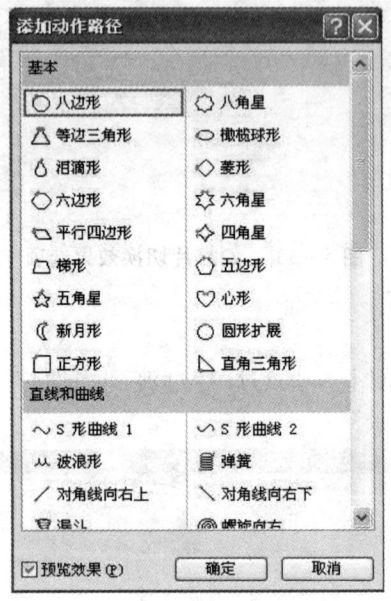

图5-35　添加动作路径

（2）更改强调效果

选择要更改强调效果的对象，并在"动画"任务窗格中单击"更改强调效果"选项，即可添加强调效果。如图5-36所示。

图5-36　更改强调效果

2. 设置不断放映的动画效果

在动画列表中单击"动画效果"右侧下拉按钮，选择下拉列表框中的"效果选项"。如图 5-37 所示。

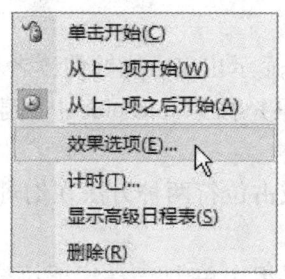

图 5-37　设置效果选项

在弹出的动画对话框中，选择"计时"选项卡，并单击"重复"下拉按钮，在其下拉列表中选择重复的设置项。如图 5-38 所示。

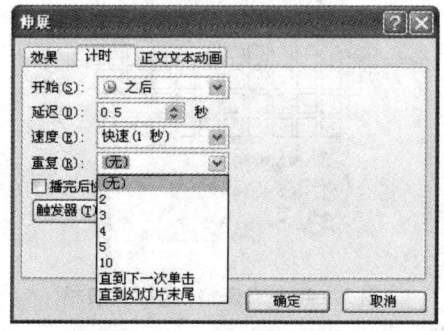

图 5-38　动画的重复设置

3. 在同一位置放置多个对象

在同一位置放置多个对象，分别选择对象，对其设置一种"退出"的效果。执行"动画"任务窗格中的"更改退出效果"命令。如图 5-39 所示。

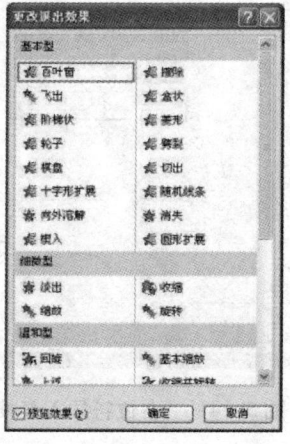

图 5-39　设置对象的退出命令

最下层的对象退出之后，随后设置其下层的对象的进入效果，即可完成在同一位置放置多个对象的效果。

七、插入表格

将不同的数据项插入到表格中显示出来，能够使读者更易于理解它们的关系。在幻灯片中创建表格的方法与 Word 类似，只是在 PowerPoint 中创建的表格不能做计算或者排序。

1. 在幻灯片中添加表格

通常用户可以使用"表格"组或占位符两种方法在幻灯片中插入表格。

（1）使用"表格"组插入表格

选择"插入"选项卡，在"表格"组中单击"表格"下拉按钮，然后在弹出的下拉列表中，选择行数和列表即可。如果 5-40 所示。

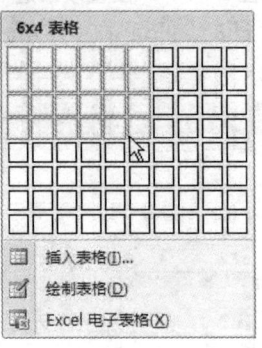

图 5-40　"表格"组插入表格

（2）通过占位符插入表格

新建一个带有标题和内容的幻灯片，单击"插入表格"图标，在弹出的"插入表格"对话框中输入行数和列数，并单击"确定"按钮。如图 5-41 所示。

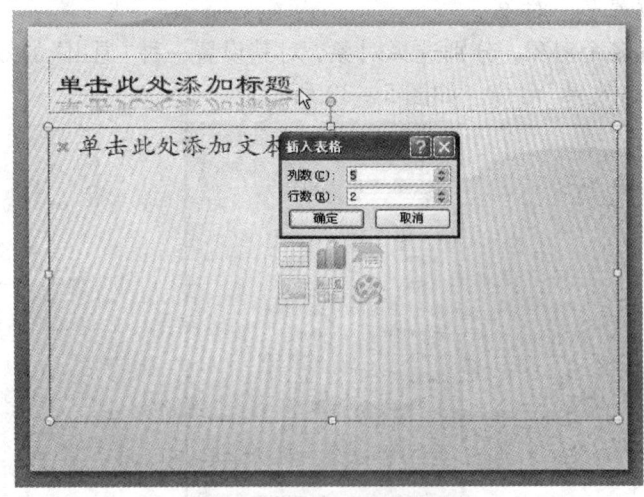

图 5-41　占位符插入表格

2. 设置表格的填充颜色

在 PowerPoint 中，可以为表格填充纯色、纹理、图片等。

(1) 纯色填充

选择整个表格后，选择"设计"选项卡，在"表格样式"功能组中单击"底纹"下拉按钮，在弹出的下拉列表中为表格选择一种颜色即可。如图 5 – 42 所示。

图 5 – 42　表格纯色填充窗格

(2) 应用表格样式

使用表格样式可以快速改变表格的外观。选择表格后，选择"设计"选项卡中的"表格样式"功能组，并在"样式"下拉列表框中选择一种样式即可。如图 5 – 43 所示。

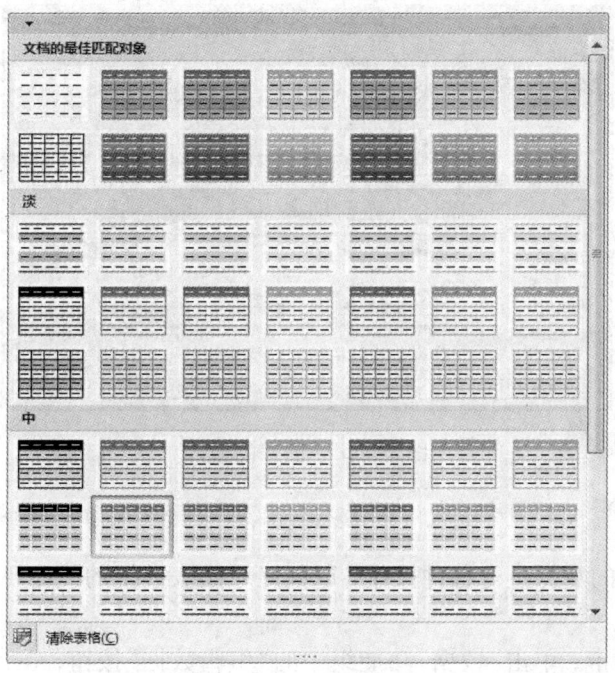

图 5 – 43　表格样式

(3) 表格内文本的对齐方式、文字方向、单元格边距

在 PowerPoint 中，通过选择"布局"选项卡，并单击"对齐方式"功能组中的 6 个对齐按钮，即可设置表格中的文字对齐方式。选择"文字方向"下拉按钮，更改文字方向。单击"单元格边距"下拉按钮，设置单元格的边距。如图 5-44 所示。

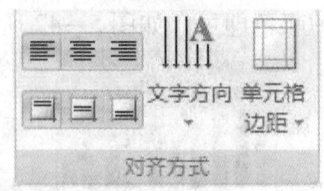

图 5-44　表格文字对齐方式

八、图表的创建与编辑

图表可以用来比较数据并分析数据之间的关系。形象直观的图表与文字数据相比，更容易让人理解，使幻灯片的显示效果更加清晰直观。

1. 创建图表

在 PowerPoint 中可以方便快捷地创建各种不同类型的图表。通过在幻灯片占位符中插入和在"插图"功能组中插入两种方法来创建图表。

单击占位符中的"插入图表"按钮，或选择"插入"选项卡，单击"插图"功能组中的"图表"按钮，在弹出的"插入图表"对话框中选择一种图表类型，并单击"确定"按钮，然后在弹出的 Excel 工作表中插入图表，如图 5-45 所示。

图 5-45　图表的插入

2. 编辑图表数据

用户可以对图表的数据进行各种操作，以满足对图表数据的最终要求。

(1) 编辑数据

选择"设计"选项卡，单击"数据"功能组中的"编辑数据"按钮，在弹出的 Excel 工作表中输入显示的数据即可。如图 5-46 所示。

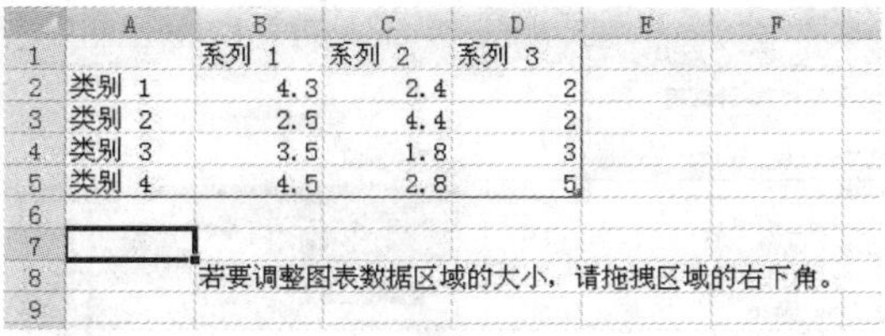

图 5-46 输入示例数据

(2) 选择数据区域

选择"设计"选项卡,单击"数据"功能组中的"选择数据按钮"。在弹出的"选择数据源"对话框中,选择数据区域。如图 5-47 所示。

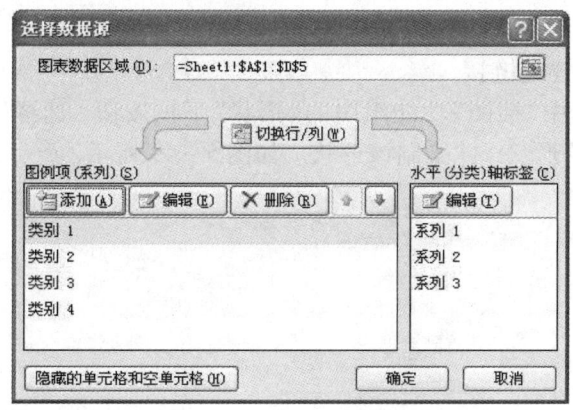

图 5-47 选择数据区域

九、创建超链接

超链接是指从一个幻灯片指向另一个目标幻灯片的链接关系。在 PowerPoint 中,包含了一个 Office 应用程序共享的超链接对话框,使用该超链接对话框可以方便地在演示文稿中插入超链接。这个超链接可链接到另一幻灯片,也可以链接到另一演示文稿文件,从而制作出交互式演示文稿文件。

1. 为对象创建超链接

在幻灯片中选择将要创建超链接的对象,对象可以是文本、图片、动画等,并选择"插入"选项卡,单击"链接"功能组中的"超链接"按钮。此时,系统将弹出"插入超链接"对话框,在"链接到"栏中选择"本文档中的位置"选项卡,在"请选择文档中的位置"列表框中选择目标幻灯片。如图 5-48 所示。

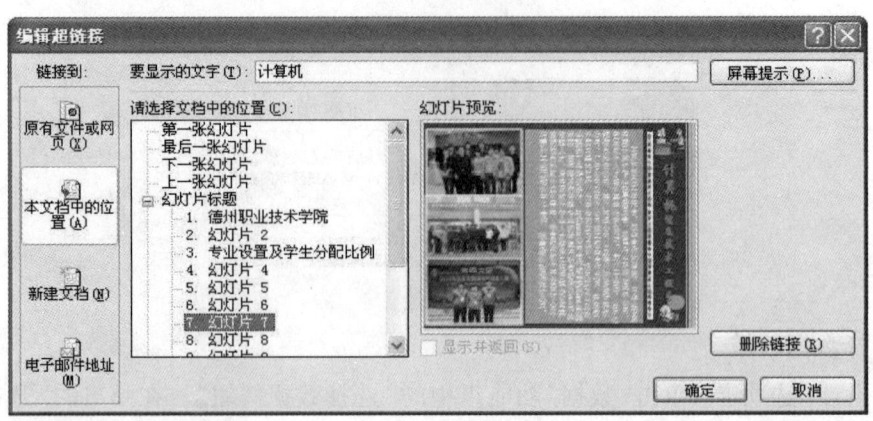

图 5-48　编辑超链接

2. 通过动作按钮创建超链接

单击"插入"选项卡中"插图"功能组中的"形状"下拉按钮，选择"动作按钮"栏中的"动作按钮，前进或下一项"形状，并绘制该形状。如图 5-49 所示。

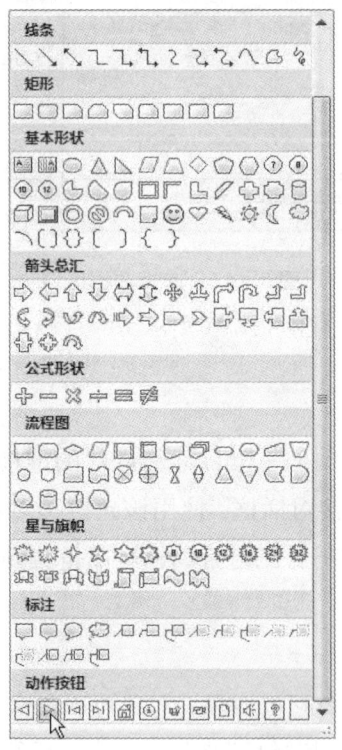

图 5-49　动作按钮的选择

在弹出的"动作设置"对话框中，单击"超链接到"下拉按钮，选择"幻灯片"项，弹出"超链接到幻灯片"对话框。然后在"幻灯片标题"列表框中，选择将链接到的幻灯片，单击"确定"按钮。即可完成超链接的创建。如图 5-50、5-51 所示。

项目五　PowerPoint 2010 的运用

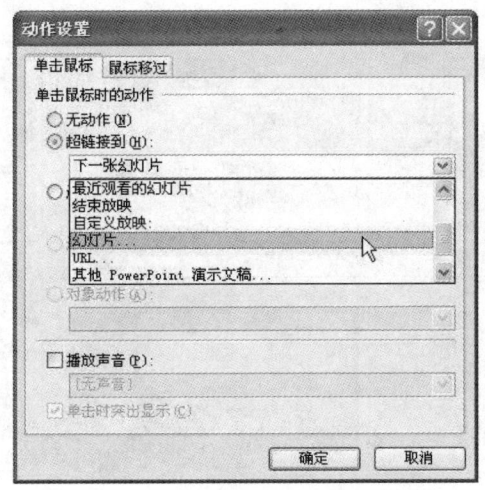

图 5-50　动作设置对话框

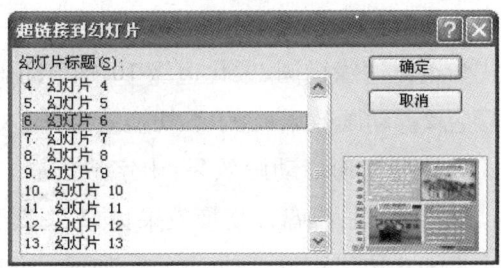

图 5-51　超链接到幻灯片对话框

3. 通过动作设置创建超级链接

选择要创建超级链接的对象，单击"链接"功能组中的"动作"按钮。其方法同"通过动作按钮"创建超级链接。

◇ 技能训练

技能训练原始图

技能训练效果图

要求：

步骤1：第一张图片样式为柔化边缘椭圆、柔化边缘10磅。动画效果：圆形拓展。文本形状样式为：中等效果，强调颜色2。动画效果：轮子。切换效果：揳入。

步骤2：第二张图片样式为棱台矩形。动画效果：十字形扩展。文本形状样式：浅色1轮廓，颜色填充-强调颜色4。动画效果：棋盘。切换效果：向右下揭开。

步骤3：第三张图片样式为柔化边缘矩形。动画效果：伸展。文本形状样式：中等效果，强调颜色6。动画效果：擦除。切换效果：菱形。

步骤4：第四张图片样式为剪裁对角线，白色；动画效果：出现。文本形状样式为：浅色1轮廓，彩色填充-强调颜色4；动画效果：强调，忽明忽暗。切换效果：从内到外水平分割。

步骤5：第五张图片样式为矩形投影；动画效果：压缩。文本形状样式为：浅色1轮廓，彩色填充-强调颜色3；动画效果：动作路径，对角线向右下。切换方式：新闻快报。

步骤6：第六张设置图样式双框架、黑色；图片边框：深蓝；图片效果：棱台，硬边缘。动画效果：进入，百叶窗；退出：收缩。。三张图片动画效果：伸展、跨越、快速。文本动画效果：陀螺旋、中速、360度顺时针。

任务三 制作"职业生涯规划"演示文稿

■ 能力目标：

能掌握幻灯片母板的设计方法

能掌握背景音乐的插入与设置方法

能掌握视频文件的插入与设置方法

能掌握设置幻灯片放映方式的操作方法

能掌握发布演示文稿的操作方法

◇ 任务情景

一个具有声情并茂、具备统一风格幻灯片的演示文稿，可能对演示的效果会起到意想不到的效果。制作演示文稿的目的就是为了在不同的场合、不同的地点进行演示和播放，所以说，为一个演示文稿文件选择一种合适的播放方式、对演示文稿文件进行打包操作显得是非常之必要。下面我们以与就业有关的素材，制作具有声情并茂、具有统一风格的"职业生涯规划"演示文稿（图5-52 任务效果图）。

图5-52 任务效果图

◇ 实施步骤

步骤1：第一张幻灯片的制作。单击"文件"按钮，执行"新建"命令，弹出"新建演示文稿"对话框。在"空白文档和最近使用文档"栏中选择"空白演示文稿"图标，并单击"创建"按钮。然后在新建的空白演示文稿中，选择"开始"选项卡，在"幻灯片"组中单击"版式"下拉按钮，选择"空白"项，将幻灯片设置为空白版式。

步骤2：选择"设计"选项卡中"背景"功能区中的"背景样式"下拉按钮，执行"设置背景格式"命令。然后在弹出的"设置背景格式"对话框中，选择"图片或纹理填充"单选按钮，并单击"文件"按钮，在弹出的"插入图片"对话框中，选择相应的背景图片，并设置其透明度为40%，单击"关闭"，即可完成该幻灯片背景的设置。

步骤3：选择"插入"选项卡，在"文本"组中单击"文本框"下拉按钮，执行"横排文本框"命令。然后在插入的文本框中，输入"职业生涯规划"，设置字体为华文隶书、字号为80磅、加粗、文字阴影、红色。选择"格式"选项卡中的"艺术字样式"功能组，设置艺术字样式为"填充－强调文字颜色2，粗糙棱台"，设置文字的文本效果为转换效果中的图。

步骤4：选择"插入"选项卡中"媒体"功能组中的"音频"下拉按钮"文件中的音频……"命令。插入相应的声音文件作为背景音乐，选择播放方式为自动播放。

步骤5：在"动画"选项卡中，单击"动画"功能区中的下拉按钮，弹出"动画"任务窗格。选择音乐标志，选择"声音工具"下的"选项"选项卡，在"声音选项"功能组里，选择"放映时隐藏"复选按钮和"循环播放，直到停止"复选按钮，选择"播放声音"下拉列表中的"自动"命令。选择主标题，在"自定义动画"任务窗格中，单击"添加效果"下拉按钮，执行"进入"命令。设置添加"动画效果：放大、开始：之前、速度：中速"。幻灯片切换方式：从全黑淡出、无声音、中速、单击鼠标时。

步骤6：幻灯片母版的制作。新建空白版式幻灯片，选择"视图"选项卡，在"演示文稿视图"功能组中选择"幻灯片母版"，在标题幻灯片中插入校徽图片，并调整其大小与位置。选择"插入"选项卡，在"插图"功能组中选择"形状"下拉按钮，在其下拉列表框中选择"肘形箭头连接符"，调整其大小和位置，然后进行格式设置，并进行复制；再选择"文本"功能组中的"横排文本框"，添加文本"职业生涯规划"，并进行格式设置。执行"幻灯片母版"选项卡中的"关闭母版视图"按钮，即可完成幻灯片母版的制作。

步骤7：第二张幻灯片的制作。新建空白版式幻灯片，插入相应的图片并调整到合适的大小和位置，在图片的下方分别输入"校企合作理事会"和"对外交流与合作"，选择图片与相应的文字进行组合。分别对组合体添加自定义动画为"劈裂，效果：之后、中央向上下展开、快速"和"劈裂，效果：之后、上下向中央收缩、快速"。插入横排文本框，形状填充为橙色，并添加"华文楷体、16磅、加粗、红色"文本内容，添加自定义动画为"菱形，效果：之后、放大、快速"。幻灯片的切换效果为"向下揭开"。

步骤8：第三张幻灯片的制作。新建空白版式幻灯片，插入相应的图片并调整其大小与位置。分别设置图片样式为"柔化边缘椭圆、柔化边缘25磅"和"柔化边缘矩形、柔化边缘25磅"。分别添加图片说明文本"探索先进和办学理念"和"场面火爆的供需见面会"，并进行相应的组合。分别设置其自定义动画为"盒状，效果：之后、缩小、快速"和"盒状，效果：之后、放大、快速"。插入横排文本框，设置其为无色填充，形状轮廓为"深蓝，强调文字颜色6；粗细：2.25磅；形状效果为：强调文字颜色6，5pt发光"。添加隶书、24磅文本内容。设置文本框的动画为"伸展，效果：之后、跨越、快速"。幻灯片切换效果为"顺时针回旋，一根轮辐"。

步骤9：第四张幻灯片的制作。新建空白版式幻灯片，分别插入文本框和图片，并进行格式设置。设置其自定义动画效果分别是"阶梯状，效果：之后、左下、快速"和"阶梯状，效果：之前、右下、快速"。幻灯片切换效果为"条纹左下展开"。

步骤10：第五张幻灯片的制作。新建空白版式幻灯片，分别插入文本框和图片，并进行格式设置。设置组合体的自定义动画效果分别是"阶梯状，效果：之后、左下、快速"和"阶梯状，效果：之前、右下、快速"，文本框的自定义动画效果为"劈裂，效果：之后、中央向左右展开、快速"。幻灯片切换效果为"从内到外垂直分割"。

步骤11：第六张幻灯片的制作。新建空白版式幻灯片，分别插入文本框和图片，并进行格式设置。设置组合体的自定义动画效果分别是"棋盘，效果：之后、跨越、快速"和"棋盘，效果：之前、下、快速"，文本框的自定义动画效果为"菱形，效果：之后、放大、快速"和"菱形，效果：之前、缩小、快速"。幻灯片切换效果为"从外到内垂直分割"。

步骤12：第七张幻灯片的制作。新建空白版式幻灯片，插入文本"学院部分专业实训相关视频"并进行相应的格式设置。设置其自定义动画效果为"伸展，效果：之后、跨越、快速"；选择文本对象，添加动作路径为"向下，效果：之后、解除锁定、中速"。插入文件中的影片，并设置其图片样式为：棱台亚光、白色、主题颜色：灰色50%，文字2，淡色40%、图片效果：棱台，草皮。之后，播放。之后，盒状退出。

◇ 相关知识

一、幻灯片母版的建立

为了使演示文稿中的每张幻灯片具有统一的样式，如统一的外观、格式、颜色、背景等。PowerPoint 是通过母版来统一幻灯片外观及表现形式的。PowerPoint 2010 提供了3种母版形式：幻灯片母版、讲义母版和备注母版。

1. 更改幻灯片母版

PowerPoint 2010 主要是通过插入占位符来设置幻灯片母版版式，同时还可以为幻灯片母版进行背景图片的设置。通过在幻灯片版式中插入或删除占位符来实现母版版式的更改。

选择"视图"选项卡"演示文稿视图"功能组中的"幻灯片母版"面版。然后，单击"插入占位符"下拉按钮，选择一种占位符，并在幻灯片插入该占位符。如图5-53所示。

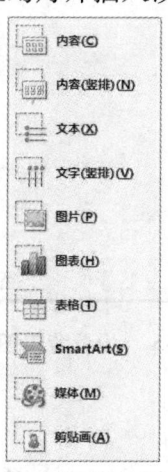

图5-53　占位符插入窗格

2. 编辑背景图片

单击"背景"功能组中的"背景样式"下拉按钮,执行"设置背景格式"命令。在弹出的"设置背景格式"对话框中,选择"图片或纹理填充"单选按钮,单击"文件"按钮,选择作为背景的图片。在"设置背景格式"对话框中选择"图片"选项卡,可以设置图片的亮度和对比度,以及可以设置背景图片的偏移量和透明度。如图 5 – 54、5 – 55 所示。

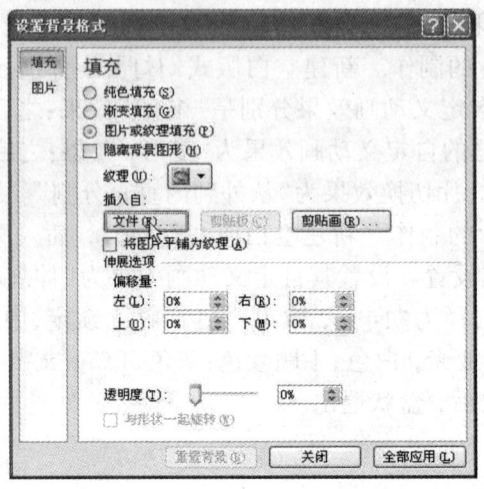

图 5 – 54　设置背景格式对话框

图 5 – 55　设置背景图片格式

3. 插入幻灯片母版

可以在同一演示文稿中创建多个幻灯片母版,并将这些母版应用在不同的幻灯片中。在幻灯片母版视图中,单击"编辑母版"功能组中的"插入幻灯片母版"按钮,即可插入幻灯片母版。如图 5-56 所示。

图 5-56　插入幻灯片母版

二、背景音乐的插入与设置

背景音乐是制作多媒体演示文稿的基本要素，在幻灯片中加入适当的背景音乐会使幻灯片变得生动活泼，会起到一定的积极作用。可以直接使用剪辑管理器中的声音文件，也可以将自己喜欢的音乐插入到幻灯片中去。

1．插入剪贴画音频

选择"插入"选项卡，单击"媒体"功能组中的"音频"下拉按钮，执行"剪贴画中的音频"命令。在弹出的"剪贴画"任务窗格中，选择所需声音即可在幻灯片中插入声音。如图 5-57 所示。

图 5-57　剪辑管理器中的声音

2．添加文件中的声音

选择"插入"选项卡，单击"媒体"功能组中的"音频"下拉按钮，执行"文件中的音频"命令。

在弹出的"插入音频"对话框中选择一个声音文件,并单击"确定"按钮。如图5-58所示。

图5-58　插入文件中的音频

3.声音文件的播放

通常可以通过三种方式在幻灯片中播放声音文件:自动播放、在单击鼠标时播放和跨越幻灯片播放。

(1)自动播放

选择幻灯片中的"声音"按钮,再选择"声音工具"下的"选项"选项卡。单击"声音选项"功能组中的"播放声音"下拉按钮,选择"自动"选项。实现声音在幻灯片放映时自动播放。如图5-59所示。

图5-59　音频文件的播放方式

(2)在单击时播放

选择"声音工具"下的"选项"选项卡,单击"声音选项"功能组中的"播放声音"下拉按钮,选择"在单击时"选项。

(3)跨幻灯片播放

选择"声音工具"下的"选项"选项卡,单击"声音选项"功能组中的"播放声音"下拉按钮,选择"跨幻灯片播放"选项,实现声音在幻灯片中的的连续播放。

4.调整声音文件的大小

默认情况下小于100KB的wav格式的声音文件,采用嵌入的方法存储在幻灯片中。而其他类型的媒体文件以及大于100KB的wav声音文件则采用链接的方式链接到幻灯片中。但可以通过调整声音文件大小来设置嵌入声音文件的大小。其最大值可以增加到50000KB,但此时也会增大整个演示文稿的大小,也会减慢演示文稿的演示速度。

5.设置播放格式

用户可以对幻灯片中声音文件的音量、播放格式、显示方式等进行设置。

(1) 设置幻灯片放映音量的大小

选择"声音工具"下的"选项"选项卡,单击"声音选项"功能组中的"幻灯片放映音量"下拉按钮,设置其音量大小。

(2) 设置播放格式显示方式的设置

单击"声音选项"功能组中的"对话框启动器"按钮,在弹出的"声音选项"对话框中启用"播放选项"栏中的"循环播放,直到停止"复选框;同时启用"显示选项"栏中的"幻灯片放映时隐藏声音图标"复选框,并单击"确定"。如图 5-60 所示。

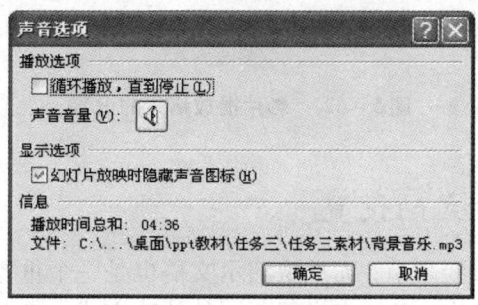

图 5-60　播放格式及显示方式的设置

三、视频文件的插入与设置

在放映幻灯片时可以在其中插入一段视频,以加强幻灯片的说明力。在幻灯片中添加视频最常用的方法就是从文件中插入。

1. 插入文件中的影片

用户可以通过在"媒体"组中插入和在占位符中插入两种方法,在幻灯片中插入文件中的影片。

(1) 通过"媒体"组插入影片

选择"插入"选项卡,单击"媒体"功能组中的"视频"下拉按钮,执行"文件中的视频"命令,在弹出的"插入视频文件"对话框中选择所要插入的视频,并在弹出的对话框中选择播放方式。如图 5-61 所示。

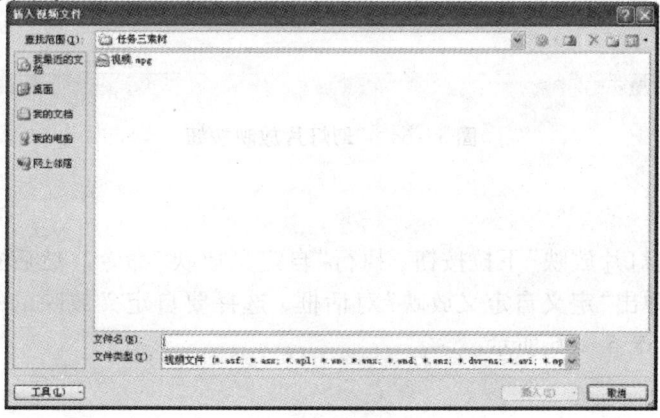

图 5-61　插入视频文件对话框

（2）通过占位符插入影片

单击占位符中的"插入媒体剪辑"按钮。在弹出的"插入视频"对话框中选择所要插入的视频，并在弹出的对话框中选择播放方式。

2．设置影片播放格式

在幻灯片中插入了视频之后，用户可以在其中预览视频，还可以对其播放格式和显示方式进行简单的设置，方法与音频文件格式的设置相似。如图 5－62 所示。

图 5－62　影片播放格式的设置

四、幻灯片放映方式的设置

制作演示文稿是一个重要环节，而放映演示文稿也是一个重要的环节。当演示文稿制作完成后，就可以根据不同的放映环境来设置不同的放映方式，最终实现幻灯片的放映。

1．开始放映幻灯片

开始放映幻灯片主要包含从头放映、当前放映、广播幻灯片和自定义放映四种方式。

（1）从头放映

选择"幻灯片放映"选项卡，在"开始放映幻灯片"功能组中单击"从头开始"按钮。如图 5－63 所示。

图 5－63　设置从头放映

（2）当前放映

当前放映即从当前选择的幻灯片开始放映，其方法主要有两种：运用"开始放映幻灯片"和状态栏上的"幻灯片放映"按钮来实现。如图 5－64 所示。

图 5－64　幻灯片放映按钮

（3）自定义放映

单击"自定义幻灯片放映"下拉按钮，执行"自定义放映"命令。然后在弹出的对话框中，单击"新建"按钮，弹出"定义自定义放映"对话框，选择要自定义放映的幻灯片，并单击"添加"按钮。如图 5－65、5－66 所示。

项目五　PowerPoint 2010 的运用

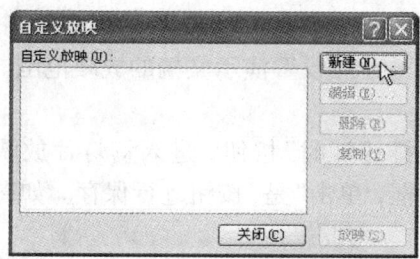

图 5-65　自定义放映新建窗口

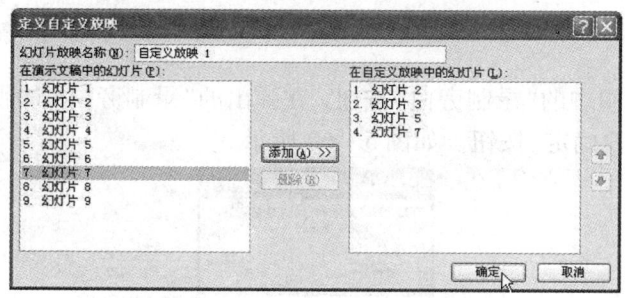

图 5-66　定义自定义放映窗口

2. 设置幻灯片放映

设置幻灯片放映主要包括对幻灯片放映方式、排练计时、隐藏或显示幻灯片及录制旁白等设置。

（1）幻灯片放映方式

根据放映环境的不同将放映分为三种类型，演讲者放映：选择该方式，可以运行全屏显示演示文稿，但是必须要在有人看管的情况下进行放映；观众自行浏览：选择该方式，观众可以移动、编辑、复制和打印幻灯片；在展台浏览：选择该方式，可以自动运行演示文稿，不需要专人控制。

选择"幻灯片放映"选项卡"设置"功能组中的"设置幻灯片放映"按钮，打开"设置幻灯片放映"对话框。如图 5-67 所示。

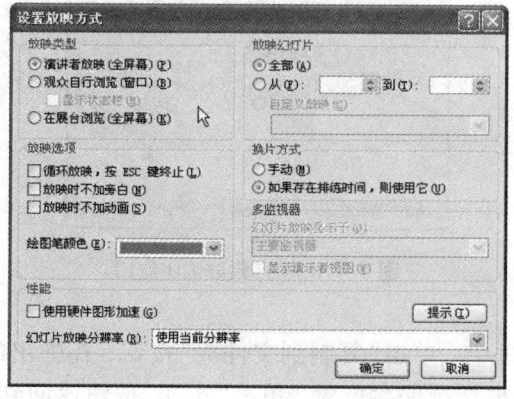

图 5-67　设置放映方式窗口

（2）设置放映范围

在"设置放映方式"对话框中，可设置演示文稿的放映范围。

（3）排练计时

单击"设置"功能组中的"排练计时"按钮，进入幻灯片放映视图并弹出"预演"工具栏。放映完毕后，将出现一个对话框，单击"是"按钮进行保存。如图5-68所示。

图5-68　计时工具栏

（4）录制旁白

单击"设置"功能组中的"录制旁白"按钮，在弹出的"录制旁白"对话框中，启用"链接旁白"复选按钮，并单击"确定"按钮。如图5-69所示。

图5-69　录制旁白窗口

五、演示文稿的发布

演示文稿制作完成以后，除了可以使用放映功能观看放映效果以外，还可以将演示文稿"打包"成CD数据包刻到光盘中或者发布到网上，也可以将演示文稿打印输出以查看效果。

1. 发布演示文稿

使用PowerPoint的发布功能，用户可以发布演示文稿的幻灯片、CD数据包等。

（1）发布CD数据包

在要发布的演示文稿中，单击"文件"按钮，执行"保存并发送"级联菜单中"将演示文稿打包成CD"命令，在"打包成CD"对话框中的"将CD命令为"文本框中输入数据包名称。如图5-70所示。

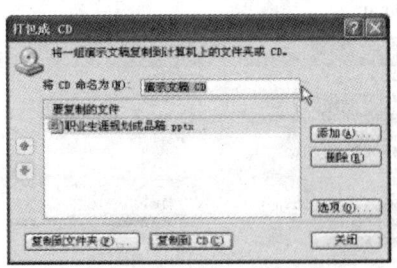

图5-70　打包成CD窗口

在"打包成CD"对话框中，单击"复制到文件夹"按钮，在弹出的对话框中，单击"浏览"按钮，在"选择位置"对话框选择保存位置，单击"选择"按钮返回到"复制到文件夹"对话框，单击"确定"按钮。如图5-71所示。

图 5-71 复制到文件夹窗口

在"打包成 CD"对话框中,单击"复制到 CD"按钮,则可以将演示文稿刻录到光盘上。

将演示文稿打包成 CD 后,可以通过 PowerPoint 播放器,查看演示文稿。在打包的文件夹中,双击 PPTVIEW.EXE 可执行文件,或者双击 play.bat 文件,即可观看演示文稿。

(2)发布幻灯片

在要发布的演示文稿中,单击"文件"按钮,执行"保存并发送"级联菜单中"发布幻灯片"命令,在"发布幻灯片"对话框中,启用要发布的幻灯片前面的复选框。如图 5-72 所示。

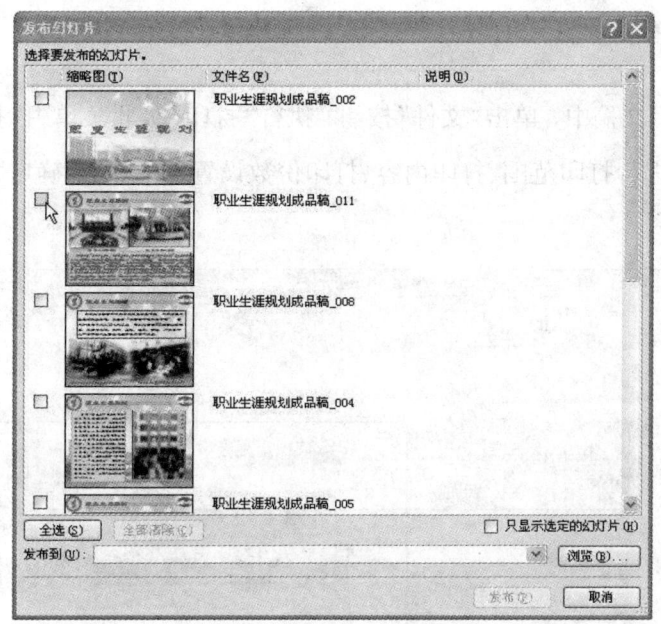

图 5-72 发布幻灯片窗口

在"发布幻灯片"对话框中,单击"浏览"按钮,在弹出的"选择幻灯片库"对话框中选择幻灯片的存放位置,并单击"选择"按钮,返回到"发布幻灯片"对话框中。然后,单击"发布"按钮,即可发布幻灯片。

2.输出为网页

单击"文件"按钮,执行"另存为"级联菜单中"PowerPoint 演示文稿"命令。在弹出的对话框中设置存放位置。单击"保存类型"下拉按钮,选择"网页(.htm)"项,单击"保存"按钮。如图 5-73 所示。

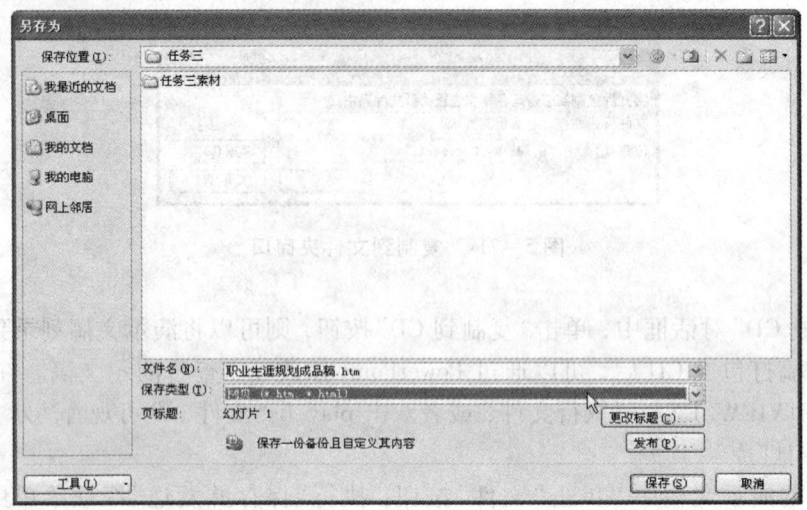

图 5-73　保存为网页窗口

3. 打印幻灯片

在要打印的演示文稿中,单击"文件"按钮,执行"打印"级联菜单中"打印"命令,在弹出的"打印"对话框中进行打印范围、打印内容、打印份数设置,并单击"确定"按钮。如图 5-74 所示。

图 5-74　打印窗口

◇技能训练:

技能训练原始图

技能训练成品稿

要求:

步骤 1:根据提供的素材,创建演示文稿的母版幻灯片。

步骤 2:在第一张幻灯片中插入给定的图片作为背景。插入背景音乐文件,并设置:放映时隐藏、循环播放直到停止;播放音乐的方式自动播放。设置标题为:华文行楷、加粗、文字阴影、红色;影像:紧密接触;发光:强调文字颜色 1,5pt 发光;棱台:冷色斜面;三维旋转:斜透视。设置标题自定义动画:盒状、缩小、中速、单击鼠标、无声音。幻灯片的切换方式:切出,单击鼠标。

步骤3：第二张选定文本，添加形状样式为浅色1轮廓，彩色填充，强调颜色6。动画效果：菱形展开。幻灯片切换：溶解。

步骤4：第三张设置其幻灯片的主题为平衡。添加艺术字，并设置其艺术字样式为：填充－强调文字颜色2，粗糙棱台。插入化段棱锥图，为其上的文字添加相应的超链接。切换效果：向下擦除。

步骤5：第四张设置图片样式为简单框加，白色。文本设置形状样式为：浅色1轮廓，彩色填充－强调颜色2。将图片组合，并设置动画效果：梯状。文本动画效果：强调，陀螺旋。切换效果：盒状收缩。

步骤6：第五张图片样式为映象圆角矩形。动画效果：伸展。文本形状轮廓为：橙色、4.5磅。动画效果：劈裂。切换效果：圆形。

步骤7：第六张图片样式为柔化边缘椭圆、柔化边缘10磅。动画效果：圆形拓展。文本形状样式为：中等效果，强调颜色2。动画效果：轮子。切换效果：楔入。

步骤8：第七张图片样式为棱台矩形。动画效果：十字形扩展。文本形状样式：浅色1轮廓，颜色填充－强调颜色4。文本动画效果：棋盘。幻灯片切换效果：条纹左下展开。

步骤9：第八张图片样式为柔化边缘矩形。动画效果：伸展。文本形状样式：中等效果，强调颜色6。动画效果：擦除。切换效果：菱形。

步骤10：第九张图片样式为剪裁对角线，白色；动画效果：出现。文本形状样式为：浅色1轮廓，彩色填充－强调颜色4；动画效果：强调，忽明忽暗。切换效果：从内到外水平分割。

步骤11：第十张图片样式为矩形投影；动画效果：压缩。文本形状样式为：浅色1轮廓，彩色填充－强调颜色3；动画效果：动作路径，对角线向右下。切换方式：新闻快报。

步骤12：第十一张设置图样式双框架、黑色；图片边框：深蓝；图片效果：棱台，硬边缘。动画效果进入，百叶窗；退出：收缩。两张小图片与文本动画效果：展开，之后。

步骤13：第十二至十八张根据成品稿，利用幻灯片的复制或新建幻灯片，插入对象，设置对象的格式和动画效果和幻灯片的切换效果。

步骤14：最后，对该演示文稿设置其播放方式并对其进行打包。

项目六　计算机网络应用基础

现代社会是一个信息社会，Internet 已经成为人们生活中必不可少的部分，如何在 Internet 这个信息海洋中自由自在地遨游呢？这就需要掌握一定的网络知识，下面学习如何成为网络海洋中的一个冲浪者。

任务一　创建小型的办公网络

■ 能力目标：
能了解计算机网络的组成和发展历程
能掌握计算机网络的分类方式
能知道常用的计算机网络连接设备和传输介质
能了解网络协议的概念
能了解网络体系结构
会制作直通、交叉网线

◇ 任务情景

家庭或办公室中已经有上网接口，如小区局域网、有线电视宽带或 ADSL 宽带，要实现分布在不同房间的多台计算机同时上网，可以通过无线路由器设置局域网，将多台计算机均纳入其中，设置网络 IP 地址，实现打印机等设备的共享。

◇ 实施步骤

步骤一：认识计算机网络，确定网络结构
步骤二：确定计算机网络的硬件
步骤三：准备工作
步骤四：布线

步骤五:双绞线网线的制作
步骤六:安装网卡及驱动程序
步骤七:配置网络组件

◇ 相关知识

一、认识计算机网络

一般来说,将分散的多台计算机、终端和外部设备用通信线路互连起来,实现彼此间通信,且可以实现资源共享的整个体系叫作计算机网络,如图6-1所示。

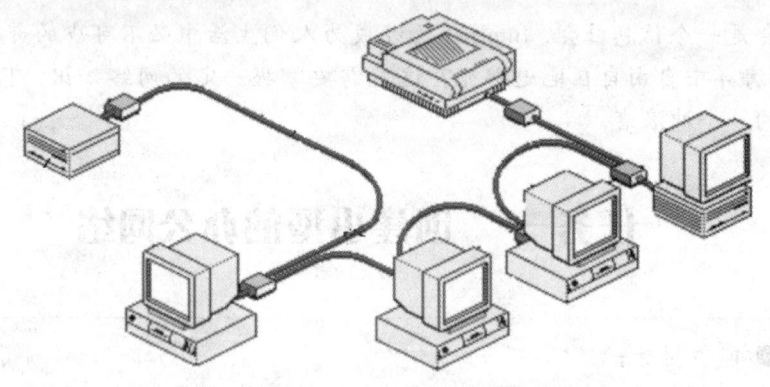

图6-1　计算机网络示意图

从物理连接上讲,计算机网络由计算机系统、通信链路和网络节点组成。计算机系统进行各种数据处理,通信链路和网络节点提供通信功能。

一个完整的计算机网络必须具备以下三个要素:

1. 至少有两台具有独立操作系统的计算机系统;

2. 计算机之间要有一定物理介质将其互连(如用双绞线、电话线、同轴电缆或光纤等有线介质,也可以使用微波、卫星等无线媒体);

3. 网络协议,即一系列通信规则和约定,用以控制网络中设备之间进行信息交换。

二、确定网络的结构

1. 按网络的拓扑结构划分

把网络中的计算机等设备抽象为点,把网络中的通信媒体抽象为线,这样就形成了由点和线组成的几何图形,即采用拓扑学方法抽象出的网络结构,我们称之为网络的拓扑结构。计算机网络按拓扑结构通常可分为星形网络、树形网络、总线型网络、环形网络和混合型网络等。

(1)星形结构有一个中心节点,其他节点与其构成点到点连接,如图6-2所示。

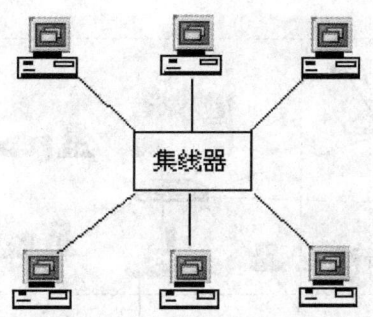

图6-2　星形拓扑结构

(2)树形结构由一个根结点、多个中间分支节点和叶子节点构成,如图6-3所示。

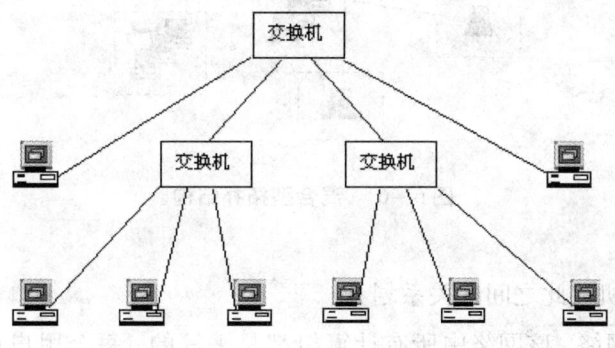

图6-3　树形拓扑结构

(3)总线型结构是把所有节点挂接到一条总线上,如图6-4所示。

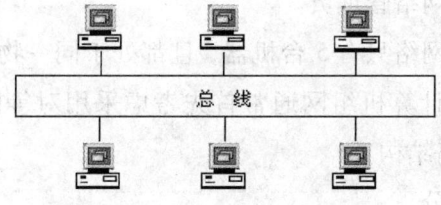

图6-4　总线型拓扑结构

(4)环形结构是所有节点连接成一个闭合的环,结点之间为点到点连接,如图6-5所示。

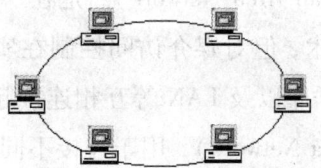

图6-5　环形拓扑结构

(5)混合型结构是两种或两种以上拓扑结构的综合运用,如图6-6所示。

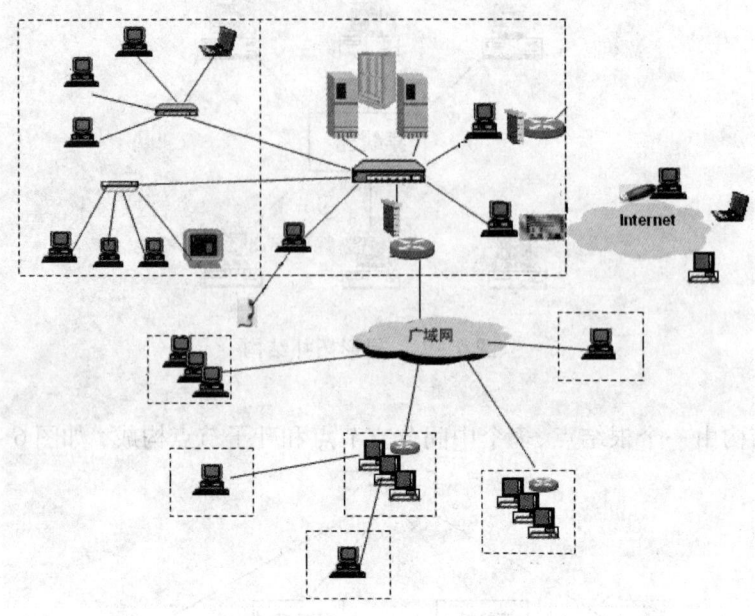

图6-6　混合型拓扑结构

2.按网络中计算机彼此之间的关系划分

(1)一种是对等网络,该网络中所有计算机都是平等的,每个用户自己决定计算机上的哪些资源在网络上共享,在网络上没有负责管理整个网络的网络管理员。

(2)一种是基于服务器的网络,该网络中一些计算机被指定用于为其他计算机提供服务,并设有负责整个网络管理的网络管理员。

本任务里要组建的办公网络只有5台机器,且都处于同一物理位置上,通过对上述网络基础知识的了解,10台以下计算机组网通常首先考虑采用对等网。所以该办公网络的组建采用对等网络,构成星型网络结构。

3.按网络的覆盖范围划分

(1)局域网(LAN,Local Area Network),一般用微机通过高速通信线路连接,覆盖范围从几百米到几公里,通常用于覆盖一个房间、一层楼或一座建筑物。

(2)城域网(MAN,Metropolitan Area Network),是在一座城市范围内建立的计算机通信网,通常使用与局域网相似的技术,但对媒介访问控制在实现方法上有所不同,它一般可将同一城市内不同地点的主机、数据库以及LAN等互相连接起来。

(3)广域网(WAN,Wide Area Network),用于连接不同城市之间的LAN或MAN,广域网的通信子网主要采用分组交换技术,常常借用传统的公共传输网(如电话网)。广域网可以覆盖一个地区或国家。

(4)国际互联网,又叫因特网(Internet),是覆盖全球的最大的计算机网络,但实际上不是一种具体的网络技术,因特网将世界各地的广域网、局域网等互联起来,形成一个整体,实现全球范围内的数据通信和资源共享。

4. 按传输介质划分

(1)有线网,采用双绞线、同轴电缆、光纤或电话线作传输介质。采用双绞线和同轴电缆连成的网络经济且安装简便,但传输距离相对较短。以光纤为介质的网络传输距离远,传输率高,抗干扰能力强,安全好用,但成本稍高。

(2)无线网,主要以无线电波或红外线为传输介质。联网方式灵活方便,但联网费用稍高,可靠性和安全性还有待改进。另外,还有卫星数据通信网,它是通过卫星进行数据通信的。

5. 按网络的使用性质划分

(1)公用网(Public Network),是一种付费网络,属于经营性网络,由商家建造并维护,面向公共消费者付费使用。

(2)专用网(Private Network),是某个部门根据本系统的特殊业务需要而建造的网络,这种网络一般不对外提供服务。例如军队、银行、电力等系统的网络就属于专用网。

三、确定计算机网络的硬件

计算机网络系统由硬件、软件和网络协议三部分内容组成。硬件包括主体设备、连接设备和传输介质三大部分。软件包括网络操作系统和应用软件。网络协议是为计算机网络中的数据交换而建立的规则、标准或约定的集合,也是以软件形式表现出来。

1. 网络的主体设备

计算机网络中的主体设备称为主机(Host),一般可分为服务器和工作站(客户机)两类。

(1)服务器是为网络提供共享资源的基本设备,在其上运行网络操作系统,是网络控制的核心。

(2)工作站是网络用户入网操作的节点,有自己的操作系统。用户既可以通过运行工作站上的网络软件共享网络上的公共资源,也可以不进入网络,单独工作。

2. 网络的连接设备

(1)网卡:网卡又叫网络适配器(NIC),是计算机网络中最重要的连接设备之一,如图6-7所示,一般插在机器内部的总线槽上,网线则接在网卡上。也有的计算机网卡是集成在计算机主板上的。

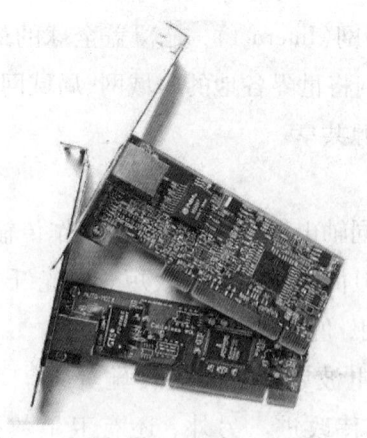

图 6-7　网卡

（2）集线器：集线器（Hub）是计算机网络中连接多台计算机或其他设备的连接设备，其外观如图 6-8 所示。

图 6-8　集线器

集线器主要提供信号放大和中转的功能。一个 Hub 上往往有 8 个、16 个或更多的端口，可使多个用户机通过双绞线电缆或同轴电缆与网络设备相连，形成带集线器的总线结构（通过 Hub 再连接成总线型拓扑或星形拓扑）。Hub 上的端口彼此相互独立，不会因某一端口的故障影响其他用户。集线器只包含物理层协议。

（3）中继器：任何一种介质的有效传输距离都是有限的，电信号在介质中传输一段距离后会自然衰减并且附加一些噪声。中继器的作用就是为了放大电信号，提供电流以驱动长距离电缆，增加信号的有效传输距离。

（4）网桥：网桥是网络中的一种重要设备，它通过连接相互独立的网段从而扩大网络的最大传输距离。网桥是一种工作在数据链路层的存储—转发设备。

（5）路由器：路由器属于网间连接设备，它能够在复杂的网络环境中完成数据包的传送工作。如图 6-9 所示。它能够把数据包按照一条最优的路径发送至目的网络。路由器工作在网络层，并使用网络层地址（如 IP 地址等）。

图 6-9　路由器

（6）交换机：交换机发展迅猛，基本取代了集线器和网桥，有的甚至增强了路由选择功能。如图 6-10 所示。交换和路由的主要区别在于交换发生在 OSI 参考模型的数据链路层，而路由发生在网络层。交换机的主要功能包括物理编址、错误校验、帧序列以及流控制等。

图 6-10　交换机

3. 网络的传输介质

传输介质是网络中连接收发双方的物理通路，也是通信中实际传送信息的载体。通常，评价一种传输介质的性能指标主要包括以下内容：

（1）传输距离：数据的最大传输距离。

（2）抗干扰性：传输介质防止噪声干扰的能力。

（3）带宽：指信道所能传送的信号的频率宽度，也就是可传送信号的最高频率与最低频率之差。信道的带宽由传输介质、接口部件、传输协议以及传输信息的特性等因素所决定。它在一定程度上体现了信道的传输性能，是衡量传输系统的一个重要指标。通常，信道的带宽大，信道的容量也大，其传输速率相应也高。

（4）衰减性：信号在传输过程中会逐渐减弱。衰减越小，不加放大的传输距离就越长。

（5）性价比：性价比越高说明我们的投入越值，对于降低网络建设的整体成本很重要。

根据传输介质形态的不同，我们可以把传输介质分为有线传输介质和无线传输介质。

有线传输介质：指用来传输电或光信号的导线或光纤。有线介质技术成熟，性能稳定，成本较低，是目前局域网中使用最多的介质。有线传输介质主要有双绞线、同轴电缆和光纤等。

（6）双绞线：是把两条相互绝缘的铜导线绞合在一起。根据双绞线外是否有屏蔽层又可分为屏蔽双绞线和非屏蔽双绞线，用得较多的是非屏蔽双绞线。

屏蔽双绞线比非屏蔽双绞线增加了一层金属丝网，这层丝网的主要作用是增强其抗干扰性能，同时可以在一定程度上改善带宽特性。屏蔽双绞线性能更好一些，但价格稍高。如图 6-11 所示。

双绞线用于 10/100 Mbps 局域网时，使用距离最大为 100 米。由于价格较低，因此被广泛使用。在局域网中常用四对双绞线，即四对绞合线封装在一根塑料保护软管里。如图 6-12 所示。

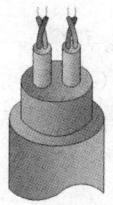

图 6-11　双绞线结构示意图

图 6-12　双绞线

(7) 同轴电缆：由内导体铜芯、绝缘层、网状编织的外导体屏蔽层以及塑料保护层组成。由于屏蔽层的作用，同轴电缆有较好的抗干扰能力。如图 6-13 所示。

图 6-13　同轴电缆

(8) 光纤：光纤是由非常透明的石英玻璃拉成细丝做成的，信号传播利用了光的全反射原理。如图 6-14 所示。

图 6-14　光纤

光纤与其他传输介质相比，有以下优点：
带宽高，目前可以达到 100 Mbps～2 Gbps。
传输损耗小，中继距离长。无中继器的情况下，多模光纤可传输几公里。单模光纤传输距离更远，可达几十公里。
无串音干扰，且保密性好。
抗干扰能力强。由于光纤中传输的是光信号，所以不但不受其他电磁信号的干扰，也不会干扰其他通信系统。

体积小，重量轻。

缺点:连接光纤需要专用设备，成本较高，并且安装、连接难度大。

无线传输的主要形式有无线电频率通信、红外通信、微波通信和卫星通信等。

四、准备工作

1. 集线器，要求有足够的端口连接所有的计算机。

2. 带有网卡的计算机，要求计算机上安装的操作系统是 Windows2000 或 WindowsXP。

3. 其他外部设备，如打印机、传真机等。

4. 工具及连接配件，如双绞线、RJ-45 接头、网线钳、不干胶贴、布线槽及固定网线的 U 形钉等。

五、布线

布线工作要有很好的计划，要充分考虑建筑的结构、所用电缆弯曲半径、信号衰减、特性阻抗、近端串音等。

1. 将集线器放置在离办公室所有计算机都比较近的地方。

2. 连接计算机和集线器的网线应该足够长(但最长不能超过 100m)，并放置在电缆槽内。建设每台机器连接的网线两端标明编号，以便了解计算机与集线器的对应关系。

六、双绞线网线的制作

对等网络利用直通网线连接计算机和集线器。直通网线具体制作过程如下:

1. 剥线:先用网线钳把双绞线的一端剪齐，然后用网线钳划开并剥去双绞线的保护胶皮，即可见到双绞线的棕/棕白、橙/橙白、绿/绿白、蓝/蓝白 4 对 8 条芯线。

2. 理线:把 4 对芯线按标准的 568B:橙白-1 橙-2 绿白-3 蓝-4 蓝白-5 绿-6 棕白-7 棕-8 线序一字并排排列，把每条芯线拉直，再用网线钳垂直于芯线排列方向剪齐。

3. 插线:然后把剪齐、并列排列的 8 条芯线对准水晶头开口并排插入到水晶头的底部，每条导线都应插到顶端。

4. 压线:检查无误后，将插入网线的水晶头放入网线钳压线缺口中，用劲压下网线钳手柄，使水晶头的插针都能插入到网线芯线之中，与之接触良好。

至此，网线的一端就做好了。按照同样的方法、同样的芯线排列顺序制作双绞线的另一端，即完成整条网线的制作。

5. 测试:用网线测试仪对做好的网线进行测试。然后打上网标。按照机器的编号，用直通线把每台计算机和集线器相连接。

七、安装网卡及驱动程序及配置网络组件

打开计算机安装并固定网卡。启动计算机，安装网卡的驱动程序。

当网卡安装完成后，系统中网络组件也被缺省地进行了安装和配置。网络组件就是相关的软件，使得计算机能够访问网络上的资源，同时网络上其他计算机也能访问本机上的资源，并约定采用什么样的通信规则进行彼此之间的通信。通常有如下三种:

1. Microsoft 网络用户

该组件的作用使得你所使用的计算机能够访问网络上的资源。在完成网卡的安装后，已经被缺省安装，配置无须改动。

2. Microsoft 网络的文件和打印机共享

该组件的作用是使得网络上的其他计算机也能够访问你的计算机上的资源。在完成网卡安装后，也被缺省安装，无须改动。

3. TCP/IP 协议（传输控制协议/网际协议）

这是网络安装所使用的默认网络协议，是目前网络通信中流行的协议。根据 TCP/IP 协议的规定，可以给网络中的每一台计算机上的网卡分配一个 IP 地址用来区别，就如同每个人的通信号码一样。如，192.168.0.1。TCP/IP 协议同时规定，每一个 IP 地址还必须拥有一个子网掩码用于划分该 IP 地址的网络编号和计算机编号。在同一个网络中的计算机其 IP 地址的网络编号是相同的，而计算机的编号则是各不相同。

通过下列操作步骤可查看 WindowsXP 自动安装和配置的网络组件。

（1）在桌面上右击"网上邻居"图标，在快捷菜单中选择"属性"项。

（2）在打开的"网络和拨号连接"窗口中右击"本地连接"图标，在快捷菜单中选择"属性"项。如图 6-15 所示，在打开的"本地连接属性"对话框中可以看到所安装的网络组件。如图 6-16 所示。

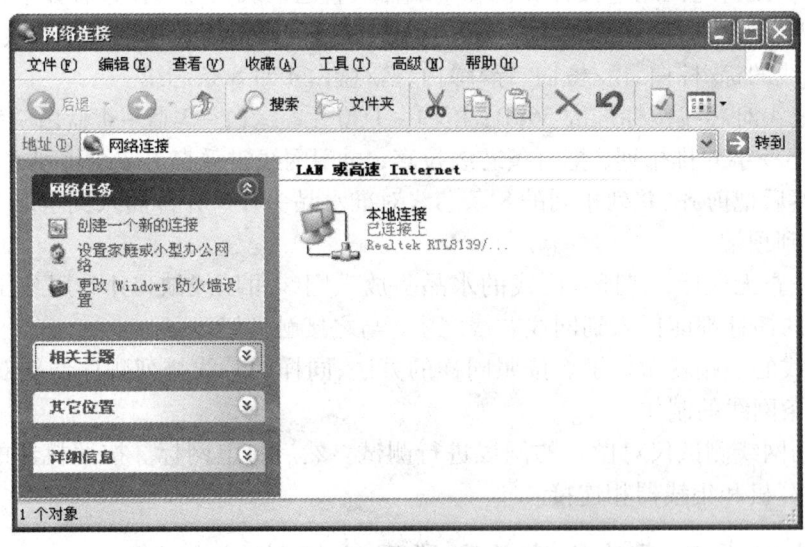

图 6-15　网络连接属性

项目六 计算机网络应用基础

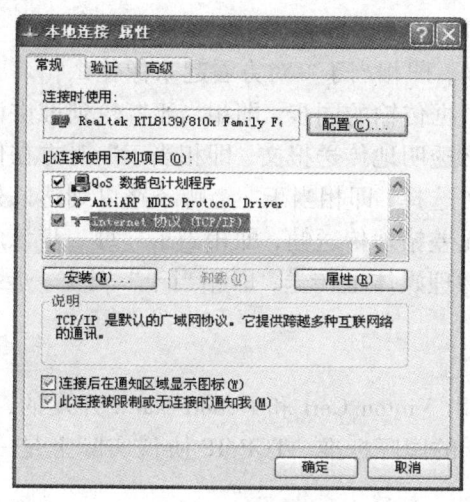

图 6-16 本地连接属性

八、计算机网络的协议与体系结构

协议是一种约定,用以确保交流各方清晰地表达思想。

1. 网络协议的概念

数据交换、资源共享是计算机网络的最终目的。要保证有条不紊地进行数据交换,合理地共享资源,各个独立的计算机系统之间必须达成某种默契,严格遵守事先约定好的一整套通信规程,包括严格规定要交换的数据格式、控制信息的格式和控制功能以及通信过程中事件执行的顺序等。这些通信规程我们称之为网络协议(Protocol)。

2. 网络体系结构

计算机网络的协议是按照层次结构模型来组织的,我们将网络层次结构模型与计算机网络各层协议的集合称为网络的体系结构或参考模型。

(1) OSI 参考模型

OSI 参考模型将网络的功能划分为 7 个层次:物理层、数据链路层、网络层、传输层、会话层、表示层和应用层。如图 6-17 所示。

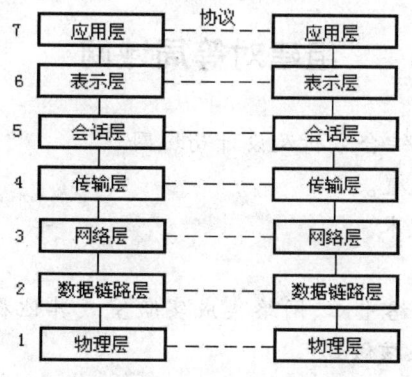

图 6-17 OSI 参考模型

应用层:与用户应用进程的接口,即相当于"做什么?"
表示层:数据格式的转换,即相当于"对方看起来像什么?"
会话层:会话的管理与数据传输的同步,即相当于"轮到谁讲话和从何处讲?"
传输层:从端到端经网络透明地传送报文,即相当于"对方在何处?"
网络层:分组交换和路由选择,即相当于"走哪条路可到达该处?"
数据链路层:在链路上无差错地传送帧,即相当于"每一步该怎么走?"
物理层:将比特流送到物理媒体上传送,即相当于"对上一层的每一步应该怎样利用物理媒体?"

(2)TCP/IP参考模型

TCP/IP协议是1974年由Vinton Cerf和Robert Kahn开发的,随着Internet的飞速发展,TCP/IP协议现已成为事实上的国际标准。TCP/IP协议实际上是一组协议,是一个完整的体系结构。如图6-18所示。

TCP/IP协议	OSI参考模型
应用层 FTP、SMTP等	应用层
	表示层
	会话层
TCP层	传输层
IP层	网络层
网络接口层	数据链路层
	物理层

图6-18 TCP/IP参考模型

实验指导

组建对等局域网

一、实验目的

1. 学会拓扑结构的选型,综合分析及设计局域网。
2. 掌握网络共享资源的设置。
3. 掌握对等局域网组网技术。

二. 实验内容

1. 熟悉网络环境,认识网络中心、网络集成实验室或其他机构,对网络设备、通信介质、拓扑结构有一个感性认识。应该做到:

(1)能分辨出不同的网络拓扑结构。

(2)能分辨出网络的服务器、客户器、路由器、交换机等。

(3)能分辨出网络所使用的网络操作系统和各种服务功能。
(4)能分辨出网络所使用的协议。

2. 制作网线。

(1)取一根电缆,用电线工具在电线的两端各切开一个小口。

(2)用电缆工具剥去电统一端的封套皮,长度约为2M(当心不要损坏里面双绞线的绝缘层)。

(3)小心地分开四对双绞线,但仍需保持双绞线两线之间的缠绕。

(4)使用电线工具,在这八根电线上剥去约1cm长的绝缘层。

注意:解开双绞线两线之间的缠绕长度不得超过1.5cm。

(5)根据表6-1所描述的颜色和排列号的关系,用电线工具将电线压入RJ-45水晶头中相应的管脚,从而完成电线一端的制作。

表6-1 　　　　　制作交叉线缆末端所使用的管脚号和颜色编码

管脚号	功能	颜色
1	接收+	白色和橘黄色相间
2	接收-	黄色
3	发送+	白色和绿色相间
4	未使用	蓝色
5	未使用	白色和蓝色相间
6	发送	绿色
7	未使用	白色和褐色相间
8	未使用	褐色

(6)对该电缆的另一端,重复(2)、(4)步。

(7)根据表6-2所描述的颜色和排列号的关系,用电线工具将电线的另一端压入RJ-45水晶头中相应的管脚,从而完成完整交叉电缆的制作。

表6-2 　　　　　制作直接电缆末端使用的管脚号和颜色编码

管脚号	功能	颜色
1	接收+	白色和橘黄色相间
2	接收-	黄色
3	发送+	白色和绿色相间
4	未使用	蓝色
5	未使用	白色和蓝色相间
6	发送	绿色
7	未使用	白色和褐色相间
8	未使用	褐色

(8)线缆两端全部按照表2,重复(1)-(7)步,完成直接电缆的整个制作。

3.通过交叉线完成两台机器的对等连接。

将交叉电缆的一端连接到一台计算机的网络接口卡上;而另一端连接到另一台计算机网卡,观察每块网络接口卡上的指示灯是否变亮。

4.通过集线器连接2台以上机器。

将直接电缆两端分别插在计算机的网络接口和集线器接口,接通 Hub 电源,观察每台计算机的网卡指示灯是否变亮、集线器一端接口指示灯是否变亮。

5.网卡的配置以及网络协议的安装。

操作过程同7-1任务中步骤七。

6.设置网络共享,添加网络打印机。

(1)分别在连接的计算机上设置共享文件夹,并选择一台计算机安装打印机并设置成共享。

(2)通过"网上邻居"查看同一工作组计算机的共享文件夹。

(3)通过"打印机和传真"查找共享打印机并添加网络打印机。

7.观察学校计算机机房的网络设备和网络布线,看看是否有需要改进的地方。

8.在老师的指导下,使用"添加和删除硬件向导"删除已安装的网卡,然后重新安装,并查看系统自动安装的网络组件。

三、实验注意事项

1.分组实验,每2~4人一组。

2.每组所需实验材料:

计算机2~4台、打印机一台、4~8口集线器一个、带有 RJ-45 接口的 PCI 网卡及驱动程序、双绞线及 RJ-45 水晶头若干、网线钳1~2把。

3.上述内容指导老师可根据实验室具体情况进行调整。

四、写出实验报告

任务二 在对等网络中实现资源共享

■ 能力目标:
会设置计算机网络标识
会访问整个网络
会设置共享文件夹、共享驱动器
会设置映射网络驱动器
会安装网络打印机
会进行 TCP/IP 协议的设置
会使用 Ping 命令
能掌握 Win2000 server 路由设置方法

◇ 任务情景

资源共享是计算机的主要网络功能之一,要完成任务首先要了解用户、用户权限、共享资源以及三者之间的关系。计算机上有各种资源:文件、文件夹、打印机和到 Internet 的连接,如果想通过网络来使用这些资源,就必须在该计算机上做相应的设置:提供访问这台计算机的用户合法权限;设置文件夹、打印机等资源共享。

◇ 实施步骤

步骤一:配置工作组及设置计算机网络标识

步骤二:定义新用户以及系统内置用户

步骤三:设置共享并访问共享资源

步骤四:映射网络驱动器及共享驱动器

步骤五:基于服务器网络的服务器配置

◇ 相关知识

一、工作组及设置计算机网络标识的配置

网络中必须给每一台计算机取一个唯一的计算机名,并把它们归类为不同的计算机组,以便于网络用户的查找。当用户浏览网络时,可以根据计算机组快速地找到隶属于该组的所有计算机。例如,公司的财务部门的所有机器可建立一个"财务"组;销售部门的所有计算机可建立一个"销售"组。本任务因为加入的计算机数量较少,所以只需要建立一个组,采用系统默认的计算机组 workgroup。设置步骤如下:

1. 在"桌面"上,右键单击"我的电脑"图标,在快捷菜单中选择"属性",打开"系统属性"对话框。

2. 单击"计算机名"选项卡,单击"更改"按钮,打开"计算机名称更改"对话框,如图 6-19。

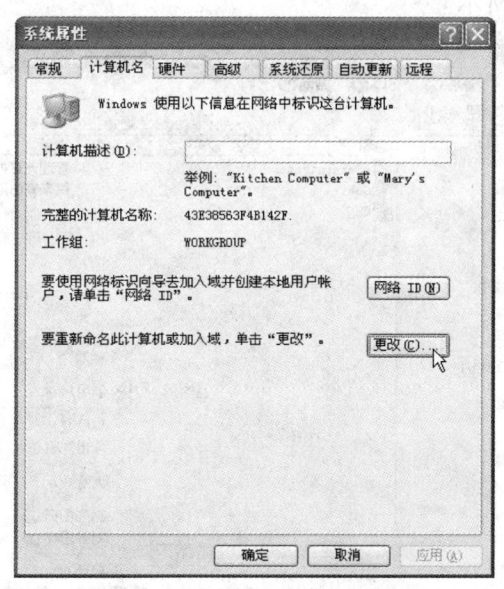

图 6-19 "系统属性"对话框

3. 在弹出的"计算机名称更改"对话框中,按表7-1分别为每台计算机定义新名称(使用计算机用户名字的汉语拼音命名计算机名)、用户希望加入的工作组或想隶属于的域的名称。如图6-20"计算机名称更改"对话框。

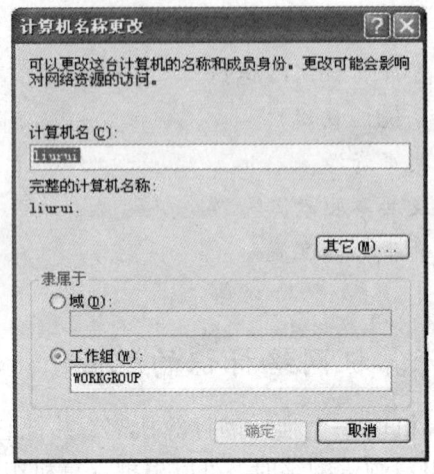

图6-20 "计算机名称更改"对话框

二、定义新用户以及系统内置用户

1. 在名字为刘芮的计算机上定义用户"yangping"。

(1)在桌面上执行"开始"——"设置"——"控制面板"——"管理工具"——"计算机管理"命令,在打开的窗口窗格中展开"本地用户和组",单击"用户"文件夹。在右边的窗格的空白处右击,在快捷菜单中选择"新用户",打开"新用户"窗口。如图6-21所示。

(2)在"新用户"窗口中,按图示定义新用户"yangping"。单击"创建"按钮完成新用户的创建工作。如图6-22所示。

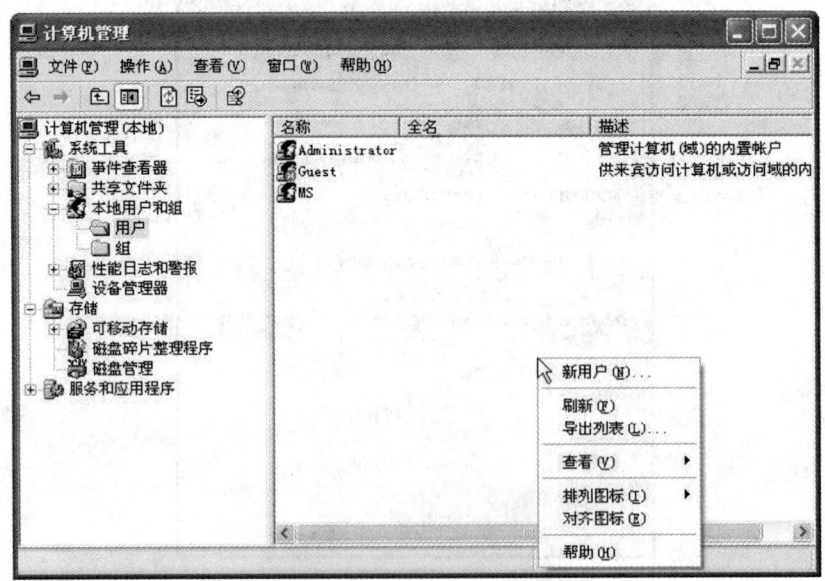

图6-21 添加新用户

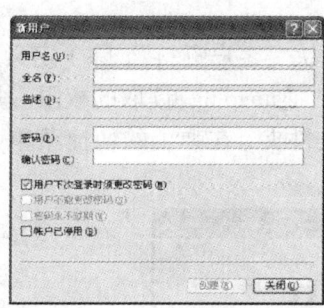

图 6-22　定义新用户

其他计算机相互访问的用户的添加如上述操作步骤。

2. 设置公共用户账号 – 系统内置用户

为了使得安装在计算机 Public 的共享打印机能够被网络中的任何用户使用，则采用将该计算机内置的用户账号" Guest"设置为启用（缺省为禁用）的方法，具体的操作步骤如下：

在"计算机管理"窗口的右边窗格中展开"本地用户和组"，单击"用户"文件夹，在右边的用户列表中右击 Guest 用户账号，菜单快捷中选择"属性"项，在 Guest 属性中取消"账户已停用"，再单击"应用"按钮即可。如图 6-23 所示。

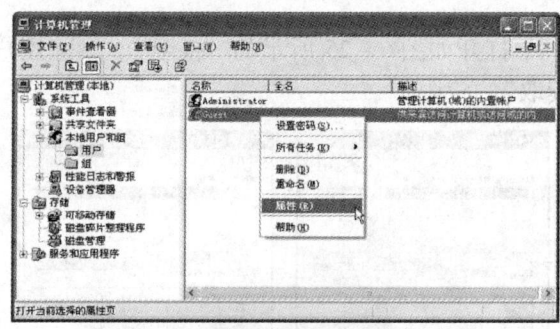

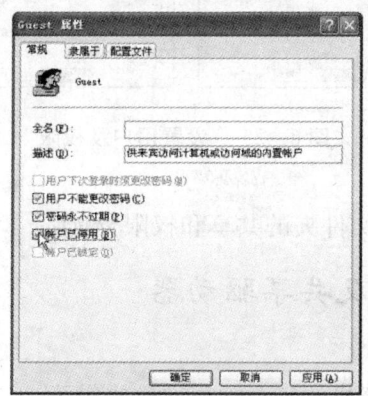

图 6-23　启用内置用户

三、设置共享并访问共享资源

为了让杨经理能够访问计算机 liurui 上的文件夹"客户资料",除了定义用户"yangping"以外,还要把该文件夹设置为共享文件夹并赋予用户"yangping"读取的权限。具体步骤如下:

(1)在"资源管理器"中右键单击要共享的文件夹,在弹出的快捷菜单中选择"共享"项,打开如图6-24所示的对话框。

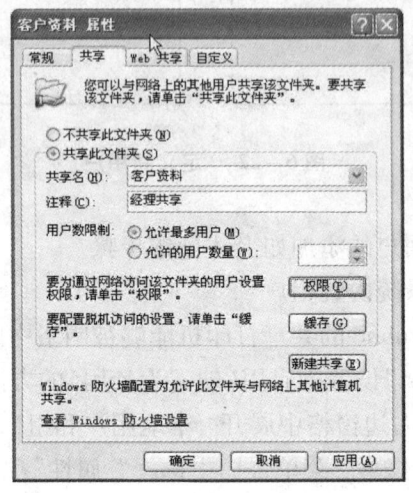

图 6-24 设置共享属性

(2)单击"权限"按钮,打开如图6-25所示的"权限"。删除用户组 Everyone,然后添加"yangping",并赋予"读取"的权限。

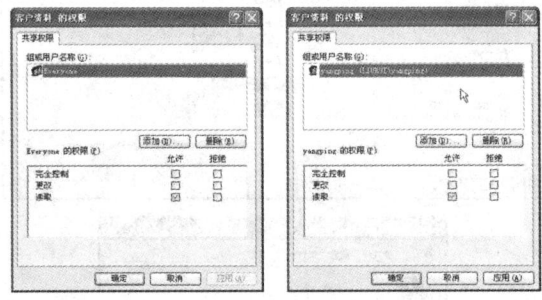

图 6-25 设置用户及权限

(3)单击"确定"按钮完成文件夹的共享和权限分配。

四、映射网络驱动器及共享驱动器

1.映射网络驱动器

工作中,可以为网络上计算机的某个共享文件夹分配一个驱动器号,以方便使用,该驱动器称为映射网络驱动器。使用映射网络驱动器会让用户感觉操作网络就像操作本机的磁盘一样方便。可以按照下述步骤为一个共享文件夹映射网络驱动器。

（1）在"我的电脑"上单击鼠标右键，在弹出的快捷菜单中选择"映射网络驱动器"选项，打开"映射网络驱动器"对话框；

（2）在"驱动器"下拉列表框中选择一个驱动器号（假设选"Z:"），在文件夹中输入共享文件夹所在机器的 IP 地址和共享文件夹，如果希望下次登录时自动建立同共享文件夹的连接，可选择"登录时重新连接"复选框，设置完后，单击"完成"按钮。如图 6-26 映射网络驱动器对话框。

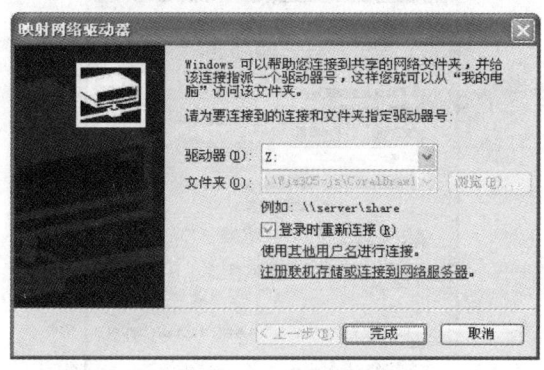

图 6-26　映射网络驱动器对话框

（3）打开"我的电脑"或"资源管理器"，就会发现"我的电脑"中多了一个驱动器 Z，通过该驱动器可以访问网络上计算机的共享文件夹中的资料，就如同访问本机的磁盘一样。如果要断开映射的网络驱动器，可以打开"我的电脑"窗口，然后选择"工具"菜单中的"断开网络驱动器"，打开"断开网络驱动器"对话框，在"请选择您要断开的驱动器"列表框中选择要断开的网络驱动器，单击"确定"按钮，即可断开网络驱动器。也可以在要断开的映射网络驱动器上单击鼠标右键，在快捷菜单中选择"断开"。如图 6-27。

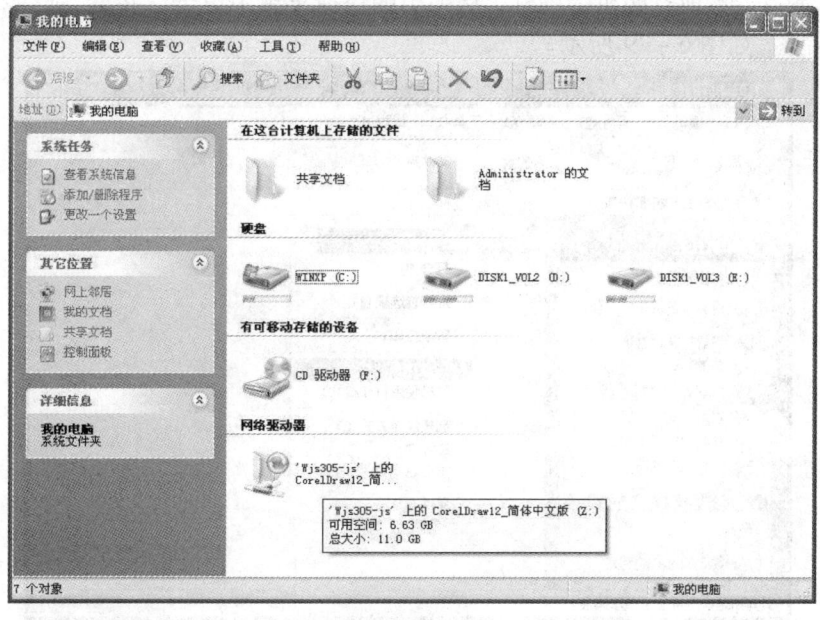

图 6-27　映射网络驱动器

2. 共享驱动器

（1）在"我的电脑"或"资源管理器"中，右键单击要设置成共享的驱动器的图标，如驱动器 D，在弹出的快捷菜单中单击"属性"选项，弹出"本地磁盘(D:)属性"对话框。

（2）选中"共享此文件夹"，单击"确定"按钮完成共享设置。如图 6-28 本地磁盘(D:)属性对话框。

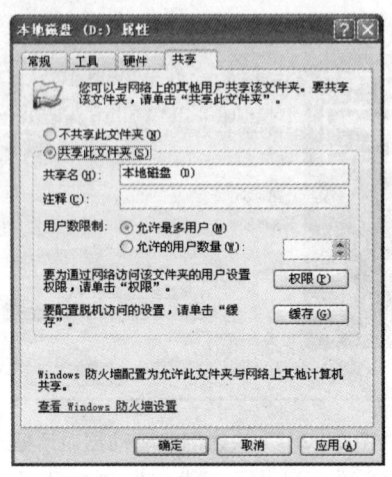

6-28　本地磁盘(D:)属性对话框

3. 共享打印机

要使 public 计算机上的本地打印机能供网络中其他用户使用，需要将它设置为共享打印机。设置方法与具体步骤如下：

（1）在"开始"菜单中，选择"设置"——"打印机"选项，打开"打印机"窗口，在"打印机"窗口中右键单击本地打印机的图标，从弹出的快捷菜单中单击"共享"命令，打开本地打印机属性对话框，如图 6-29 所示。

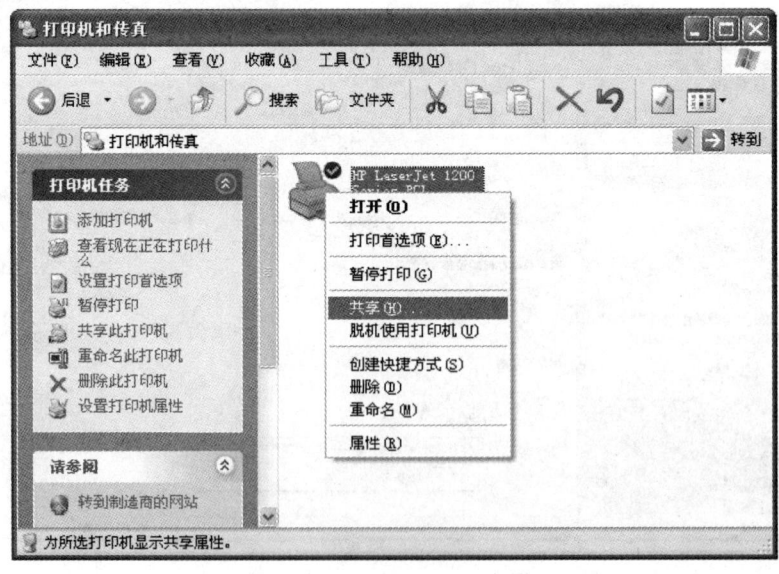

图 6-29　设置共享打印机

(2) 在"共享"选项卡中,选中"共享为"单选按钮,然后输入打印机的共享名,图6-30。

(3) 单击"确定"按钮,网络共享打印机即被设置完成。

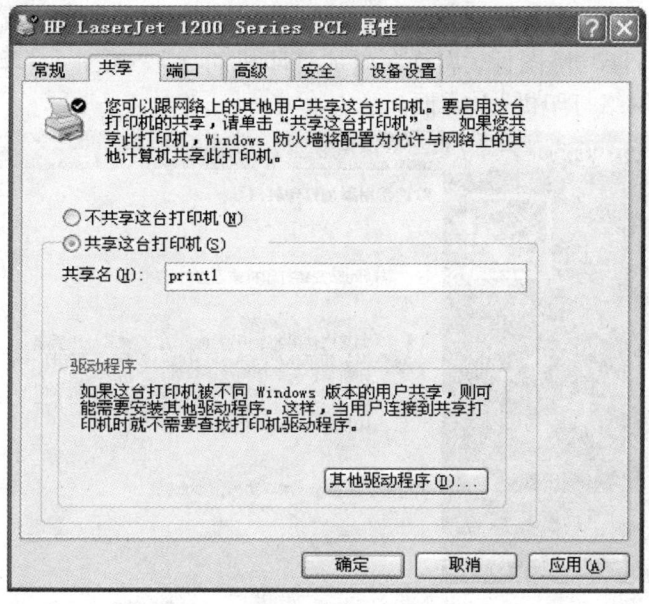

图6-30　打印机共享属性

其他网络用户是否可以通过这台打印机打印,这还要看打印机的"安全"设置。在本地打印机"属性"对话框中,选择"安全"选项卡,选中用户组中的"Everyone",则在窗口下半部的"权限"窗口中可以看到该组的权限是允许"打印",这表明只要有权限登录到本机的用户都可以使用打印机,如图6-31所示。

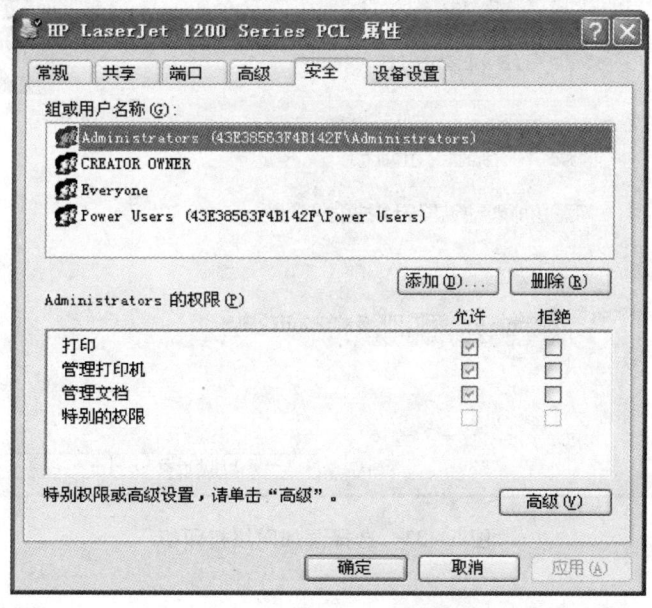

图6-31　打印机用户权限

要想网络中每一台计算机都能使用共享的打印机,就必须在每台计算机上安装网络打印机,具体的操作步骤:

(1)在"开始"菜单中选择"设置"——"打印机",打开"打印机"窗口。

(2)双击"添加打印机"图标,启动"添加打印机向导",如图6-32所示。单击"下一步",打开"本地或网络打印机"对话框。

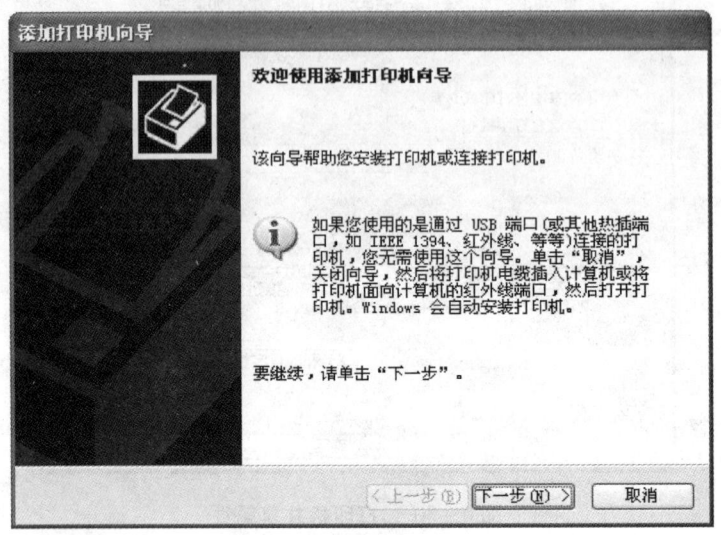

图6-32 添加打印机

(3)选中"网络打印机",单击"下一步",如图6-33所示。

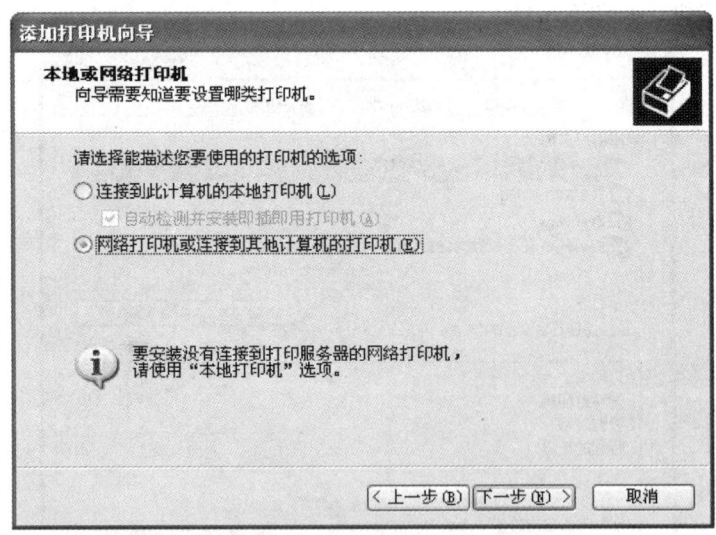

图6-33 选择添加网络打印机

(4)如果已经知道共享打印机的名称,可以直接输入到"名称"文本框中,否则,可以单击"下一步"按钮,如图6-34所示。

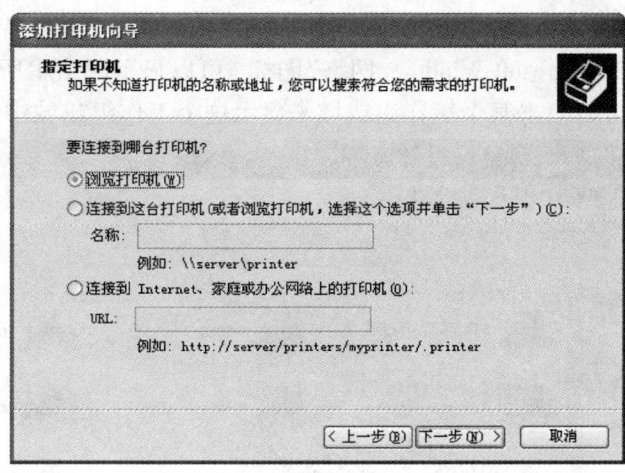

图 6-34　输入网络打印机名称

(5)通过浏览打印机，选择一个共享打印机，单击"下一步"，然后就像安装本地打印机的驱动程序一样选择要添加的打印机的厂商和型号，安装上该打印机的驱动程序。

(6)最后在完成对话框中单击"完成"按钮。

(7)成功地在本地计算机上配置了一台共享打印机后，该打印机图标将出现在"打印机"窗口中。共享打印机的使用方法和本地打印机一样，也可以设置为默认打印机。

4.通过"网上邻居"查找并使用共享资源

"网上邻居"主要用来进行网络管理，通过它可以添加网上邻居、访问网上共享资源。计算机连接到网络后，打开"网上邻居"可以显示网络上的所有计算机、共享资源，并可访问整个网络、访问本地机所属的工作组。

(1)打开"网上邻居"，双击桌面上的"网上邻居"图标，打开"网上邻居"文件夹，如图6-35所示。

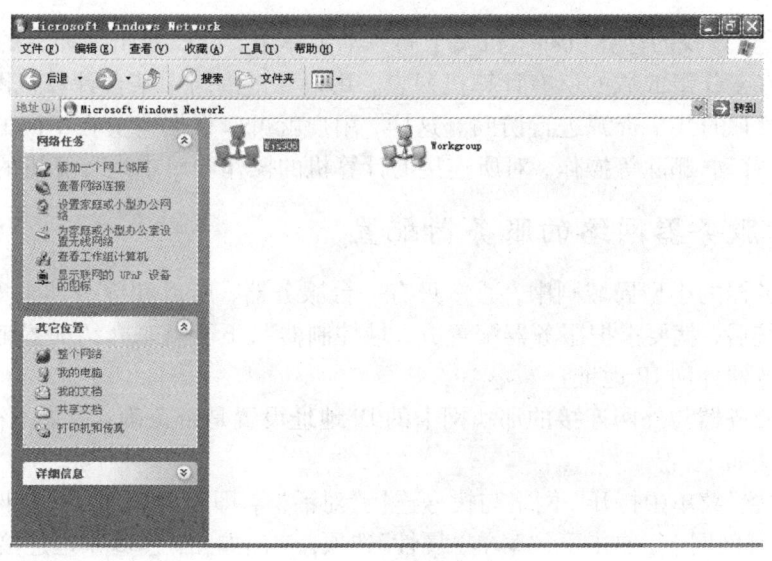

图 6-35　网上邻居

(2)在"网上邻居"文件夹中,双击"整个网络"图标,在打开的"整个网络"窗口中,选择"全部内容",双击"Microsoft Windows 网络"图标,可以显示网络中所有的工作组和域,如图6-36所示。用户可以双击某个工作组或域来显示这个工作组或域中的计算机。

图6-36 显示工作组里的计算机

(3)如果需要查找的计算机和本机属于同一个工作组,可以双击"邻近的计算机"图标,将显示本机所在工作组或域的所有计算机列表。用户双击网络中某台计算机图标,即可登录到该计算机,对它的共享资源进行访问。这样,用户就可以根据需要在不同的计算机之间进行数据的复制、移动、删除等操作,对所连接的计算机的操作和对本地计算机的操作相同。

五、基于服务器网络的服务器配置

在基于服务器的小型局域网中,通常只有一台服务器,所以在服务器上安装好 Windows 2000 Server 系统后,就要求把服务器配置成"域控制器",下面就来介绍配置工作。

1. 配置服务器外网 IP 地址

首先检查服务器与外网连接的那块网卡的 IP 地址设置是否正确,如果不符合要求,则需重新设置。方法如下:

(1)在"设置"菜单中打开"网络与拨号连接"对话框,即弹出如图6-37网络连接属性对话框;选中相应外网网卡,右击下拉菜单"属性"选项,弹出如图6-38本地连接属性对话框。

项目六　计算机网络应用基础

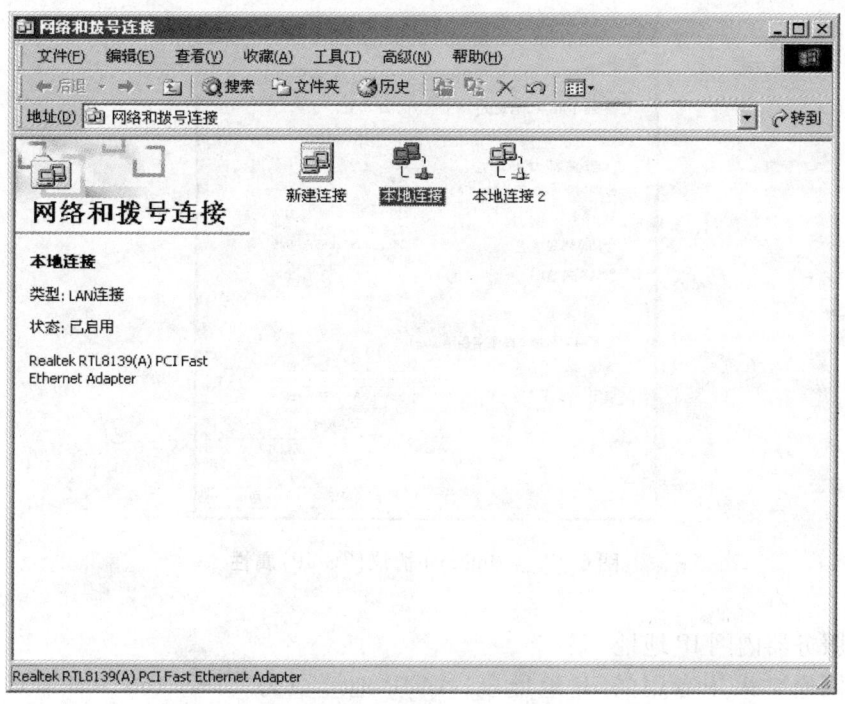

图 6-37　网络连接属性

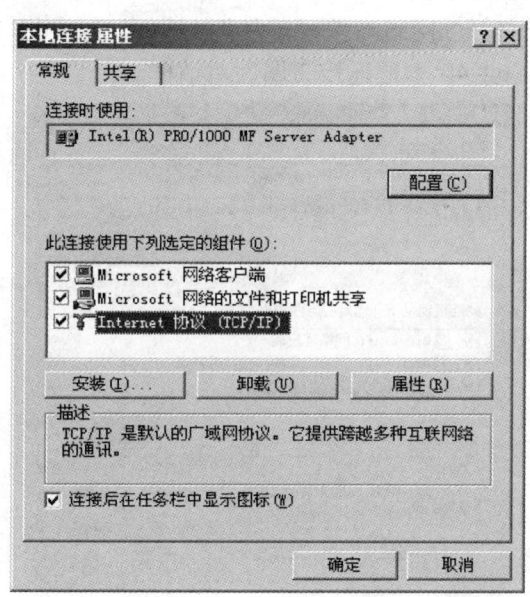

图 6-38　本地连接属性

（2）选择图 6-38 对话框中组件列表框中的"Internet 协议（TCP/IP）"选项，然后单击"属性"按钮，弹出图 6-39 Internet 协议（TCP/IP）属性对话框，IP 地址"10.0.8.37"，子网掩码"255.255.255.0"。首选 NDS 服务器地址"202.102.128.68"，备用 NDS 服务器地址"218.56.57.58"。

· 295 ·

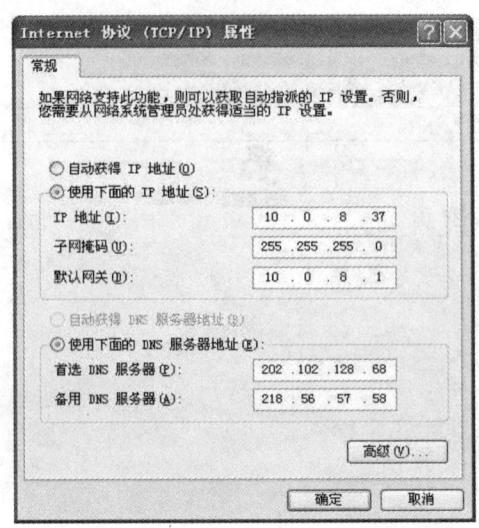

图6-39　Internet 协议（TC/IP）属性

2. 配置服务器内网 IP 地址

在局域网通常采用专用的 IP 地址段，如 IP 地址段为"192.168.0.1-192.168.255.254"。当然也可以采用其他 C 类 IP 地址。子网掩码要注意与相应的 IP 地址类型对应，如 C 类 IP 地址的子网掩码，在没有子网时为"255.255.255.0"。

（1）在"设置"菜单中打开"网络与拨号连接"对话框，选中相应内网网卡，右击下拉菜单"属性"选项，即弹出图6-40本地连接2属性对话框。

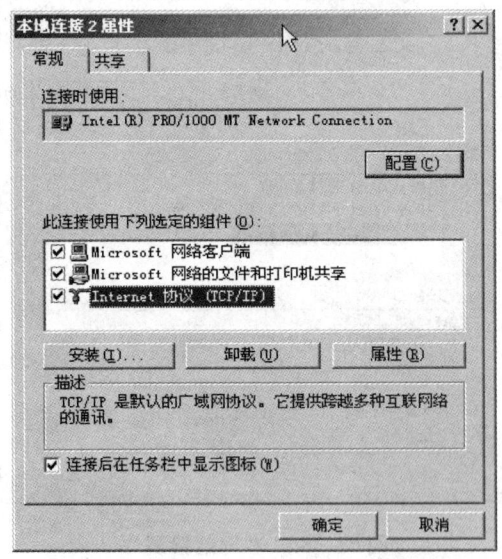

图6-40　本地连接2属性对话框

（2）选择组件列表框中的"Internet 协议（TCP/IP）"选项，然后单击"属性"按钮，弹出如图6-41所示 Internet 协议（TCP/IP）属性对话框，输入 IP 地址段"192.168.37.254"，局域网的标准子网掩码"255.255.255.0"。

项目六　计算机网络应用基础

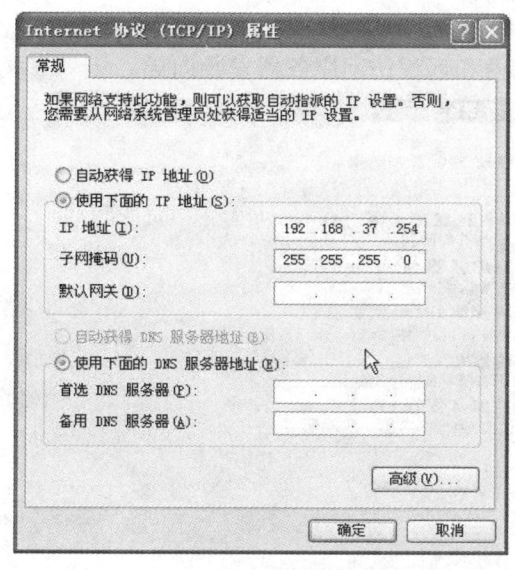

图 6 – 41　Internet 协议(TC/IP)属性

（3）在一个小型局域网中，其他选项可以按系统的默认设置即可。配置好后单击"确定"按钮即可，虽然系统不会弹出"重新启动"的提示，但如果可以的话，建议重新启动令 IP 设置生效，因为这是以后许多设置的关键。

3. windows2000 server 路由设置方法

（1）要确认 Windows 2000 Server 的路由功能已经启用，在 Windows 2000 Server 上是默认启用，从"开始"、"程序"、"管理工具"中进入"路由和远程访问"（Routing and Remote Access）服务，在出现的"操作"菜单上点击"配置并启用路由"项，会出现如图 6 – 42 "路由和远程访问服务器安装向导"对话框，按照向导的提示进行操作就可以。

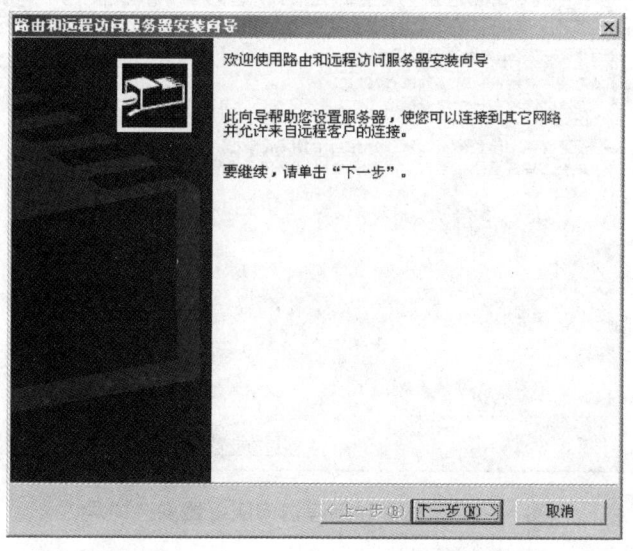

图 6 – 42　路由和远程访问服务器安装向导

· 297 ·

(2)点击"下一步"然后选则"Internet 连接服务器",让内网主机可以通过这台服务器访问 Internet。如图 6-43 路由和远程访问服务器安装向导。

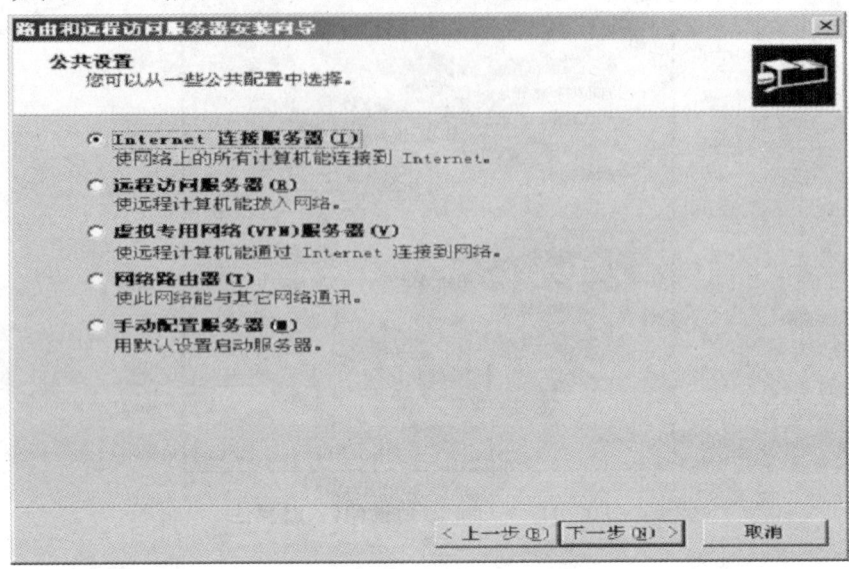

图 6-43　路由和远程访问服务器安装向导

(3)点击"下一步",选"设置有网络地址转换(NAT)路由协议的路由器",不选"设置 Internet 连接共享(ICS)"。(ICS 与 NAT 的区别在于,ICS 针对内部主机,它需要有一个固定的 IP 地址范围;针对与外部网络的通信,它被限制在单个公共 IP 地址上;它只允许单个内部网络接口,也就是说功能没有 nat 强大)如图 6-44 路由和远程访问服务器安装向导。

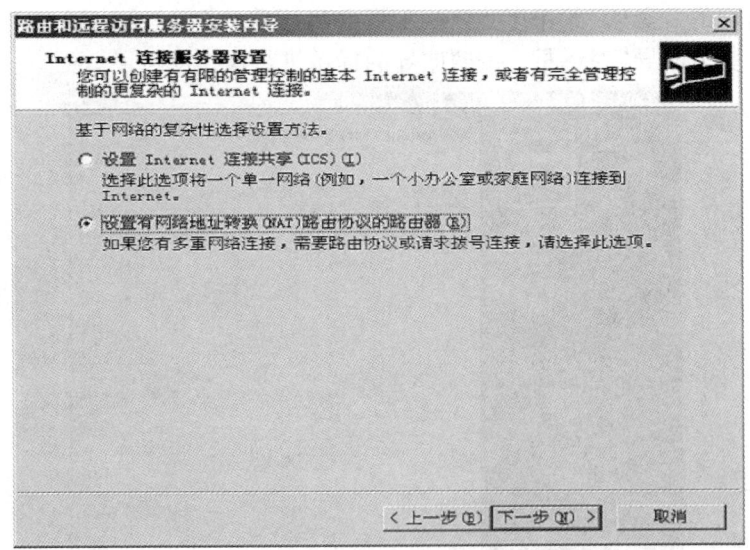

图 6-44　路由和远程访问服务器安装向导

(4)在"路由和远程访问服务器安装向导"中选"Internet 连接"(就是连向 Internet 的那个连接),点"下一步"。如图 6-45 路由和远程访问服务器安装向导。

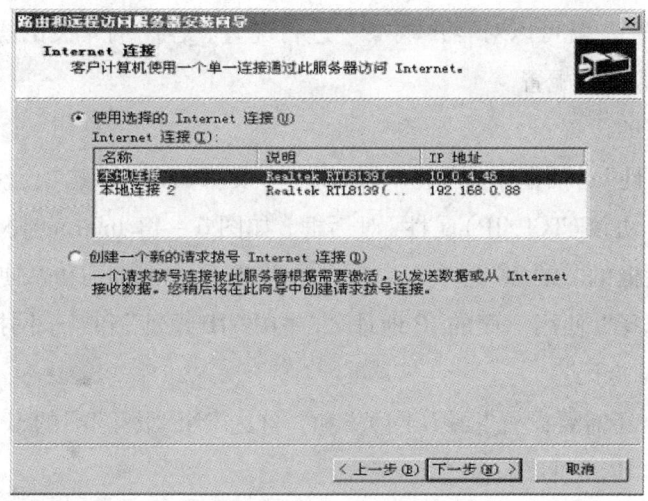

图 6-45　路由和远程访问服务器安装向导

(5)出现如图 6-46 路由和远程访问服务器安装向导,选"完成"。出现如图 6-47 安装框。

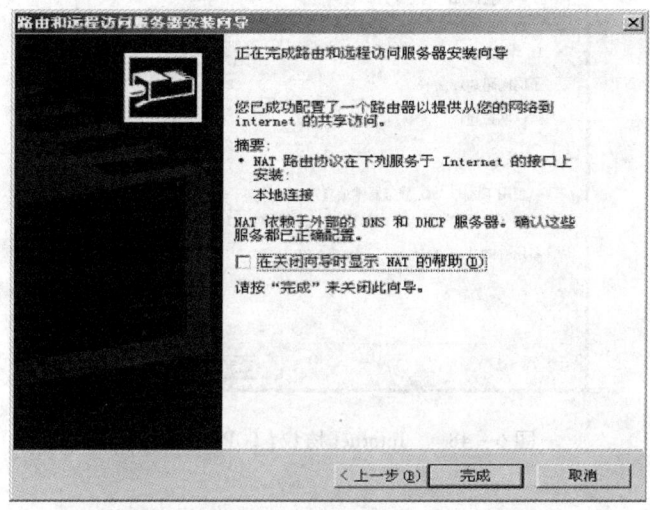

图 6-46　路由和远程访问服务器安装向导

图 6-47　安装框

通过以上的配置,局域网服务器端的配置过程就全部完成了,下面是 Windows XP 客户端的配置。

4. Windows XP 客户端配置

服务器端配置好后，就可以对客户端一一进行配置，客户端安装的操作系统是 Windows XP 则可以按如下步骤进行配置。

(1) TCP/IP 协议的设置

在"本地连接属性"对话框中，单击"Internet 协议(TCP/IP)"选项，然后单击"属性"按钮，将弹出"Internet 协议(TCP/IP)属性"对话框，如图 6-48 Internet 协议(TCP/IP)属性对话框所示。在该对话框的"常规"选项卡中有"自动获得 IP 地址"和"使用下面的 IP 地址"两个单选按钮。可选择"使用下面的 IP 地址"，并在"IP 地址"和"子网掩码"文本框中输入相应的 IP 地址和子网掩码。

要连入 Internet，还需要设置"默认网关"和"首选 DNS 服务器"的 IP 地址。网关一定要是服务器内网网卡的 IP 地址。

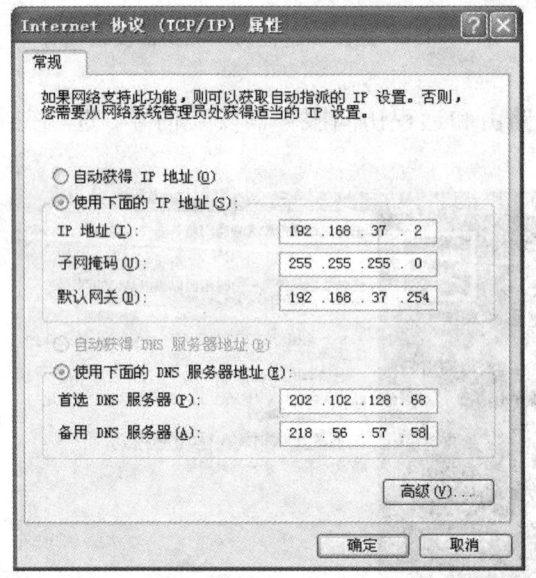

图 6-48　Internet 协议(TCP/IP)属性

(2) 检查网络配置

完成对"网络和拨号连接"的配置后，如何来检查配置是否成功呢？WindowsXP 提供了两个系统命令：Ipconfig 可用来查看网络配置等；Ping 可用来测试网络的联通。

(3) 本地连接状态

在任务栏中双击本地连接指示器，打开"本地连接状态"对话框，如图 6-49"本地连接状态"对话框。对话框中显示了本地连接的连接状态、持续时间、发送和接收数据包的情况。

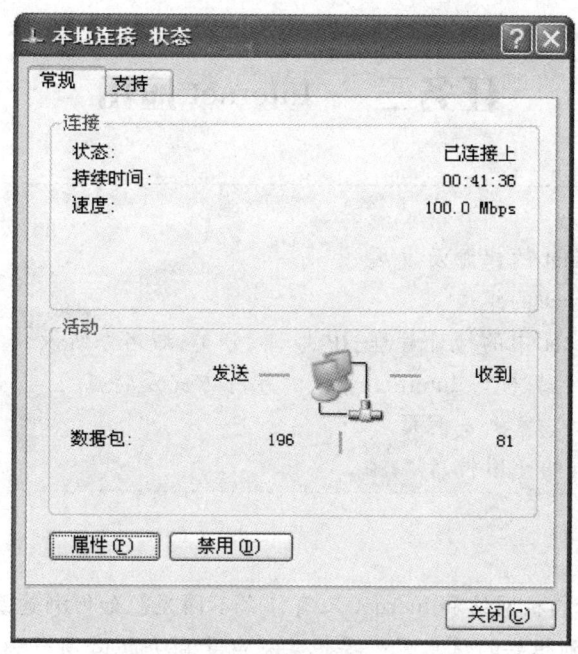

图 6-49 "本地连接状态"对话框

通过以上各步设置，Windows xp 客户端的配置就算完成了，要注意的是如果采取人工指定 IP 地址方式，则网络中各计算机(包括服务器)的 IP 地址不能重复，否则 IP 地址冲突，网络不能连接成功。

实验指导
驱动器共享的设置

一、实验目的
驱动器共享的设置方法
二、实验内容
1. 在一个局域网内设置其中一台机器的 D 盘驱动器为共享属性。
2. 在其他机器上利用网上邻居来共享其 D 盘上的信息和文件。
三、写出实验报告

任务三 Internet 应用

> ■ 能力目标：
> 能了解 Internet 的起源及发展
> 能了解 Internet 的组成
> 会使用 Internet 中的地址管理：IP 地址、分类；域名系统及结构，域名解析
> 能了解用户计算机与 Internet 连接的几种方式及特点
> 会使用 IE 浏览器浏览网页
> 会 IE 浏览器的使用技巧

◇ 任务情景

什么是 Internet？计算机网络和 Inernet 又有什么不同呢？如何浏览互联网上的共享资源呢？怎样才能又快又准地找到想要的信息呢？要想实施电子商务就必须有稳定的互联网接入，相比而言，ADSL 宽带接入是比较经济实用的。

◇ 实施步骤

步骤一：申请上网
步骤二：建立 ADSL 虚拟拨号连接
步骤三：使用 IE 浏览器浏览网页

◇ 相关知识

一、申请上网

Internet，音译为"因特网"，也称"国际互联网"，是通过网络连接设备将世界不同地区、规模大小不一、类型不同的网络互相连接起来的网络，是一个全球性的、开放的计算机互联网络。Internet 联入的计算机几乎覆盖了全球 180 个国家和地区，且存储了丰富的信息资源，是世界上最大的计算机网络。

用户计算机与 Internet 的连接方式有多种。用户选择以任何方式入网，需要考虑自己所处的地理位置和通信条件、使用者数量、通信量、希望访问的资源、要求响应的速度、设备条件以及资金的投入等因素。不同的连入方式所要求的硬件配置和软件配置各不相同。

(1) 电话拨号方式

拨号入网费用较低，比较适于个人和业务量小的单位使用。用户所需设备简单，只需在计算机前增加一台调制解调器和一根电话线，再到 ISP 申请一个上网账号即可使用。拨号上网的连接速率最大为 56Kbps。

(2) ISDN 方式

又称"一线通"，顾名思义，就是能在一根普通电话线上提供语音、数据、图像等综合性业务，从而将电话、传真、数据、图像等多种业务综合在一个统一的数字网络中进行传输和处理。

（3）ADSL 方式

ADSL（Asymmetrical Digital Subscriber Line，非对称数字用户环线）是利用现有的电话线，使用 ADSL 专用调制解调器接入。为用户提供上下行非对称的传输速率（带宽），上行（从用户到网络）为低速的传输，可达 512Kbps；下行（从网络到用户）为高速传输，可达 8Mbps。

（4）DDN 专线方式

DDN 专线是利用光纤、数字微波或卫星等数字传输通道和数字交叉复用设备组成，为用户提供高质量的数据传输通道，传送各种数据业务，以满足用户多媒体通信和组建中高速计算机通信网的需要。

（5）Cable Modem 方式

Cable Modem（线缆调制解调器）是一种超高速 Modem，利用现成的有线电视（CATV）网进行数据传输的一种高速接入方式，传输机理与普通 Modem 相同，区别是通过有线电视 CATV 的某个传输频带进行调制解调。

（6）局域网接入方式

不需调制解调器，个人计算机通过网卡直接用通信电缆或光纤连到本地已接入 Internet 的局域网上，通过虚拟拨号获得接入或直接拥有自己的主机名和 IP 地址接入。

二、建立 ADSL 虚拟拨号连接

申请受理后一般七日内即有专业技术人员上门连接 ADSL 硬件设备，软件需要安装 PPPoE（以太网上的点对点协议）虚拟拨号软件，由于 Windows XP 中已内置了 PPPoE 协议，所以用户不必再安装虚拟拨号软件，只需要建立自己的 ADSL 虚拟拨号连接即可。

1. 单击"开始"按钮，选择"控制面板"，双击"网络连接"，在左侧的"网络任务"窗格中单击"创建一个新的连接"，如图 6-50：

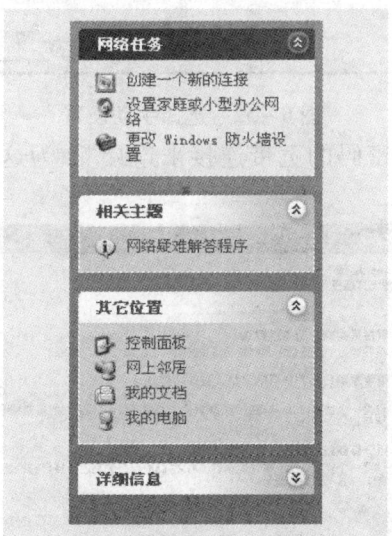

图 6-50 "网络任务"窗格

2. 选择"连接到 Internet",如图 6－51:

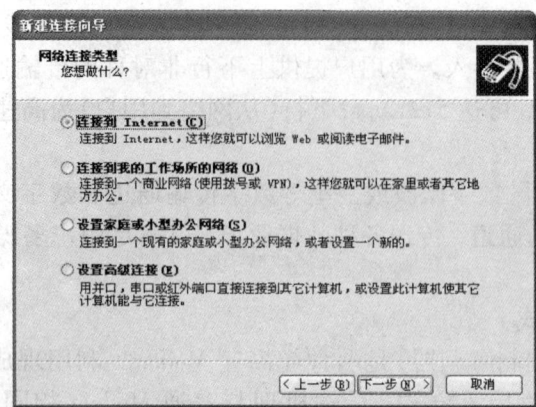

图 6－51 "新建连接向导"

3. 选择"手动设置我的连接",如图 6－52:

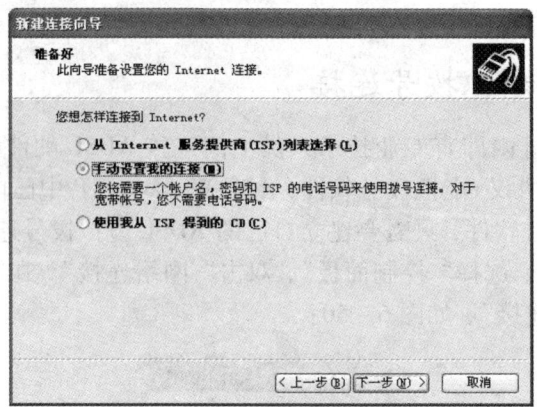

图 6－52 选择手动设置

4. 选择"用要求用户名和密码的宽带连接来连接",为这个连接输入一个名字(如:ADSL),如图 6－53:

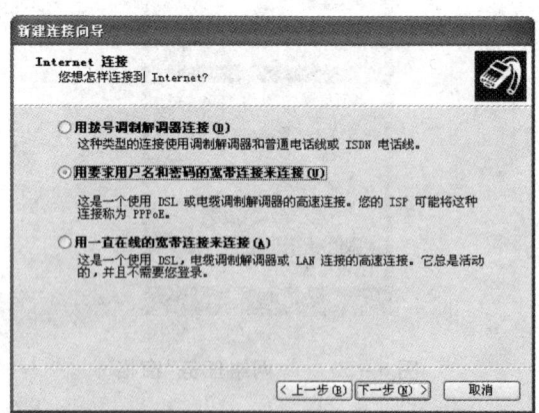

图 6－53 选择连接到 Internet 方式

5. 为这个连接取一个名字，如"ADSL 上网"，单击"下一步"，输入 ISP 给的用户名和密码，如图 6-54、6-55：

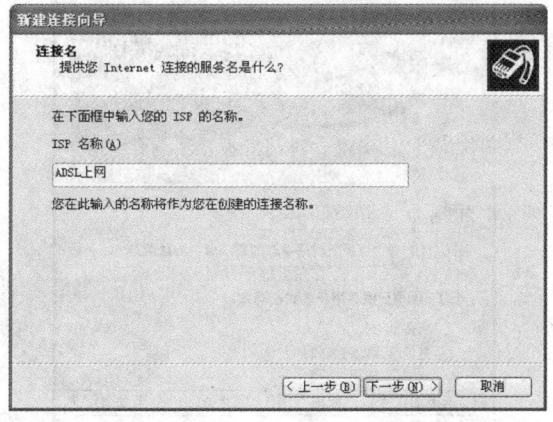

图 6-54　输入 ISP 名称

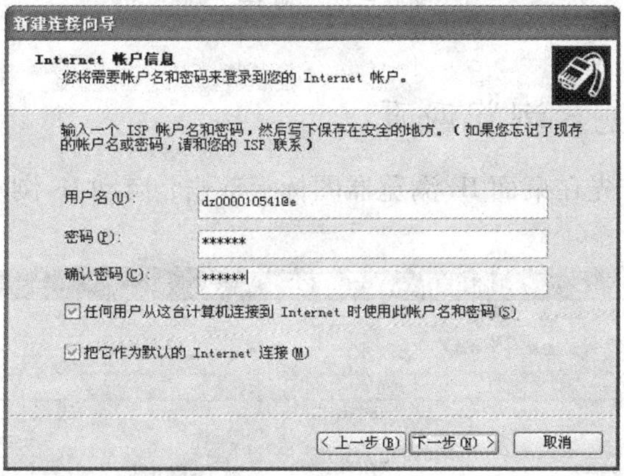

图 6-55　输入账户信息

6. 最后选中"在我的桌面上添加一个到此连接的快捷方式"选项，然后单击"完成"按钮，此时弹出"连接"窗口，点击"连接"按钮，连接成功。如图 6-56、6-57，拨号上网。

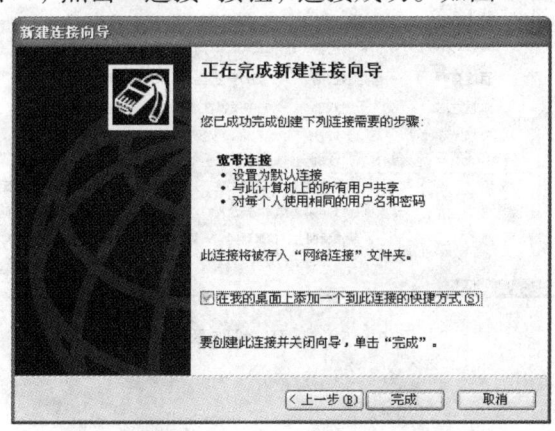

图 6-56　完成新建连接

· 305 ·

图 6-57 连接上网

三、使用 IE 浏览器浏览网页

启动 IE 浏览器。首先在桌面 IE 浏览器图标上双击,启动 IE 浏览器,进入默认主页,如图 6-58 所示。

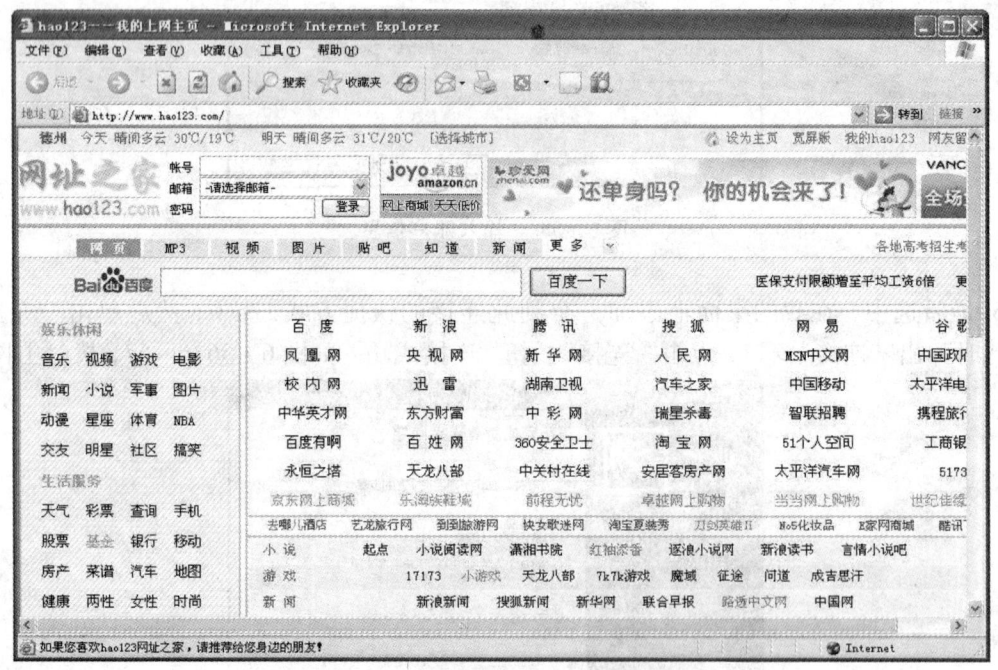

图 6-58 IE 浏览器窗口

1. IE 窗口组成

(1)标题栏:显示程序名称 Internet Explorer 及已调入的网页名或网页所在的服务器地址

和路径。

(2)菜单栏:提供了大量的菜单命令供用户选择。

(3)工具栏:包含供用户快速访问的常用命令。

(4)URL 地址栏:显示当前网页的地址。

(5)状态栏:显示 IE 的运行状态。

2. IE 提供了许多工具按钮,如图 6-59 所示

图 6-59　　IE 工具按钮

(1)后退/前进:来回翻阅刚访问过的存放在缓冲区中的页面。

(2)停止:停止当前网页载入的进程。当用户发现所访问的站点下载速度太慢或者发现选错站点,需终止下载时,用鼠标单击"停止"按钮,终止当前站点信息的下载。

(3)主页:打开预设好的主页页面。

(4)刷新:重新下载所需要的页面。

(5)邮件:打开"Internet 选项"中设置的邮件程序,进行邮件的收发。

3. 转到其他网站

在地址栏中输入想浏览的网站地址,如:http://www.163.com,按回车键或单击"转到"按钮,如图 6-60 所示。

图 6-60　网址填写示例

为了提高上网效率,可同时打开多个窗口切换浏览,选择"文件"|"新建",然后选择其中的"窗口"命令,就会打开一个新的浏览窗口,在其地址中输入新的网址,即可实现利用

多个浏览窗口查看不同页面信息。如图 6-61 所示。

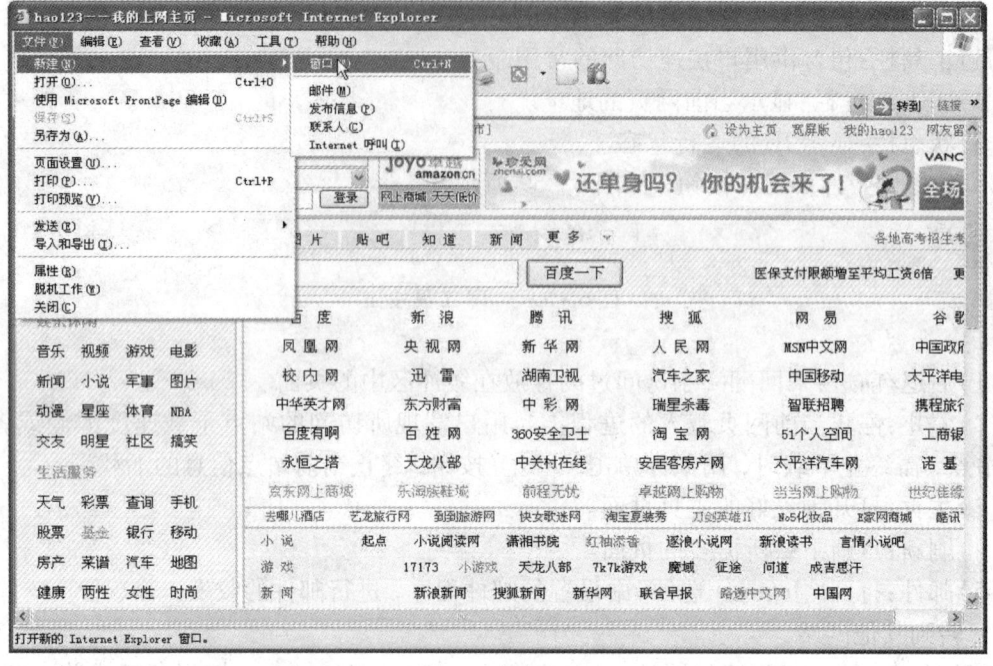

图 6-61　打开新浏览窗口

4. 使用"历史"按钮

在 IE 主窗口的工具栏上，单击"历史"按钮，出现历史记录窗口，其中包括最近几天或几星期内访问过的 Web 页和站点的链接，可以按日期、按站点和单击次数等方式显示这些 Web 页和站点的链接，如图 6-62 所示。在历史记录栏中单击你要访问的选项，就可进入该页面，加快了访问速度。再单击一下"历史"按钮，即可取消历史记录窗口。

图 6-62　"历史按钮"的使用

5. 收藏地址

将自己喜欢的 Web 页或站点地址通过收藏夹保存下来,以便以后能快速打开这些网页或网站。在打开某个网站后,单击"收藏"|"添加到收藏夹"命令,打开图 6-63 所示对话框,在名称栏内可以输入网站名称或自己喜欢的名字,然后选择要收藏的位置,单击"确定",该网站就添加到收藏夹的相应列表中。以后再进入该网站,只要打开"收藏"菜单或单击"收藏"按钮,单击"收藏"菜单中的子菜单或列表框中的相应名称即可。

图 6-63 "网址保存"对话框

6. 保存信息

在浏览过程中保存信息。单击"文件"|"另存为"命令,在出现的对话框中,选择文件保存的位置、文件名、文件类型。

如果仅仅保存页面中的部分文字,可以先将希望保存的文字选中,复制到某个字处理软件中,然后进行保存。

如果要将网页中的图片保存下来,可以用鼠标右键单击该图片,在出现的快捷菜单中单击"图片另存为"命令。

7. 利用"搜索引擎"搜索信息

"搜索引擎"是一个提供信息"检索"服务的网站,它使用某些程序把 Internet 上的所有信息归类,以帮助人们在茫茫网海中搜寻到所需要的信息。在搜索引擎中输入搜索内容的关键字,搜索引擎就可以查找到包含需要的内容网页的链接。常用的搜索引擎有:北京大学天网中英文搜索引擎(http://e.pku.edu.cn/)、Yahoo!(http://www.yahoo.com)、Google(http://www.google.com)、百度(http://www.baidu.com)。下面以百度为例搜索信息,见图 6-64 所示。

图 6-64 "搜索引擎"示例

四、加快网页的下载速度

一般来说，网络上的网页会包含声音、图片和动画，甚至还有视频信息。这些信息的容量很大，这样与低网络传输速度相比，网页的下载速度可能更加让人难以忍受。我们可以将这些内容屏蔽掉，而在需要的时候显示它，这样就可以大大地加快网页的浏览速度。如果我们还需要个别地查看某些图片，此时，可以在未显示图片的区域，单击右键，选择"显示图片"命令，网络便开始传输图片信息，这样我们就可以看到图片了。

1. 打开"工具"菜单，单击"Internet 选项"，选择"高级"选项卡，如图 6-65 所示。

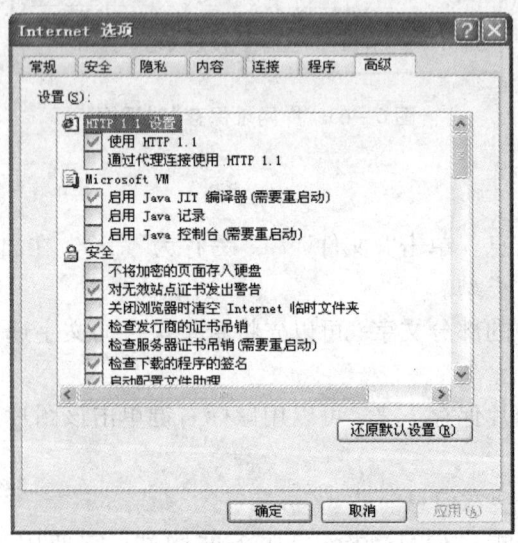

图 6-65　Internet 选项"高级"选项卡

2. 在"设置"下面找到多媒体，将其下面的播放动画，播放声音，播放视频，显示图片前面的复选框取消。如图 6-66 所示。

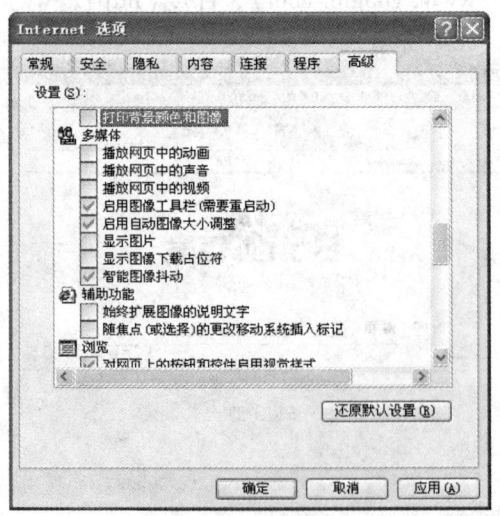

图 6-66　"多媒体"设置

3. 快速输入地址

可以在地址栏中键入某个单词，然后按 CTRL + ENTER 在单词的两端自动添加 http://www. 和 .com 并且自动开始浏览，比如在地址栏中键入 sina 并且按 CTRL + ENTER 时，IE 将自动开始浏览 http://www.sina.com（新浪网址）。

4. 快速进行搜索

（1）单击快捷工具栏上的"搜索"按钮，在 IE 窗口左边打开一个专门的"搜索"窗口；

（2）输入需要查找的内容，并单击"搜索"按钮即可。

5. 快速获取阻塞时信息

由于网络阻塞、浏览某些页面时会特别慢，当你访问热门站点时，情况可能更加突出。简单的办法是按下浏览器工具栏的"STOP/停止"按钮，这样就会中止下载，但可以显示已接收到的信息。过几分钟、等网络畅通后，你可以按"刷新"按钮再重新连接该站。

6. 快速查看历史记录

IE 浏览器利用其缓存功能可以将用户最近浏览过的信息保存下来的功能，这样就可以利用它的脱机浏览功能在没有连接 Internet 的情况下查看这些历史信息，从而提高了上网效率。

（1）在脱机状态下启动 IE，选择"文件"菜单的"脱机工作"命令，激活 IE 的脱机浏览功能；

（2）单击快捷工具条上的"历史"按钮，打开 IE 的"历史记录"窗口。

此时"历史记录"窗口会将用户最近浏览过的网址按时间顺序显示出来，你就可以从中选择某个以前已经查看过的网址，这样 IE 就会在脱机状态下将相应网页内容显示出来。

7. 快速到达 IE 根目录

如果我们正在用 IE 浏览网页的时候，突然想要到硬盘上查资料，这可怎么办呢？把浏览器最小化，再返回到资源管理器中查找，这是最常规的做法了。但是有没有想过有更简单的方法呢？

方法很简单。只要在地址栏中输入"\"，再按回车键，就可以到达硬盘 C:的根目录了。如果又要返回原来浏览的网页，只要点击"后退"就可以了。

8. 在浏览器中翻页

当用浏览器查看一个比较长的网页时，有好几种向上或向下翻页的方法，其中一种最简单的方法就是使用空格键。点击空格键可以向下翻页，按"Shift + 空格键"则可以向上翻页。

9. 收藏夹排序

（1）打开 IE 浏览器窗口，依次单击"工具""lnternet 选项"命令，在随后出现的设置窗口中，单击"高级"标签，如图 6 - 67 所示。

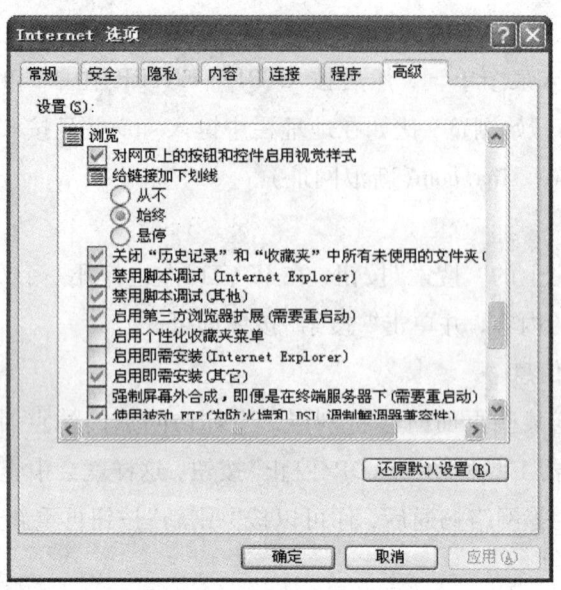

图6-67 "浏览"设置

(2) 在图6-67的标签页面中,选中"浏览"设置项中的"启用个性化收藏夹菜单"项目,然后单击"确定"退出设置窗口。

将 IE 窗口关闭然后重新启动一下,再重新单击"收藏夹"菜单时,看看有什么变化——最近访问的站点全部"跑"到收藏夹前面显示了。以后,只要留意"收藏夹"最前面的内容,就能迅速找到经常访问的站点地址了。

五、Internet 的基本知识

1. Internet 的起源及发展

Internet 诞生于20世纪60年代,1969年,美国国防部所属的 ARPA(Advanced Research Projects Agency,美国国防部高级研究计划署)为实现国防部与各地军事基地之间的数据传输通信,建立了当时世界上最早的网络之一的 ARPAnet(阿帕网)。ARPAnet 采用分布式的控制与处理,它的一个或多个站点被破坏时,其他站点间的连接和通信不受影响。ARPA 研究出一种方法,能解决不同品种、不同型号计算机组成的计算机网络的互联。采用这种方法组成一个 ARPAnet 主干网,称为 inter network。随着 ARPAnet 的发展,为了与其他网络互联概念相区别,创造者们取 inter network 的 Internet,并将其第一个字母大写,Internet 由此应运而世。ARPAnet 所具有的高可靠性使它得到了迅速发展,随着新团体的不断加入,规模越来越大,功能也逐步完善起来。1983年,正式命名为 Internet,我国称它为因特网或国际互联网。ARPAnet 是 Internet 的前身。

1985年,美国国家科学基金会(NSF,National Science Foundation)决定建立美国的计算机科学网 NSFnet,该网络成为 Internet 的第二个主干网。

20世纪80年代以来,由于世界各国家和地区纷纷加入 Internet 的行列,Internet 成为一个全球性的网络。目前,因特网已经覆盖了全球大部分地区。

2. Internet 在中国的发展

20 世纪 90 年代初，Internet 进入了全盛的发展时期，发展最快的是欧美地区，其次是亚太地区，我国起步较晚，但发展迅速。

20 世纪 80 年代末期，Internet 进入中国，1989 年，北京中关村地区科研网 NCFC（The National Computing and Networking Facility of China）开始建设。1991 年 6 月，中国科学院高能物理研究所建成了我国首条与 Internet 联网的专线，实现了国际计算机信息资源的共享。随后，北大、清华、北京化工大学和中科院网络中心等相继接入 Internet。

1994 年，中国正式接入 Internet，建立了我国最高域名 CN 服务器，同时还建立了 E – mail 服务器、News 服务器、FTP 服务器、WWW 服务器、Gopher 服务器等，NCFC 连入了 Internet。

1994 年初，国家提出建设国家信息高速公路基础设施的"三金"工程（金桥、金卡、金关），并于 1998 年初成立了信息产业部。

1995 年，原邮电部作出两个重要决定：一是建立全国省会城市 Internet 网；二是将北京电报局现有的 Internet 节点建成全国的 Internet 骨干网中心节点。从此，Internet 在中国进入了高速发展的时期。

20 世纪 90 年代我国在公用电话网普及的基础上，相继建立了中国公用分组交换数据网（ChinaPAC）、中国公用数字数据网（ChinaDDN）和中国公用帧中继网（ChinaFBN）。以这些公用物理通信链路为基础，先后建成 4 大互联网络：ChinaNet（中国公用计算机互联网）、ChinaGBN（中国金桥信息网）、CERNet（中国教育和科研计算机网）、CSTNet（中国科技网）。其中，CSTNet 和 CERNet 是为科研、教育服务的非营利性质的 Internet，而 ChinaNet 和 ChinaGBN（中国金桥信息网）是为社会提供服务的经营性 Internet。

全国的各个行业部门先后将自己的行业专用网与 Internet 连接，形成全国型网络，如金融信息网、医疗信息网、建材信息网、商业信息网以及金税网等。

3. Internet 的组成

一般将计算机网络按照地域和使用范围分成局域网和广域网，Internet 是一个全球范围的广域网，同时又可以将它看成是由无数个大小不一的局域网连接而成的。整体而言，Internet 由复杂的物理网络通过 TCP/IP 协议将分布世界各地的各种信息和服务连接在一起，如图 6 – 68 所示。

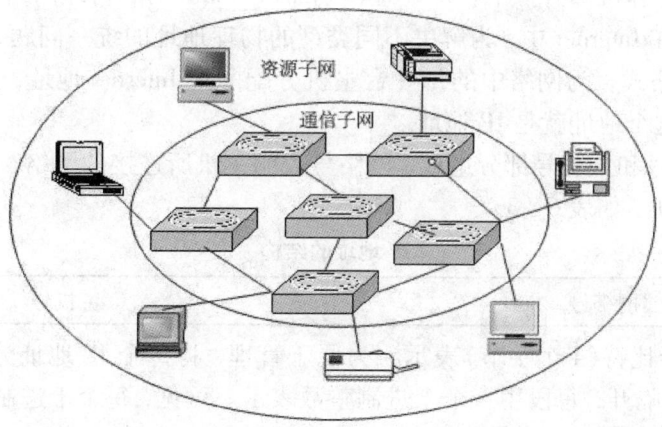

图 6 – 68　Internet 的组成

(1) 物理网络

物理网络在 Internet 中所起的作用仿佛是一根无限延伸的电缆,把所有参与网络中的计算机连接在一起。物理网络由各种网络互连设备、通信线路以及计算机组成。网络互连设备的核心是路由器,是一种专用的计算机,它起到类似邮局准确分发信件的作用,以极高的速度将 Internet 上传送的信息准确分发到各自的通道中去。

通信线路是传输信息的媒体,可用带宽来衡量一条通信线路的传输速率,用户上网快和慢的感觉就是传输带宽大和窄小的直接反映。

(2) 通信协议

在 Internet 中要维持通信双方的计算机系统连接,做到信息的完好流通,必须有一项各个网络都能共同遵守的信息沟通技术,即网络通信协议。

Internet 上各个网络共同遵守的网络协议是 TCP/IP 协议,由 TCP 协议和 IP 协议组合而成,实际是一组协议。

TCP/IP 协议的基本传输单位是数据包,采用的通信方式是分组交换方式,即数据在传输时分成若干段,每个数据段称为一个数据包。

TCP(Transmission control protocol)传输控制协议。在数据传输过程中,负责把数据分成一定大小的若干数据包,并给每个数据包标上序号及一些说明信息(类似装箱单),使接收端接收到数据后,在还原数据时,按数据包序号把数据还原成原来的格式。

IP(Internet protocol),网际协议。负责给每个数据包写上发送主机和接收主机的地址(类似将信装入了信封),一旦写上源地址和目的地址,数据包就可以在物理网上传送了。IP 协议详细规定了计算机在通信时应该遵循的全部规则,是 Internet 上使用的一个关键的底层协议,是互联网构成的基础。

总之,IP 协议负责数据的传输,TCP 协议负责数据的可靠传输。

(3) Internet 中的地址管理

①IP 地址

如前所述,Internet 是通过网络设备将物理网络互联在一起的虚拟网络。在一个具体的物理网络中,每台计算机都有一个物理地址(Physical Address),物理网络靠此地址来识别其中每一台计算机。在 Internet 中,为解决不同类型的物理地址的统一问题,在 IP 层采用了一种全网通用的地址格式。为网络中的每一台主机分配一个 Internet 地址,从而将主机原来的物理地址屏蔽掉,这个地址就是 IP 地址。

IP 地址由网络号和主机号部分组成,网络号表明主机所连接的网络,主机号标识了该网络上特定的那台主机,如表 6-3。

表 6-3　　　　　　　　　　　　　IP 地址的结构

网络号	主机号

IP 地址用 32 个比特(4 个字节)表示。为便于管理,将每个 IP 地址分为四段(一个字节一段),用三个圆点隔开,每段用一个十进制整数表示。可见,每个十进制整数的范围是 0~255。例如:某计算机的 IP 地址可表示为 11001010.01100011.01100000.10001100,也可表示为 202.99.96.140。

由于网络中 IP 地址很多,所以又将它们按照第一段的取值范围划分为五类:0~127 为 A 类;128~191 为 B 类;192~223 为 C 类;D 类和 E 类留作特殊用途。

在表 6-4 中分别说明了上述五类 IP 地址的详细情况。

表 6-4　　　　　　　　　　　　　IP 地址的分类

0			网络标识(1~127)	主机标识(24 位)
1	0		网络标识(128~191)	主机标识(16 位)
1	1	0	网络标识(192~223)	主机标识(8 位)
1	1	1	0	主机标识(224~239)组播地址
1	1	1	0	主机标识(240~255)保留为今后使用

IP 地址是由各级网管管理组织分配给网上计算机的,管理方式为层次型。最高一级 IP 地址由 InterNIC(国际网络信息中心,位于美国)负责分配。其职责是分配 A 类 IP 地址、授权分配 B 类 IP 地址的组织并有权刷新 IP 地址。分配 B 类 IP 地址的国际组织有三个:ENIC 负责欧洲地区的分配工作,InterNIC 负责北美地区,设在日本东京大学的 APNIC 负责亚太地区。我国的 Internet 地址由 APNIC 分配(B 类地址),由原邮电部数据通信局或相应网管机构向 APNIC 申请。国内的 Internet 地址则由地区网络中心向国家级网管中心(如 ChinaNet 的 NIC)申请分配。

②域名系统

在 Internet 上,IP 地址是全球通用的地址,但对于一般用户来讲,数字表示的 IP 地址不容易记忆。因此,TCP/IP 为人们记忆方便而设计了一种字符型的计算机域名机制,便形成了网络域名系统(DNS,Domain Name System)。在网络域名系统中,Internet 上的每台主机不但具有自己的 IP 地址(数字表示),而且还有自己的域名(字符表示),如德州职业技术学院域名为 www.dzvtc.cn。实际上,域名是 Internet 中主机地址的另外一种表示形式,是 IP 地址的别名。

域名系统采用分层结构。每个域名是有几个域组成的,域与域之间用小圆点"."分开,最末的域称为顶级域,其他的域称为子域,每个域都有一个有明确意义的名字,分别叫作顶级域名和子域名。域名地址从右向左分别用以说明国家或地区的名称、组织类型、组织名称、单位名称和主机名等。其一般格式为:

主机名·商标名(企业名)·单位性质·国家代码或地区代码

其中,商标名或企业名是在域名注册时确定的。例如对于域名 news.cernet.edu.cn,最左边的 news 表示主机名,cernet 表示中国教育科研网,edu 表示教育机构,cn 表示中国。

为了保证域名系统的通用性,Internet 制定了一组正式通用的代码作为顶级域名,如表 6-5 所示。

表 6-5　　　　　　　　　　　　　顶级域名代码

代码	名称	代码	名称	代码	名称	代码	名称
com	商业机构	edu	教育机构	org	非营利机构	arts	娱乐机构
gov	政府机构	int	国际机构	firm	工业机构	info	信息机构
mil	军事机构	net	网络机构	nom	个人和个体	rec	消遣机构

国家和地区的域名通常使用两个字母表示，如表6-6所示。

表6-6　　　　　　　　　　部分国家和地区的域名

代码	国家/地区	代码	国家/地区	代码	国家/地区	代码	国家/地区
CN	中国	AU	澳大利亚	NO	挪威	MY	马来西亚
CA	加拿大	IQ	伊拉克	KE	肯尼亚	KP	韩国
IT	意大利	JP	日本	UK	英国	US	美国

③域名解析

域名解析就是域名到IP地址或IP地址到域名的转换过程，由域名服务器完成域名解析工作。在域名服务器中存放了域名与IP地址的对照表(映射表)。实际上它是一个分布式的数据库。各域名服务器只负责其主管范围内的解析工作。从功能上说，域名系统基本上相当于一个电话簿，已知一个姓名就可以查到一个电话号码，它与电话簿的区别是域名服务器可以自动完成查找过程。

当用户输入主机的域名时，负责管理的计算机就把域名送到域名服务器上，由域名服务器把域名翻译成相应的IP地址，连接的过程不一样，但效果是一样的。同一个IP地址可以有若干不同的域名，但每个域名只能有一个IP地址与之对应，就像每个人可以有一个以上的若干个电话号码，但一个电话号码只能给一个人注册。

4. Internet提供的服务

Internet是人类历史上第一个全球性的图书馆，是知识的宝库，信息的海洋。Internet为全世界提供了一个巨大的并且在迅速增长的信息资源，用户可从中获得各方面的信息，如自然、政治、历史、科技、教育、卫生、娱乐、政府决策、金融、商业和气象等。其中主要的服务资源包括：

(1)电子邮件(Electronic Mail，记为E-mial)　E-mail是Internet上使用最多、应用最广的服务之一，它利用Internet传递和存储电子信函、文件、数字传真、图像和数字化语音等各种类型的信息。其最大特点是解决了传统邮件时空的限制，人们可以不分时间、地点任意收发邮件，并且速度快，大大提高了工作效率，为工作和生活提供了很大便利。

(2)万维网WWW(World Wide Web)　简称为3W或Web，是目前Internet上一种最受欢迎、最流行的工具、访问方式和管理系统。该服务采用超文本传输协议HTTP、超文本及超媒体技术，将文本、图像、图形、声音等各种信息有机地结合在一起。用户阅读文档时，通过链接随时可以从一个文档跳转到另一个文档，或从一台WWW服务器跳转到另一台WWW服务器，使信息查询变得更简单，更方便。

(3)远程文件传输(FTP)　FTP是Internet文件传送的基础，常用来从远程主机中复制所需的种类软件。其中，从远程主机中复制文件到本地计算机称为下载(Download)；将文件从本地计算机中复制到远程主机上称为上传(Upload)。

使用FTP的主要目的是在本地计算机与远程计算机之间传递文件。工作原理为：首先用户从客户端启动一个FTP应用程序，与FTP服务器建立连接，然后使用FTP命令，将服务器中的文件传输到本地计算机中。在使用FTP时需要进行客户机与服务器之间的信息的交换。在访问远程服务时，首先要求用户登陆，这就要求用户必须拥有服务器授权的账号和口令才能访问服务器。如此，用户要访问Inernet上成千上万台服务器，就必须在每一台服务器上拥有账号,这是不现实的,所以就产生了匿名 FTP。匿名服务器为普通用户建立了一个通用的账号"anoymous",口令是用户的电子邮件地址。使用该账号,每个用户都可以连接到远程的 FTP 服务器,下载所需要的文件。

(4)远程登录(Telnet)　Telnet 是 Internet 远程登录协议的意思,可让用户计算机通过 Internet 网络登录到另一台远程计算机上,登录后用户计算机就仿佛是远程计算机的一个终端,可以用自己的计算机直接操纵远程计算机,享受与远程计算机本地终端同样的操作权利。

使用 Telnet 的主要目的是使用远程计算机拥有的信息资源。

(5)电子公告牌(BBS)　BBS 是网民交换信息的地方,一般划分成若干版块,用户可到自己感兴趣的版块浏览信息,发表意见,交互讨论等。目前基于 Web 的电子公告牌成为主流,只要连接到 Internet 上,即可通过浏览器使用 BBS。多线的 BBS 可以与其他同时上网的用户做到即时联机交流,有的只能用文字,有的甚至可以直接进行声音和视频通话。

(6)新闻组(Usenet)　Usenet 是一群有共同爱好的 Internet 用户为相互交换信息而组成的一种无形的用户交流网。实际上,这些信息是网络用户相互交换的新闻(News),因而也被称为 Netnews(网络新闻)。通俗地说,Usenet 是一种遍布世界范围的 BBS 电子公告牌系统。

(7)即时通信　包括网络聊天(IRC)、网络寻呼(ICQ)和 IP 电话。网络聊天就是在 Internet 上专门指定一个场所,为大家提供即时的信息交流,大多数的门户网站都提供有这样的聊天室。网络寻呼的学名叫即时消息,是通过即时消息软件和其他网络用户进行实时交流,也可通过语音、视频进行。目前常用的即时消息软件有腾讯的 QQ,Microsoft 的 MSN Messenger、Yahoo! 的雅虎通等。IP 电话也称网络电话,是通过 TCP/IP 协议实现的一种电话应用。它利用 Internet 作为传输载体实现计算机与计算机、普通电话与普通电话、计算机与普通电话之间的语音通信。

(8)软件下载　软件下载就是把网站上的共享软件复制到上网者的计算机中,除软件外,图书、音乐、电影、游戏等所有能够在网上得到的信息或资料都可以下载。目前,从 Internet 上下载文件的方法主要有以下几种:直接从网页或 FTP 站点下载、用断点续传软件下载、BT 下载等。

实验指导

IE 浏览器的应用

一、实验目的

掌握 IE 浏览器的使用。

二、实验内容

1. IE 浏览器的安装与作用。
2. 使用 IE 浏览器浏览网页。
3. IE 浏览器的设置与使用方法。
4. 利用 IE 浏览器下载腾讯 QQ。

三、写出实验报告

任务四　电子邮件的申请及应用

■能力目标：
能了解电子邮件地址格式各部分的含义
会申请免费电子邮箱
会以各种格式发送电子邮件
能利用邮件管理软件管理电子邮件

◇任务情景

Internet 服务功能之一是电子邮件服务。在因特网上有许多专门管理电子邮件的计算机，称为邮件服务器(E-mail Server)。每个网络服务商(ISP)大都有自己的邮件服务器(相当于邮局)，用于接收和发送电子邮件。邮件服务器为每一位用户预留了一定的磁盘空间用于存放邮件，这就是电子信箱或者 E-mail 信箱。

◇实施步骤

步骤一：申请免费邮箱
步骤二：使用免费邮箱
步骤三：使用 Foxmail 收发邮件

◇相关知识

一、申请免费邮箱

1. 进入邮箱网页

通过新浪网，进入新浪邮箱网页，如图 6-69。

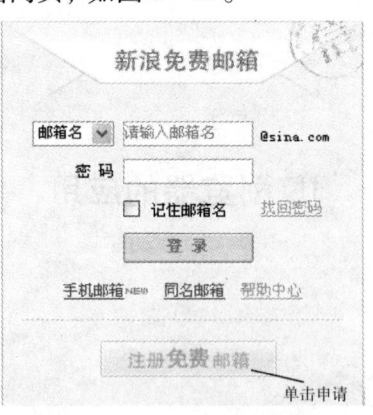

图 6-69　"邮箱"申请页面

2. 注册免费邮箱

(1) 单击图 6-69 中"注册免费邮箱"超链接，开始邮箱申请的步骤。首先进入邮箱名检测页面,如图6-70,检测用户起的邮箱名是否正被别人使用。

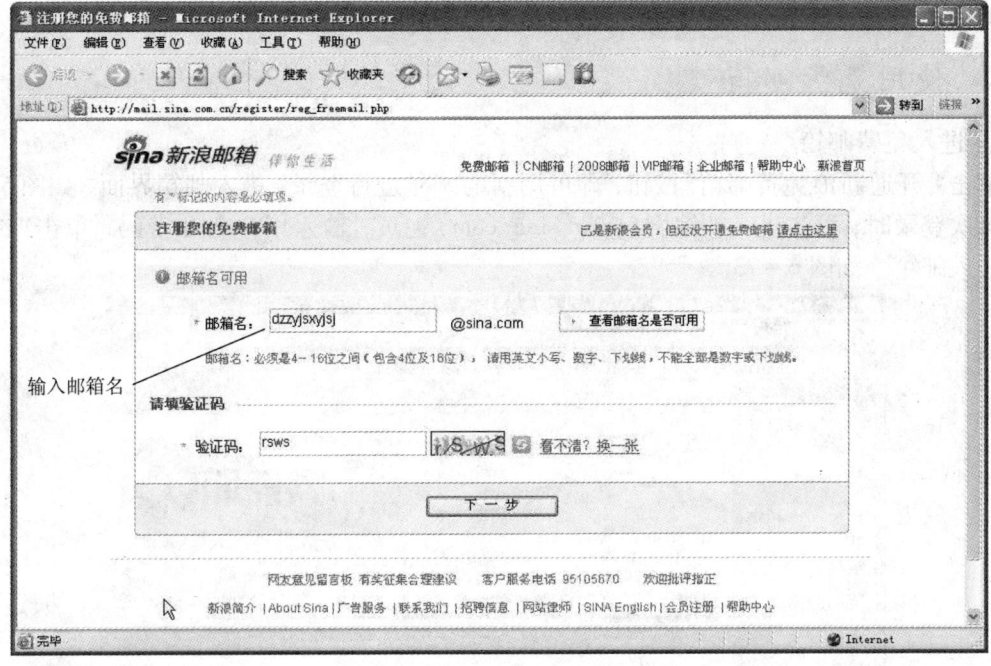

图6-70 "邮箱名"检测页面

(2)输入邮箱名后,单击下一步。若邮箱名已被别人使用,系统会提示并提出名称建议,重新输入名称后点击提交,进入注册页面。如图6-71所示。

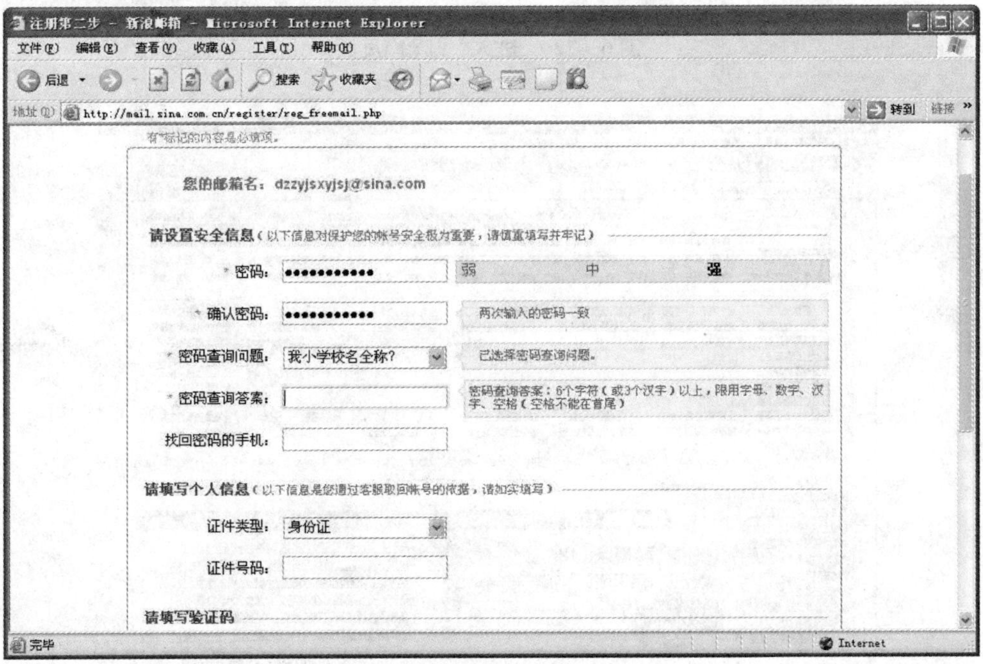

图6-71 "邮箱密码"输入页面

(3)在图6-71中输入相应信息,点击提交即可。系统会提示您邮箱注册成功。至此,用户得到一个免费的电子邮箱。

二、使用免费邮箱

1. 进入免费邮箱

单击"开通新浪免费邮箱"按钮,即可用新的账号进行登录,进入邮箱界面,如图6-72。以后每次登录时,可先进入新浪网(www.sina.com)主页,输入用户名和密码,单击"登录"即可进入邮箱。如图6-73。

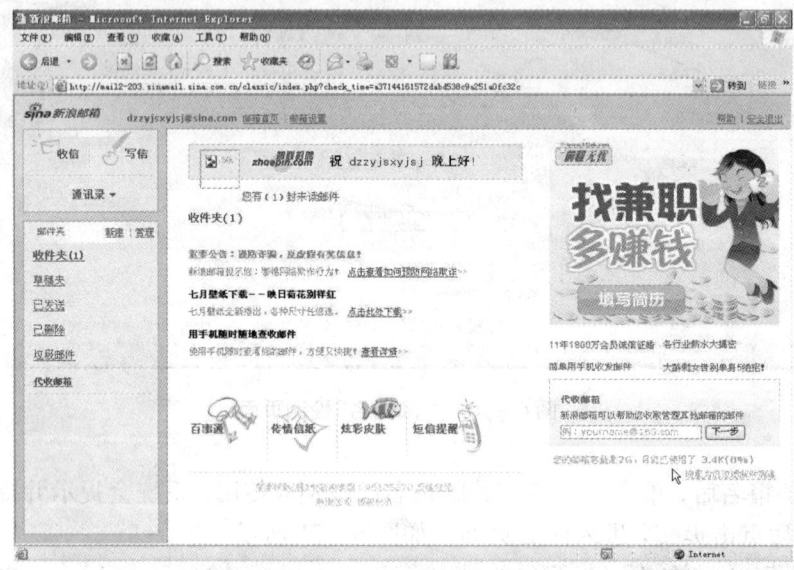

图6-72 进入"邮箱"页面

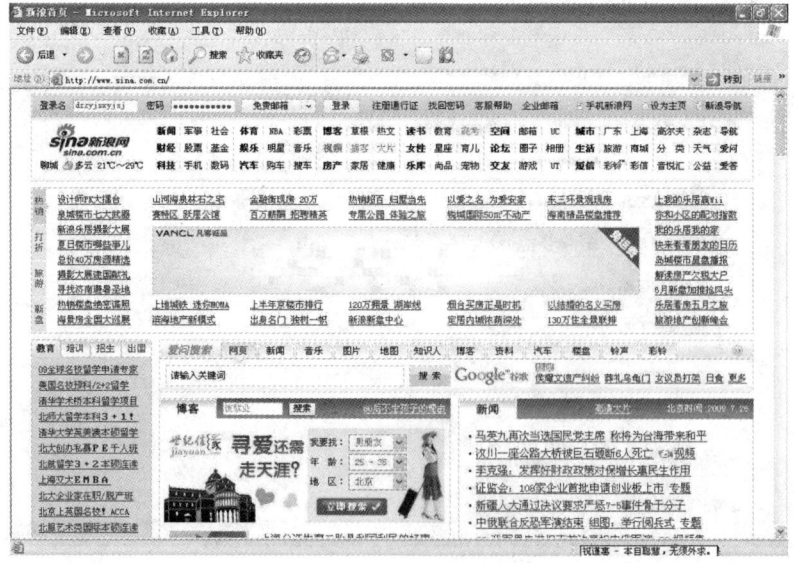

图6-73 登录"邮箱"页面

2. 发邮件

(1)单击"写信",即可进入发送邮件页面。见图 6-74。

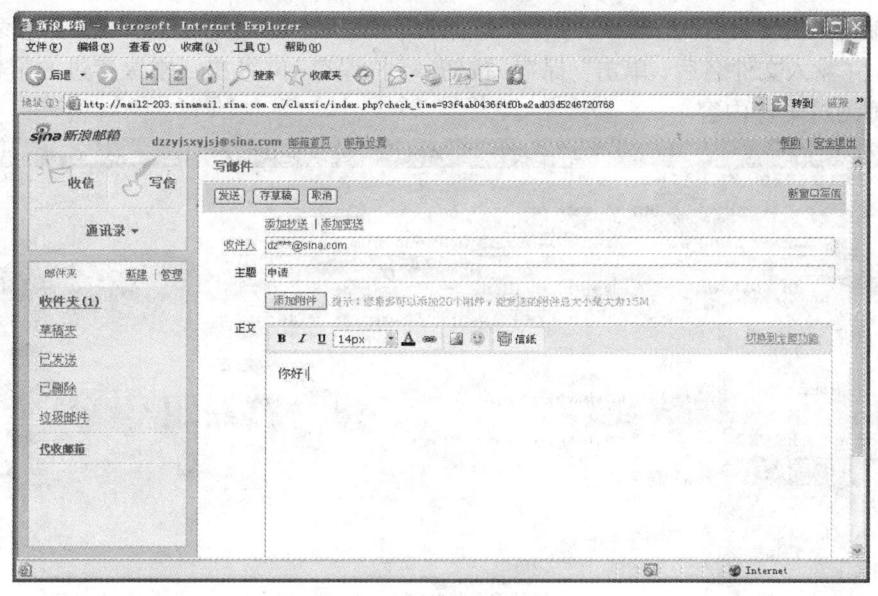

图 6-74 "写信"页面

(2)在发送页面中,输入收件人的地址及本邮件的主题,然后书写正文即可。若同一个邮件需同时发给多个人,在"抄送"中输入多个用","隔开的邮箱地址。单击"附件"右侧的"浏览",可选择文件作为附件一同发送。邮件编辑完后,单击"发送邮件"按钮发送邮件。

3. 收邮件

单击图中 7-73 的"收信",即可进入图 6-75 所示的收件箱页面。单击需要阅读的邮件主题文字即可打开邮件,阅读内容。在收件箱页面中,根据需要可实现邮件的阅读、删除、回复、转发、存地址等操作。

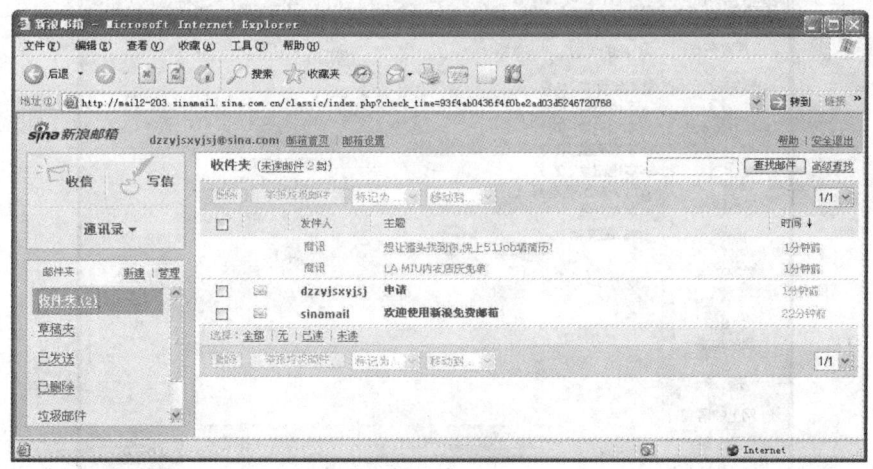

图 6-75 "收信"页面

4. 附件的接收

首先打开要阅读的邮件，在图 6-76 中，将鼠标指向附件标题并单击右键，在弹出的快捷菜单中单击"目标另存为"选项，弹出"另存为"对话框，如图 6-77 所示，在对话框中选择保存位置，并输入文件名后，单击"保存"按钮。到"保存"位置找到刚保存过的附件，双击打开文件即可浏览附件内容。

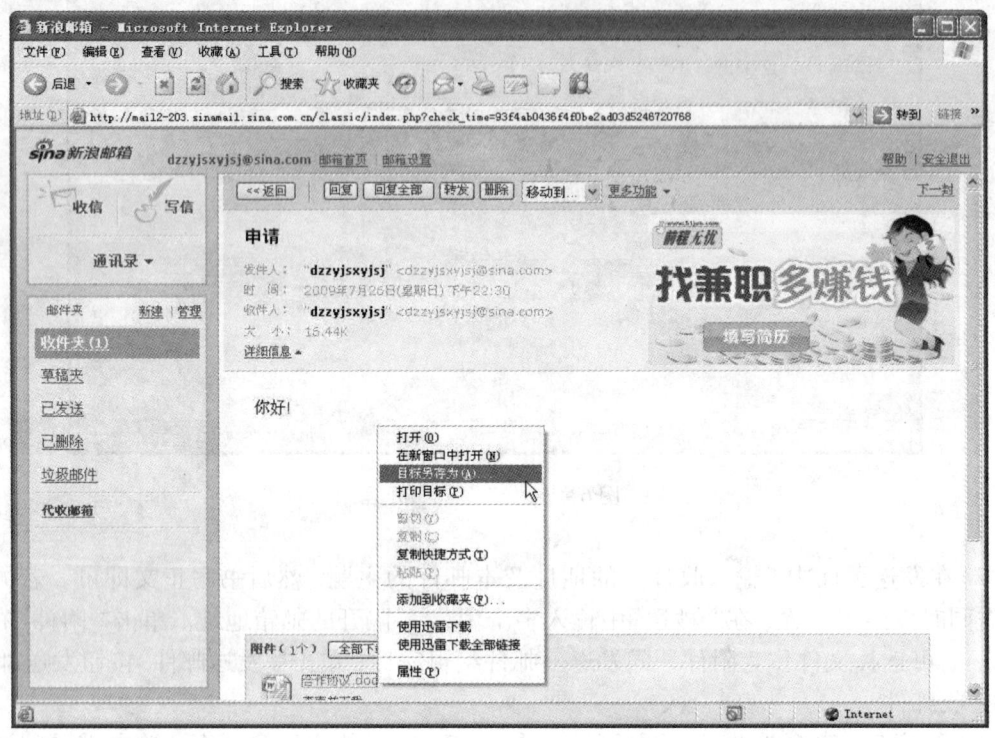

图 6-76 "附件"下载

图 6-77 "附件保存"对话框

5. 邮件的其他操作

(1)邮件的阅读:在收邮夹(见图6-75)找到要打开的邮件,单击主题位置文字即可打开,见图6-78。

(2)邮件的删除:在收邮件页面将需要删除的所有邮件的前方复选框选中,然后单击图6-75"删除"按钮。

(3)邮件的回复:首先进入邮件阅读页面,单击图6-78中的"回复"按钮,进入写邮件页面。此时收件人地址会自动填写。

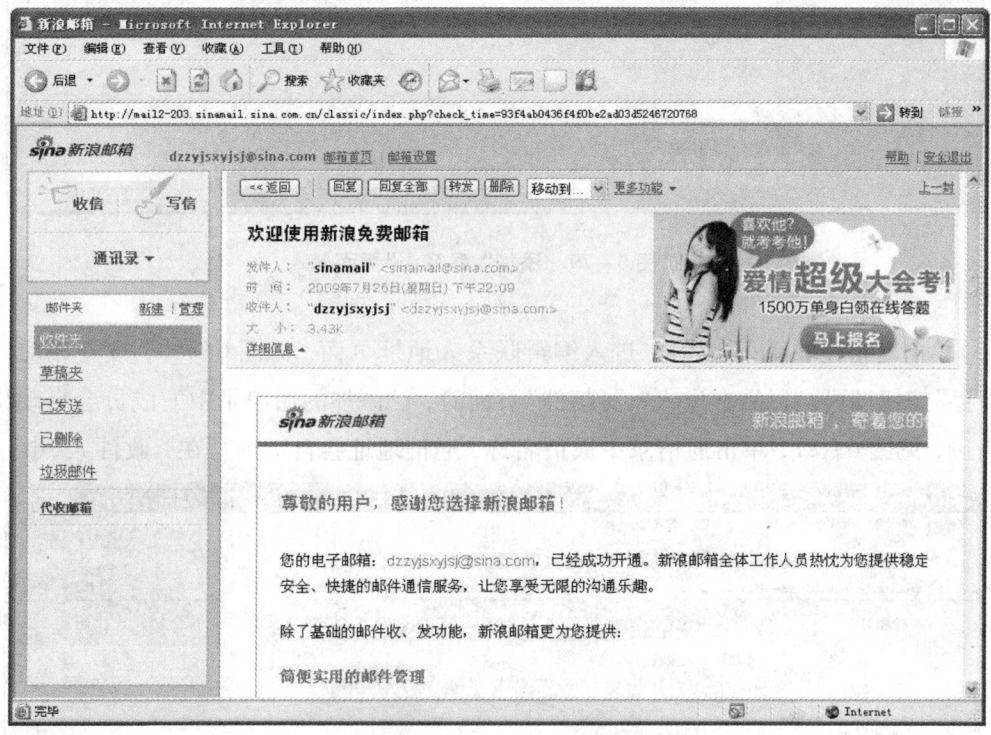

图6-78　阅读邮件页面

(4)邮件的转发:首先进入需转发的邮件阅读页面,(图6-78)单击"转发"按钮,选择转发形式,进入写邮件页面。若选择以"正文形式转发",则此时正文已自动填充;若选择以"附件形式转发",则此时转发内容以文件形式出现在附件中。

6. 添加通信地址:

(1)单击邮箱页面左侧的"通信录"按钮,进行展开通讯录,进入添加通讯录页面。见图6-79。

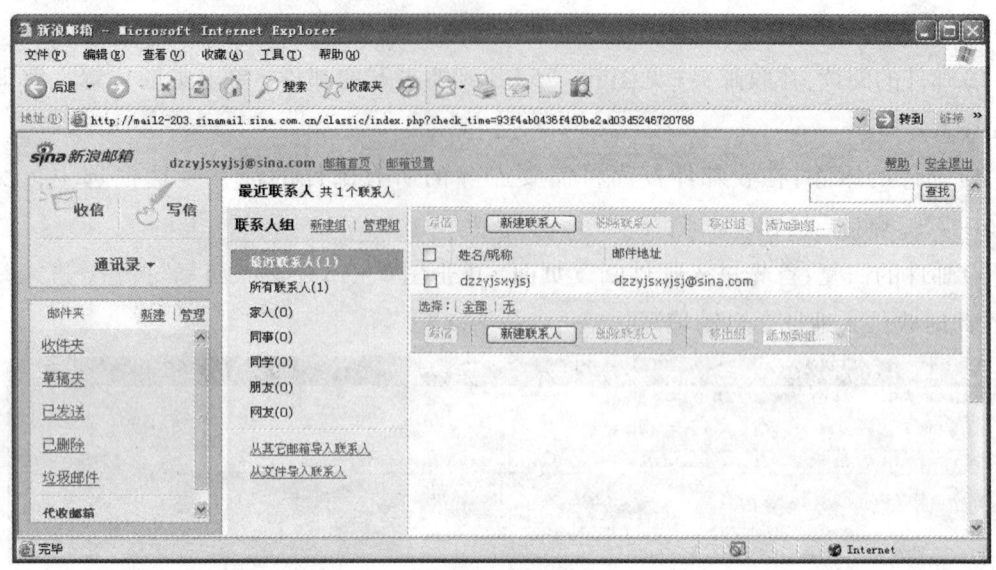

图6-79 添加"联系人"页面

(2)单击"新建联系人"按钮,进入编辑联系人地址页面,见图6-80,填写相应内容后按"保存"按钮即可。以后在进入"写邮件"页面时,已添加的通信录中的成员会自动出现在页面右侧,见图6-81,单击通信录中成员名称,通信地址会自动填写在"收件人"中。

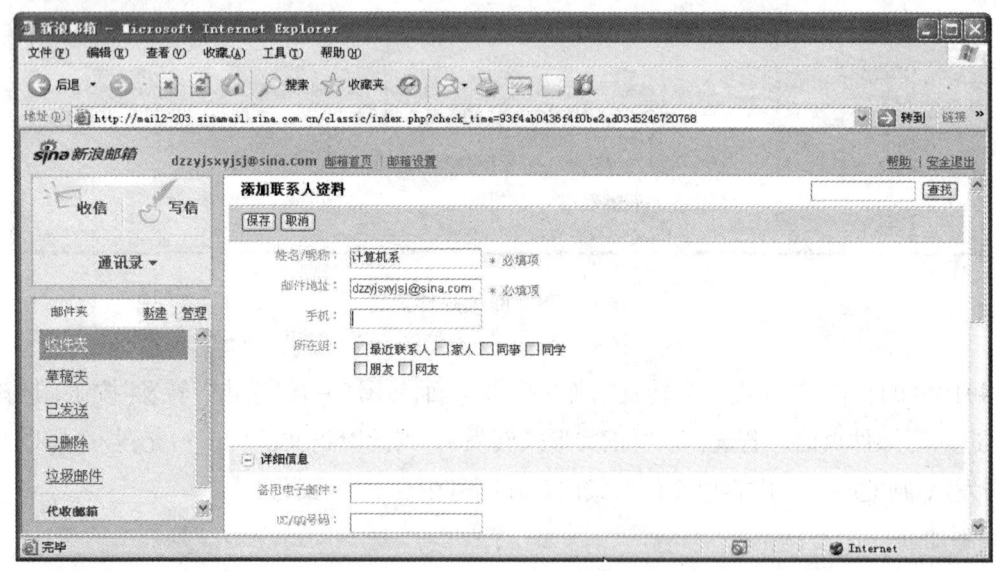

图6-80 联系人信息输入页面

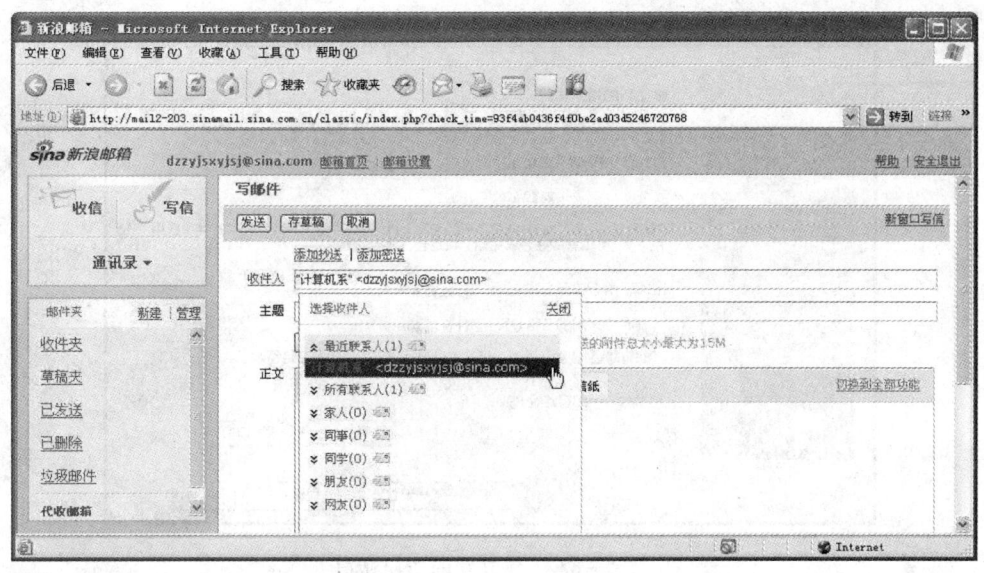

图 6-81 "通信录"在写邮件页面的示意图

三、使用 Foxmail 收发邮件

FoxMail 是国内开发的 Internet 电子邮件软件,具有 16 位和 32 位两种版本,用户可以选择使用中文版或英文版。Foxmail 是一个多用户、多账户、多 POP3 支持的软件,采用邮箱目录树结构,可以无限建立子邮件夹和子邮箱。

Foxmail 是一个自由软件,其下载地址是:www.foxmail.com.cn。

1. Foxmail 的设置

(1)首次启动 Foxmail 进入 Foxmail 用户向导,如图 6-82 所示。

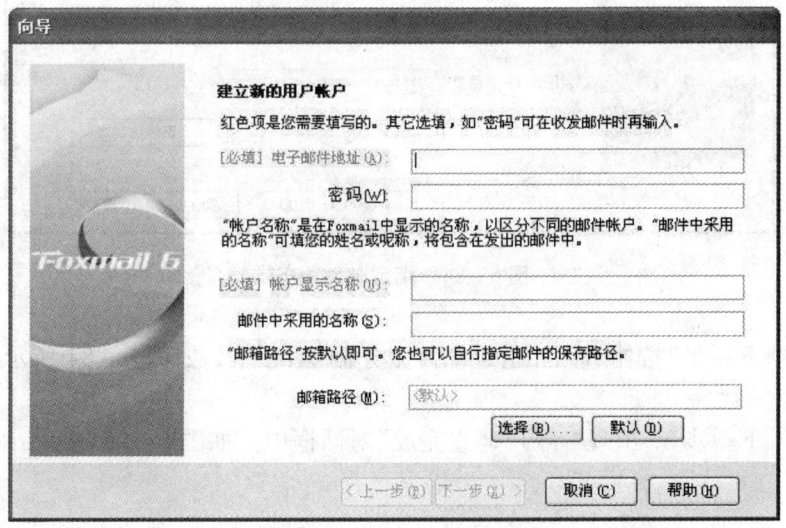

图 6-82 Foxmail 用户向导

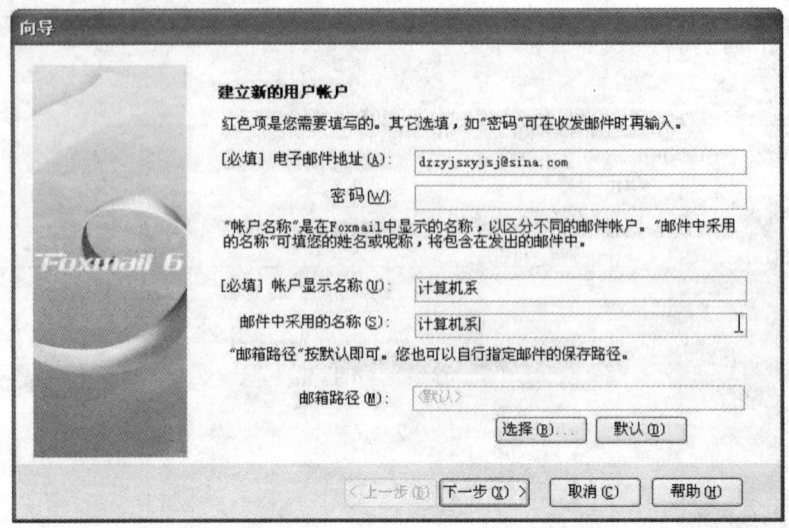

图 6-83　建立新的用户账户

(2) 建立 Foxmail 用户账户,输入用户名、账户显示名称、邮件中采用名称。邮箱路径使用默认路径。如图 6-83 所示。

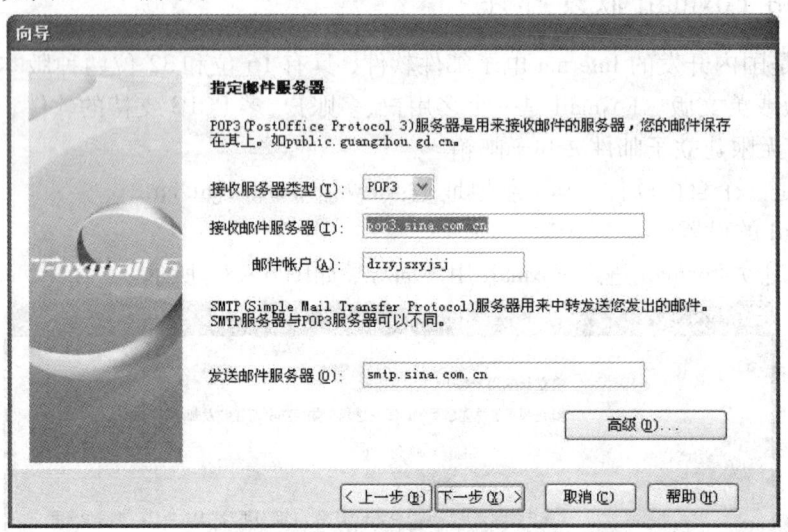

图 6-84　指定邮件服务器

(3) 单击"下一步"按钮进入"指定邮件服务器"对话框,如图 6-84 所示。此处选择默认设置即可。

(4) 单击"下一步",出现"账户建立完成"对话框中。如图 6-85 所示。

项目六　计算机网络应用基础

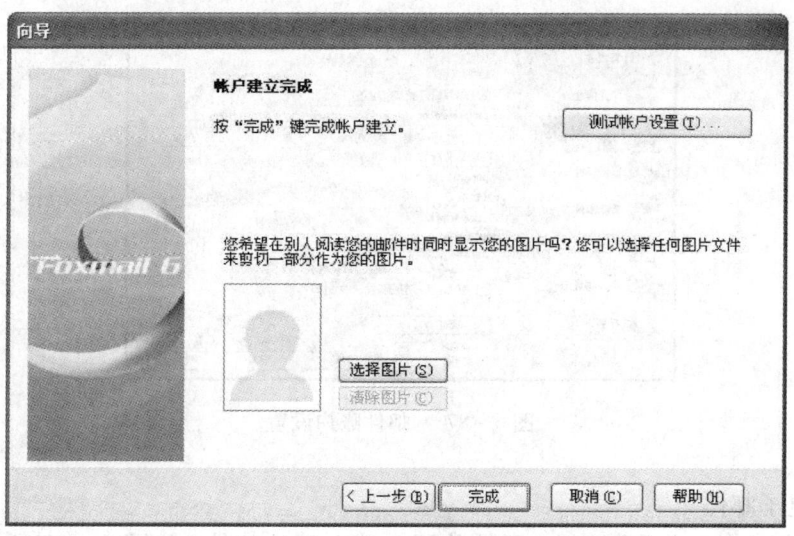

图 6-85　账户建立完成

(5) 设置以上选项后，按"完成"按钮，进入 Foxmail 主窗口，如图 6-86 所示。

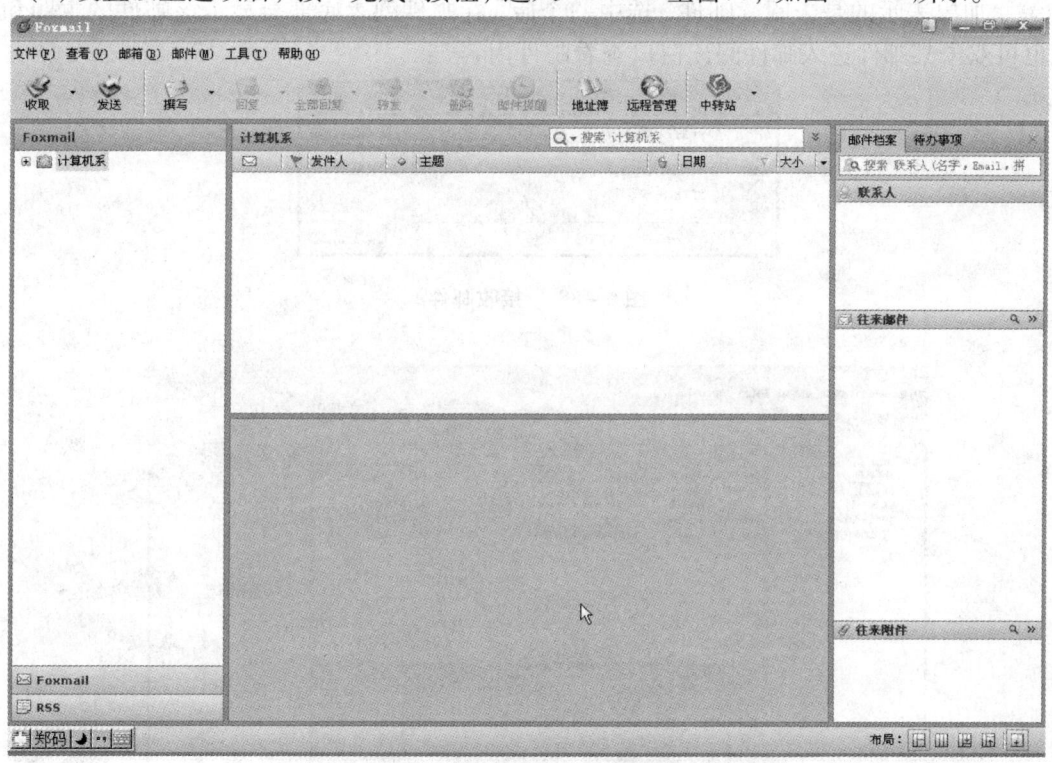

图 6-86　Foxmail 的主窗口

(6) 如需对邮件服务器进行设置，可选择邮件账户，右键 | 属性，进入"邮件账户设置"，选邮件服务器，设置相关项。如图 6-87 所示。

· 327 ·

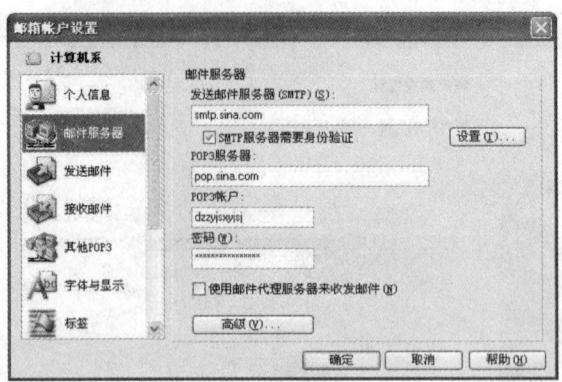

图 6-87　邮件账户设置

2. 接收电子邮件

单击工具栏上的"收取"按钮,开始从服务器上接收邮件,如图 6-88 所示。随后,在 Foxmail 主窗口中的"收件箱"旁会显示蓝色的数字,如图 6-89 所示,该数字表示收件箱中有多少封邮件没有被查看。邮件列表中显示了邮件的一些相关信息:如是否有附件,主题,日期等。加黑表示的是未阅读邮件,选中一个后,在邮件列表底部会显示该邮件的主题和内容,也可双击某邮件进入邮件阅读窗口查看邮件内容。

图 6-88　接收邮件

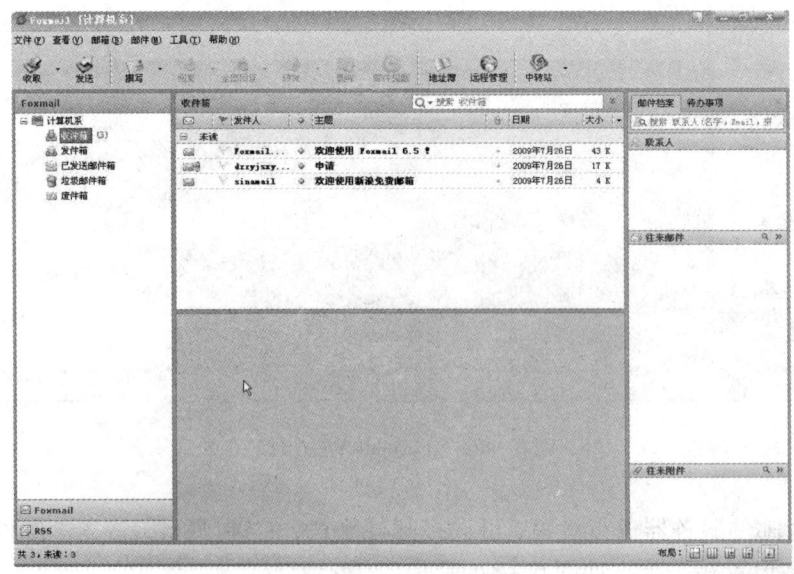

图 6-89　阅读邮件

3. 撰写电子邮件

在 Foxmail 窗口中，选择"撰写"编写邮件，弹出如图 6-90 所示窗口：

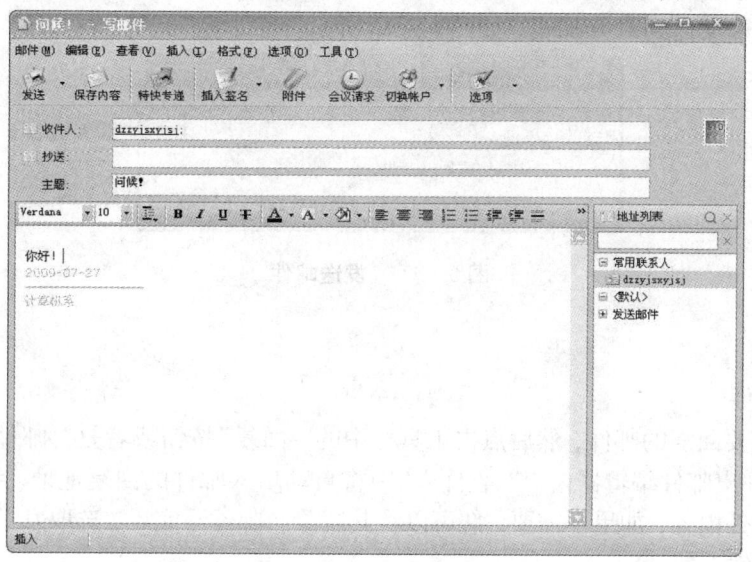

图 6-90　写邮件窗口

在"收件人"栏中输入接收者的电子邮件地址（如有多个收件人，可用分号间隔不同的收件人），在"抄送"栏中输入邮件抄送给的邮件接收者，在"主题"栏中输入该邮件的主题，在底部输入邮件的具体内容。若需添加附件，可单击工具栏中的"附件"按钮，在弹出的窗口中选择附加的文件。附加多个文件时，可重复该过程。如图 6-91 所示，最后一栏是已经添加的附件。

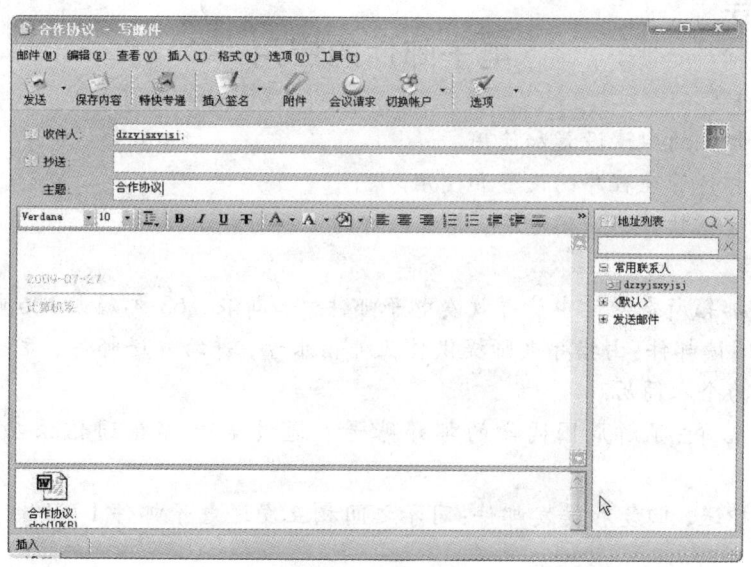

图 6-91　邮件附件

4. 发送邮件

邮件写完，单击工具栏中的"发送"按钮，将邮件立即发送出去。也可单击"特快专递"按钮，直接将邮件发送到对方邮箱，如图 6-92 所示。

图 6-92　发送邮件

5. 其他操作

（1）回复邮件

首先选择需要回复的邮件，然后点击工具栏中的"回复"按钮或者是"邮件"菜单下的"回复邮件"命令，弹出邮件编辑器窗口"收件人"中将自动填入邮件的回复地址，编辑窗口中以灰体字显示了原邮件内容，如果不需要，您可以将其删除。邮件写完后，选取发送的方式即可。

（2）转发邮件

即将邮件转发给其他人。在"收件箱"找到要转发的邮件，并选中它。然后，点取工具栏中的"转发"按钮或者"邮件"菜单下的"转发邮件"，将弹出写邮件窗口，而且编辑框已经包含了原邮件的内容，如果原邮件带有附件的话，也会自动加上，这时您还可以修改邮件的内容。在"收件人"中填入要转发到的邮件。

实验指导
电子邮件的应用

一、实验目的

1. 掌握电子邮件的申请设置和使用。
2. 掌握电子邮件管理程序的设置和使用。
3. 了解即时通信软件的使用方法，养成良好的上网习惯。

二、实验内容

1. 进入免费邮箱所在网站申请并收发电子邮件，如新浪、163 邮箱或 126 邮箱等。

（1）接收和阅读邮件：由指导老师提供作业邮箱账号，并给发送邮件，主题是班级名称+姓名，邮件内容为个人简历。

（2）建立通信录：了解周围同学的邮箱账号，通过电子邮箱通信录功能建立班级同学通信录。

（3）发送和抄送，回复和转发邮件：同学之间相互发送电子邮件 1~3 封，可互相转发或者抄送。

2. 使用 Foxmail 收发邮件。

（1）建立新账户：利用自己的邮箱账号建立 Fox 账户，可采用昵称也可使用同电子邮箱的账号。

(2)建立地址簿。
(3)撰写并发送和抄送一封邮件。
3. 利用 IE 方式下载即时通信软件(腾讯 QQ),申请账号,添加联络对象。
4. 浏览"霏凡软件站 http://www.crsky.com/",下载并安装下载工具软件(迅雷、网际快车),练习下载工具相关操作。

三、写出实验报告

任务五　信息安全

■ **能力目标:**
能了解信息安全常识
能了解计算机病毒
能知道信息系统安全保护的相关政策法规

◇ **任务情景**

随着我国信息化程度不断推进,信息系统在政府和大型行业、企业组织中得到了日益广泛的应用。随着各部门对其信息系统依赖性的不断增长,信息系统的脆弱性不断暴露。由于信息系统遭受攻击而使其运转及运营受负面影响的事件不断出现,信息系统安全管理已经成为政府、行业、企业管理中越来越关键的部分。如何规范日趋复杂的信息系统的安全保障体系建设,如何进行复杂信息系统的安全评估是信息化发展中所面临的巨大挑战。

那么我们如何让自己的计算机系统不受到攻击?如何保护自己的利益不受到损害?

◇ **实施步骤**

步骤一:增强信息安全意识
步骤二:认识计算机病毒
步骤三:安装杀毒软件并进行杀毒

◇ **相关知识**

步骤一:增强信息安全意识

信息安全是一门涉及计算机科学、网络技术、通信技术、密码技术、信息安全技术、应用数学、数论、信息论等多种学科的综合性学科。通俗地说,信息安全的技术特征主要表现在系统的可靠性、可用性、保密性、完整性、确认性、可控性等方面。对信息安全的需求主要表现在两个方面:系统安全和网络安全。系统安全主要包括操作系统管理的安全、数据存储的安全、对数据访问的安全等,而网络安全则涉及信息传输的安全、网络访问的安全认证和授权、身份认证、网络设备的安全等。如果不能很好地解决信息安全这个基本问题,必将阻碍信息化发展的进程。那么,如何增强信息安全意识呢?

1. 建立对信息安全的正确认识

当今，信息产业规模越来越大，网络基础设施越来越深入到社会的各个方面、各个领域，信息技术应用已成为我们工作、生活、学习、国家治理和其他各个方面必不可少的关键组件，信息安全的重要性也日益突出，这关系到企业、政府的业务能否持续、稳定地运行，关系到个人安全的保证，也关系到我们国家安全的保证。所以信息安全是我们国家信息化战略中一个十分重要的方面。

(1) 掌握信息安全的基本要素和惯例

信息安全包括四大要素：技术、制度、流程和人。

信息安全 = 先进技术 + 防患意识 + 完美流程 + 严格制度 + 优秀执行团队 + 法律保障

(2) 清楚可能面临的威胁和风险

信息安全所面临的威胁来自于很多方面。这些威胁大致可分为自然威胁和人为威胁。自然威胁指那些来自于自然灾害、恶劣的场地环境、电磁辐射和电磁干扰、网络设备自然老化等的威胁。自然威胁是不可抗拒的，而人为威胁是可以避免、防范的。

① 人为攻击

人为攻击是指通过攻击系统的弱点，以便达到破坏、欺骗、窃取数据等目的，使得网络信息的保密性、完整性、可靠性、可控性、可用性等受到伤害，造成经济上和政治上不可估量的损失。

人为攻击又分为偶然事故和恶意攻击两种。偶然事故虽然没有明显的恶意企图和目的，但它仍会使信息受到严重破坏。恶意攻击是有目的的破坏。

② 安全缺陷

如果网络信息系统本身没有任何安全缺陷，那么人为攻击者即使本事再大也不会对网络信息安全构成威胁。但是，遗憾的是现在所有的网络信息系统都不可避免地存在着一些安全缺陷。有些安全缺陷可以通过努力、加以改进避免的，但有些安全缺陷是必须要付出代价的。

③ 软件漏洞

由于软件程序的复杂性和编程的多样性，在网络信息系统的软件中很容易有意或无意地留下一些不易被发现的安全漏洞。软件漏洞同样会影响网络信息的安全。

④ 结构隐患

结构隐患一般指网络拓扑结构的隐患和网络硬件的安全缺陷。

2. 网络道德

上网的人都碰到过恶心事：在聊天室聊天的时候，有人肆无忌惮地大说脏话；因为病毒，你的邮件莫名其妙地被删除了；媒体上频频报道，某些政府部门被黑客侵扰或破坏……复旦大学部分学生曾在东方网上发出倡议，呼吁全市乃至全国的大学生抵制网络污染，告别网络国骂，远离不良信息，争做网络道德人。

(1) 网络道德概念及涉及内容

计算机网络道德是用来约束网络从业人员的言行，指导他们思想的一整套道德规范。计算机网络道德可涉及计算机工作人员的思想意识、服务态度、业务钻研、安全意识、待遇得失及其公共道德等方面。

(2) 网络的发展对道德的影响

计算机网络的发展，给现实社会的道德意识、道德规范和道德行为都带来了严重的冲击和挑战。

① 淡化了人们的道德意识。
② 冲击了现实的道德规范。
③ 导致道德行为的失范。
(3) 网络信息安全对网络提出了新的要求
① 要求人们的道德意识更加强烈，道德行为更加自主自觉。
② 要求网络道德既要立足于本国，又要面向世界。
③ 要求网络道德既要着力于当前，又要面向未来。
(4) 加强网络道德建设对维护网络信息安全的作用

加强网络道德建设对维护网络信息安全的作用主要体现在两个方面：作为一种规范，网络道德可以引导和制约人们的信息行为；作为一种措施，网络道德随维护网络信息安全的法律措施和技术手段可以产生积极的影响。

① 网络道德可以规范人们的信息行为。
② 网络道德可以制约人们的信息行为。
③ 加强网络道德建设，有利于加快信息安全立法的进程。
④ 加强网络道德建设，有利于发挥信息安全技术的作用。

3. 预防计算机犯罪
(1) 计算机犯罪的概念

所谓计算机犯罪，是指行为人以计算机作为工具或以计算机资产作为攻击对象实施的严重危害社会的行为。由此可见，计算机犯罪包括利用计算机实施的犯罪行为和把计算机资产作为攻击对象的犯罪行为。

(2) 计算机犯罪的特点
① 犯罪智能化。
② 犯罪手段隐蔽。
③ 跨国性。
④ 犯罪目的多样化。
⑤ 犯罪分子低龄化。
⑥ 犯罪后果严重。

(3) 计算机犯罪的手段
① 制造和传播计算机病毒。
② 数据欺骗。
③ 特洛伊木马。
④ 意大利香肠战术。
⑤ 超级冲杀。
⑥ 活动天窗。
⑦ 逻辑炸弹。
⑧ 清理垃圾。
⑨ 数据泄漏。
⑩ 电子嗅探器。

除了以上作案手段外，还有社交方法，电子欺骗技术，浏览，顺手牵羊和对程序、数据、系统设备的物理破坏等犯罪手段。

(4) 黑客

黑客一词源于英文 Hacker,原指热心于计算机技术,水平高超的电脑专家,尤其是程序设计人员。但到了今天,黑客一词已被用于泛指那些专门利用电脑搞破坏或恶作剧的人。目前黑客已成为一个广泛的社会群体,其主要观点是:所有信息都应该免费共享;信息无国界,任何人都可以在任何时间地点获取他认为有必要了解的任何信息;通往计算机的路不止一条;打破计算机集权;反对国家和政府部门对信息的垄断和封锁。黑客的行为会扰乱网络的正常运行,甚至会演变为犯罪。

黑客行为特征可有以下几种表现形式:恶作剧型;隐蔽攻击型;定时炸弹型;制造矛盾型;职业杀手型;窃密高手型;业余爱好型。

为了降低被黑客供给的可能性,要注意以下几点:

① 提高安全意识,如:不要随便打开来历不明的邮件。

② 使用防火墙是抵御黑客程序入侵的非常有效的手段。

③ 尽量不要暴露自己的 IP 地址。

④ 要安装杀毒软件并及时升级病毒库。

⑤ 作好数据的备份。

总之,我们应认真制定有针对性的策略。明确安全对象,设置强有力的安全保障体系。在系统中层层设防,使每一层都成为一道关卡,从而让攻击者无空可钻、无计可施。

4. 应用信息安全技术

目前信息安全技术主要有:密码技术、防火墙技术、虚拟专用网(VPN)技术、病毒与反病毒技术以及其他安全保密技术。

(1) 密码技术

密码技术是网络信息安全与保密的核心和关键。通过密码技术的变换或编码,可以将机密、敏感的消息变换成难以读懂的乱码型文字,以此达到两个目的:其一,使不知道如何解密的"黑客"不能从所获得乱码中得到任何有意义的信息;其二,使"黑客"不可能伪造或篡改任何乱码型的信息。

(2) 防火墙技术

当构筑和使用木质结构房屋的时候,为防止火灾的发生和蔓延,人们将坚固的石块堆砌在房屋周围作为屏障,这种防护构筑物被称为防火墙。在今天的电子信息世界里,人们借助这个概念,使用防火墙来保护计算机网络免受非授权人员的骚扰与黑客的入侵,不过这些防火墙是由先进的计算机系统构成的。

(3) 虚拟专用网(VPN)技术

虚拟专用网是虚拟私有网络(VPN,Virtual Private Network)的简称,它是一种利用公用网络来构建的私有专用网络。目前,能够用于购建 VPN 的公用网络包括 Internet 服务提供商(ISP)所提供的 DDN 专线(Digital Data Network Leased Line)、帧中继(Frame Relay)、ATM 等,构建在这些公共网络上的 VPN 将给企业提供集安全性和可管理性于一身的私有专用网络。

(4) 病毒与反病毒技术

计算机病毒是具有自我复制能力的计算机程序,它能影响计算机软、硬件的正常运行,破坏数据的正确性与完整性,造成计算机或计算机网络瘫痪,给人们的经济和社会生活造成巨大的损失并且呈上升趋势。

(5) 其他安全与保密技术

① 实体及硬件安全技术。

② 数据库安全技术。

知识链接：防火墙

防火墙是近年发展起来的一种保护计算机网络安全的访问控制技术。它是一个用以阻止网络中的黑客访问某个机构网络的屏蔽，在网络世界上，通过建立起网络通信监控系统来隔离内部和外部网络，以阻挡通过外部网络的入侵。

1. 防火墙的概念

防火墙是用于在企业内部网和因特网之间实施安全策略的一个系统或一组系统。它决定网络内部服务中哪些可被外界访问，外界的哪些人可以访问哪些内部服务，同时还决定内部人员可以访问哪些外部服务。所有进出因特网的业务流都必须接受防火墙的检查。防火墙必须只允许授权的业务流通过，并且防火墙本身也必须能够抵抗渗透攻击，因为攻击者一旦突破或绕过防火墙系统，防火墙就不能提供任何保护了。

(1) 防火墙的基本功能

一个有效的防火墙应该能够确保：所有从 Internet 流出或流入的信息都将经过防火墙；所有流经防火墙的信息都应该接受检查。设置防火墙的目的是在内部网与外部网之间设立惟一的通道，简化网络的安全管理。

从总体上看，防火墙应具有如下基本功能：过滤进出网络的数据包；管理进出网络的访问行为；封堵某些禁止访问的行为；记录通过防火墙的信息内容和活动；对网络攻击进行监测和告警。

(2) 防火墙存在的缺陷

防火墙可能存在如下一些缺陷：防火墙不能防范不经由防火墙的攻击；防火墙不能防止感染了病毒的软件或文件的传输；防火墙不能防止数据驱动式攻击。

(3) 防火墙的类型

按照防火墙保护网络使用方法的不同，可将其分为三种类型：网络层防火墙、应用层防火墙和链路层防火墙。

2. 防火墙的体系机构

防火墙的体系结构多种多样。当前流行的体系结构主要有三种：双宿网关、屏蔽主机、屏蔽子网。

(1) 双宿网关防火墙

双宿网关防火墙又称为双重宿主主机防火墙。双宿网关是一种拥有两个连接到不同网络上的网络接口的防火墙。例如，一个网络接口连到外部的不可信任的网络上，另一个网络接口连接到内部的可信任的网络上。这种防火墙的最大的特点是 IP 层的通信是被阻止的，两个网络之间的通信可通过应用层数据共享或应用代理服务器来完成。

(2) 屏蔽主机防火墙

屏蔽主机防火墙强迫所有的外部主机与一个堡垒主机（一种被强化的可以防御进攻的计算机）相连接，而不让它们直接与内部主机连接。屏蔽主机防火墙由包过滤路由器和堡垒主机组成。这个防火墙系统提供的安全等级比包过滤防火墙系统要高，因为它实现了网络层安全（包过滤）和应用层安全（代理服务），入侵者在破坏内部网络的安全性之前，必须首先渗透两种不同的安全系统。堡垒主机配置在内部网络上，而包过滤路由器则放置在内部网络和因特网之间。在路由器上进行规则配置，使得外部系统只能访问堡垒主机，去往内部系统上其他主机的信息则全部被阻塞。由于内部主机与堡垒主机处于同一个网络，内部系统是否允许直接访问因特网，或者是要求使用堡垒主机上的代理服务器来访问因特网需要由机构的安全策略来决定，只要对路由器的过滤规则进行配置，使得其只接受来自堡垒主机的内部数据包，就可以强制内部用户使用代理服务。

（3）屏蔽子网防火墙

屏蔽子网防火墙系统用了两个包过滤由器和一个堡垒主机。这种防火墙系统最安全，它定义了"非军事区"网络，支持网络层和应用层安全功能。网络管理员将堡垒主机、信息服务器、Modem 组以及其他公用服务器放在"非军事区"网络中。非军事区网络很小，处于因特网和内部网络之间。

步骤二：认识计算机病毒

计算机病毒（Virus）是一组人为设计的程序，这些程序隐藏在计算机系统中，通过自我复制来传播，满足一定条件即被激活，从而给计算机系统造成一定损害甚至严重破坏。这种程序的活动方式与生物学上的病毒相似，所以被称为计算机"病毒"。现在的计算机病毒已经不单单是计算机学术问题，而成为一个严重的社会问题。

1.病毒的原理与特点

1994 年出台的《中华人民共和国安全保护条例》对病毒的定义是：计算机病毒，是指编制或者在计算机程序中插入的破坏计算机功能或者毁坏数据，影响计算机使用，并能自我复制的一组计算机指令或者程序代码。

2.计算机病毒的特点

（1）可执行性

计算机病毒可以直接或间接地运行，可以隐藏在可执行程序和数据文件中运行而不易被察觉。病毒程序在运行时与合法程序争夺系统的控制权和资源，从而降低计算机的工作效率。

（2）破坏性

计算机病毒的破坏性主要有两方面：一是占用系统的时间、空间资源；二是干扰或破坏系统的运行，破坏或删除程序或数据文件。

（3）传染性

病毒的传染性是指带病毒的文件将病毒传染给其他文件，新感染病毒的文件继续传染给另外的文件，这样一来，病毒会很快传染到整个系统、一个局域网或者一个大型计算机中的多用户系统，甚至整个广域网。

（4）潜伏性

计算机系统被病毒感染之后，病毒的触发是由病毒表现及破坏部分的判断条件来确定的。病毒在触发条件满足前，没有表现症状，不影响系统的正常运行，一旦触发条件具备就会发作，给计算机系统带来不良的影响。

（5）针对性

一种计算机病毒并不能传染所有的计算机系统或程序，通常病毒的设计具有一定的针对性。例如，有传染 PC 机的，也有传染 Macintosh 机的；有传染.COM 文件的，也有传染.DOC 文件的等。

(6) 衍生性

计算机病毒由安装部分、传染部分、破坏部分等组成，这种设计思想使病毒在发展、演化过程中允许对自身的几个模块进行修改，从而生成不同于源病毒的变种。

(7) 抗反病毒软件性

有些病毒具有抗反病毒软件的功能，这种病毒的变种可以使检测、消除该变种源病毒的反病毒软件失去效能。

比如"熊猫烧香"病毒，又称"武汉男生"，这是一个感染型的蠕虫病毒，它能感染系统中 exe，com，pif，src，html，asp 等文件，还能中止大量的反病毒软件进程并且会删除扩展名为 gho 的文件，该文件是系统备份工具 GHOST 的备份文件，使用户的系统备份文件丢失。目前网络中该病毒的变种病毒依旧很肆虐，如图 6-93 所示。

3. 病毒的类型

计算机病毒的分类方法很多，微机上的计算机病毒通常可以分为引导区型、文件型、混合型和宏病毒等四类。

(1) 引导区型病毒主要通过软盘在操作系统中传播，感染软盘的引导区。当已感染了病毒的软盘被使用时，就会传染到硬盘的主引导区。

图 6-93　病毒变种

(2) 文件型病毒是寄生病毒，运行在计算机存储器中，通常感染扩展名.COM，.EXE，.SYS 等类型的文件。每一次激活时，感染文件把自身复制到其他文件中，并能在存储器中保留很长时间。

(3) 混合型病毒具有引导区型病毒和文件型病毒两者的特点。

(4) 宏病毒寄存在 Office 文档时，宏病毒程序就被执行，这时宏病毒处于活动状态，当条件满足时，宏病毒便开始传染、表现和破坏。

由于 Office 应用的普遍性，宏病毒已成为计算机病毒的主体，在计算机病毒历史上它是发展最快的病毒。宏病毒与其他类型的病毒不同，它能通过电子邮件、软盘、网络下载、文件传输等很容易地得以蔓延。

4. 病毒的预防

预防计算机病毒，应该从管理和技术两方面进行。

(1) 从管理上预防病毒

计算机病毒的传染是通过一定途径来实现的，为此必须重视制定措施、法规，加强职业道德教育，不得传播更不能制造病毒。另外，还应采取一些有效方法来预防和抑制病毒的传染。

① 谨慎地使用公用软件或硬件。
② 任何新使用的软件或硬件(如磁盘)必须先检查。
③ 定期检测计算机上的磁盘和文件，并及时消除病毒。
④ 对系统中的数据和文件要定期进行备份。
⑤ 对所有系统盘和文件等关键数据要进行写保护。

(2) 从技术上预防病毒

从技术上对病毒的预防有硬件保护和软件预防两种方法。

任何计算机病毒对系统的入侵都是利用 RAM 提供的自由空间及操作系统所提供的相应的中断功能来达到传染的目的。因此,可以通过增加硬件设备来保护系统,此硬件设备既能监视 RAM 中的常驻程序,又能阻止对外存储器的异常写操作,这样就能实现预防计算机病毒的目的。

软件预防方法是使用计算机病毒疫苗。计算机病毒疫苗是一种可执行程序,它能够监视系统的运行,当发现某些病毒入侵时可防止病毒入侵,当发现非法操作时及时警告用户或直接拒绝这种操作,使病毒无法传播。

5. 病毒的清除

如果发现计算机感染了病毒,应立即清除。通常用人工处理或反病毒软件方式进行清除。

人工处理的方法有:用正常的文件覆盖被病毒感染的文件;删除被病毒感染的文件;重新格式化磁盘等。这种方法有一定的危险性,容易造成对文件的破坏。

用反病毒软件对病毒进行清除是一种较好方法。常用的反病毒软件有瑞星、KV、NORTON 等,需要特别注意的是要及时对反病毒软件进行升级更新,才能保持软件的良好杀毒性能。

步骤三:安装杀毒软件并进行杀毒

要应用反病毒软件进行清除并安装防火墙,阻止不明程序的攻击。以瑞星 2007 为例,具体的操作步骤如下:

1. 安装瑞星杀毒软件

启动计算机并进入 WindowsX 操作系统,将安装盘放入光驱,启动安装程序,弹出如图 6-95 所示的安装界面。注意:如计算机已安装其他产品的杀毒软件或者个人防火墙,强烈建议先行卸载;并且请关闭已经启动的其他应用程序,安装过程见图 6-95~图 6-101。

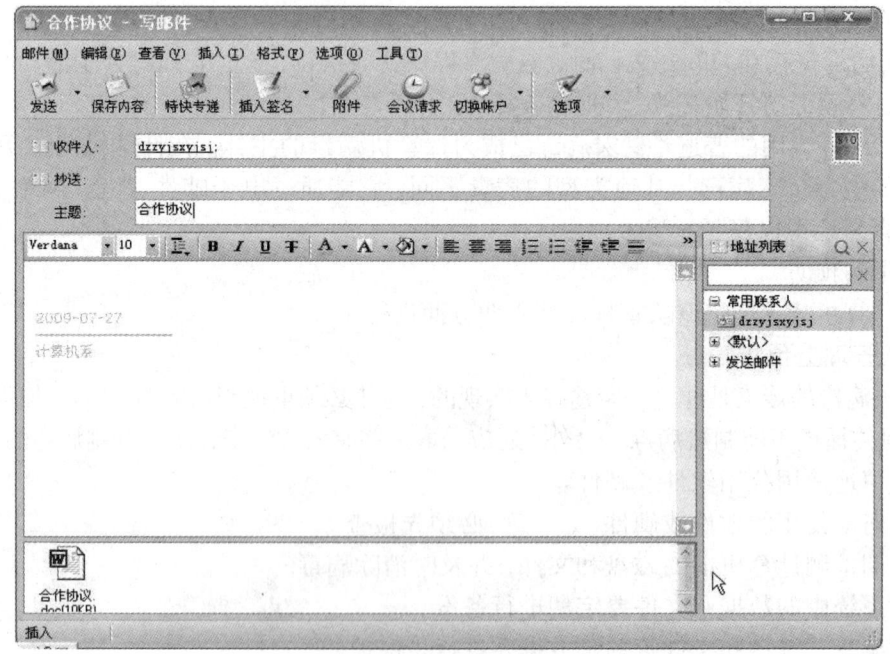

图 6-94　启动安装程序

项目六　计算机网络应用基础

图 6-95　选择安装语言

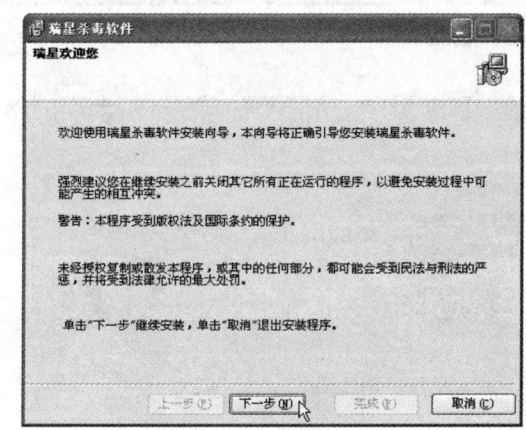

图 6-96　安装向导指示

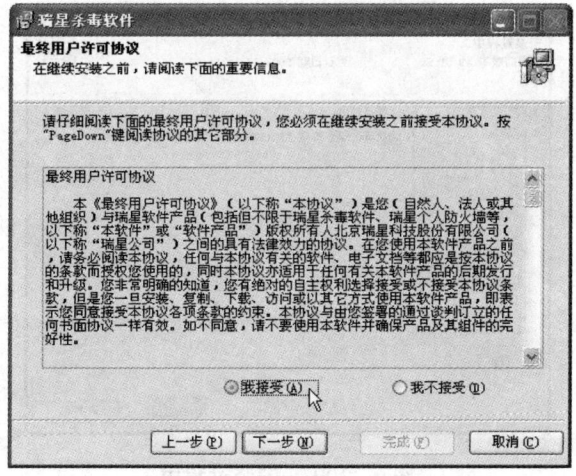

图 6-97　确认用户许可协议

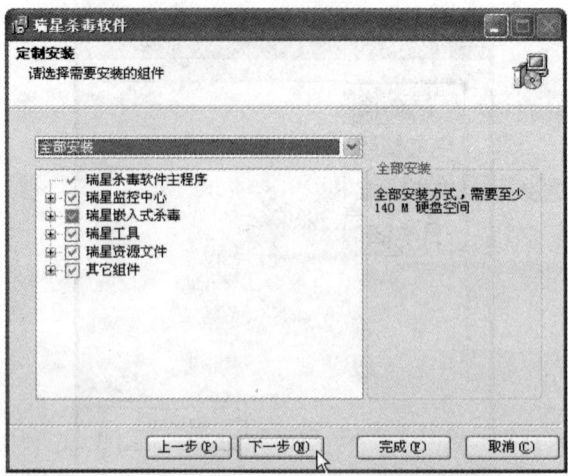

图6-98　安装组件

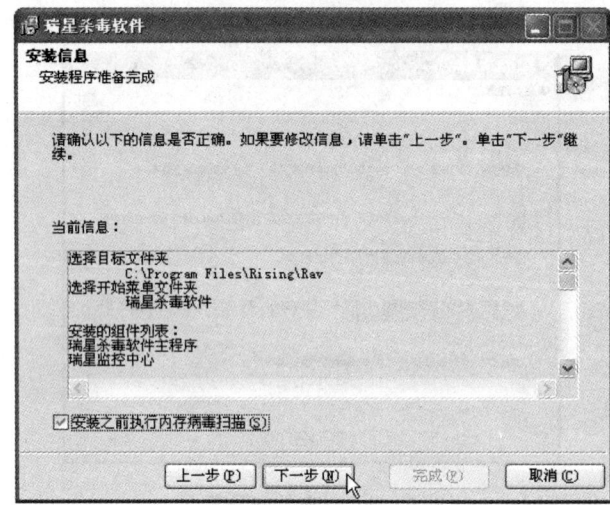

图6-99　选择目标文件夹

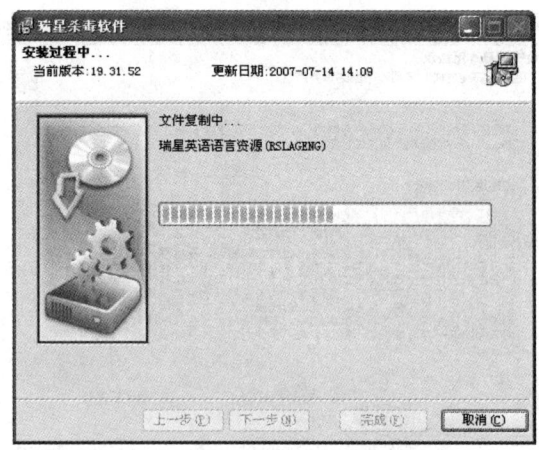

图6-100　安装过程中

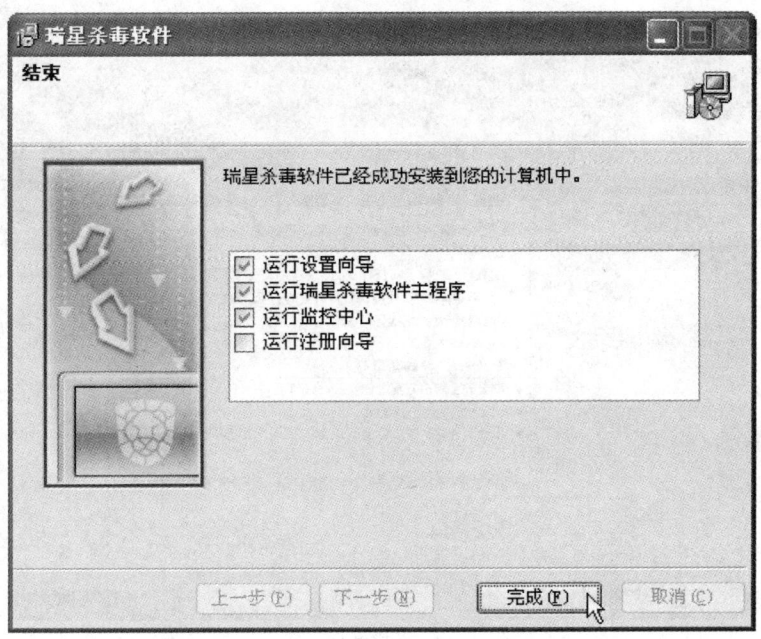

图 6-101　安装结束

2. 进行杀毒设置（如图 6-102）

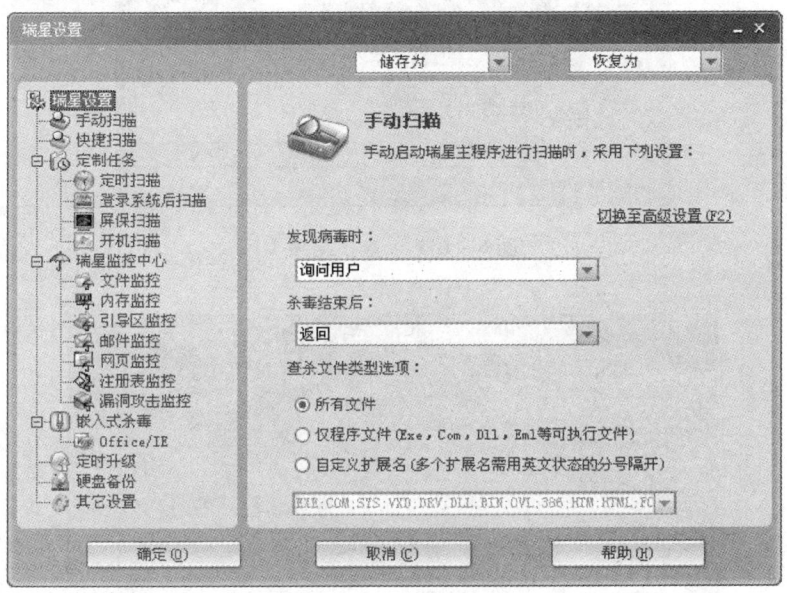

图 6-102　杀毒设置

3. 进行目标扫描、杀毒(如图6–103)

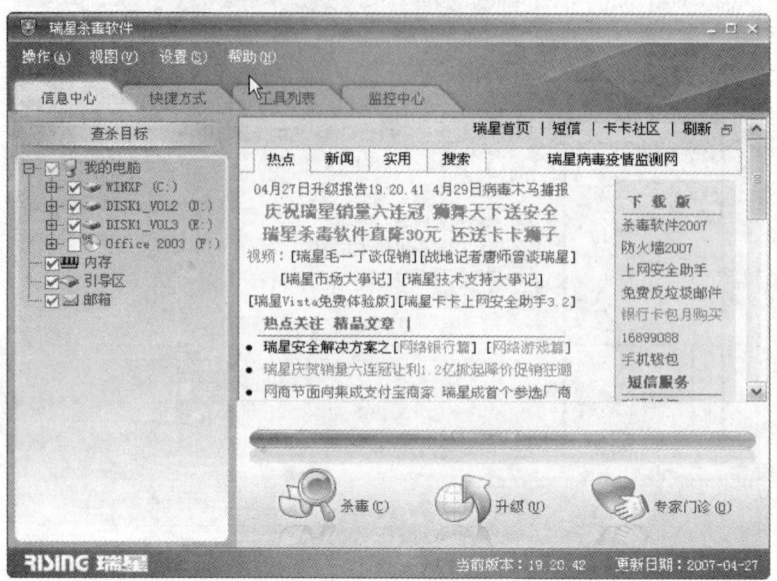

图6–103　杀毒

4. 清除病毒(如图6–104、图6–105)

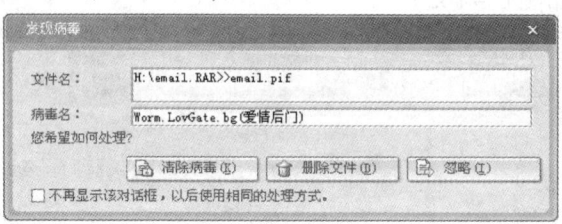

图6–104　查杀结果1

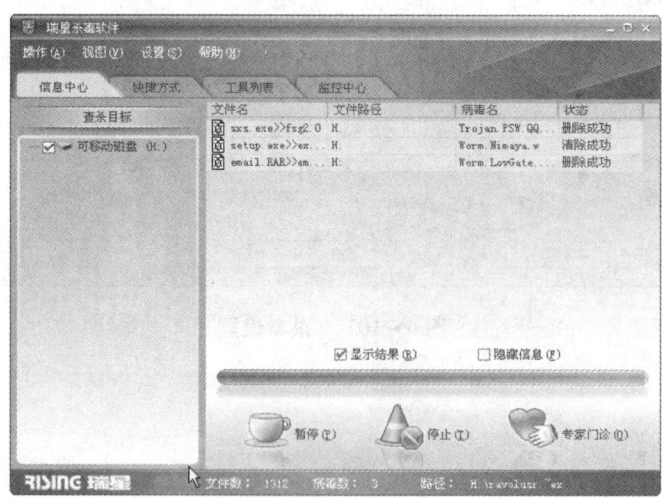

图6–105　查杀结果2

5. 安装瑞星防火墙

安装步骤同瑞星 2007 安装，结果如图 6 – 106 所示。

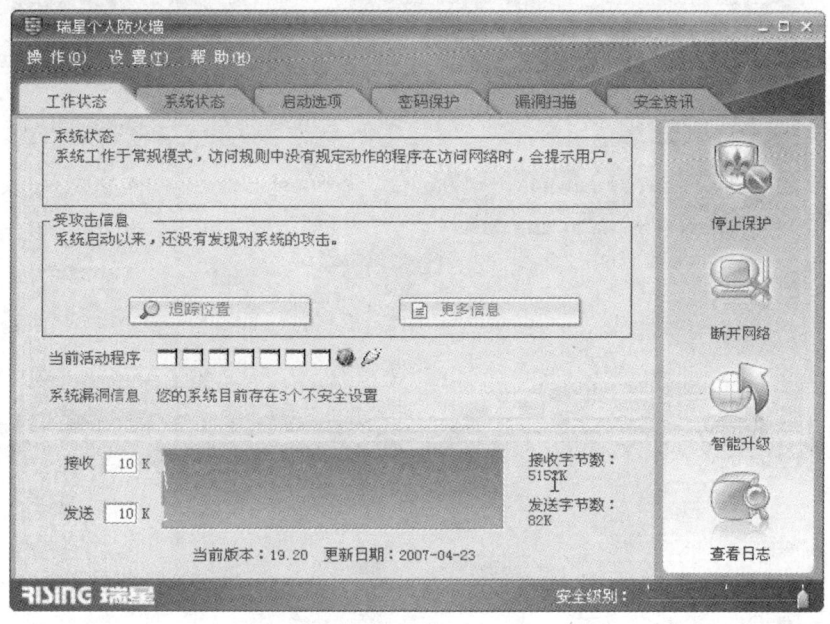

图 6 – 106　防火墙界面

6. 防火墙应用（如图 6 – 107、图 6 – 108、图 6 – 109）

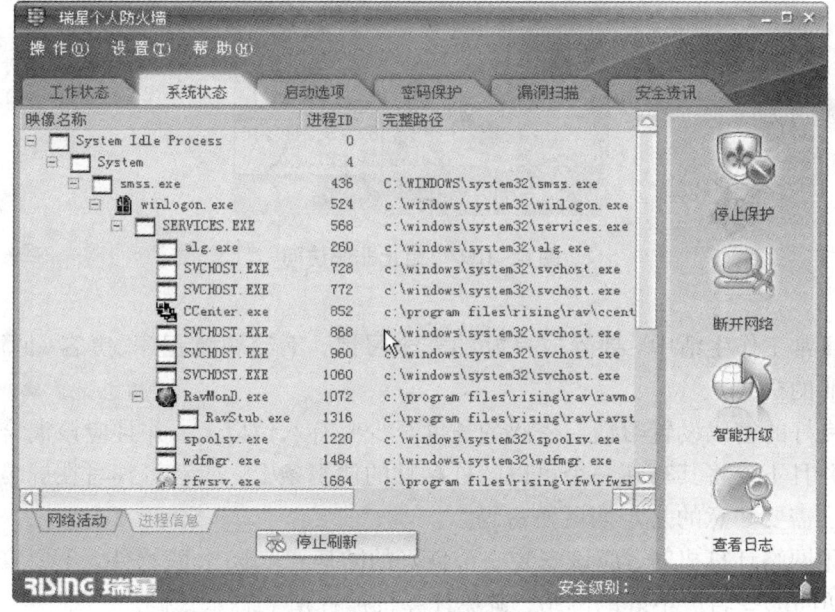

图 6 – 107　进程信息查看

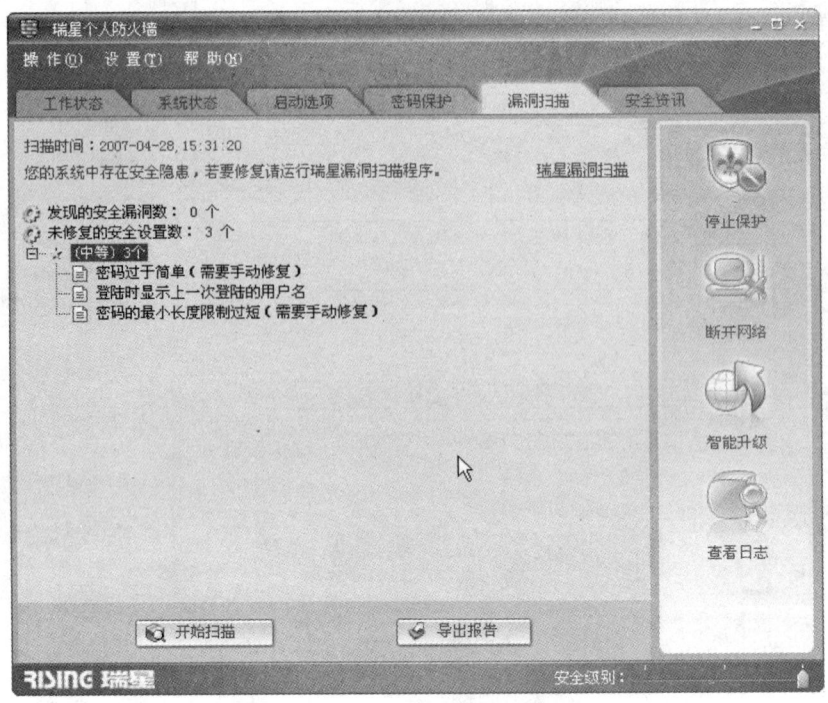

图 6 – 108　漏洞扫描

图 6 – 109　阻止非法访问

同时在日常工作生活中，要养成良好的安全习惯，不给恶意程序、黑客、罪犯搞破坏、实施计算机犯罪的机会。

1．养成良好的密码设置习惯。密码的长度至少要有八位以上，并且应该混合字母和各种特殊字符。并且不要将其写在一个可以随处粘贴的便携条上，或者将其写在屏幕下方或者键盘下面。特别需要注意的是定期更换密码。

2．在使用网络计算机时，应该安装一个良好的防病毒和防火墙软件，不要安装未授权的软件，不要访问那些名声不好的网站，避免计算机被种植上恶意代码。

3．使用安全的电子邮件，通过使用数字证书对邮件进行数字签名和加密，就可以通过电子邮件进行重要的商务活动和发送机密信息，保证邮件的真实性和不被其他人偷阅。同时学习如何识别一些恶意的电子邮件，对于那些有疑问或者不知道来源的邮件，不要查看或者回复消息，更不要打开可疑的附件。

4. 不要使用公共打印机打印文档，一旦完成了机密文档的打印，注意快速干净地收拾打印机中打印出来的文档，不要将它们扔在打印机的柜子中，将不需要的文件粉碎，或者按照其他安全处理程序操作。

5. 注意物理安全。物理安全涉及在物理层面上保护企业资源和敏感信息所遭遇的威胁、可能存在的缺陷和采取的相应对策。如果没有物理安全，绝大多数的技术手段将会失去其本身的价值。

实验指导

病毒的查杀

一、实验目的

1. 掌握病毒的类型、危害与防治。
2. 掌握病毒的查找与杀毒方法。
3. 掌握病毒库的升级与杀毒软件应用。

二、实验内容

1. 通过网络了解病毒的类型、一般危害及其防治措施。
2. 了解一般杀毒软件的使用方法。
3. 能够利用杀毒软件对系统进行病毒的查找与处理方法。

三、写出实验报告

参考文献

[1] 教育部考试中心编,计算机基础及 MS Office 应用(2013 年版),高等教育出版社,2013 年 5 月.

[2] 山东省教育厅组编,计算机文化基础实验教程,石油大学出版社,2008 年 6 月.

[3] 崔振远、劭丽娟 主编,计算机应用基础教程,科学出版社,2006 年 7 月.

[4] 郑纬民主编,计算机应用基础,中央广播电视大学出版社,2005 年 8 月.